우주의 측량

천문학자 안상현이 그려낸
138억 년 우주의 역사

우주의 측량

안상현 지음

동아시아

머리말

인간은 우주와 생명에 대한 호기심을 갖고 태어난다. 그 순수한 호기심이 과학을 연구하는 동기요, 동력이 된다. 고대의 자연철학자들과 근대의 과학자들이 그러한 호기심을 하나씩 해결함으로써 인류의 지식은 점점 넓고 깊어져 왔다. 그중에서도 우주에 대한 호기심은 순수한 영혼을 끌어당기는 강력한 자석과도 같다.

영국하면 뉴턴과 다윈이요, 근대 과학의 발상지라고 해도 지나친 말이 아니다. 2011년에 나는 뉴턴과 다윈이 공부했던 영국 케임브리지대학에서 안식년을 보내고 있었다. 천문학으로 박사학위를 받은 지 10년이 되었을 무렵이라서 그랬을까? 나는 내가 공부하는 과학이 무엇인지 느끼고 싶었고 알고 싶었다. 그래서 근대 과학이 시작된 바로 그곳을 안식년 장소로 택했던 것이다. 내가 있었던 니덤 연구소는 동아시아 과학사를 연구하는 곳이었으므로 동서양 과학사를 조망하기에도 안성맞춤이었다. 니덤 연구소에 소장되어있는 희귀 자료와 과학사의 대가들이 남긴 육필 원고를 한 장 한 장 넘기며 감상하였다. 케임브리지대학 중앙도서관 고서실에서 300~400년이나 묵은 요하네스 케플러, 튀코 브라헤, 르네 데카르트, 아이작 뉴턴의 저서 원본을 열람하였고, 동아시아 도서관에서는 동양의 고서들을 열람하였다. 케임브리지대학 휘플 과학사박물관에 소장되어있는 과학 관련 유물과 고서도 빼놓을 수 없다. 왓슨과 크릭이 DNA의 이중나선 구조를 발표한 이글이라는 펍에서 분위기도 느껴보았다. 내가 살던 플랫의 바로 옆에 근대 물리학의 발상지라고 할 수 있는 캐번디시 연구소가 이주해 있었는데, 그 안에서 러더퍼드나 채드윅의 실험 장치며 최초의 주사전자현미경 등을 보았다. 그 북쪽으로 200미터를 걸어가면 케임브리지 천문학연구소가 있었다. 뉴턴이 공부하고 가르치던 트리니티 컬리지에도 가보았다. 영국 중부 링컨셔에 있는 뉴턴의 생가와 찰스 다윈의 집인 다운 하우스에도 가보았다. 이러한 모든 경험들은 비록 짧고 수박 겉핥기에 불과했으나 나는 마치 과학이란 무엇인가에 대한 나름의 해답을 찾은 것 같았다. 그동안 자연과학자로서 공부해온 것들이 쌓여 있다가 일종의 체계를 잡은 것이 아닐까 생각해본다.

그해 여름에 한국에서 10대 초반의 학생들이 2주간 단체 견학을 왔다. 케임브리지의 컬리지 기숙사는 방학 동안에는 학생들이 방을 비워야 하는데, 일부 컬리지는 이때 외부에서 견학 프로그램이나 어학연수 프로그램 같은 것을 유치하기도 한다. 이 견학 코스는 뉴턴과 다윈 등의 생가와 영국 내 여러 과학박물관과 미술관을 둘러보는 것이었다. 나는 현지에서 알게 된 지인의 소개로 그 학생들에게 우주의 모습에 대해 강의를 하게 되었다. 나는 지구부터 시작해서 점점 규모가 큰 우주를 설명해나가면서 학생들에게 우주의 규모에 대한 느낌을 전달하는 식으로 강의를 구성해보았다. 그 내용을 바탕으로 하여 '측량'이라는 화두로 글을 쓴 것이 이 책의 초고가 되었다.

케임브리지에서 쓰거나 구상한 책은 여럿이었다. 그중에서 세기의 대혜성이라고 기대되었던 아이손 혜성을 맞아 과학사 관련으로 썼던 『우리 혜성 이야기』와 『뉴턴의 프린키피아』가 출간되었다. 하지만 정작 영국에서 쓴 책은 이 책이다.

이 책의 초고는 10대 초반의 학생들을 대상으로 작성되었으므로, 내 나름으로는 쉽게 쓰려고 노력했었다. 초고에서는, 앞부분에 삼각함수만 사용하고 뒷부분에 지수와 로그 정도만을 사용했었다. 또한 지식을 단순하게 나열하지 않고 학생들이 직접 참여하여 계산기를 두드려가면서 우주를 발견하는 재미를 느낄 수 있게끔 쓰려고 노력했다.

일반적으로 대중 과학서에는 되도록 수식을 쓰지 말라고들 한다. 또한 논문을 쓸 때도 마찬가지지만, 계산 과정은 밖으로 드러내지 않는 게 불문율처럼 되어 있다. 이 책의 초고는 이러한 제약 조건에 맞춰서 썼었다. 그러나 원고를 고치는 도중에 나는 몇 가지 반성을 하게 되었다. 과학자들끼리는 일상적으로 수학을 사용하여 소통하면서 일반 독자들과는 수학을 사용하지 말고 소통하라니 그것이 가능한 일이겠는가? 오히려 독자들에게 오해를 불러일으키기만 할 뿐이 아닐까? 과학 개념을 일상 언어로 풀어내려면 비유법에 의존해야 하는데 비유는 비유일 뿐 전달하고자 하는 지식 자체는 아니지 않은가? 게다가 과학은, 펨토미터나 나노미터의 세계를 다루는 양자역학에서부터 어마어마하게 크거나 무거운 대상을 다루는 일반상대성이론까지, 우리의 일상적 경험을 초월하는 극도의 초현실적인 대상을 다룬다. 그러나 우리의 일상 언어는 당연히 그러한 초현실적 세계를 서술하는 데 적합하지 않다. 그러한 초현실적인 것을 이해할 수 있게 해주는 것이 바로 수학인데, 수학을 사용하지 않는다면 마치 그 알맹이를 빼고 껍데기만 독자에게 전달하는 것과 다름이 없지 않을까?

이 책의 초고에서는 뉴턴의 중력이론 정도만으로 모든 걸 설명하려고 했다. 그러나 원고를 수정하는 과정에서, 허블의 법칙만 하더라도 그 개념을 정확하게 설명하려면 일반상대성이론의 개념을 도입할 필요가 있었다. 더구나 우주론적 규모에서는 천체까지의 거리를 계산하는 것부터 일반상대성이론이 적용되지 않으면 올바른 답을 구할 수 없음을 알게 되었다. 그리하여 어쩔 수 없이 아인슈타인의 일반상대성이론을 도입하되 본문에서는 독자들이 겁을 먹지 않을 정도로 소박하게 다루고, 난해한 일반상대성이론의 기본 개념과 계산 과정은 부록으로 돌렸다. 일반상대성이론을 처음 접하는 독자라도 아마 이 부록을 곰곰이 읽어보면 어느 정도 이해할 수 있을 것이다. 결론적으로 이 책은 처음에 원래 강의했던 10대 초반의 학생들을 대상으로 집필되었었지만, 숙성과정을 거치면서 대학생 수준으로 독자층이 변경되었다. 그러나 원래 원고가 10대 초반 학생들을 고려하여 구성되었으므로 생각보다 읽기 어렵지는 않을 것이라 짐작한다.

이 책은 기존의 연구 결과를 소개하는 데 그치지 않고 독자들이 함께 직접 계산해볼 수 있도록 하였다. 역사적 맥락과 그 발견의 주인공인 천문학자의 면모를 드러내어 인문학적인 요소를 첨가함으로써 좀 더 일반 독자들에게 다가가고자 하였다. 또한 암흑물질, 암흑에너지, 허블상수 등과 같이 현대 천문학의 최첨단 연구 주제가 무엇인지, 논란거리가 무엇인지도 조금 제시해보았다.

이 책을 쓸 때, 원고를 꼼꼼히 읽어준 각 분야의 전문가 동료들께 특별히 감사드린다. 허블의 법칙과 우주론적 거리와 상대성이론 부분은 한국과학기술정보연구원의 강궁원 박사님과의 조언과 토론에 힘입어 조금은 읽을 만한 글이 될 수 있었고, 박찬 박사와 배영복 박사와의 토론이 원고이 품질을 높이는 데 도움이 되었다. 또한 세페이드 변광성, 초신성 등과 관련된 관측우주론 부분은 한국천문연구원의 양성철 박사가 원고를 읽고 매우 중요한 조언을 주었다. 은하단의 광도함수와 질량-광도비 부분은 한국천문연구원의 김재우 박사와의 토론 과정에서 배운 바가 많다. 그리고 초신성 1987A의 고리 부분에서 나오는 방출선의 밝기 변화 그림을 사용하게 허락해준 앤드루 굴드(Andrew Gould) 박사께도 감사의 말씀을 전한다. 사실 내가 박사과정 학생 때 그의 논문을 읽고 나의 연구 주제 선택에 자신감을 얻었었는데, 20년이 지나 같은 연구소에서 근무하게 될 줄은 그땐 몰랐었다.

기술이 발달한 요즘에도 남다른 축적의 시간을 갖지 않으면 아름다운 천체 사진은 나오기 힘들다. 나 같은 천체물리학자는 그 기능을 연마하는 데 따로 시간을 내기도 어렵다. 그래서 책을 쓸 때 사진을 구하는 일이 나에게는 무척 괴로운 일이다. 더군다나 천체물리학 설명에 안성맞춤으로 대상과 구도를 갖춘 사진을 구하는 일은 더욱 힘들다. 그러므로 이 책에 들어간 귀중한 천체 사진을 제공해주신 여러분께 감사의 말씀을 전하지 않을 수 없다.

우리 은하수 사진, 대마젤란은하, 소마젤란은하 사진을 주신 충남 아산의 호빔 천문대 황인준 대장님, 안드로메다은하 사진을 주신 장승혁 박사님, 처녀자리 은하단 사진을 주신 경기도 의왕의 어린이천문대 신정욱 대표님께 감사한다. 그리고 월식 사진을 제공해주신 한국천문연구원의 김현구 박사님, 월식 사진과 오리온 대성운 사진을 제공해주신 한국천문연구원의 KVN 울산 사이트의 이상현 박사님, 외부은하에서 발생한 초신성 사진을 제공해주신 서울대학교 물리천문학부 임명신 박사님께 감사드린다.

우리는 '무한히 펼쳐진 진리의 바닷가에서 작은 조약돌이나 예쁜 조개껍데기를 찾는 어린아이'에 불과하다. 그런데 내가 직접 해보니까 그 조약돌이나 조개껍데기 찾기 놀이는 매우 재미있었다. 독자 여러분들도 함께 그 즐거운 놀이에 참여하면 좋겠다.

2017년 12월 대덕 과학기술연구단지 꽃바위 아래에서
안상현

차례

프롤로그

> 나는 매우 일찍이 깨달았다. 어떤 것의 이름을 안다는 것과 그것이 무엇인지 안다는 것의 차이를.
>
> – 리처드 파인먼

우주는 우리에게 언제나 활짝 열려 있다. 밤마다 고개만 들면 우주를 내다볼 수 있기 때문이다. 밤이 있어 천문학에는 얼마나 다행인지 모른다. 인류는 천문학을 발전시키면서 수학과 물리학을 발전시켰다. 천문학에서 근대 과학이 탄생했고, 현대 과학기술 문명도 거기서 비롯되었다고 말해도 과언이 아닐 것이다. 거꾸로 기술이 발달함에 따라 우주에 대한 인류의 지평은 점차 넓어져 왔다. 맨눈으로 우주를 보던 인류는 1609년에 드디어 망원경으로 우주를 관찰하기 시작했다. 인류는 지구와 행성을 넘어 별과 은하로 시야를 넓혀왔다.

기술의 진보는 밤하늘을 빼앗아 가기도 했다. 1879년 에디슨이 쓸 만한 전등을 발명한 뒤, 인류는 점차 밤하늘을 잃어버리게 되었다. 전등이 들어오기 전 한양의 밤하늘에 쏟아질 듯한 별과 은하수를 상상해 보라!* 과학자들의 연구에 따르면, 현재 전 세계 인구의 3분의 1이 맨

---

* 한국은 1887년 1월에 에디슨 전기회사에서 전등을 수입해 경복궁에 설치한 것이 최초이다. 자주적 근대화를 이루기 위한 시도의 일환으로 1900년 4월 10일 서울 종로에

눈으로 은하수를 못 보는 지역에 산다고 한다. 한국은 전 국토의 약 90퍼센트가 빛 공해 지역이어서 이탈리아에 이어 빛 공해가 세계 2위다. 오죽하면 매년 4월 22일 지구의 날부터 일주일 동안을 세계 별밤 주간으로 정하여 기념하고, 지구의 날 저녁에는 전등 끄기 행사를 열기도 하겠는가?

별들은 밝기도 위치도 거의 변하지 않는 듯하다. 그래서 '항상 그 자리에 있는 천체'라는 뜻으로 붙박이별 또는 항성이라고 부른다. 사람들은 하늘의 별들을 쉽게 기억하기 위해 별자리를 만들어냈다. 국제천문연맹에서 정하여 세계 공통으로 사용되는 별자리는 남반구와 북반구를 합쳐서 모두 88개가 있다. 이것은 고대 그리스 신화와 대항해 시대를 대표하는 문물에서 비롯된 유럽 문명의 별자리이다. 그러나 다른 문명권도 나름의 별자리를 갖고 있다. 우리 한국 문명도 나름의 별자리가 있으며, 일본에도 나름의 별자리가 있다.

밤하늘에는 붙박이별 사이를 유유히 돌아다니는 행성도 있다. 맨눈으로 볼 수 있는 행성은 수성, 금성, 화성, 목성, 그리고 토성 등 5개가 있다. 우리는 날마다 행성 이름을 적어도 한 번은 부른다. 달력의 요일 이름이 행성의 이름이기 때문이다. 일요일과 월요일은 해와 달, 화·수·목·금·토는 바로 맨눈으로 보이는 다섯 행성의 이름이다. 거기에 망원경으로만 볼 수 있는 천왕성과 해왕성을 합치고, 우리가 두 발을 딛고 서 있는 행성 지구를 합쳐서, 태양계에는 모두 8개의 행성이 있다.

어떻게 하면 밤하늘에서 행성을 찾을 수 있을까? 금성과 목성은, 달

가로등이 켜졌다. 그러나 일제가 식민지 조선에 전기 요금을 비싸게 매기는 바람에 전등이 널리 사용되지는 못했고, 1960년대가 되어서야 널리 보급되기 시작했다.

을 빼고는, 밤하늘에서 가장 밝은 천체이다. 또한 밤하늘에는 큰개자리의 시리우스, 오리온자리의 베텔게우스와 리겔, 마차부자리의 카펠라, 쌍둥이자리의 카스터와 폴룩스, 황소자라의 알데바란, 사자자리의 레굴루스, 처녀자리의 스피카, 전갈자리의 안타레스, 거문고자리의 베가, 독수리자리 알테어, 그리고 물병자리의 포말하우트 등과 같이 가장 밝은 축에 드는 별들이 있다. 이러한 별들을 1등성이라고 하는데, 만일 당신이 하늘에서 이것들보다도 밝은 천체를 보았다면 행성이라고 봐도 거의 틀리지 않는다.

밤하늘에서 가장 밝은 천체는 달이다. 달은 지구 둘레를 공전하고 있고, 햇빛이 비치는 달의 면을 지구에서 바라보는 각도가 날마다 변하기 때문에 달의 모양이 달라지는 것으로 보인다. 지금으로부터 약 400년 전 이탈리아에 갈릴레오 갈릴레이가 살았다. 그는 인류 최초로 망원경을 가지고 우주를 관찰했다. 갈릴레오가 사용한 망원경은 요즘 시중에서도 쉽게 구할 수 있는 정도로 작은 것이었다. 그러나 이렇게 작은 망원경으로도 맨눈으로는 보지 못했던 엄청나게 흥미로운 우주의 모습을 발견하였다. 갈릴레오의 천체망원경이 처음으로 향한 천체는 달이었다. 망원경으로 본 달의 모습은 그야말로 놀라움 그 자체였다. 매끈할 줄만 알았던 달에도 울퉁불퉁한 산과 계곡이 있었던 것이다. 목성 둘레에는 목성을 공전하는 4개의 위성이 있었다. 그전까지 사람들은 해와 달과 행성들이 모두 매우 특별한 존재인 지구를 중심으로 공전한다고 생각했다. 그런데 목성의 위성들은 지구가 아니라 목성 둘레를 공전하고 있었던 것이다. 지구가 더이상 특별한 존재가 아님을 뜻했다. 갈릴레오의 제자 베네데토 카스텔리는 "코페르니쿠스의 태양중심설이 맞다면 금성도 달처럼 모양이 변해야 한다"라며 갈릴레오에게 망원경으로 금성을 관찰할 것을 제안했다. 갈릴레오는 금성이 초승달 모양에서 반달 모양으로 반달 모양에서 다시 그믐달 모양으로 변한다는 사실을 목격했다. 더구나 금성은 초승달이나 그믐달 때는 크기가 크고 보름달 모양에 가까울수록 크기가 작아졌다. 그동안 철석같이 믿어오던 아리스토텔레스의 우주관에 금이 가는 순간이었다. 갈릴레오는 케플러에게 애너그램 암호로 쓰인 편지를 보내 이 발견을 알렸다. 그 암호문은 "사랑의 어머니(금성)는 신시아(달)의 모양을 닮았다. O.Y."라고 풀이된다.

갈릴레오의 망원경은 은하수를 향했다. 은하수는 희미한 별들이 아주 많이 모여 있는 것임을 알게 되었다. 오리온자리에 있는 별들을 관찰했더니 맨눈으로는 보이지 않던 수십 개의 별이 더 보였고, 플레이아데스라는 솜털처럼 보이는 천체는 7개가 아니라 수십 개의 별이 모여 있음도 알게 되었다.

갈릴레오가 망원경으로 우주를 관찰한 뒤, 천문학자들은 우주를 자세히 관찰하기 위해 점점 더 큰 망원경을 만들었다. 망원경이 클수록 더 어두운 천체까지 더욱 자세하게 관찰할 수 있기 때문이다. 영국의 플램스티드와 핼리와 허셜, 프랑스의 카시니와 랄랑드, 그리고 독일의 베셀 등과 같은 많은 천문학자의 노력으로 사람들은 점점 더 넓은 우주를 관찰할 수 있었다.

200여 년 전 영국의 천문학자인 윌리엄 허셜 경(1738~1822)은 구경 30센티미터와 구경 50센티미터짜리 천체망원경으로 밤하늘에서 솜털처럼 뿌연 천체 2,500개 정도를 관찰하였다. 허셜은 그 천체들의 정체를 몰랐으므로, 별의 구름이라는 뜻으로 성운이라고 불렀다. 허셜 이후 약 120년이 지난 1924년에, 미국의 천문학자인 에드윈 허블(1889~1953)은 안드로메다성운 안에 있는 세페이드 변광성을 관측하여 그 성운까지의 거리를 측정해보았다. 그 결과, 그 성운은 우리 은하수 안에 들어 있는 천체가 아니라 우리 은하수 바깥에 멀리 떨어져 있는 독립적인 은하임을 알아냈다. 그래서 우리가 들어앉아 있는 은하를 우리 은하수라고 부르고, 우리 은하수 바깥에 있는 다른 은하들은 외부은하라고 부르게 되었다. 밤하늘에 보이는 은하수도 그러한 수 많은 은하 가운데 하나인데, 다만 우리가 그 속에 들어앉아 있어서 노르스름한 띠처럼 보이는 것이다. 곧이어 1929년에, 허블은 그 외부은하들이 우리 은하수에서 거리가 멀수록 더 빨리 우리로부터 달아나고 있다는 사실을 알아냈다. 20세기 최고의 과학적 발견 가운데 하나인 우주 공간의 팽창이 발견되는 순간이었다.

에드윈 허블이 사용한 망원경은 미국의 로스앤젤레스의 윌슨 산 천문대에 있는 구경 2.5미터짜리 후커 망원경이었다. 외부은하까지의 거리나 적색이동을 측정하려면 이렇게 거대한 망원경을 만들 수 있는 기술이 필요했다. 또한 분광기와 사진 건판 기술이 나와야 이런 관측이 가능했다. 과학적 발견과 기술적 진보가 뒷받침되어야만 외부은하와 우주의 팽창을 관측할 수 있었던 것이다.

그 뒤로 천문학자들은 새로운 기술이 적용된 더 큰 천체망원경을 만들었다. 심지어 지구 대기가 천체를 관측하는 데 지장을 주므로 우주 공간에 망원경을 띄워 올려서 천체를 관측하게 되었다. 1990년에 지상 560킬로미터 상공으로 발사된 구경 2.4미터의 허블우주망원경은 지금까지도 우리에게 찬란한 우주의 모습을 보여주고 있다. 1993년에 하와이의 마우나케아 산의 꼭대기에 건설한 구경 10미터의 켁(Keck) 망원경은 우주에 떠 있는 '허블 망원경'과 보조를 맞추어 땅 위에 건설한

대형 천체망원경이다. 1996년에는 똑같은 망원경을 하나 더 건설함으로써 켁 망원경은 쌍둥이 망원경이 되었다. 지금 전 세계에는 구경 8미터가 넘는 대형 천체망원경 13기가 가동되고 있다.*

천문 관측 기술의 발달로 인해 1990년부터 약 15년간 천문학은 인류의 우주관을 혁명적으로 바꾸었다. 지금 천문학자들은 2021년 12월에 발사 예정으로 구경 6.5미터의 제임스웹 우주망원경을 준비하고 있다. 또한 우리나라를 비롯한 미국, 오스트레일리아, 브라질 등의 천문학 기관들은 구경 25미터짜리 지상망원경인 거대 마젤란 망원경(GMT)를 칠레 라스 깜빠나스 천문대에 건설하고 있다. 미국의 캘리포니아 과학기술원(칼텍)을 중심으로 인도, 중국, 일본, 캐나다가 연합하여 구경 30미터 초대형 망원경인 티엠티(TMT)를 하와이 마우나케아에 건설하려고 하고 있다. 또 유럽의 여러 나라도 구경 약 40미터로 유럽 초대형 망원경(E-ELT)을 칠레 아타카마 사막에 건설하려 하고 있다.

천문학은 행성과 별과 성운과 은하와 우주와 시공간을 과학적으로 연구하는 학문이다. 천체가 무엇이며 어떻게 생겨났는지를 수학과 물리학과 화학을 동원하여 연구한다. 넓은 우주에서 벌어지는 다양한 천체 현상을 연구하는 일은 그리 쉽지 않다. 또 그런 이야기를 모두 담아내기는 책 한 권으로는 어림도 없다. 그래서 이 책에서는 천문학의 기

---

* 미국 하와이 마우나케아 산에 있는 켁 망원경(구경 10미터×2기), 거대 쌍안 망원경(구경 8.4미터×2기), 하와이와 칠레에 각 1기씩 있는 제미니 망원경(구경 8.1미터×2기) 등은 미국이 주도하여 운용하는 천체망원경들이다. 유럽의 여러 나라가 모인 유럽 남천 천문대(ESO)는 칠레의 파라날에 VLT라는 천체망원경(구경 8.2미터×4기)을 운용하고 있다. 일본도 하와이 마우나케아 산에 스바르 망원경(구경 8.2미터)을 운용하고 있다. 그 밖에 남아프리카 공화국에 있는 SALT 망원경(구경 9.2미터), HET 망원경(구경 9.2미터), GTC 망원경(구경 10.4미터) 등이 있다.

본인 우주의 크기 측량에 집중해볼까 한다.

인류는 자신이 사는 우주를 측량하면서 수학과 과학을 발전시켜왔다. 우리는 이 책에서 지구의 크기를 재고, 태양계 행성들은 얼마나 멀리 떨어져 있는지 직접 계산해볼 것이다. 또 태양계를 넘어 이웃한 별들까지의 거리와 우리 은하수의 크기를 측정해보고, 이웃 은하들은 얼마나 멀리 떨어져 있으며 또 어떻게 분포해 있는지 알아보고, 그리고 마지막으로 우리 우주 전체의 크기를 가늠해볼 것이다.

이 책은 단순히 천문학 지식을 나열하기 위한 것이 아니라 그동안 천문학자들이 그러한 지식을 어떻게 알아냈는지 이야기하고 그것을 우리 손으로 직접 계산해보는 데 의미를 두고자 한다. 천문학 공부를 하지 않은 사람도 이해하려면 비명이 나올 정도로 어려운 고등수학이나 물리학을 쓰지 말아야 한다. 그렇지만 최신 고등 과학의 성과를 일상 언어로 푸는 데는 한계가 있다. 그래서 어쩔 수 없이 수학을 사용할 수밖에 없었는데, 중학교와 고등학교 때 배우는 수학이면 충분히 내용을 이해할 수 있도록 이야기를 풀어야만 했다. 이 책에는 기본적인 수준의 삼각함수와 지수·로그 함수를 사용했고, 미분과 적분은 되도록 쓰지 않으려고 했으나 차라리 미분과 적분을 쓰는 편이 설명이 쉽고 간단한 부분에서는 그것을 사용할 것이다. 또한 물리학은 뉴턴의 만유인력의 법칙으로 충분하면 좋겠지만, 우주론적 규모에서 일어나는 현상을 풀어내기 위해 하는 수 없이 일반상대성이론을 동원해야 했다. 그러나 일반상대론은 가볍게 개념 수준으로만, 즉 독자들이 아인슈타인 장-방정식을 풀 일은 없고 다만 계산을 따라가는 정도로만 소개하려 한다.

우주는 너무나 광활해서 우리의 일상적인 감각을 뛰어넘는다. 그러나 우리에게는 수학이라는 도구가 있다. 수학은 보편적이므로 누구나 똑같은 답을 얻을 수 있게 해준다. 일찍이 갈릴레오 갈릴레이는 "우주를 읽으려면 그 언어를 배우고 그것이 적혀진 글자에 익숙해져야 한다. 우주는 수학이라는 언어로 적혀 있다"라고 했다. 이번 여행에 필요한 가장 중요한 준비물은 여러분의 우주에 대한 무한한 호기심, 그리고 전자계산기 하나면 족하다.

Chapter 01 우주의 척도

우리가 물건의 길이를 재건 토지를 측량하건 자가 필요하다. 우주를 측량하는 데도 먼저 자에 대해 이해해야 할 것이다. 자를 다른 말로 척도(尺度)라고 한다. 세종대왕 때 도량형을 정비했다는 말을 들었을 것이다. 여기서 도량형의 도(度)는 길이를 잴 때 쓰는 자이고, 량(量)은 부피를 잴 때 쓰는 되와 말이고, 형(衡)은 무게를 재는 저울추를 뜻한다. 옷감을 사고팔 때 옷감의 길이를 재는 자가 사람마다 또는 시장마다 다르다면 다툼이 많이 생길 것이다. 또 쌀을 사고파는 데 그 부피를 재는 말이나 되의 크기가 사람마다 지역마다 다르다면 큰 혼란이 생길 것이다. 돼지고기를 사고팔 때 무게를 다는 저울과 저울추가 제멋대로여도 그럴 것이다. 그래서 고대로부터 나라에서 길이와 부피와 무게의 기준을 정해서 사용했다. 이와 같이 나라에서 모든 시민이 공통적으로 사용할 길이, 부피, 무게의 기준을 세우는 것을 '도량형의 표준을 정한다'라고 한다.

조선 시대에는 무엇을 재느냐에 따라 몇 가지 종류의 자가 사용되었다. 가장 기준이 되는 것은 주척(周尺)인데, 그 옛날 '중국의 주(周)나라에서 사용했던 자'라는 뜻이다. 조선의 도량형을 정하는데 저 멀리 중국 주나라 시대까지 거슬러 올라갔다는 말이다. 우리 조상들이 주체성이 없어서가 아니라 그게 당시 동아시아 문명권의 표준이었기 때문이다. 왕실의 각종 예식에 사용되는 물건의 길이를 잴 때는 주척을 사용했다. 황종척은 관악기의 높낮이를 정하는 황종률관의 길이를 결정하였다. 옷감의 길이를 잴 때는 포백척(布帛尺)을 썼고, 건축물의 크기를 잴 때는 영조척(營造尺)이라는 것을 썼다.

'자'라는 길이 단위는 한자로는 척(尺)이라고 하며, 자의 종류에 따라 또한 시대에 따라 그 길이가 조금씩 달라졌지만 대체로 1자는 현대의 길이 단위로는 20~30*cm*(센티미터)였다. 어른의 발의 길이 정도라고 보면 되며, 이는 영국이나 미국에서 사용하는 피트(feet)라는 척도와 비슷하다고 볼 수 있다.

1자를 10등분하면 '치'라는 척도가 되는데, 대략 어른의 손가락 마디 길이에 해당한다. 그래서 한자로는 마디 촌(寸) 자를 쓴다. 영국이나 미국에서 사용하는 인치(inch)와 마찬가지라고 볼 수 있다. 1치를 또 10등분하면 '푼'이라는 단위가 된다. 푼은 한자로는 분(分)이지만 우리 조상들은 한자 대신 우리말 '푼'으로 읽었다. 1푼을 10등분하면 '1리(釐)'가 되고, 1리를 10등분하면 '1호(毫)'가 된다.

1주척(周尺)의 길이는 시대에 따라 다르지만, 대략 20*cm*로 볼 수 있다. 그러면 1치=2*cm*이고, 1푼=0.2*cm*=2*mm*(밀리미터)이며, 1리=0.02*cm*=0.2*mm*=200*μm*이고, 1호=0.02*mm*=20*μm*이다. 여기서 *μm*는 마이크로미터 또는 마이크론이라고 읽는데, 1미터의 1백만 분의 1에 해당하는 아주 짧은 길이이다. 사람의 머리카락 두께가 대략 100*μm*이므로 전통적인 길이 단위로 표시하면 약 5호가 되는 것이다. 호는 머리카락 굵기 정도의 길이를 나타내는 척도인 셈인데, 그래서 터럭을 뜻하는 호(毫)자를 쓴 것이다. 10자는 1길이라고 했다.* 현대 길이 단위로는 약 200*cm*, 즉 2*m*(미터)에 해당하므로 대충 어른의 키에 해당한다.

'열 길 물속은 알아도 한 길 사람의 속은 모른다'라는 속담이나 '천 길 낭떠러지'라는 표현에 나오는 '길'이 바로 이 길이 단위이다. 지금까지 설명한 우리의 전통적인 길이 단위를 정리하면 다음과 같다.

1길 = 10자 = 100치 = 1,000푼 = 10,000리 = 100,000호
1자 = 10치 = 100푼 = 1,000리 = 10,000호
1치 = 10푼 = 100리 = 1,000호
1푼 = 10리 = 100호
1리 = 10호

요즘은 전통적인 길이 단위를 버리고 국제 표준인 미터법을 채택했다. 미터법은 길이는 미터(m), 부피는 리터(l), 그리고 무게는 킬로그램(kg)이라는 단위를 사용하는 것이다. 미터법은 프랑스 대혁명이 성공한 뒤인 1799년 12월 10일, 프랑스에서 제정했다. 미터(meter)라는 말은 '잰다'라는 뜻의 그리스어인 메트론(metron) 또는 라틴어인 메트룸(metrum)에서 유래했다.

미터법이 제정되던 무렵 프랑스에서는 약 800개의 이름으로 25만 개나 되는 도량형이 사용되고 있었다고 한다. 이래서는 여러 가지 문제가 발생할 수밖에 없었다. 우선 프랑스 과학 학술원은 지구의 북극에서 프랑스 파리를 지나 적도에 이르는 자오선 길이의 1,000만 분의 1을 '1 m(미터)'라고 정했다. 도량형의 도(度)가 정의된 것이다. 이렇게 정의하면 사람마다 지역마다 달라지지 않는 보편적인 길이 단위가 될 것이다. 또한 1 m의 100분의 1을 1 cm(센티미터), 1 m의 1,000배를 1 km(킬로

---

* 1길은 '일 길'이라고 읽지 않고 '한 길'이라고 읽는다. 다른 단위들도 마찬가지이다.

미터)라고 한다.

도량형 중에서 량(量)은 부피인데, 미터법에서는 한 변의 길이가 0.1 m, 즉 10 cm인 정육면체의 부피를 '1 l(리터)'라고 정했다. 정육면체에서 '부피=가로×세로×높이'이므로 1 l는 1,000 cm^3(세제곱센티미터)와 같다. 도량형의 형(衡)에 해당하는 무게는 그 1 l 부피 안에 담긴 물의 무게를 '1 kg(킬로그램)'이라고 정의했다.

또한 한 변의 길이가 1 cm인 정육면체의 부피는 1 cm^3가 되고, 이것은 1 l의 1,000분의 1이므로 1,000분의 1을 나타내는 '밀리(m −)'를 붙여서 1 ml라고 쓰고 '1밀리리터'라고 읽는다. 또한 1 ml를 1 cc라고 쓰고 '1씨씨'라고 읽는다. 1 ml의 부피에 담긴 물의 무게는 1,000분의 1 kg이므로 1 g이 된다. 킬로그램(kg)의 k가 1,000을 뜻하기 때문이다. 1,000 kg을 1톤이라고 하고 1 t이라고 적는다. 1,000톤을 1킬로톤이라고 하고 1 kt이라고 적는다. 여기서 k도 1,000을 나타내는 킬로의 약자이다. 1,000 kt은 1메가톤이라고 하고 1 Mt이라고 쓴다. (메가의 M은 꼭 대문자로 써야 한다.) 또 1,000메가톤은 1기가톤(Gt)이 된다. 이것을 정리하면 [표 I−1]과 같다.

일상생활에서 길이를 잴 때, 그 대상에 따라 센티미터, 미터, 킬로미터 단위를 쓰듯이 우주에서도 규모에 따라 다른 척도를 쓰는 것이 편리하다. 천체들을 작은 규모에서부터 큰 규모로 가면서 생각해보자. 우리가 사는 지구, 가장 가까운 천체인 달, 가장 가까운 별인 해와 그 해가 거느리고 있는 여덟 행성들, 거기에 혜성과 소행성 등의 소천체들로 이루어진 태양계, 해에서 가장 가까운 별 프록시마 센타우리, 해와 이웃한 별들, 그 별들이 몇천억 개나 모여서 이루어진 은하수, 은하수와 이웃한 다른 은하들, 그 은하들이 모여서 떼를 이루고 있는 은하단, 은

표 I–1 도량형의 단위

길이	부피	무게
$1\,cm$	$1\,cm^3 = 1\,ml$ $= 1\,cc$	$1\,g$
$10\,cm$	$1{,}000\,cm^3 = 1\,l$ $= 1{,}000\,cc$	$1{,}000\,g = 1\,kg$
$100\,cm = 1\,m$	$1{,}000{,}000\,cm^3 = 1{,}000\,l$ $= 1\,kl$ $= 1\,m^3$	$1{,}000\,kg = 1\,t$
$10\,m$	$1{,}000\,m^3$	$1{,}000\,t = 1\,kt$
$100\,m$	$1{,}000{,}000\,m^3$	$1{,}000\,kt = 1\,\mathrm{Mt}$
$1{,}000\,m = 1\,km$	$1\,km^3$	$1{,}000\,\mathrm{Mt} = 1\,\mathrm{Gt}$

하단과 은하들이 마치 거미줄처럼 늘어서 있는 우주거대구조까지, 다양한 규모의 천체가 있다. 천문학에서는 규모에 따라 다음과 같이 여러 가지 거리 단위들을 사용한다.

* 미터(m): 사람의 키, 양팔을 벌렸을 때의 길이, 방의 크기, 집의 크기, 운동장의 크기와 같이 사람의 일상생활과 관련된 규모에서 사용한다.
* 킬로미터(km): k는 1,000 또는 10의 세제곱(10^3)을 뜻한다. 서울과 대전 사이의 거리와 같이 지구 위의 두 지점 사이의 거리, 소행성 · 달 · 지구 · 행성 · 해의 크기, 지구와 달 사이의 거리 등을 나타낼 때 사용한다.
* 천문단위(au): 1천문단위는 지구와 해 사이의 평균 거리로 정의

한다. 천문단위는 영어로 astronomical unit이므로 머리글자를 따서 *au*라고 적는다. 1천문단위, 즉 1*au*는 약 1억 5,000만 킬로미터에 해당한다. 빛의 속도로는 8분 20초가 걸리는 거리다. 즉, 햇빛이 지구까지 오는 데 8분 20초가 걸린다는 말이다. 천문단위는 태양계 안에 있는 천체들 사이의 거리를 나타내는 데 편리한 거리 단위이다. 2012년 8월 제28회 국제천문연맹 총회의 결의에 따라 천문단위의 부호는 소문자 *au*로 통일할 것을 권장하고 있다.

* 광년(*ly*): 빛이 1년 동안 간 거리를 1광년이라고 한다. 광년은 영어로 light year인데, 머리글자를 따서 *ly*라고 쓴다. 1*ly*는 63,241*au*에 해당한다. 가까운 별들 사이의 거리를 나타내는 데 편리하다.
* 파섹(*pc*): 이것은 연주시차가 1각초가 되는 거리이다. 원주 1바퀴에 해당하는 각도가 360도(°)이며, 원주 1바퀴의 360분의 1을 1도(°)라고 하고, 1도의 60분의 1을 1각분(′)이라 하고, 1각분의 60분의 1, 그러니까 1도의 3,600분의 1을 1각초(″)라고 한다. '각분', '각초'라고 하는 까닭은 시간의 단위인 '분'과 '초'와 혼동을 일으킬 수 있기 때문이다. 시간의 분과 초를 각도와 구분하기 위해 '시분'과 '시초'라고 부르기도 한다. 파섹은 영어로 parsec이며 줄여서 *pc*이라고 쓴다. 또한 $1pc = 3.26156ly = 206{,}265au$의 관계가 있으며 앞으로 많이 활용할 것이니 잘 기억해두기 바란다.

$$원주 = 360°$$
$$1° = 60′ = 3{,}600″$$

$$1' = 60''$$

앞에서 언급한 연주시차란, 지구가 해 둘레를 공전하면서 서로 반대쪽에 있을 때 어떤 별을 관찰하면 그 별이 천구상에 나타나는 방향이 조금 달라져 보이는데, 그 방향의 각도 차이를 반으로 나눈 것이다. 멀리 있는 별일수록 연주시차가 작아지므로 별의 연주시차를 측정하면 그 별의 거리를 결정할 수 있다. 그 자세한 내용은 조금 뒤에 자세히 설명하겠다.

과학에서는 아주 작은 숫자와 아주 큰 숫자를 자주 사용한다. 그래서 길이, 시간, 무게 등 여러 가지 단위에 접두사를 붙여서 그러한 작은 수나 큰 수를 표시한다. 길이의 경우를 예를 들어보자. 길이의 단위는 미터이다. m이라는 기호를 사용하며, 이것은 영어의 meter의 머리글자를 딴 기호이다. 사람의 키가 약 2미터 정도인데, 이것을 $2m$라고 적는다. 또한 서울에서 목포까지의 거리는 약 500킬로미터로, $500km$라고 적는다. 여기서 k라는 기호는 1,000이라는 숫자를 나타내는 영어의 킬로(kilo－)라는 접두사의 머리글자를 딴 것이다. 1미터가 1,000개 있다는 뜻이다. 가령 손톱 정도의 길이를 나타내는 1센티미터는 $1cm$라고 쓰는데, 여기의 c는 100분의 1을 뜻하는 영어의 센티(centi－)라는 접두사의 머리글자를 딴 것이다. 또한 1센티미터의 10분의 1을 1밀리미터라고 하는데, $1mm$라고 쓴다. 1센티미터가 1미터의 100분의 1이니까, 1밀리미터는 1미터의 1,000분의 1이 된다. 1,000분의 1을 나타내는 영어의 밀리(milli－)라는 접두사의 머리글자인 m을 기호로 써서 mm라는 기호로 쓴다. 앞의 m은 밀리를 뜻하고, 뒤의 m은 미터를 뜻한다.

표 I-2 과학에서 자주 사용하는 숫자 접두사

접두사	영어 표기	기호	숫자	거듭제곱 숫자
욕토	yocto–	y	0.000 000 000 000 000 000 000 001	10^{-24}
젭토	zepto–	z	0.000 000 000 000 000 000 001	10^{-21}
아토	atto–	a	0.000 000 000 000 000 001	10^{-18}
펨토	femto–	f	0.000 000 000 000 001	10^{-15}
피코	pico–	p	0.000 000 000 001	10^{-12}
나노	nano–	n	0.000 000 001	10^{-9}
마이크로	micro–	μ	0.000 001	10^{-6}
밀리	milli–	m	0.001	10^{-3}
1			1	10^{0}
킬로	kilo–	k	1000	10^{3}
메가	mega–	M	1000 000	10^{6}
기가	giga–	G	1000 000 000	10^{9}
테라	tera–	T	1000 000 000 000	10^{12}
페타	peta–	P	1000 000 000 000 000	10^{15}
엑사	exa–	E	1000 000 000 000 000 000	10^{18}
제타	zeta–	Z	1000 000 000 000 000 000 000	10^{21}
요타	yotta–	Y	1000 000 000 000 000 000 000 000	10^{24}

더 작은 크기로 가보자. 우리 몸의 세포의 크기는 대략 100만 분의 1미터다. 매번 이 숫자를 쓰는 것은 불편하기 때문에 숫자 대신에

$1\mu m$라고 적는다. 여기서 그리스 문자 뮤(μ)는 마이크로(micro-)를 뜻하는 기호로 '100만 분의 1'을 나타낸다. [표 I-2]에 이런 숫자 접두사들을 모아두었으니 찬찬히 보고 익혀두면 좋겠다.

서양식 숫자는 세 자리마다 즉 1,000배마다 새로운 접두사를 정해두었다. 즉, 1의 1,000배인 1,000이 킬로(k)이고, 킬로의 1,000배가 메가(M)이고, 메가의 1,000배가 기가(G), 또한 기가의 1,000배가 테라(T)가 되는 식이다. 또한 반대로 작은 숫자도 1,000배마다 접두사를 정해두었다. 1,000분의 1을 밀리(m)라고 하고, 1밀리의 1,000분의 1을 1마이크로(μ)라고 한다. 또한 1마이크로의 1,000분의 1을 1나노(n)라고 한다.

동양식 숫자는 이와 다르다. 동양식 숫자는 자주 사용하는 십(十), 백(百), 천(千)의 이름을 정해두고, 1만 배 커질 때마다, 즉 네 자리마다 숫자 이름을 정해두었다. 10^4을 만(萬), 10^8을 억(億), 10^{12}을 조(兆), 10^{16}을 경(京)이라고 부른다. 1경의 1만 배인 10^{20}을 1해(垓)라고 하고, 10^{24}을 자(秭), 10^{28}을 양(穰), 10^{32}을 구(溝), 10^{36}을 간(澗), 10^{40}을 정(正), 10^{44}을 재(載), 10^{48}을 극(極)이라고 부른다. 1극은 1 다음에 0을 48개나 쓰는 엄청나게 큰 숫자이다.

동양에서도 1보다 작은 수에 자릿수마다 이름을 붙였다. 즉, 1의 10분의 1인 10^{-1}을 1푼(分)이라고 하고, 1푼의 10분의 1인 10^{-2}을 1리(釐)라고 하고, 1리의 10분의 1인 10^{-3}을 1모(毛)라고 한다. 모(毛)는 털이라는 뜻이다. 그다음에도 10배씩 작아질 때마다 각각 10^{-4}을 1사(絲), 10^{-5}을 1홀(忽), 10^{-6}을 미(微), 10^{-7}을 섬(纖), 10^{-8}을 사(沙), 10^{-9}을 진(塵), 10^{-10}을 애(埃), 10^{-11}을 묘(渺), 10^{-12}을 막(漠) 등으로 부른다. 사(絲)는 실의 굵기를 염두에 두고 만든 말일 것이고, 홀(忽)은

호홀(毫忽)이라는 단어에서 볼 수 있듯이 터럭 정도의 굵기를 연상할 수 있다. 미(微)는 작고 미세하다는 뜻이고, 섬(纖)은 고운 비단의 올 정도의 굵기를 나타낸다. 사(沙)는 모래알의 굵기, 진(塵)은 흙먼지 애(埃)는 티끌, 묘(渺)는 아득히 작다는 뜻이고, 막(漠)은 분명하지 않을 정도로 작다는 의미다.

이런 숫자는 일상생활에서 어느 정도 사용될까? 세종대왕 시대를 예로 들면, 간의와 같은 천체 관측 도구의 치수나 구멍의 크기, 또한 신기전의 로켓에 뚫는 구멍의 크기 등에서 1모(毛) 정도의 크기까지 사용하였다. 우리가 일상생활에서 사용하는 큰 수는 현재 조(兆)나 경(京) 정도가 가장 큰 수 같다.

천문학에서는 억보다 큰 단위의 숫자는 잘 사용하지 않고, 단지 10의 제곱수로 표시할 뿐이다. 가령, 우리 은하수에는 태양과 같은 별로 치면 별들이 약 2,000억 개 있다고는 말하지만, 태양의 질량인 2×10^{30} 킬로그램을 '200양(穰) 킬로그램'이라고는 읽지 않고 '2 곱하기 10의 30승 킬로그램'이라고 읽는다. 천문학에서는 이러한 천체보다 더 큰 것들이 잇달아 있으므로, 숫자를 이름으로 나타내기보다는 10의 거듭제곱으로 표현하는 편이 편리하다. 이 책에서는 계속해서 큰 숫자와 작은 숫자를 다루기 때문에 이 거듭제곱 표현법을 잘 익혀두어야 한다. 거듭제곱에 대해 정리해놓은 [부록 B]를 찬찬히 읽어보고 학교에서 배운 내용을 기억해 내기 바란다.

[표 I-2]에 있는 숫자 접두사들은 과학 분야만이 아니라 일상생활에서도 흔히 사용되고 있다. 컴퓨터의 메모리 용량이나 하드디스크의 용량을 예로 들 수 있다. 우리가 흔히 사용하는 컴퓨터의 램은 4기가바이트이고, 하드디스크는 500기가바이트 또는 1테라바이트이다.

대략 글자 하나의 정보량을 바이트(Byte)라고 하며 B라는 기호로 나타낸다. 바이트, 즉 B 앞에 킬로(k), 메가(M), 기가(G) 따위가 붙어 있는데, 여기서 킬로는 1,000을 나타내고, 메가는 킬로의 1,000배, 기가는 메가의 1,000배, 그리고 테라는 기가의 1,000배를 나타낸다. (정확하게는 1,000이 아니라 1,024이지만 보통 24는 무시하고 간단하게 사용한다.) 이것을 적용하여 메모리 용량을 글자수로 환산해보자.

* 1B(바이트)＝글자 1자
* 1kB(킬로바이트)＝1,000자＝A4 원고 1장
* 1MB(메가바이트)＝1,000kB＝A4 원고 1,000장
  ＝200kB×5＝소설책 5권
  (가령, 소설책 1권＝A4 원고 200장＝200kB)
* 1GB(기가바이트)＝1,000MB＝1,000,000kB＝A4 원고 1,000,000장
  ＝1,000×소설책 5권＝소설책 5,000권
* 500GB＝500×소설책 5,000권＝소설책 2,500,000권
  ＝소설책 250만 권
* 1TB(테라바이트)＝1,000GB＝소설책 500만 권

우리가 흔히 게임을 즐기는데 사용하는 컴퓨터에 내장되어 있는 1테라바이트짜리 하드디스크는 소설책 500만 권을 저장할 수 있는 어마어마한 용량이다! 대한민국 국회도서관에 있는 책이 약 400만 권이고, 서울대학교 도서관에 약 300만 권이 있다. 이 책들이 모두 텍스트 문자로 되어 있다면, 1.5테라바이트 하드디스크에 전부 담아둘 수 있다.

천문학에서도 이러한 접두사를 많이 사용한다. 즉, 1파섹의 1,000배를

1킬로파섹(kpc)이라고 하고, 1킬로파섹의 1,000배를 1메가파섹(Mpc)이라고 하며, 1메가파섹의 1,000배를 1기가파섹(Gpc)이라고 한다.

* 1pc: 우리 은하수 안에 있는 별들 사이의 평균적인 거리에 해당한다.
* 1kpc = 1,000pc: 은하 각각의 크기나 이웃 은하까지의 거리를 나타내는 데 편리한 거리 단위이다.
* 1Mpc = 1,000kpc = 1,000,000pc: 은하단의 크기나 은하단을 이루는 은하들 사이의 거리를 나타낼 때 사용된다.
* 1Gpc = 1,000Mpc = 1,000,000,000pc: 우리가 볼 수 있는 우주의 크기에 필적하는 매우 큰 규모를 나타낼 때 사용된다.

이렇게 큰 숫자를 나타낼 때, 1의 1,000배를 1킬로, 1킬로의 1,000배를 1메가, 1메가의 1,000배를 1기가, 1기가의 1,000배를 1테라라고 하는 체계는 유럽의 체계이다. 유럽에서는 세 자리마다 그러니까 1,000배가 커질 때마다 새로운 숫자 단위를 도입한다. 영어를 예로 들면, 1,000은 thousand이고, 1,000개의 thousand가 모이면 million이고, 또 1,000개의 million이 모이면 billion이고, 또 1,000개의 billion이 모이면 trillion이 되는 식이다. 앞에서도 설명했지만, 반면에 중국을 비롯한 동양은 1만 배가 증가할 때마다 새로운 단위를 사용한다. 1의 1만 배는 1만, 1만의 1만 배는 1억, 1억의 1만 배는 1조, 1조의 1만 배는 1경, 1경의 1만 배를 1해라고 부르는 식이다.

이와 관련하여 요즘 큰 숫자를 쓸 때 세 자리마다 쉼표를 찍는다. 예를 들어 빛의 속도는 c로 나타내며, 그 값은 c= 299,792,458m/s인데,

여기에 세 자리마다 쉼표를 찍는다. 이것은 몇 자리 숫자인지 세기 쉽게 하려는 것이 아니다. 12,458은 12개의 thousand와 거기에 더해 458이 있다는 뜻이다. 9,300,000이라면, 9개의 million이 있고 거기에 300개의 thousand가 있다는 말이다. 이와 같이 서양의 숫자가 세 자리마다 부르는 명칭이 달라지기 때문에 세 자리마다 쉼표를 찍는 것이다. 그러나 동양은 네 자리마다 자릿수를 나타내는 명칭이 바뀌므로, 사실 네 자리마다 쉼표를 찍어야 편하다. 그럼에도 불구하고, 요즘은 통상적으로 국제 표준인 서양식 숫자 표기법을 따라 세 자리마다 쉼표를 찍고 있다.

측정과 유효숫자

유효숫자는 과학에서 가장 중요한 개념 가운데 하나이다. 이 내용은 고등학교 때 물리나 화학을 선택하고 실험을 제대로 했다면 익힐 수 있는 내용이다. 모든 경험 과학에서 측정, 유효숫자, 오차 등의 개념은 문과나 이과를 막론하고 그 중요성을 아무리 강조해도 지나치지 않다. 그래서 대학에 들어가서 전공과목을 공부할 때 다시 배운다. 측정치에 대해서는 항상 대푯값, 유효숫자, 오차를 따져야 한다. 그 값을 모른 채 판단을 내리면 우리는 잘못된 판단을 내리기 쉽다. 과학 연구에서 매우 중요한 개념이다.

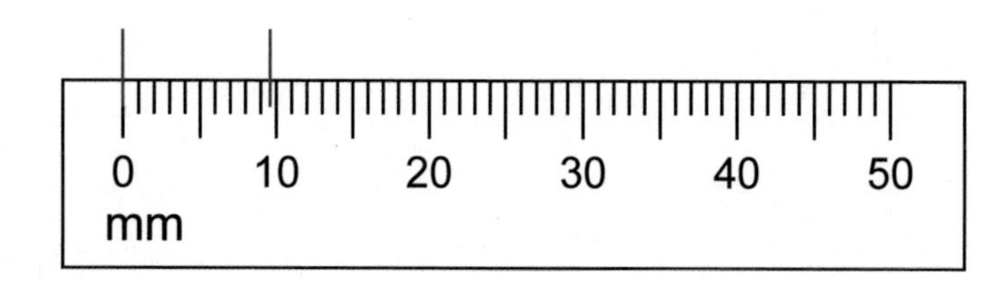

앞의 그림을 보자. 빨간 세로 바늘이 몇 밀리미터(mm)를 가리키는 것으로 읽겠는가? 눈금 하나가 mm 단위이므로 9 mm까지는 모두 동의하겠지만, 그보다 작은 단위의 숫자는 서로 다를 수 있다. 어떤 사람은 9.6 mm라고 할 것이고, 어떤 사람은 9.7 mm라고 하고, 어떤 사람은 9.8 mm라고 할 것이다. 그러나 바늘이 가리키는 곳이 9.73 mm인지 9.77 mm인지 소수점 아래 둘째 자리 숫자를 놓고 서로 맞다고 다투는 일은 없다. 소수점 아래 둘째 자리는 무의미한 숫자라는 뜻이다. 또한 0.1 mm 단위의 숫자가 다들 다르다고 해서 그 숫자는 무시하고 이 길이가 단지 9 mm라고 말하는 것은 정보를 잃는 것이다. 바늘이 9 mm 눈금에 딱 일치하는 것은 분명히 아니기 때문이다. 또한 반올림해서 10 mm라고 해도 정보를 잃었다고 볼 수 있다. 그래서 과학도가 무엇을 측정할 때, 주어진 눈금의 1/10만큼은 애써서 읽고 뭔가 정보를 담을 수 있으므로 거기까지를 유효숫자로 취급하고 측정값을 적는다. 이를 감안하여, 딱 한 번 측정한 측정값에는 넉넉잡아 최소 눈금의 ±1/5배 정도에 해당하는 측정의 불확실성이 있다고 본다. 앞의 예에서 측정치는 각각 $9.6 \pm 0.2\,mm$, $9.7 \pm 0.2\,mm$, $9.8 \pm 0.2\,mm$의 의미를 갖는 것이다. 이처럼, 충분히 믿을 만한 측정치를 유효수치라고 하고 그 유효수치를 표현하기 위한 숫자를 유효숫자라고 하며, 그 유효숫자의 개수를 유효자릿수라고 한다.

유효숫자보다 더 확실하게 오차를 표시하는 방법은 유효숫자 뒤에 ±를 쓴 다음 최대 측정오차를 적어주는 것이다. 앞에서 설명했듯이, 한 번의 측정을 하더라도 오차(불확실성)가 있다. 오차에는 측정 가능한 오차와 우연한 오차가 있다. 측정 가능한 오차에는 측정 도구의 오차와 측정 방법에 따른 오차가 있다. 이런 것들은 숙련도를 높이거나 오차의 원인을 찾아 측정 도구를 개선하여 오차를 줄인다. 그러나 우연한 오차는 원인을 알 수 없어서 실험자 마음대로 줄이거나 없앨 수 없는 오차이다.

막대기의 길이 x라는 물리량을 눈금이 새겨진 자로 N번 측정한 경우, 측정값의 표본 평균 $\overline{x}$와 표본 표준편차 S_x를 구한 다음, 그 표본 평균값 $\overline{x}$를 대표 측정값으로 하고 표본 표준편차를 측정오차로 하여 그 평균값의 불확실성을 나타내는 지표로 삼는다. 그 측정치를 나타낼 때는 $x = \overline{x} \pm S_x$와 같이 나타낸다. 이때 평균값의 유효숫자를 따진 다음, 표준오차의 최소 자릿수를 평균값의 유효숫자에 맞춰 반올림해준다. 이것은, 측정횟수 N이 충분히 클 때, x의 참값이 $\overline{x} - S_x < x < \overline{x} + S_x$에 있을 확률이 68.3퍼센트라는 뜻이다.

계산하는 예를 들어보자. 어떤 물리량 x의 표본 평균 $\overline{x}$는, 모든 측정치를 더한 다음 그 측정 횟수로 나눠준다. 이것을 시그마(Σ) 기호를 써서 표현하면, i번째 측정값을 x_i라고 할 때, 첫 번째부터 N번째까지의 측정값을 더한 양을 $\sum_{i=1}^{N} x_i$라고 표시한다. 그러면 측정값의 표본 평균은, 앞의 예에서 측정값을 가져올 경우,

$$\overline{x} = \frac{\sum_{i=1}^{N} x_i}{N} = \frac{9.6 + 9.7 + 9.8}{3} = 9.7$$

로 구한다. 또한 각각의 측정치에서 이 평균값을 빼준 값을 제곱하여 이를 모두 더한 다음, $N-1$로 나눠준 것을 표본 분산이라고 하며, 그 분산의 제곱근을 표본 표준편차라고 한다. 예를 들어, 앞에서 표본 평균값을 $\overline{x} = 9.7$로 구했으므로, 표본 분산(S_x^2)은

$$S_x^2 \equiv \frac{\sum_{i=1}^{N}(x_i - \bar{x})^2}{N-1} = \frac{(9.6-9.7)^2 + (9.7-9.7)^2 + (9.8-9.7)^2}{3-1}$$

$$= \frac{(-0.1)^2 + 0 + 0.1^2}{2} = 0.1^2$$

과 같이 구하고, 표본 표준편차는 $S_x = 0.1$가 된다.

앞의 그림의 경우, 측정시 유효숫자가 2자리이므로 소수점 이하 첫째 자리까지만 표준오차를 써주면 된다. 결과적으로 측정치는 $9.7 \pm 0.1\,mm$ 가 된다.

천문학에서도 이와 마찬가지로 측정한다. 예를 들어 별의 밝기를 측정한다고 하자. 천문학자는 사진을 찍건 씨씨디(CCD)로 영상을 얻건 광전자증배관(PM-tube)을 사용하건, 별의 밝기를 여러 번 측정하여 그 평균과 표준오차를 구하여 측정값으로 제시하게 된다. 이러한 관측치에 대해 최소자승법 등의 통계적 분석을 시행하여 물리량을 결정할 때는, 관측치에 들어 있는 오차가 그 물리량의 오차로 전파되게 된다.

$132\,cm$와 $132.0\,cm$는 유효숫자의 개수가 다르다. $132\,cm$는 길이 x가 $131.5\,cm \leq x < 132.5\,cm$라는 뜻이고, $132.0\,cm$는 길이 x가 $131.95\,cm \leq x < 132.05\,cm$라는 뜻이다. 이러한 유효숫자의 차이는 대개 자에 얼마나 작은 눈금까지 새겨져 있느냐에 달려 있다. 한편 $1{,}300\,cm$라고 쓰면, 유효숫자가 1과 3까지인지, 1,3,0까지인지, 1,3,0,0까지인지 분명하지 않다. 그래서 물리량을 표시할 때는 반드시 유효숫자를 표시한다. 밑줄을 치기도 하지만, 보통은 유효숫자와 10의 거듭제곱 꼴로 숫자를 쓴다. 만일 1과 3만이 유효숫자라면 $1.3 \times 10^3\,cm$라고 쓰고, 만일 1과 3과 0까지가 유효숫자라면 $1.30 \times 10^3\,cm$라고 쓴다.

유효숫자로 표시된 물리량을 더하거나, 빼거나, 곱하거나, 나누거나 할 때와 삼각함수, 지수함수, 멱함수 등에 넣어서 계산할 때도 그 결괏값에 대해 유효숫자의 자릿수까지만 남기고 바로 그 아랫자리에서 반올림해준다.

연습문제 1 밑변의 길이는 $9.7\,mm$이고 높이는 $1.30 \times 10^3\,cm$인 직사각형의 넓이는?

답 $9.7\,mm$는 $0.97\,cm$이다. 직사각형의 넓이는

$$S = \text{밑변} \times \text{높이} = 0.97\,cm \times (1.30 \times 10^3\,cm) = 1.261 \times 10^3\,cm^2$$
$$\simeq 1.3 \times 10^3\,cm^2$$

이다. 밑변은 유효숫자가 두 자리이고 높이는 세 자리이다. 따라서 최종 결과는 유효숫자 자리가 작은 두 자리를 택하여, 왼쪽에서 셋째 자리인 6을 반올림하여 1.3으로 쓴다. 이때 유효숫자를 반영하여 어림한 값이라는 뜻으로 $\simeq$라는 기호를 쓴다.

거리는 시간이다

간단하게 설명할 수 없다면, 그것을 충분히 이해하지 못한 것이다.

– 알베르트 아인슈타인

1905년에 알베르트 아인슈타인(1879~1955)은 특수상대성이론을 발표하였다. 특수상대성이론은 다음의 두 가지 공준을 바탕으로 하고 있다.

공준 1. 상대성의 원리: 물리 법칙은 모든 관성계에서 동일하다.
공준 2. 광속 불변의 원리: 자유 공간에서 광속은 모든 관성계에서 동일하다.

두 번째 공준은 빛의 속력(광속)이 그 빛을 내는 광원의 속도에 무관하게 일정하다는 뜻이다. 지금까지 수많은 물리학자들이 이 공준을 검증하려고 조사하고 실험해왔지만, 이 공리는 여전히 참으로 남아 있다. 우리 우주에는 빛보다 빠른 존재가 아직 발견되지 않았다. 광속은 유한하며 1초에 약 30만 킬로미터를 진행한다.* 빛이 일정한 거리를 진행하는 데 일정한 시간이 걸린다는 뜻이다. 그래서 지구에서 38만 4,000킬로미터 떨어진 달에서 달빛이 지구까지 오는 데 1.3초가 걸리고, 지구에서 1억 5,000만 킬로미터 떨어진 해에서 햇빛이 지구까지 오는 데 8분 20초가 걸린다.

이 책을 읽으려면 이런 계산에 익숙해야 하니 여기서 잠시 간단한 산수를 배우고 넘어가자. 이미 이런 계산에 익숙한 독자라면 건너뛰어도 좋다. 일정 거리를 어떤 속력으로 이동하는 데 걸린 시간은 어떻게 구할까? 그렇다. 거리를 속력으로 나눠주면 간단히 구할 수 있다. 이렇게 이야기하면 엄청 어렵게 들리지만, 우리는 이런 계산을 일상생활에서 밥 먹듯 하고 있다. 예를 들어, 서울에서 대전까지 거리는 약 200킬로미터인데, 시속 100킬로미터로 자동차를 몰고 가면 시간이 얼마나 걸릴까? 서울에서 대전까지의 거리를 자동차의 속력으로 나누면 된다. 이것을 수식으로 표현하면 다음과 같다.

$$\text{걸린 시간} = \frac{\text{거리}}{\text{속력}}$$

* 속력과 속도는 모두 빠른 정도를 나타내는 말이지만, 속력은 빠른 정도의 크기만 나타내는 개념이며 속도는 크기와 방향을 모두 포함한 개념이다.

또는

$$속력 = \frac{거리}{걸린\ 시간}$$

그런데 같은 말을 이렇게 한번 바꿔보자.

"A지점에서 B지점까지의 거리를 d라고 하자.
이 두 지점을 속력이 v인 자동차를 타고 갔을 때
걸린 시간 t를 구하시오."

여기서 거리를 나타내는 d, 속력을 나타내는 v, 시간을 나타내는 t 등을 변수라고 한다. 변수에는 어떤 구체적인 숫자로 된 물리량을 대입할 수 있다. 이렇게 말투만 바꾸었는데도 수학 문제가 되고 물리학 문제가 되어, 사람들은 지레 겁을 먹는다. 일상생활에서는 이런 문제를 심지어 암산으로 수도 없이 풀면서 말이다. 앞의 글로 쓴 식에 변수를 도입해서 다시 쓰면

$$t = \frac{d}{v}$$

이다. 이것을 우리는 수식이라고 한다. 이 수식에다가 앞의 자동차 문제에서 주어진 수치인 $d = 200\,km$, $v = 100\,km/h$을 대입하면 된다. 초고속 열차로 서울에서 부산까지 500킬로미터를 시속 250킬로미터로 가면 몇 시간이 걸리는가? 이 문제도 앞의 식에 있는 변수 d와 v에 각각 해당 수치를 대입하면 답을 얻는다. 또한 여기의 수치들은 모두 물리

단위가 있다. 변수 d는 km, 변수 v는 km/h, 그리고 변수 t는 시간(h) 단위이다. 이처럼 물리 단위가 있는 값을 물리량이라고 부르며, 물리 단위가 없는 값을 숫자라고 한다. 아마도 이것이 물리학의 수식과 수학의 수식이 다른 점이 아닐까 싶다.

일상생활에서 우리는 '시속 100킬로미터'라고 말한다. 자동차의 속력, 프로야구 투수가 던지는 공의 속력을 말할 때, 과학자들은 '시속 100킬로미터'를 $100\,km/h$ 또는 $100\,km\,h^{-1}$이라고 적는다. 여기서 h는 영어로 시(時)를 뜻하는 hour의 약자이다. 어떤 때는 hr이라는 약자로도 쓴다. 100킬로미터 거리를 1시간에 이동하는 속력을 말한다. $100\,km$ 나누기 1시간(hour)을 뜻하므로 $100\,km/h$이라고 적은 것이다. 일기예보에서 '최대 풍속 초속 30미터'라는 말을 하는데, 여기의 초속 30미터라는 속력을 과학자들은 $30\,m/sec$ 또는 $30\,m/s$ 또는 $30\,m\,s^{-1}$라고 적는다. 여기서 sec는 영어로 시간의 초를 뜻하는 세컨드(second)의 약자인데, 보통은 s만 적는다. 이 책에서도 s라고 쓰겠다. $100\,km/h$을 영어로 'one hundred kilometer per hour'라고 읽는다. 우리말로는 '시속 백 킬로미터'라고 읽지만, 사실은 '1시간당 100킬로미터'를 뜻한다고 이해하면 된다. 즉, 퍼(per)가 당(當)인 셈인데, 영어와 우리말(중국어)의 어순이 다르기 때문에 거리와 시간의 순서가 바뀐 셈이다. 마찬가지로 $20\,m/s$는 영어로는 'twenty meter per second'라고 읽는다. 우리말로는 '초속 이십 미터'라고 읽는다. 이것을 직역하면 '1초당 20미터'라는 뜻이다. 여기서도 'per(퍼)'는 '당'이 된다.

이제 서울과 대전을 이동하는 데 걸리는 시간을 계산해보자.

$$t = \frac{d}{v} = \frac{200\,\cancel{km}}{100\,\cancel{km}/h} = \frac{200}{100}h = 2h$$

분자와 분모에 반드시 같은 단위를 사용해야 계산 결과가 틀리지 않는다. 즉, 분자는 200,000m로 하고 분모는 100km/h으로 둔 상태에서 숫자의 나눗셈을 하면 절대 안 된다는 것이다. 굉장히 쉬운 이야기지만 이걸 모르면 전혀 엉뚱한 틀린 답이 나온다. 분자에 킬로미터 단위를 썼으면, 분모에도 킬로미터 단위를 써야 한다. 그래야만 분모와 분자에 있는 킬로미터 단위를 서로 소거할 수 있다. 또한 킬로미터 단위를 소거한 뒤에 남는 시간 단위는 다음과 같이 분자와 분모에 모두 시간을 곱해주어 계산한 것이다. 분자와 분모에 같은 양, 같은 숫자를 곱해도 그 분수는 변하지 않기 때문이다.

$$\frac{1}{\frac{1}{h}} = \frac{1 \times h}{\frac{1}{\cancel{h}} \times \cancel{h}} = \frac{h}{1} = h$$

이처럼 200킬로미터의 거리를 시속 100킬로미터로 이동하는 데 걸리는 시간은 2시간임을 계산할 수 있다. 우리는 앞으로 이런 계산에 익숙해져야 한다.

천문학적인 계산을 해보자. 지구와 달 사이의 거리는 약 38만 킬로미터이고, 지구와 해 사이의 거리는 약 1억 5,000만 킬로미터이다. 빛의 속력은 초속 30만 킬로미터이다. 달빛이 지구에 닿는 데 얼마나 오랜 시간이 걸리는지 계산해보자. 숫자가 크다고 겁을 먹지 말고, 분모와 분자에서 0을 같은 개수만큼 지우면 된다. 물론 분자와 분모에 나오는 길이 단위는 통일해야 한다.

$$걸린\ 시간 = \frac{380,000\cancel{km}}{300,000\cancel{km}/s} = \frac{38}{30}s = 1.2\dot{6}s \simeq 1.3s$$

여기서 분모의 초(s)는 앞에서 h의 경우와 마찬가지로

$$\frac{1}{1/s} = s$$

와 같이 계산한 것이다. 마지막에 $1.2666666\cdots = 1.2\dot{6}$을 1.3으로 적었는데, 이것은 유효숫자를 고려한 것이다. 여기서 $\simeq$라는 기호는 '유효숫자를 고려하여 반올림하여 구한 근삿값'이란 뜻이다. 참고로 천문학자들은 대개 $\approx$라는 기호는 근삿값이라는 뜻으로, $\sim$이라는 기호는 그 수치가 단지 자릿수 정도만 정확한 근삿값이란 뜻으로 쓴다. 달까지의 거리 38만 킬로미터와 빛의 속도 초속 30만 킬로미터에서 두 값의 유효숫자를 두 자리로 간주하고 계산 결과로 나오는 걸린 시간도 반올림을 적용해서 유효숫자 두 자리까지만 적은 것이다.

큰 숫자들은 거듭제곱을 이용하면 간단히 나타낼 수 있다. ([부록 B]에 거듭제곱 표기법에 대해 간단히 설명하였으니 꼭 익혀두자.) 가령, 광속인 초속 30만 킬로미터는 $3.0 \times 10^5\ km/s$로 나타낼 수 있다. 3 다음에 0이 5개가 나온다는 뜻으로 이해할 수 있다. 마찬가지로 38만 킬로미터는 $3.8 \times 10^5\ km$로 나타낼 수 있다. 여기서 굳이 3.0이나 3.8로 쓴 까닭은 바로 앞에서 설명한 유효숫자를 나타내기 위함이다. 3.0이라면 맨 뒤의 자릿수보다 바로 아래에서 반올림한 것이고 ± 0.05만큼의 오차가 들어 있을 수 있다는 뜻을 내포하고 있다. 이와 같은 방식으로 앞의 계산을 지수를 사용하여 풀어보면 다음과 같다.

$$\text{걸린 시간}=\frac{380{,}000\,km}{300{,}000\,km/s}=\frac{3.8\times\cancel{10^5}\,\cancel{km}}{3.0\times\cancel{10^5}\,\cancel{km}/s}=\frac{3.8}{3.0}s=1.2\dot{6}s\simeq1.3s$$

분모와 분자에서 10^5을 약분하고, 또한 분자와 분모에서 같은 단위인 킬로미터를 약분한다.

햇빛이 지구까지 오는 데 걸리는 시간을 계산해보자. 해와 지구 사이의 거리는 1천문단위 또는 1au이므로 약 1억 5,000만 킬로미터이다. 이를 초속 30만 킬로미터로 나누면 이 문제의 정답은 500초이다. 시간으로 60초가 1분이므로, 500초는 8분 20초가 된다. 60초가 8번이니까 480초가 되고, 500초에서 480초를 빼면 20초가 남는다는 뜻이다. 초등학교 때 배운 산수로 이야기하면, 500을 60으로 나누면 몫은 8이고 나머지는 20이 되는 것이다. 이러한 시간에 대한 계산도 천문학에서는 자주 나오므로 잘 익혀둘 필요가 있다.

가까운 달빛은 1.3초면 지구에 닿는데, 훨씬 멀리 있는 햇빛은 500초나 걸린다. 지구와 해 사이의 거리는 지구와 달 사이의 거리보다 약 380배 멀다. 여기서 알 수 있는 또 하나의 사실은, 지구에서 더 멀리 떨어져 있는 천체일수록 그 천체의 빛이 지구까지 도달하는 데 더 오랜 시간이 걸린다는 것이다. 빛의 속도가 유한해서 이런 일이 발생한다. 이 말을 달리 생각해보면, 멀리 있는 천체일수록 더 옛날 모습이라고 볼 수 있다. 지금 보이는 달은 1.3초 전의 모습이고, 지금 보이는 해는 500초 전의 모습이다!

아주 멀리 있는 천체라면 이 말이 더욱 와닿을 것이다. 안드로메다은하까지는 약 250만 광년 떨어져 있다. 1광년이라는 거리는 빛이 1년 동안 진행한 거리를 말한다. 한자로는 光年이며, 영어로는 light year이므로 ly라는 약자를 단위로 쓴다. 안드로메다은하까지는 빛으로 가도 250만 년이 걸린다는 말이다. 이 말을 달리 생각해보면, 지금 망원경으로 보이는 안드로메다은하의 모습은 250만 년 전의 모습인 셈이다. 좀 더 멀리 있는 대상을 생각해보면 이 말을 더욱 실감할 수 있다. 우주의 나이는 약 138억 년이라고 밝혀졌는데, 만일 우리가 130억 년 전 우주의 모습을 보고 싶다면 어떻게 해야 할까? 그렇다. 빛이 오는 데 130억 년 걸리는 거리에 있는 천체를 관찰하면 된다.

멀리 있는 천체일수록 우주의 더 오랜 과거의 모습을 보여준다. 그러나 천체들은 멀리 있을수록 더 희미해지기 때문에 이런 희미한 천체를 보려면 더욱더 큰 천체망원경이 필요하다. 그래서 대형 망원경은 우주의 과거를 보여주는 타임머신에 비유할 수 있다.

광년(ly)이라는 거리 단위와 관련해서 $1pc = 3.26ly$라는 사실을 기억하자. 양변을 숫자 3.26으로 나누어주면, $1ly = \frac{1}{3.26}pc = 0.306748\cdots pc \simeq 0.3pc$이다. 그러므로 100억 $ly \simeq$ 100억 $\times 0.3pc =$ 30억 pc(파섹)인데, 숫자 10억을 1기가라고 하고 1G라고 쓰므로, 100억 광년은 약 3기가파섹이 되고 이를 $3Gpc$이라고 쓴다. Gpc(기가파섹)이라는 거리 단위는 우리 우주 전체에 필적하는 규모를 나타내는 데 편리하다. 또한 $1pc = 206{,}265au$라는 관계를 알아두면 편리하다.

연습문제 2 안드로메다은하의 지름은 약 15만 광년이다(유효숫자 두 자리). 이것은 몇 kpc인가?

답 $\frac{150{,}000ly}{3.26ly/pc} \simeq 46kpc$

연습문제 3 안드로메다은하까지의 거리는 약 250만 광년이다(유효숫자 두 자리). 이 은하까지의 거리는 몇 kpc인가?

답 770 kpc

연습문제 4 1광년은 몇 au인가?

답 $1\,pc = 206{,}265\,au$이고, $1\,pc = 3.26\,ly$이다. 3.26은 유효숫자 세 자리이므로, 1광년은 약 $6.33 \times 10^4\,au$이다.

Chapter 02 태양계

기하학을 모르는 사람은 출입 금지.

– 플라톤의 아카데메이아 학당 입구에 걸려 있던 말

고대 그리스의 천문학

세계 여러 문명은 각자 나름대로 우주에 관심을 갖고 연구하였다. 현대 천문학의 기원을 거슬러 올라가면, 고대 그리스 철학자들과 바빌로니아 천문학자들을 거쳐 고대 메소포타미아 문명과 이집트 문명에 그 연원이 닿는다. 특히 고대 그리스의 자연철학자들은 우주를 기하학적으로 또는 논리적으로 이해하려 시도했으며, 그들의 방식이 역사적으로 가장 성공적이었다는 점도 흥미롭다.

그리스 문명은 기원전 1600년에서 기원전 1100년 무렵까지 화려한 황금 유물을 자랑한 미케네 문명에서 비롯하였다. 미케네 문명은 선형문자 B(linear B)라는 문자를 사용하였으므로 선사 시대가 아니라 역사시대이다. 트로이의 목마가 등장하는 트로이 전쟁이 바로 이 시기에 벌어졌다. 그 후 기원전 1000년에서 기원전 800년 무렵까지는 갑자기 문자가 사라지는 이른바 암흑기가 도래한다. 무슨 이유인지 알 수 없으나 고대 문명이 쇠락해버린 시기였다. 그 후 기원전 800년에서 기원전 700년 사이에는 기하학적 무늬를 그려 넣은 도기가 많이 발굴되어 기하학문양 시대로 부른다. 이 시기의 특징은 그리스 문자가 나타났다는

표 II-1 고대 그리스 문명의 시대 구분

시기	명칭	특징
기원전 1600년~ 기원전 1100년	미케네 문명	황금 유물, 선형문자B, 트로이 전쟁
기원전 1000년~ 기원전 800년	암흑기	문자 사용 안함
기원전 800년~ 기원전 700년	기하학문양 시대	그리스 알파벳, 기하문 도기
기원전 700년~ 기원전 600년	동방화 시대	페르시아 및 메소포타미아 문명의 영향을 받음
기원전 600년~ 기원전 480년	고졸기	기원전 490년: 마라톤 전투 기원전 480년: 그리스-페르시아 전쟁(크세르크세스의 침공, 살라미스 해전) 기원전 477년: 델로스 동맹
기원전 480년~ 기원전 323년	고전기	기원전 431년~기원전 404년: 펠로폰네소스 전쟁 기원전 323년: 알렉산더 대왕
기원전 323년~ 기원전 31년	헬레니즘	알렉산더 대왕의 제국 기원전 31년: 클레오파트라의 죽음

점이다. 그 이후인 기원전 700년에서 기원전 600년 사이는 그리스 문명이 페르시아와 메소포타미아와 이집트의 영향을 많이 받았으므로 동방화 시대라고 부른다. 그 당시 그리스가 보기에 페르시아나 메소포타미아 지방은 동쪽에 있었기 때문에 이런 이름이 붙었다. 기원전 600년부터 그리스-페르시아 전쟁이 일어나는 기원전 480년까지를 고졸기라고 부른다. 그 다음 시대인 고전기보다 문화가 예스럽고 소박하다는 뜻이다.

여러분이 잘 아는 마라톤 전투가 기원전 490년에 있었고, 기원전 480년에는 페르시아의 국왕인 크세르크세스가 그리스를 침공하였는데, 처음에는 아테네가 함락되는 등 전세가 그리스에 불리했으나 그 유명한 살라미스 해전에서 그리스 해군이 대승을 거두었고 그 후 그리스 도시국가들이 델로스 동맹을 맺어 페르시아를 압박하기 시작했다. 그 다음에는 알렉산더 대왕이 나타나서 수많은 정복 전쟁을 승리로 이끌며 지중해 일대와 멀리 인도까지 정복하여 대제국을 건설한다. 그래서 그리스-페르시아 전쟁이 벌어진 기원전 480년에서 알렉산더 대왕이 나타난 기원전 323년까지를 그리스의 고전기라고 부른다.

또한 알렉산더 대왕이 건설한 대제국이 운영되던 기원전 323년부터, 클레오파트라 여왕이 죽고 대제국이 로마에게 멸망되는 기원전 31년까지를 헬레니즘 문명이라고 부른다. 그 이후는 로마시대로 넘어간다.

고대 그리스 시대의 우주관을 이야기할 때 가장 먼저 언급되는 자연철학자는 플라톤이다. 기원전 400년 무렵 그리스 고전기의 철학자 플라톤은 이데아를 강조했다. 그는 우리가 보고 듣고 만지는 세상의 뒷면에는 기하학적인, 수학적인, 관념적인 이상 세계가 존재한다고 생각했다. 어려운 말로 하면, 실재하는 세계의 이면에 추상적인 이데아의 세계가 있다고 생각하였다. 그의 우주관도 이러한 생각을 바탕으로 세워졌다. 해, 달, 행성, 별 들은 가장 이상적인 도형인 원궤도를 그리면서 등속으로 운동한다고 보았다. 또한 우리가 보고, 듣고, 만지는 감각은 불완전하기 때문에 관찰이나 관측은 중요하지 않다고 여겼다.

지금으로부터 약 2,400년 전인 기원전 350년경, 고대 그리스의 철학자 아리스토텔레스는 우리가 사는 우주에 관해 다음과 같은 사실들을 논증하였다. "일식은 달이 해의 앞을 가리는 현상이 분명하므로 해는 달보다 멀리 있는 천체이다. 게다가 달은 하늘에서 매일 약 13° 정도씩 움직이는데, 해는 하늘에서 약 1° 정도씩만 움직이므로 달이 훨씬 더 가까이 있는 천체일 것이라고 추론할 수 있다. 또한 달은 스스로 빛을 내는 것이 아니라 햇빛을 받아서 빛난다." 또한 아리스토텔레스는 지구가 둥글다고 주장했다. 월식 때 달 표면에 비친 지구의 그림자가 둥글고, 또한 지구의 남북 방향으로 여행을 하면서 별의 위치를 관측해보면 그 고도가 달라진다는 것을 근거로 그런 주장을 했다.

아리스토텔레스의 우주 구조론에 따르면, 달보다 가까운 세계인 월하권(月下圈)은 흙, 바람, 불, 물 등의 기본 물질로 이루어졌다. 가장 무거운 흙이 아래에 있고, 그 위에 강물이나 바다, 즉 물이 있고, 그 위에 공기가 있고, 최상층은 불로 되어 있다고 생각했다. 또한 가장 멀리 있

그림 II–1 달 [2015년 5월 1일. 울산. 안상현. 망원경: 5인치 굴절망원경. 카메라: 삼성 갤럭시S3 스마트폰.]

는 별들의 세계는 매우 순수한 기운인 퀸테센스(quintessence)로 되어 있다고 여겼다. 퀸트(quint)는 '다섯째'라는 뜻이고 에센스(essence)는 '정수' 또는 '고갱이'라는 뜻이어서 흔히 퀸테센스를 '제5원소'라고 번역한다. 또한 모든 물질은 본래의 자기 성질이 있는 곳으로 돌아간다고 가정했으므로, 돌멩이를 떨어뜨리면 그 돌멩이의 본디 모습인 흙으로 돌아가려 하므로 땅으로 떨어진다고 설명한다. 그리고 이러한 사실들을 종합할 때, 지구는 우주 전체의 중심에 놓여 있어야 한다고 했다. 이것이 바로 지구중심설 또는 천동설이라고 하는 우주론인데, 아리스토텔레스 이후 무려 2,000년 동안 서양의 정신세계를 지배한 우주론으로 군림했다. 이 이론은 코페르니쿠스 이후에 여러 천문학자에 의해 약 100년에 걸쳐 잘못되었음이 증명되었다.

해와 달의 거리를 측량한 아리스타르코스

> 기하학은 신의 마음속에 빛나는 유일하고 영원한 것이다. 인간이 신과 기하학을 공유하고 있다는 것은 인간이 신의 형상에 따라 창조되었다고 말하는 이유 가운데 하나이다.
>
> – 요하네스 케플러가 갈릴레오 갈릴레이에게 보낸 공개서한에서

그리스의 북쪽에 있던 마케도니아의 국왕 알렉산드로스는 지중해와 멀리 인도에 이르는 대제국을 건설했다. 이 시기를 고대 그리스 문명의 고전기라고 한다. 알렉산드로스는 흔히 알렉산더 대왕이라고 부르는 바로 그 사람이다. 그는 자신이 정복한 지역의 중심지에 도시를 건설하고 자기의 부하를 왕으로 임명하였다. 그러한 도시를 알렉산드리아라고 불렀다. 알렉산더 대왕이 이집트를 정복하고 지은 도시가 지금도 이

집트에 남아 있는 이집트의 알렉산드리아이다. 이곳은 그리스 본토가 아니라 이집트에 있었으나, 알렉산더 대왕이 죽은 뒤부터는 전체 그리스 제국의 중심지 노릇을 하였다. 알렉산더 대왕이 바빌로니아를 정복하였으므로 발달했던 바빌로니아의 천문 지식과 관측 자료가 알렉산드리아로 흘러들었다. 알렉산드리아에는 그 당시 세계 최대의 도서관이자 박물관이자 연구소가 있었다. 이곳은 원래 학문과 예술의 여신들인 뮤즈(muse)들을 기념하기 위한 전당이었으므로 뮤제움(museum)이라고 불렀다.* 뮤제움에 모인 학자들은 여러 가지 학문을 크게 발전시켰는데, 그중에는 『기하원론』의 저자인 수학자 유클리드(기원전 330년?~기원전 275년?)**도 있고, 지구의 크기를 측정한 에라토스테네스(기원전 276년?~기원전 194년?)도 있고, 기원전 300년경에 살았던 사모스의 아리스타르코스(기원전 310년~기원전 230년)라는 천문학자도 있었다.

아리스타르코스는 그리스의 사모스 출신이다. 사모스는 그리스의 에게해의 동부 및 소아시아 연안에 있는 섬이다. 소아시아란 오늘날의 터키 지방을 말한다고 볼 수 있다. 이 섬에는 아주 오랜 옛날부터 부유하고 강력한 그리스의 도시국가가 있었으며, 특히 포도밭이 많고 포도주 산지로 유명했는데, 지금도 포도주가 생산되고 있다. 특히 사모스 섬은 수학자 피타고라스와 철학자 에피쿠로스의 고향이기도 하다.

아리스타르코스는 지구에서 달과 해까지의 거리의 비, 달과 해의 크기 비 등을 측정했다. 비록 당시의 관측 기술이 정밀하지 못해서 현대에 측정한 정밀한 값과는 차이를 보이지만, 그가 제시한 거리 측정 방법은 시대를 뛰어넘는 출중한 아이디어다. 여기서는 그의 방법을 참고

---

* 그리스어나 라틴어에서 끝에 '-um(-움)'이라고 붙인 것은 건축물을 뜻한다.

** 그리스어로는 에우클리데스라고 한다.

하여 조금 더 깊이 고찰해보자.

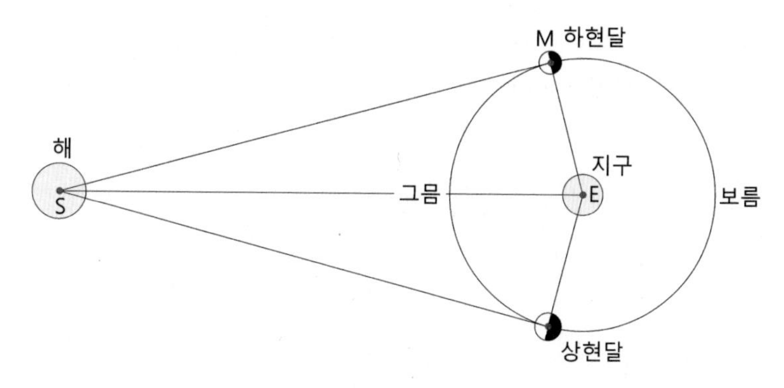

그림 II-2 상현달과 하현달일 때 달의 위치

① 지구-달 거리에 대한 지구-해 거리의 비

아리스타르코스는 '지구가 해 둘레를 돈다'라고 주장한 최초의 천문학자이다. 그는 지구-달 거리와 지구-해 거리의 비를 측정하였다. 그가 해와 달까지의 거리 비를 구한 방법을 알아보자. 앞의 그림은 달이 지구 둘레를 공전하는 모습을 그린 것이다. 지구에서 볼 때 달이 정확하게 반달로 보이려면 $\angle EMS = 90°$이어야 한다. 즉, $\overline{EM} \perp \overline{MS}$를 이룰 때이어야 한다. 달이 반달로 보이는 상현이나 하현 때의 달의 위치는 달이 보름이나 그믐에서 90°만큼 더 공전한 위치와는 약간 차이가 난다. 그래서 아리스타르코스는 상현에서 하현까지의 시간 간격과 하현에서 상현까지의 시간 간격을 측정하면 그 비율에 따라 $\angle MES$를 측정할 수 있음을 깨달았다. 그의 측정 결과는 $\angle MES = 87°$였던 것으로 전해진다. $\triangle MES$에서 코사인 함수의 정의에 따라

$$\cos(\angle MES) = \frac{\overline{EM}}{\overline{ES}} = \frac{\text{지구-달 거리}}{\text{지구-해 거리}}$$

이므로, 우리가 구하고자 하는 지구-달 거리에 대한 지구-해 거리는

$$\frac{\text{지구-해 거리}}{\text{지구-달 거리}} = \frac{1}{\cos(\angle MES)} = \frac{1}{\cos 87°} = \frac{1}{0.052335956}$$
$$= 19.10732261 \simeq 20$$

이다. (전자계산기로 계산해보자.) 지구와 해 사이의 거리가 지구에서 달까지의 거리의 20배 정도 된다는 결과를 얻었다.

그러나 현대의 정밀한 관측값에 따르면, 앞에서 햇빛과 달빛의 도달 시간 계산할 때 알아본 것처럼, 지구-해 거리는 지구-달 거리의 약 400배나 된다. 실제 정밀 측정에 따르면, 반달이 되는 때 달의 위치는 지구와 해를 잇는 직선에 수직인 방향에서 겨우 9′에 불과하다. 아리스타르코스의 측정치가 너무 컸던 것이다. 1°를 60등분한 작은 각도가 1′임을 생각하면, 그 당시 기술로는 이렇게 작은 각도를 측정할 수 없었을 것이다.

② 달과 해의 크기 비

아리스타르코스는 달의 크기와 해의 크기도 어림해보았다. 해와 달의 겉보기 각지름이 모두 0.5°로 같으므로, 달보다 거리가 20배 떨어진 해는 그 크기도 달보다 20배 커야 한다고 추론했다. 평면 기하학의 닮음비 개념을 이용한 추론이었다. 그러나 실제로는 해는 달보다 약 400배나 멀리 떨어져 있으므로, 해의 크기도 달의 크기의 400배가 되어야 한다.

연습문제 1 현대 천문학자들이 측정한 값에 따르면 해의 크기는 달의 크기의 몇 배인가? (달의 반지름은 $1.7\times10^3 km$, 해의 반지름은 $7\times10^5 km$이다.)

답 약 4×10^2배, 즉 약 400배.

③ 달의 공전궤도 반지름은 지구의 반지름의 몇 배인가? (1)

아리스타르코스는 월식 현상을 이용하여 달의 공전궤도가 지구의 크기에 비해 얼마나 큰지를 측량했다. 여기서는 먼저 간단한 경우를 생각해보고, 조금 더 복잡하고 실제와 비슷한 경우는 다음에 살펴보자.

지구와 달 사이의 거리가 지구와 해 사이의 거리에 비해 매우 짧다고 가정해보자. 앞에서 보았듯이 실제로 이 두 거리는 400배나 차이가 나기 때문에 잘못된 가정은 아니다. 이런 경우, 햇빛이 지구나 달에 평행하게 들어온다고 볼 수 있다. 월식은 달이 공전하다가 지구의 그림자 속을 지나가는 현상으로, 여러 월식 현상을 관찰해본 아리스타르코스는 월식은 그 지속 시간이 각각 조금씩 다르며 최대 3시간을 넘지는 않음을 발견하였다. 또한 그는 달이 지구를 1바퀴 도는 데 약 30일이 걸린다는 사실을 알고 있었다.

햇빛이 지구와 달에 평행하게 들어온다면, 지구의 그림자는 원통형을 이루며, 그 원통의 지름은 지구의 지름과 같다. 월식은 달이 지구 그림자의 원통을 가로지르는 것이므로 그 걸린 시간이 최대 3시간이라면 달의 공전 속력 v는

$$v = \frac{2R_{\oplus}}{3\text{시간}}$$

가 된다. 여기서 $R_{\oplus}$는 지구의 반지름이다.

한편 달이 지구의 둘레를 원궤도로 공전한다고 가정하자. (물론 이것도 가능한 근사이다.) 지구와 달 사이의 거리를 D_m이라고 하면 달은 그 공전궤도의 원둘레인 $2\pi D_m$을 약 30일에 걸쳐 1바퀴 공전하므로, 그 공전 속력 v는

$$v = \frac{2\pi D_m}{30 \times 24\text{시간}}$$

이 된다. 이렇게 두 가지 방법으로 구한 달의 공전속도는 같아야 하므로, 두 식을 등식으로 놓으면

$$\frac{2R_\oplus}{3\text{시간}} = \frac{2\pi D_m}{30 \times 24\text{시간}}$$

이다. 여기서 π를 원주율이라고 하는데, 이 숫자는 무리수로 그 정확한 값은 후대에 아르키메데스(기원전 287년~기원전 212년)가 구했지만, 고대에도 그 값이 대략 3 정도라는 사실은 알려져 있었다. 이 식을 계산하면

$$\frac{D_m}{R_\oplus} \simeq 80$$

이다. 즉, 달의 공전 반지름(D_m)이 지구 반지름($R_\oplus$)의 80배 정도라는 결론이 얻어진다.

연습문제 2 현대 천문학이 측정한 물리량을 가지고 달의 공전궤도가 지구의 반지름의 몇 배인지 계산하시오. (달의 공전궤도 반지름은 380,000 *km*, 지구의 반지름은 6,400 *km*이다.)

답 $\frac{380,000\,km}{6,400\,km} = 59.375 \simeq 60$배

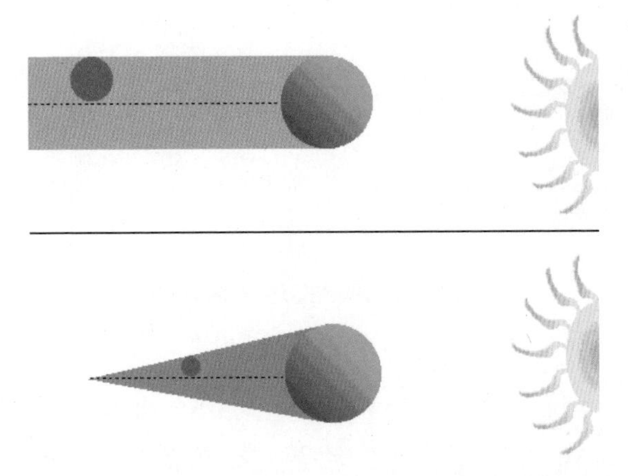

그림 II-3 월식의 원리 (위) 해의 크기가 작고 매우 멀리 있다면 햇빛이 평행으로 들어온다고 근사할 수 있으므로, 지구의 그림자는 원통형이 되며 그 그림자 원통의 지름은 지구의 지름과 같다. (아래) 실제로는 해가 상당히 크기 때문에 지구의 그림자는 원뿔형으로 생긴다.

그러나 실제로는 해가 상당히 크기 때문에 지구의 그림자는 원통형이 아니라 원뿔형으로 생긴다. 따라서 월식이 일어나는 동안 달이 진행하는 경로가 $2R_\oplus$보다 약간 작아야 한다. 이러한 점을 고려하여 좀 더 정밀하게 계산하면, $D_m \simeq 60R_\oplus$이다. 이 계산 과정은 조금 뒤에 살펴보겠다.

④ 달의 공전궤도 반지름은 지구의 반지름의 몇 배인가? (2)

아리스타르코스가 월식을 이용하여 지구-달 사이의 거리를 어림한 방법을 따라 함께 계산해보자.

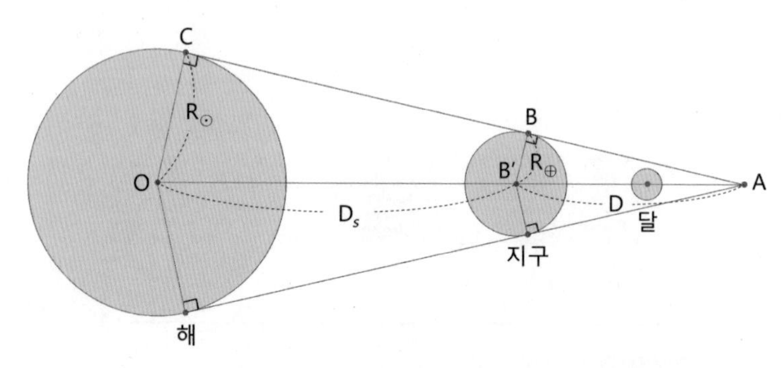

그림 II-4 지구의 원뿔형 그림자의 단면

[그림 II−4]에서 $\overline{BB'} \perp \overline{BA}$이고 $\overline{CO} \perp \overline{CA}$이며 $\angle A$가 공통이므로, $\triangle ABB'$과 $\triangle ACO$ 두 삼각형은 닮음이다. 이것을 $\triangle ABB' \backsim \triangle ACO$라고 표시한다. 이러한 닮은 도형 사이에는 대응하는 변의 길이끼리 같은 닮음비를 갖는다. 따라서 다음의 비례식이 성립한다.

$$\overline{BB'} : \overline{CO} = D : (D + D_s)$$

여기서 D_s는 지구에서 해까지의 거리이고, D는 지구 중심에서 원뿔형인 지구 그림자의 꼭짓점까지의 거리이다. 또한 $\overline{BB'}$은 지구의 반지름이므로 $R_{\oplus}$라고 쓰고, $\overline{CO}$는 해의 반지름이므로 $R_{\odot}$라고 쓰자. 비례식에서는 내항의 곱과 외항의 곱이 같으므로 앞의 식은 $D \times \overline{CO} = (D + D_s) \times \overline{BB'}$이고, 앞에서 정의한 부호들을 이 식에 반영하여 정리하면

$$D = \frac{1}{\frac{R_\odot}{R_\oplus} - 1} D_s$$

가 된다. 이 식을 나중에 필요한 형태로 약간 고쳐 쓰면

(식 II-1) $$\frac{R_\oplus}{D} = \frac{R_\odot}{D_s} - \frac{R_\oplus}{D_s}$$

가 된다.

그림 II-5 월식 때 달에 드리운 지구의 그림자 월식 때 달을 연속으로 촬영하여 달에 비친 지구의 그림자 모양이 원이 되도록 이미지를 겹쳐서 지구 그림자를 재구성하였다. [2014년 10월 8일. 한국천문연구원 울산 KVN 관측소. 김현구 촬영. 이상현 합성. 망원경: Meade LX200. 카메라: Canon 50D.]

앞의 [그림 II-4]에서 $\overline{AB'}$을 축으로 $\triangle ABB'$을 회진시키면 원뿔이 생기는데, 그것이 바로 지구 그림자가 이루는 원뿔이다. 달이 이 지구

그림자 원뿔 안에 들어오면 월식이 일어난다. 월식이 일어날 때 달의 표면에 나타나는 어두운 부분은 지구의 그림자다. 월식이 일어나는 동안 달 사진을 찍은 다음, 달에 비친 지구 그림자의 가장자리가 원이 되도록 사진을 겹쳐서 합성하면 지구 그림자의 크기를 구할 수 있다. [그림 II-5]는 그렇게 해서 합성한 사진이다. 달 궤도에서 지구 그림자의 모습과 크기를 가늠해볼 수 있다. 달은 지구 그림자 원뿔의 중심부를 통과할 수도 있고, 지구 그림자의 가장자리를 지나갈 수도 있다. 그 중심을 지나갈 때 월식은 가장 오래 일어난다.

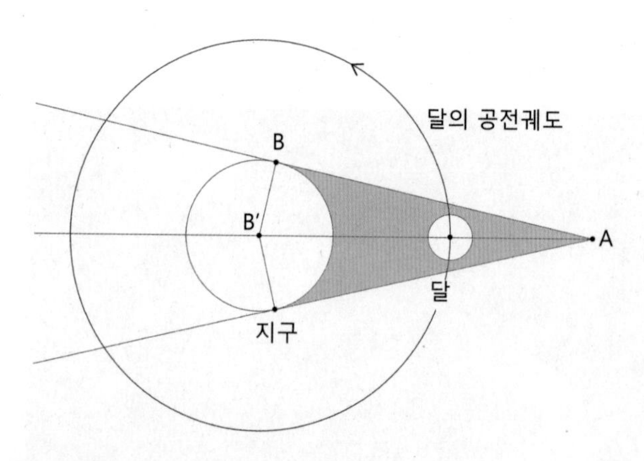

그림 II-6 월식이 일어나는 원리 회색 그림자 부분이 지구 그림자의 단면이다. 실제 지구 그림자는 이 삼각형을 회전시켜서 얻는 원뿔형이다.

[그림 II-6]은 [그림 II-4]에서 지구와 달 부분을 확대한 것이다. 여기서 지구의 그림자는 음영으로 나타냈다. 그림에서 달이 지구의 그림자 안에 들어가 있으므로 월식이 일어나고 있는 상태이다. 엄밀하게 말하자면, 달의 공전궤도는 곡선이고 $\angle AB'B \neq 90°$이지만, 지구 반지름에 비해서 지구-달 사이의 거리나 지구 중심에서 지구 그림자의 꼭짓

점까지의 거리인 $\overline{AB'}$이 훨씬 크다면, [그림 II−7]과 같이 근사할 수 있다.

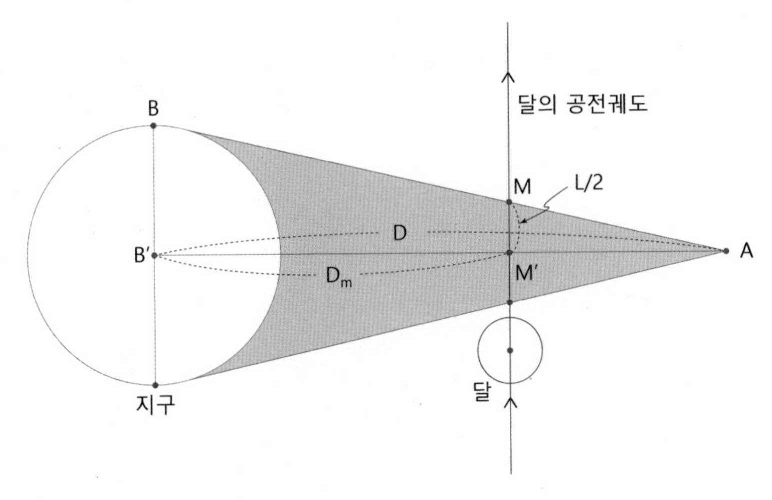

그림 II-7 월식의 원리

월식은 달이 자신의 공전궤도를 따라 지구 그림자 원뿔을 통과할 때 일어난다. 월식이 가장 오래 발생하는 경우는 달의 중심이 지구 그림자 원뿔의 중심축을 지나갈 때이다. 여기서는 달의 공전궤도가 원이라고 가정하였지만, 실제로는 달-지구 사이의 거리는 약간씩 변한다. 그래서 달−지구 거리의 변화도 월식 지속 시간에 영향을 끼친다. 그렇지만, 그 영향은 비교적 작아서 달의 공전궤도를 원으로 근사해도 크게 잘못되지 않는다.

달의 중심이 지구 그림자 원뿔의 중심축을 지나가는 월식일 때, 달은 [그림 II−7]과 같이 L만큼의 거리를 운동하게 된다. 월식의 최대 지속 시간을 t라고 하면, 달의 공전속도는 L/t이 된다. 그런데 지구-달 사이의 거리가 D_m이고 달이 지구를 1바퀴 공전하는 데 걸리는 시간, 즉 공전주기를 T라고 하면, 달의 공전궤도인 원둘레 $2\pi D_m$을 시간 T 동안 1바퀴 공전한 것이므로 달의 공전속도는 거리/시간= $2\pi D_m/T$이 된다. 앞에서 지구 그림자가 원통형이라고 가정한 경우와 마찬가지로, 이러한 두 가지 방법으로 구한 달의 공전속도는 같아야 하므로

$$\frac{L}{t}=\frac{2\pi D_m}{T},$$

즉

(식 II−2) $$L = 2\pi \frac{t}{T} D_m$$

이다.

[그림 II−7]에서 보면, △ABB′과 △AMM′에서, 앞에서 지구 그림자가 원통형이라고 가정한 경우와 마찬가지로, $\overline{BB'}$은 지구의 반지름이므로 $R_\oplus$, 지구-달 사이의 거리 $B'M' = D_m$, D는 지구 그림자 원뿔의 높이, $L = 2\overline{MM'}$으로 정의하자. 그런데 $D \gg R_\oplus$이고 $D \gg L$이므로 $\overline{AB} \approx \overline{AB'}$으로 근사할 수 있다. 또한 삼각형의 닮음 조건에 의해 $\triangle ABB' \backsim \triangle AMM'$이다. 따라서 닮은 삼각형의 변의 비 사이에는 다음과 같은 비례식이 성립한다.

$$\frac{L}{2} : R_\oplus = (D - D_m) : D$$

이 식을 정리하면

(식 II−3) $$\frac{L}{2R_{\oplus}}=1-\frac{D_m}{D}$$

이다. L에 (식 II−2)를 대입하면

$$\frac{2\pi}{2}\frac{t}{T}\frac{D_m}{R_{\oplus}}=1-\frac{D_m}{D}$$

이다. 우리가 구하고자 하는 값은 지구 반지름($R_{\oplus}$)에 대한 지구-달 거리(D_m)의 비이므로, 이 식을 다음과 같이 $\frac{D_m}{R_{\oplus}}$에 대해서 풀면

$$\frac{D_m}{R_{\oplus}}=\frac{1}{\pi\frac{t}{T}+\frac{R_{\oplus}}{D}}$$

이 된다. $\frac{R_{\oplus}}{D}$에 (식 II−1)을 대입하면

$$\frac{D_m}{R_{\oplus}}=\frac{1}{\pi\frac{t}{T}+\frac{R_{\odot}}{D_s}-\frac{R_{\oplus}}{D_s}}$$

을 얻는다. 그런데 해의 반지름은 지구의 반지름에 비해 훨씬 크므로 ($R_{\odot} \gg R_{\oplus}$), $\frac{R_{\odot}}{D_s} \gg \frac{R_{\oplus}}{D_s}$이다. 따라서 $\frac{R_{\oplus}}{D_s}$항을 무시하여

(식 II－4) $$\frac{D_m}{R_\oplus} \approx \frac{1}{\pi\frac{t}{T} + \frac{R_\odot}{D_s}}$$

로 근사해도 크게 잘못되지 않는다.

$R_\odot$는 해의 반지름이고 D_s는 지구에서 해까지의 거리이다. 따라서 $\frac{R_\odot}{D_s}$는 해의 반지름 $R_\odot$가 지구에서 얼마의 각도로 관측되는지를 나타내는 해의 각반지름이 된다. 해의 지름이 지구에서 얼마의 각도로 관측되는지를 나타내는 각지름을 θ_s라고 하면 각반지름은 그 절반이므로

$$\frac{R_\odot}{D_s} = \frac{1}{2}\theta_s$$

이다. 이것을 (식 II－4)에 대입하면

(식 II－5) $$\frac{D_m}{R_\oplus} \approx \frac{1}{\pi\frac{t}{T} + \frac{1}{2}\theta_s}$$

이다. 여기서 월식의 최대 지속 시간 $t \approx 3$시간, 달의 공전주기 $T \approx 30$일$= 30 \times 24$시간, 해의 각지름 $\theta_s = 0.5°$ 등은 모두 우리가 측정할 수 있는 양이다. 이러한 값을 (식 II－5)에 대입하면, 우리가 원하는 지구의 반지름에 대한 달까지의 거리를 구할 수 있다. 여기서 주의할 점은 θ_s는 0.5°로 넣으면 안 되고, 호도법을 사용해야 한다는 것이다. 호도법은 뒤에서 자세히 설명하겠지만

$$1° = \frac{\pi}{180}\text{라디안}$$

의 관계를 이용하여, 도 단위를 라디안 단위로 고쳐주는 것이다. 그러므로

$$\frac{1}{2}\theta_s = \frac{1}{2} \times 0.5° \times \frac{\pi}{180°} = 0.004361$$

로 넣어줘야 한다. 이때, 월식의 지속 시간이 3시간이라 하였으므로 이 물리량의 유효숫자는 한 자리가 된다. 모든 값을 (식 II−5)에 대입하면

$$\frac{D_m}{R_\oplus} \approx \frac{1}{3.14 \times \frac{3\text{시간}}{30 \times 24\text{시간}} + 0.004361} = \frac{1}{0.013083 + 0.004361}$$
$$= 57.33616 \cdots \simeq 60$$

을 얻는다. 유효숫자가 한 자리이므로 반올림해서 60을 얻었다. 해의 크기를 점으로 가정하여 지구 그림자를 원통형으로 근사했을 때는 80배가 나왔는데, 해의 크기가 크다는 것을 고려하여 지구 그림자가 원뿔형이라고 보고 계산하니 약 25퍼센트가 줄어든 60배가 나왔다. 지구-달 사이의 거리는 지구 반지름의 약 60배 정도가 된다는 것이다. 이 값은 (연습문제 2)에서 현대 관측치로 계산한 값과 일치한다!

$D_m \approx 60R_\oplus$ 임을 일았으니 시구와 달의 크기 비를 추산해보자. 달의 반지름을 R_m이라고 하면, 달의 지름은 $2R_m$이다. 달의 각지름(시직경)

이 θ_{m}이고 지구-달의 거리가 D_m이면

$$2R_m = \theta_m D_m = 0.5° \times 60R_{\oplus} = 0.5° \times \frac{\pi}{180°} \times 60R_{\oplus} \simeq 0.5R_{\oplus}$$

이다. 따라서 $\frac{R_m}{R_{\oplus}} \approx 0.25$이다. 달의 반지름은 지구 반지름의 약 4분의 1이다! 이것은 현대 관측치와도 거의 일치하는 꽤 정확한 값이다.

무려 2,200년 전의 자연철학자인 아리스타르코스도 달까지의 거리, 해까지의 거리 등을 상당히 정확하게 측정하고 있었다. 이제 지구의 반지름이 몇 킬로미터인지만 알면 지구-달 사이의 거리가 몇 킬로미터인지 알 수 있고, 또한 지구-달 사이의 거리를 알면 지구-해 사이의 거리도 몇 킬로미터인지 알 수 있다! 그러므로 이제 지구의 크기가 몇 킬로미터인지 측량할 차례인데, 이를 위해 인류는 에라토스테네스의 등장을 기다려야 했다.

지구의 크기를 잰 에라토스테네스

"지구의 크기를 재보시오"라는 문제를 풀어야 한다고 생각해보자. 어떻게 해야 할까? 아마 막막할 것이다. 그런데 지금으로부터 2,400년 전에 고대 그리스 철학자들은 이 문제를 풀어냈다. 그들은 월식이라는 천문 현상의 정체를 알고 있었다. 즉, 지구의 그림자 속을 달이 통과하면서 달의 모양이 점차 일그러졌다가 완전히 가려졌다가 다시 본래의 모양으로 복원되는 것이 월식임을 알고 있었던 것이다. 더군다나 달의 표

면에 생기는 지구의 그림자가 항상 둥근 모양이었으므로 지구와 달이 둥근 공 모양이어야 한다고 추론하였다. 이러한 지식을 바탕으로, 지금으로부터 2,200년 전에 고대 이집트의 알렉산드리아에서 활약하던 에라토스테네스라는 학자가 지구의 크기를 측정하였다. 그는 오늘날 북아프리카의 리비아 지방에 있었던 고대 그리스의 도시인 키레네(Cyrene)* 에서 태어났다. 그는 장성하여 이집트에 있던 알렉산드리아 도서관의 제3대 관장이 되었다. 이 도서관은 그 당시에 세계의 모든 책을 모아두었다고 전해진다. 그의 별명은 그리스 알파벳의 두 번째 글자인 베타(β)였다. 거의 모든 분야에서 두 번째로 박학다식한 정도라는 뜻이었다.

에라토스테네스는, 북반구에서 그림자의 길이가 가장 짧아지는 하짓날, 알렉산드리아보다 남쪽에 있는 시에네(Syene)**에서는 우물에 그림

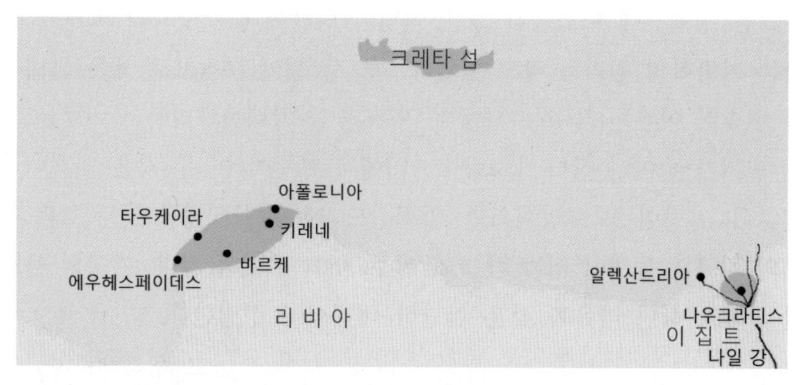

그림 II-8 에라토스테네스 시대의 지리 그는 현재 리비아의 영역인 고대 도시 키레네에서 태어나 현재 이집트에 있었던 고대 도시 알렉산드리아에서 활약했다.

---

* Cyrene는 영어로 [사이리니]라고 발음하고 그리스어로는 [키레네]라고 발음한다.

** 시에네는 오늘날의 이집트 아스완 지역이다. 아스완이라는 이름도 시에네에서 유래하였다. 지금은 이 지역에 아스완 댐이 건설되었다. 구글맵, 세계지도, 지구본 등에

자가 생기지 않는다는 소식을 전해 들었다. 그는 자신이 살고 있는 알렉산드리아에서는 하짓날 우물에 그림자가 생긴다는 사실도 알고 있었다. 우물 안에 그림자가 생기지 않는다는 것은 해가 우리 머리 꼭대기, 즉 천정에 올라온다는 말이다. 이러한 사실로부터 에라토스테네스는 다음과 같이 지구의 크기를 계산해냈다. 그는 먼저, 해는 굉장히 멀리 떨어져 있으므로, 햇빛이 대략 평행하게 지구를 비춘다고 가정하였다. 하짓날 알렉산드리아에서 수직으로 세운 막대기와 햇빛이 이루는 각도를 쟀더니 그 각도는 7°12′였다. 편의상 이 각도를 θ라고 쓰자. 그리고 알렉산드리아에서 시에네까지의 거리는 D라고 표기하자. 이 거리는 상인들의 걸음과 이집트 지리학의 지식을 바탕으로 하여, 약 5,000스타디아라고 알려져 있었다. 스타디아는 킬로미터와 마찬가지로 거리 단위인데, 조금 뒤에서 설명하겠다.

그는 평행선에 비스듬히 그은 직선이 만들어내는 엇각의 크기가 같다는 기하학의 원리를 알고 있었다. 즉, 땅 위에 수직으로 세운 막대기와 햇빛이 이루는 각 θ는 시에네-지구 중심-알렉산드리아가 이루는 각과 크기가 같아야 한다. [그림 II-9]에서 보듯이 이 두 각은 엇각이기 때문이다. 땅이 공 모양이라면, 알렉산드리아와 시에네를 잇는 호의 길이와 지구의 둘레의 비는 각 θ와 원주 360°의 비와 같다. 지구의 둘레를 x라고 하면 다음과 같은 간단한 비례식이 성립한다.

$$\theta : 360° = \mathrm{D} : x$$

서 알렉산드리아와 시에네의 위치를 찾아보면, 이집트의 아스완에 북회귀선이 지나는 것을 발견할 수 있다. 북회귀선 부근에 사는 사람들은 하짓날 정오에 해가 머리 꼭대기, 즉 천정에 떠오르는 것을 보게 된다. 우리나라 근처의 북회귀선은 어디에 있을까?

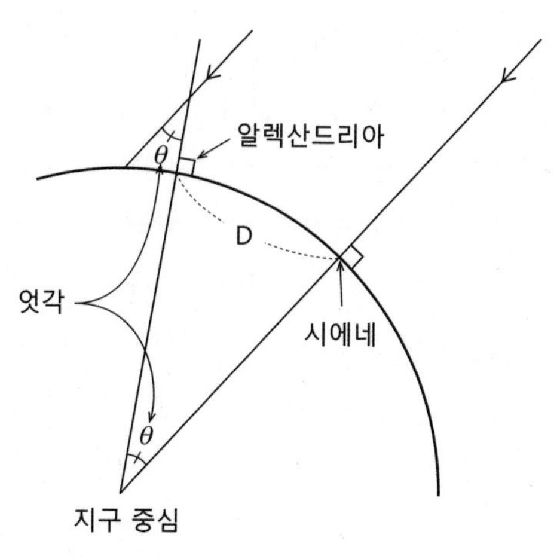

그림 II-9 에라토스테네스의 지구 크기 측정

비례식에서 내항의 곱은 외항의 곱과 같으므로

$$360° \times \mathrm{D} = \theta x = 7°12' \times x$$

가 된다. 여기서 7°12′은 각도를 표시하는 것이며, '칠도 십이분'이라고 읽는다. 여기서 1°는 원주 1바퀴 360°를 360등분한 각이고, 1′은 1°를 60등분한 각이다. 즉, $1° = 60'$이므로, 12′은 $12'/(60'/1°) = 0.2°$이다. 즉, $7°12' = 7.2°$이다. 그러므로 지구의 둘레 x에 대해서 풀면

$$x = \frac{360°}{7.2°} \times \mathrm{D}\text{스타디아} = 50 \times \mathrm{D}\text{스타디아}$$

이다. 즉, 지구의 둘레는 알렉산드리아에서 시에네까지의 거리 D의 50배라는 계산 결과가 나온다! 당시 이집트 지리학자들은 두 도시 사이의

거리가 약 5,000스타디아라는 사실을 알고 있었다. 여기서 1스타디온은 고대 그리스의 올림픽 경기장 길이이다. 영어의 경기장을 뜻하는 'stadium[스테이디엄]'은 바로 이 스타디온에서 온 말이며, 스타디온은 단수형이고 스타디아는 복수형이다. 고고학자들은 지금도 남아 있는 고대 올림픽 경기장의 길이를 측정하여, 고대 이집트에서 사용된 1스타디온이 현재의 길이 단위로는 157.5 *m*임을 알아냈다. 에라토스테네스가 이집트의 스타디온 단위를 사용했다면, 지구의 둘레는

$$x = 50 \times 5{,}000\cancel{스타디아} \times \frac{157.5\,m}{\cancel{스타디온}}$$
$$= 39{,}375{,}000\,m = 39{,}375\,km \simeq 40{,}000\,km$$

라는 결론이 나온다. 여기서도 계산의 마지막에는 유효숫자를 생각해 주었다. 현대 기술로 측정한 지구의 둘레는 남북 방향으로는 약 4만 킬로미터이다. 두 수치를 비교해보면, 에라토스테네스가 잰 지구의 둘레가 상당히 정확함을 알 수 있다. 무려 2,200년 전에 알아낸 지식이라니 더욱 놀랍지 않은가!

이제 지구의 반지름을 구해보자. 초등학교 때, 원의 둘레를 구하는 공식을 배웠을 것이다. "원의 둘레는 원의 지름에 원주율을 곱한 것이다." 원의 둘레를 L이라 하고, 원의 반지름을 R이라 하고, 원주율을 π라고 표시하면, 원의 둘레는 $L = 2\pi R$로 쓸 수 있다. 원주율 π는 $\pi = 3.14$를 사용하자. 그러면 지구의 반지름은 다음과 같이 구할 수 있다.

$$R = \frac{L}{2\pi} = \frac{40{,}000\,km}{2 \times 3.14} \simeq 6{,}400\,km$$

현대 기술로 정밀하게 측정해보면 지구의 남북 방향 반지름은 6,357킬로미터이다. 유효숫자를 고려하면 두 값은 일치한다고 볼 수 있다.

삼각함수: 삼각측량의 기본 지식

> 기하학은 2개의 보물을 갖고 있다. 피타고라스의 정리와 황금분할이다. 전자는 금의 값어치에 비할 수 있고, 후자는 보석이라고 부를 수 있다.
>
> \- 요하네스 케플러

삼각법이란 삼각형의 변의 길이와 각의 크기 사이의 관계를 따져보는 수학의 분야이다. 직각삼각형에서 삼각함수를 정의하고, 그것을 활용하여 길이와 면적을 측량한다. 우리는 고등학교 때 삼각함수를 배운다. 측량을 하려면 이것을 잘 알고 있어야 하고, 특히 천문학에서는 매우 중요한 개념이다. 이 책에서도 삼각함수는 계속 나올 테니 꼭 알아두기 바란다.

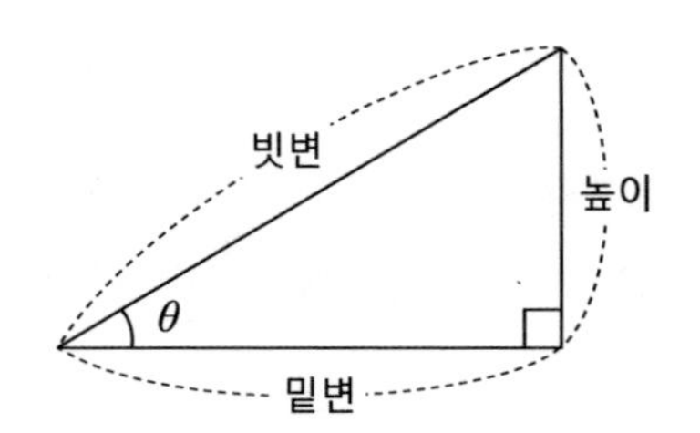

이 그림과 같이 한 각이 직각인 삼각형을 직각삼각형이라고 한다. 그림과 같이 직각삼각형의 세 변을 각각 밑변, 높이, 빗변이라고 부른다. 빗변과 밑변이 이루는 각을 θ라고 표시하자. 삼각함수에는 사인 함수, 코사인 함수, 그리고 탄젠트 함수가 있는데, 각각 다음과 같이 정한다.

사인 함수는 높이를 빗변으로 나눈 값이다. 또한 코사인 함수는 밑변을 빗변으로 나눈 것이고, 탄젠트 함수는 높이를 밑변으로 나눈 값이다. 수식으로 나타내면 다음과 같다.

$$\sin\theta \equiv \frac{\text{높이}}{\text{빗변}},\ \cos\theta \equiv \frac{\text{밑변}}{\text{빗변}},\ \tan\theta \equiv \frac{\text{높이}}{\text{밑변}}$$

이것은 정의이므로 그냥 그대로 받아들이고 익숙해지면 된다.

각도 $\theta \to 0°$일 때는, 높이 $\to$ 0이고 빗변 $\to$ 밑변이므로, $\sin 0° = 0$이고 $\tan 0° = 0$이며 $\cos 0° = 1$임을 알 수 있다. 한편 $\theta \to 90°$일 때는, 밑변 $\to$ 0이고 빗변 $\to$ 높이이므로, $\sin 90° = 1$이고 $\cos 90° = 0$이 된다. 그런데 밑변 $\to$ 0이므로, 탄젠트값은 어떤 숫자인 높이를 아주 작은 숫자인 밑변으로 나누는 것이 되어 그 값이 무한대가 된다.* 즉, $\tan 90° = \infty$이다. 여기서 기호 ∞는 무한대라고 읽으며 '무한히 큰 수'를 뜻한다. 사실 이 값은 위에서 설명한 내용을 이해하면 되므로 특별히 암기할 필요는 없겠지만, 자주 사용해서 익숙해지면 그냥 외워질 것이다.

유클리드의 평면 기하학에서 가장 중요한 정리 가운데 하나가 바로 피타고라스의 정리이다. 이 정리는 직각삼각형에서

---

* 예를 들어, 어떤 유한한 숫자 1이 있다고 하자. 1을 1로 나누면 1이고, 1을 더 작은 숫자인 0.01로 나누면 1/0.01=100이고, 1을 더욱더 작은 숫자인 0.0001로 나누면 10,000이고, 1을 훨씬 더 작은 숫자인 0.0000001로 나누면 10,000,000이다. 이와 같이 1을 0에 수렴하는 아주 작은 숫자로 나누면 헤아릴 수 없이 매우 큰 숫자가 된다. 이러한 무한히 큰 숫자를 '무한대'라고 한다.

$$빗변^2 = 높이^2 + 밑변^2$$

의 관계가 성립한다는 것이다.

이 식의 양변을 빗변^{2}으로 나누면

$$1 = \left(\frac{높이}{빗변}\right)^2 + \left(\frac{밑변}{빗변}\right)^2$$

으로 쓸 수 있다. 앞에서 정의한 사인 함수와 코사인 함수를 대입하면, 이 식은

$$1 = (\sin\theta)^2 + (\cos\theta)^2 = \sin^2\theta + \cos^2\theta$$

이다.

특수한 각에 대한 삼각함숫값

다음 그림에서 맨 왼쪽 그림과 같이 밑변의 길이가 1인 직각이등변삼각형을 생각해보자. 삼각형 내각의 합은 180°이므로 직각이등변삼각형 두 밑각의 합은 90°이고, 이등변삼각형의 밑각은 그 크기가 서로 같으므로 한 밑각의 크기는 45°이다. 피타고라스의 정리에 의해, 빗변^2 = 높이^2 + 밑변^{2}이므로, 빗변의 길이를 x라고 놓으면, $x^2 = 1^2 + 1^2 = 1 + 1 = 2$이다. 제곱해서 2가 되는 수를 우리는 $\sqrt{2}$라고 쓴다. 중학교 때 배운 무리수를 기억해주기 바란다. 따라서 빗변의 길이는 $\sqrt{2}$이다. 이제 사인 함수의 정의에 따라, $\sin 45° = \frac{1}{\sqrt{2}}$이다. 분자와 분모에 모두 $\sqrt{2}$

를 곱해도 분수의 값은 변하지 않는다. 또한 $\sqrt{2}\times\sqrt{2}=2$이므로, $\frac{1}{\sqrt{2}}$ $=\frac{1}{\sqrt{2}}\times\frac{\sqrt{2}}{\sqrt{2}}=\frac{\sqrt{2}}{2}$로 쓸 수 있다. 이것을 분모를 유리화한다고 말한다. 따라서 $\sin 45°=\frac{\sqrt{2}}{2}$이다.

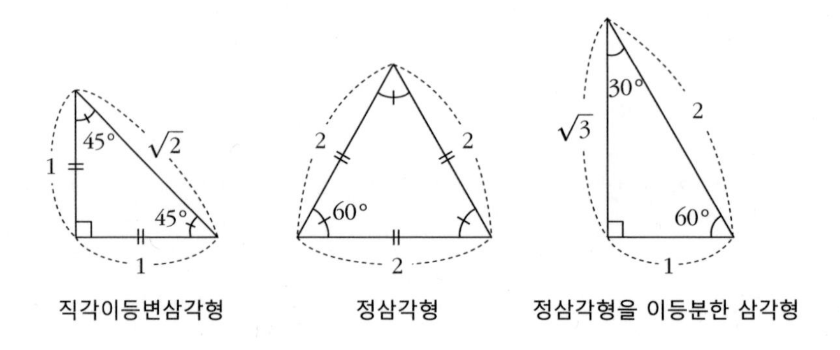

직각이등변삼각형 정삼각형 정삼각형을 이등분한 삼각형

$\sin 30°$와 $\sin 60°$의 값도 구해보자. 가운데 그림은 정삼각형이다. 각 변의 길이를 2라고 하자. 삼각형 세 각의 합은 180°인데, 세 각의 크기가 모두 같으므로 한 각은 60°이다. 그중에서 한 각을 똑같이 반으로 나누면 맨 오른쪽 그림과 같이 된다. 꼭지각을 반으로 나누었으므로 그 한 각은 30°이다. 또한 밑변의 길이도 원래 정삼각형의 변의 길이를 절반으로 나누었으니 1이 된다. 높이는 얼마가 될까? 높이를 x라고 하자. 피타고라스의 정리에 따라 빗변^2 = 높이^2 + 밑변^{2}이므로, $2^2=x^2+1^2$이다. 즉, $x^2=4-1=3$이다. 제곱해서 3이 되는 숫자를 $\sqrt{3}$이라고 쓰자. 이 숫자도 역시 중학교 때 배운 무리수이다. 그러면 $\sin 60°=\frac{\sqrt{3}}{2}$이 됨을 알 수 있고, 또 다른 꼭지각을 기준으로 사인 함수의 정의를 생각해보면 $\sin 30°=\frac{1}{2}=0.5$임을 알 수 있다. 계산기를 사용해서 $\sqrt{3}$의

값을 구하면, $\sqrt{3} = 1.732050\cdots$이다. 따라서 $\sin 60° = \frac{\sqrt{3}}{2} = 0.866025\cdots$이다.

임의의 각에 대한 삼각함숫값

옛날 천문학자들은 사인값을 미리 계산하여 표를 만들어두고 사용했다. [그림 II-10]은 중국 청나라의 왕실천문대인 흠천감에서 1723년에 발간한 『수리정온』에 실린 삼각함수표의 일부이다. 그때 흠천감에서

御製數理精蘊表

弦餘	四四	
七○九一六○七	○	五○
七○九一二六五	一○	
七○九○九二三	二○	
七○九○五八一	三○	
七○九○二三九	四○	
七○八九八九七	五○	
七○八九五五六	○	五一
七○八九二一四	一○	
七○八八八七二	二○	
七○八八五三○	三○	
七○八八一八八	四○	
七○八七八四六	五○	
七○八七五○四	○	五二
七○八七一六二	一○	
七○八六八二○	二○	
七○八六四七八	三○	

그림 II-10 코사인 함수표 청나라에서 1723년에 발간한 『수리정온』에 실려 있다. 옛날에는 사인은 정현(正弦), 코사인은 여현(餘弦), 탄젠트는 정절(正切)이라고 불렀다. 이 표를 읽는 방법은, 맨 위에 큰 글자로 쓰여 있는 四四는 도(°), 그 아래에 五○이나 五一 등의 숫자는 분(′), 그리고 그 옆에 ○, 一○, 二○, 三○, 四○, 五○은 초(″)이다. 왼쪽에 적혀 있는 일곱 자리 숫자는 그 각도의 코사인값을 뜻한다. 맨 첫째 줄의 숫자들은 그러므로 44° 50′ 0″의 코사인 함숫값이 0.7091607이라는 뜻이다. 전자계산기로 이 값을 구해보면, 0.70916067691…로 나온다. 소수점 아래 여덟째 자리에서 반올림하면 정확하게 『수리정온』의 값과 일치한다.

활약하던 유럽의 선교사들이 유럽의 삼각함수표를 중국에 전해준 것이다. 맨 위 줄은 $44°50'$의 코사인 함숫값이 0.7091607임을 나타낸다. 소수점 아래 여덟째 자리에서 반올림해서 소수점 아래 일곱째 자리까지 코사인 함숫값을 적어놓았다. 그 아래 줄은 $44°50'10''$의 코사인 함숫값이다. $0°$에서 $45°$까지 매 $10''$마다 함숫값을 계산해놓았다.

이 책을 읽을 때는 우리는 번거롭게 삼각함수표를 참고할 필요가 없다. 그저 전자계산기를 사용하면 된다. 하지만 다음과 같이 특수한 각도에 대한 삼각함숫값들은 알고 있으면 편리하다.

$$\sin 30° = \frac{1}{2} = 0.5,\ \sin 45° = \frac{\sqrt{2}}{2} \approx 0.707,$$

$$\sin 60° = \frac{\sqrt{3}}{2} \approx 0.866,\ \tan 45° = 1$$

여기서 $\sqrt{2}$나 $\sqrt{3}$과 같은 무리수는 전자계산기를 이용하면 그 값을 구할 수 있다.

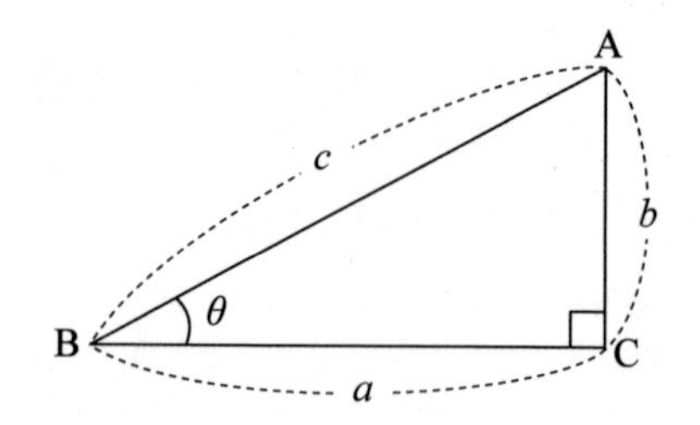

한편 앞의 그림을 보면, 직각삼각형에서 삼각함수의 정의에 따라 $\sin\angle B = \cos\angle A$이다. 그런데 $\angle B = \theta$로 놓으면, $\angle A = (90° - \theta)$가 된

다. 삼각형의 내각의 합은 $180°$인데 직각삼각형은 한 각이 이미 직각이기 때문에 나머지 두 각의 합이 $90°$인 것이다. 그러므로 $\sin\angle B = \sin\theta$이고, $\cos\angle A = \cos(90° - \theta)$로 쓸 수 있다. 따라서 $\sin\theta = \cos(90° - \theta)$의 관계가 성립한다. 여기서 θ와 $(90° - \theta)$를 여각이라고 한다. 이러한 여각 관계를 이용하여 앞에서 구한 특수각에 대한 사인 함숫값으로부터 코사인 함숫값을 구하면

$$\cos 30° = \sin 60° = \frac{\sqrt{3}}{2} \approx 0.866,$$
$$\cos 45° = \sin 45° = \frac{\sqrt{2}}{2} \approx 0.707,$$
$$\cos 60° = \sin 30° = \frac{1}{2} = 0.5$$

가 된다.

$30°$, $45°$, $60°$와 같은 특수각에 대한 삼각함숫값은 비교적 쉽게 구할 수 있다. 그러나 임의의 각도에 대한 삼각함숫값은 쉽게 구할 수 없다. 그래서 『수리정온』과 같은 삼각함수표를 미리 만들어두고 사용한다. 그런데 옛날 학자들은 도대체 어떻게 $10''$마다 정확한 삼각함숫값을 구할 수 있었을까? 그 답은 급수 전개를 이용했다는 것이다. 여러분이 지금 쓰고 있는 전자계산기도 급수 전개를 활용하여 삼각함숫값을 계산한다.

『수리정온』의 삼각함수표를 만들 때 사용한 것은 아니지만, 급수 전개가 무엇인지 예를 들기 위해 여기서는 가장 일반적으로 널리 알려진 테일러 급수 전개를 살펴보자. 테일러 급수 전개의 구체적인 증명은 대학교 수학 수준이므로 여기서는 가볍게 받아들이고 넘어가기로 한다.

사인 함수에 대한 테일러 급수 전개는 다음과 같다.

$$\sin x = \frac{x^1}{1!} - \frac{x^3}{3!} + \frac{x^5}{5!} - \frac{x^7}{7!} + \cdots$$
$$= x - \frac{x^3}{6} + \frac{x^5}{120} - \frac{x^7}{5{,}040} + \cdots$$

테일러 급수는 이처럼 무한히 계속되는 급수이다. 여기서 3!이나 5!과 같은 숫자는 각각 $3! = 3 \times 2 \times 1$과 $5! = 5 \times 4 \times 3 \times 2 \times 1 = 120$을 뜻한다. 한자로는 계승(階乘), 영어로는 팩토리얼(factorial)이라고 한다. 이러한 급수 전개는 $|x| < 1$이어야 잘 수렴한다. 절댓값이 1보다 작은 수는 여러 번 거듭제곱할수록 아주 빠르게 작은 숫자가 되는데, 이것을 0에 수렴한다고 한다. 전자계산기로 1보다 작은 수, 예를 들어 0.8을 연거푸 곱해보면, 그 값이 점점 작아져서 0에 가까운 숫자가 되는 것을 확인할 수 있다. (반대로 1보다 큰 숫자 예를 들어, 1.5를 계속 곱하면 어떻게 되는가?) 앞의 급수식에서는 둘째 항이 x^3이고 셋째 항이 x^5이라서 $|x| < 1$인 수에 대해서 이 급수는 굉장히 빨리 수렴함을 알 수 있다. 만일 $x = 0.1$이라면 x^3은 이미 0.001이고 그 숫자를 3!, 즉 6으로 나눠줘야 하니 훨씬 더 작은 값이다. 따라서 x의 절댓값 $|x|$이 상당히 작을 때는 그저 첫째 항까지만 고려해줘도 된다. 즉, $|x| \ll 1$(x의 절댓값이 1보다 매우 작음)일 때는 $\sin x \approx x$로 근사할 수 있다.

탄젠트 함수와 코사인 함수의 테일러 전개는 각각 다음과 같다.

$$\tan x = x + \frac{1}{3}x^3 + \frac{2}{15}x^5 + \frac{17}{315}x^7 + \cdots$$

$$\cos x = 1 - \frac{x^2}{2!} + \frac{x^4}{4!} - \frac{x^6}{6!} + \cdots$$

x가 작을 때는 삼각함수의 테일러 급수 전개에서 첫째 항까지만 고려해도 좋은 근사가 된다. 즉, 앞에서 x가 상당히 작을 때는 $\tan x \approx x$로 근사할 수 있고, $\cos x \approx 1$로 근사할 수 있다. 이러한 근사법은 이 책에서 여러 번 나올 것이니 잘 익혀두기를 바란다.

연습문제 3 테일러 전개를 사용하여 $\sin 15°$를 구하되 첫째 항까지 구해보고 또한 둘째 항까지 구해보라. (단, $15°$는 라디안으로 고쳐서 대입해야 한다.)

답 길이가 1인 원의 둘레가 2π인데 이것은 원주각 $360°$에 해당하므로, $15°$에 해당하는 원둘레는

$$2\pi : 360° = x : 15°$$

에서 $x = \pi/12$라디안이다. 첫째 항까지 테일러 전개를 하면 $\sin x \simeq x$이고, 둘째 항까지 근사하면

$$\sin x = x - \frac{x^3}{3!} = x - \frac{x^3}{6}$$

이다. 여기에 각각 $x = \pi/12$를 대입하되 $\pi \approx 3.14$로 하면 된다. 구체적인 계산은 계산기로 직접 구해보자. 여기서 둘째 항을 계산해보면, -0.00299로 첫째 항의 약 100분의 1에 불과하다. 이처럼, x가 상당히 작은 경우, 사인 함수의 테일러 전개에서 둘째 항, 셋째 항으로 갈수록 숫자가 매우 빠르게 작아지는데, 이것을 빠르게 수렴한다고 말한다. 『수리정온』과 같이 소수점 아래 일곱째 자리까지 계산하려면 원주율은 몇 자리까지 고려해야 하고, 테일러 전개는 몇 차 항까지 고려해야 할까 한번 생각해보자.

태양계 측량 (1): 내행성의 공전궤도 측량

우리 태양계는, 해의 둘레를 공전하는 8개의 행성과, 명왕성이나 세레스와 같은 왜소행성, 그리고 혜성이나 소행성과 같은 소천체들로 이루어져 있다. 여덟 행성은, 해에서 가까운 순서로, 수성, 금성, 지구, 화

성, 목성, 토성, 천왕성, 해왕성이다. 고대부터 천문학자들은 기하학을 이용하여 행성까지의 거리를 쟀다. 자, 이제 우리도 태양계를 한번 측량해보자.

지구 궤도보다 안쪽에서 해의 둘레를 공전하고 있는 수성과 금성을 '내행성'이라고 한다. 금성을 생각해보자. 금성의 공전궤도는 타원이지만 원이라고 가정해도 차이는 크지 않다. 찌그러진 정도가 매우 작기 때문이다. 지구에 있는 우리가 보면, 금성과 같은 내행성은 해의 좌우를 왔다 갔다 하는 것으로 보인다. 그 내행성이 해에서 가장 멀리 떨어져 보일 때의 각도를 '최대이각'이라고 한다. 그 내행성이 저녁에 서쪽 하늘에 보일 때, 즉 해의 동쪽에 있을 때의 최대이각을 그 내행성의 '동방 최대이각'이라고 한다. 그 반대로 새벽에 동쪽 하늘에 보일 때, 즉 해의 서쪽에 나타날 때의 최대이각을 '서방 최대이각'이라고 한다. [그림 II-11]은 동방 최대이각일 때일까 아니면 서방 최대이각일까? 이 그림에서 해-지구-행성이 이루는 각을 '서방 최대이각'이라고 부르

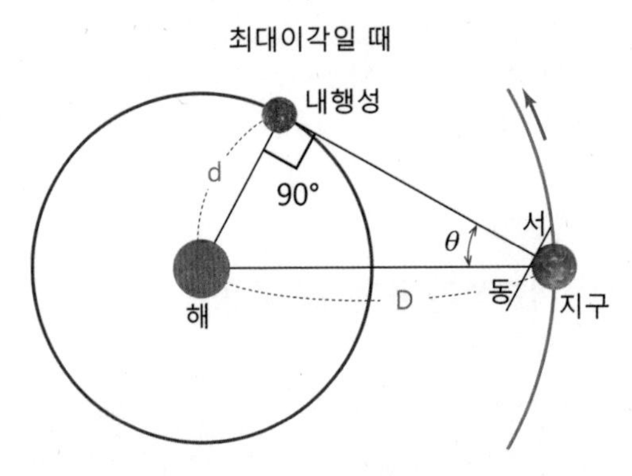

그림 II-11 내행성의 최대이각 지구에서 보았을 때, 내행성이 해의 서쪽에 있으므로 서방 최대이각이라고 한다.

는데, 그 각도를 θ라고 하자. 그 행성이 해에서 가장 멀리 떨어질 때는 그림과 같이 지구-행성을 잇는 선이 그 행성의 궤도에 닿을 때임을 알 수 있다. 여기서 '닿는다'라는 표현을 수학에서는 보통 '접한다'라고 한다.

"원에 접하는 직선과 원의 중심에서 원과 직선의 접점을
이은 직선은 서로 직교한다."

이 수학 정리는 유클리드가 지은 『기하원론』 제3권의 18번째 명제이다. '직교한다'라는 말은 '수직을 이루면서 만난다'라는 뜻이다. 이에 따라, 그림에서 보듯이, 지구-행성-해가 이루는 각은 직각 즉 90°가 된다. 다시 말해서 직각삼각형을 이루게 되는 것이다. 그러면 삼각법을 사용해서 해와 금성 사이의 거리를 쉽게 구할 수 있다.

태양계 행성들의 공전궤도를 측량할 때 거리의 단위는 자연스럽게 지구와 해 사이의 평균 거리인 1천문단위 즉 $1au$가 된다. 1천문단위가 몇 킬로미터인지는 뒤에서 자세히 다루겠지만, 지구와 해 사이의 거리를 $1au$로 정의하는 것이 왜 자연스러운지 알아보기 위해 계속 금성의 공전궤도를 살펴보자. [그림 II－11]에서 보듯이, 지구-금성-해가 이루는 삼각형은 직각삼각형이다. 그 직각삼각형에서 지구와 해의 거리를 D, 해와 금성 사이의 거리를 d, 금성의 최대이각을 θ라고 하면, 사인 함수의 정의에 의해

$$\sin\theta = \frac{d}{\mathrm{D}}$$

가 된다. 이 식의 양변에 D를 곱하면, $d = \sin\theta \times \mathrm{D}$이다. 해와 지구

사이의 거리를 1천문단위, 즉 1 au라고 정의하였으므로, D = 1 au이고, 해와 금성 사이의 거리는 $d = \sin\theta\ au$가 된다. 금성의 최대이각 θ의 측정치는 약 45°이다. $\sin 45° = \sqrt{2}/2 \approx 0.707$이고 45°는 유효숫자가 두 자리이므로 0.707의 소수점 아래 셋째 자리에서 반올림하면, 해와 금성 사이의 거리는 $d \simeq 0.71\ au$가 된다.

수성도 마찬가지 방법으로 궤도 반지름을 구할 수 있다. 그러나 수성은 최대이각이 18° ~ 28°로 변화가 크다. 수성의 공전궤도가 원으로 근사할 수 없을 만큼 찌그러진 타원이기 때문이다. 어림값이라도 알아보기 위해 수성의 최대이각을 약 30°라고 하면, 수성의 궤도 반지름은 $d = \sin 30°$가 된다. $\sin 30°$의 값은 앞에서 외워두면 편리하다고 했는데, 얼마인가?

태양계 측량 (2): 외행성의 공전궤도 측량

이제 지구의 공전궤도보다 더 바깥 궤도를 도는 행성들을 살펴보자. 화성, 목성, 토성, 천왕성, 해왕성처럼 지구 바깥을 도는 행성을 '외행성'이라고 부른다. 옛 천문학자들이 외행성까지의 거리를 어떻게 쟀는지 알아보자. 편의상 그 외행성이 화성이라고 가정하자.

어떤 외행성이 한밤중(우리나라의 지방시로 0시, 표준시로는 0시 30분경)에 정남쪽에 보이면, 그것을 충(衝)이라고 한다. 한밤중이란 우리가 볼 때 해가 지구의 반대편 하늘의 정북쪽에 있을 때를 말한다. 다시 말하면 해, 지구, 외행성의 순서로 천체들이 한 줄로 늘어서 있는 때가 그 행성의 충이다. 여기서 충은 '부딪치다'라는 뜻의 한자 충(衝)이며,

영어로는 '반대편에 있다'라는 뜻의 오포지션(opposition)이라고 한다. [그림 II－12]에서와 같이 1로 표시한 시각에 화성이 지구에 대해 충의 위치에 있었다고 하자. 그리고 나서 일정한 시간이 지나 2로 표시한 시각에 화성-지구-해가 직각을 이루는 위치가 되었다고 하자. 이러한 상태를 우리 전통 용어로는 구(矩)라고 하고, 영어로는 쿼드러처(quadrature)라고 한다. 해가 지평선 아래로 질 무렵에 화성이 정남쪽 하늘에 오고 지구에서 볼 때 해와 화성이 보이는 방향이 직각을 이룰 때를 '화성이 동방구에 있다'라고 말한다. 동방구라는 용어는 외행성이 해의 동쪽 90° 에 보이는 경우를 뜻한다. 동방(東方)의 구(矩)라는 뜻이다. 반대로 해가 뜰 무렵 화성이 정남쪽 하늘에 보이면서 화성과 해가 보이는 방향이 직각을 이룰 때 서방구가 된다. 즉, 화성이 해의 서쪽 90°에 보이는 때이다.

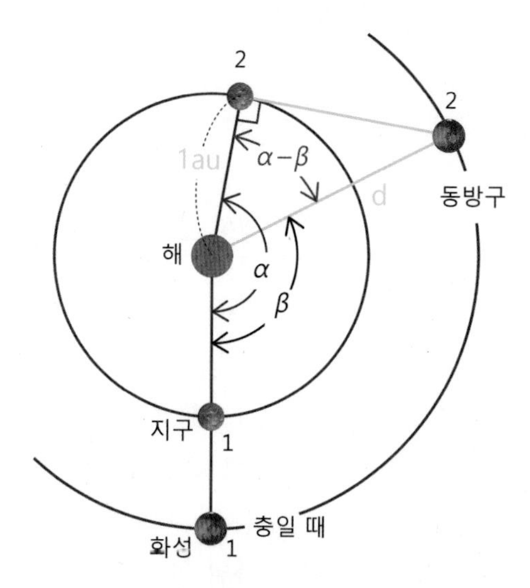

그림 II–12 외행성까지의 거리 구하기

[그림 II－12]와 같이 지구와 화성이 2의 위치 즉, 지구에서 볼 때 화성이 동방구에 있으면 화성-지구-해가 직각삼각형을 이룬다. 지구의 궤도를 원이라고 가정하면, 지구와 화성이 이루는 직선이 그 원에 접해 있기 때문이다. 화성에서 볼 때 지구가 서방 최대이각의 위치에 있는 셈이다.

그런데 지구가 1에서 2로 가는 동안 화성도 1에서 2의 위치로 공전하여 이동한다. 그런데 지구의 공전속도와 화성의 공전속도가 다르기 때문에(지구는 외행성들보다 빠르게 공전한다), 지구가 α만큼 공전했을 때 화성은 β만큼 공전한다. 그러므로 지구-해-화성이 이루는 각은 $\alpha-\beta$가 된다. 이제 직각삼각형에서 정의되는 삼각함수의 하나인 코사인 함수를 적용해보자.

$$\cos(\alpha-\beta)=\frac{\text{밑변}}{\text{빗변}}=\frac{1au}{d}$$

이것을 d에 대해 풀면

$$d=\frac{1au}{\cos(\alpha-\beta)}$$

가 된다. 이제 $\alpha-\beta$값만 측정하면 화성까지의 거리를 구할 수 있다.

화성의 충은 대체로 2년마다 일어나므로 자주 관측할 수 있다. 2012년의 예를 들어보면, 2012년 3월 3일에 화성이 충이 되고, 2012년 6월 8일 동방구가 발생한다. 97일 차이다. 지구는 365.25일에 해를 1바퀴 공전하고 화성은 686.98일에 해를 1바퀴 공전하므로, 이 97일 동안 지구가 공전한 각도는

$$\alpha = \frac{97일}{365.25일} \times 360° \approx 95.6° \simeq 96°$$

가 되고, 이 97일 동안 화성이 공전한 각도는

$$\beta = \frac{97일}{686.98일} \times 360° \approx 50.8° \simeq 51°$$

가 된다. 따라서 $\alpha - \beta = 96° - 51° = 45°$이다. $\cos 45° = \frac{\sqrt{2}}{2} = \frac{1}{\sqrt{2}}$이므로, 유효숫자를 고려하여

$$d = \frac{1\,au}{\cos 45°} = \frac{1\,au}{\frac{1}{\sqrt{2}}} = \sqrt{2}\,au \approx 1.414\,au \simeq 1.4\,au$$

가 된다. 즉, 화성의 공전궤도 반지름은 $d \simeq 1.4\,au$이다!

금성의 태양면 통과: 1천문단위는 몇 킬로미터인가?

지금까지 내행성과 외행성까지의 거리를 측량해보았다. 그 거리는 해와 지구의 평균 거리로 정의되는 1천문단위를 단위로 측량한 것이었다. 그런데 1천문단위는 몇 킬로미터일까? 예컨대, 화성의 공전궤도 반지름은 몇 킬로미터일까? 이 질문에 대한 답을 알아야 우주 탐사선이 얼마의 속도로 얼마의 거리를 날아가야 화성에 닿을지 알 수 있다. 1천문단위가 몇 킬로미터인지를 알기 위해서는, 지구가 해에서 몇 킬로미

터 떨어져 있는지를 알거나, 행성이 해에서 몇 킬로미터 떨어져 있는지 알거나, 아니면 지구와 행성이 몇 킬로미터 떨어져 있는지 알아야 한다.

이 문제를 풀어낸 사람은 영국의 천문학자이자 최초의 주기 혜성을 발견한 에드먼드 핼리(1656~1742)이다. 그는 금성이 해의 앞을 통과하는 현상을 지구상의 두 곳에서 관찰하면 금성의 궤도 반지름이 몇 킬로미터인지 알 수 있다는 측량 방법을 제안하였다. 이런 현상을 '금성의 태양면 통과'라고 한다.

[그림 II−13]은 해, 금성, 지구를 좀 과장해서 그린 것인데, 금성이 지구와 해의 사이에 놓이게 될 때, 지구 표면의 A지점에 사는 갑돌이는 금성이 태양 얼굴의 A′을 지나는 것으로 관찰하게 되고, B지점에 사는 갑순이는 금성이 태양 얼굴의 B′을 지나는 것으로 관찰하게 된다. 이와 같이 관측자의 위치에 따라 가까운 천체가 먼 천체에 대해서 다른 방향으로 보이는 현상을 시차(視差)라고 한다. 영어로는 패럴랙스

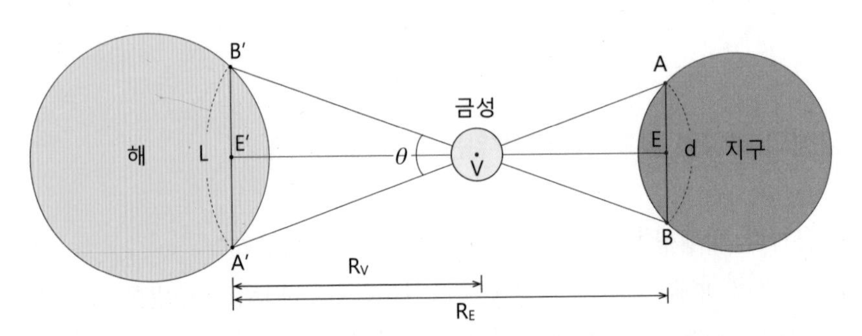

그림 II−13 금성이 태양면을 통과할 때 지구의 두 지점에서 관측되는 시차 지구상의 A지점에 있는 관측자는 금성이 A′에 있는 것으로 관측하고, 지구상의 B지점에 있는 관측자는 금성이 B′에 있는 것으로 관측하게 된다. 여기서 R_V는 $\overline{E'V}$의 거리이고 R_E는 $\overline{E'E}$의 거리이나, 지구, 금성, 해의 크기에 비해서 이 거리들이 멀기 때문에 R_V는 금성의 공전 반지름, R_E는 지구의 공전 반지름으로 놓아도 오차가 크지 않다.

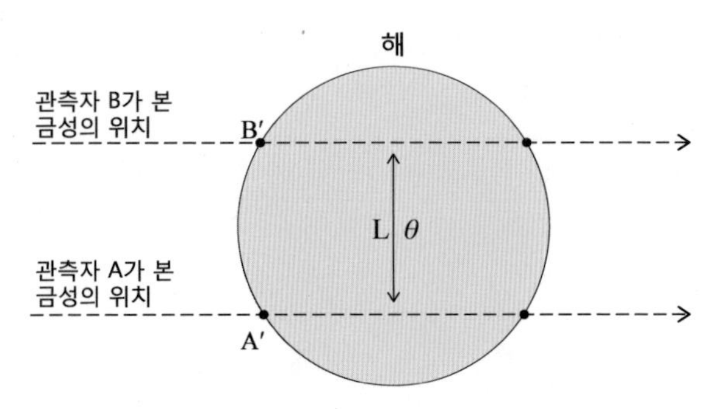

그림 II-14 금성의 태양면 통과를 지구상의 서로 다른 두 지점에서 관측한 모습

(parallax)라고 한다. 앞에서 설명했던 연주시차도 이러한 시차 현상이다. 갑돌이와 갑순이는 각각 [그림 II－14]처럼 금성을 보게 된다.

이제 갑돌이가 본 금성의 이동 경로와 갑순이가 본 금성의 이동 경로가 서로 얼마만큼 떨어져 있는지 그 각도를 측정한다. 그 각도는 [그림 II－14]에서 θ로 표시한 것이다. 그런데 [그림 II－13]에서 $\overline{VA}$와 $\overline{VB}$는 모두 $\overline{AB}$에 비해 매우 길다. 만약에 갑돌이와 갑순이가 적당한 위치에서 관측했다면, $\triangle AVB$를 $\overline{VA}=\overline{VB}$인 이등변삼각형으로 봐도 될 것이다. $\triangle AVB$에서 $\angle AVB$를 반으로 나누는 선을 그으면, 점 V에서 $\overline{AB}$에 수선의 발을 내리는 것이 된다. 그 수선의 발을 E라고 하자. 마찬가지로 점 V에서 $\overline{A'B'}$에 내린 수선의 발을 E′이라고 하자.

그러면 중학교 수학 시간에 배웠듯이, $\triangle AVB$와 $\triangle A'VB'$은 서로 닮음이다. 왜냐하면 두 삼각형이 모두 이등변삼각형이고 $\angle AVB$와 $\angle A'VB'$이 맞꼭지각이어서 두 삼각형의 각들이 서로 같기 때문이다. 마찬가지로 $\triangle AEV$와 $\triangle A'E'V$도 닮음이다. 즉, $\triangle AEV \backsim \triangle A'E'V$이다. 닮은 두 삼각형은 서로 대응하는 변의 길이가 비례하므로 AB의 길이를 d, $\overline{A'B'}$의 길이를 L, 해-금성의 거리를 R_V, 해-지구의 거리를 R_E라고 하면

$$d : \mathrm{L} = (\mathrm{R_E} - \mathrm{R_V}) : \mathrm{R_V}$$

의 관계를 얻을 수 있다. 이러한 비례식은 내항의 곱과 외항의 곱이 같으므로

$$d \times \mathrm{R_V} = \mathrm{L} \times (\mathrm{R_E} - \mathrm{R_V})$$

이다. 이 식은 다음과 같이 쓸 수 있다.

(식 II－6) $$\frac{d}{\mathrm{L}} = \frac{(\mathrm{R_E} - \mathrm{R_V})}{\mathrm{R_V}}$$

미국항공우주국(NASA)의 사이트에 따르면,[1] 에드먼드 핼리가 죽은 뒤로 지금까지, 1761년과 1769년, 1874년과 1882년, 2004년과 2012년에 금성의 태양면 통과가 일어났다. 그중에서 가장 최근 것은 협정세계시로 2012년 6월 5일 22:09부터 6일 04:49까지 일어난 금성의 태양면 통과이다. 다음 번은 2117년 12월 11일에 일어날 것으로 예측된다. 이 책을 읽고 있는 여러분은 과연 다음 번 통과를 볼 수 있을까? 아마도 이러한 것을 '1,000년에 한 번 만나는 기회'라는 뜻으로 천재일우(千載一遇)라고 할 수 있을 것이다. 사실 1,000년까지는 아니고 200년마다 만나는 정도지만. 이러한 천재일우의 기회를 만난 오스트레일리아와 노르웨이의 천문학자들은 2012년 금성이 태양면을 통과할 때 금성의 시차를 측정해보았다.[2]

오스트레일리아의 율라라라는 곳은 동경 131°01′, 남위 25°12′이고, 노르웨이의 노르카프라는 곳은 동경 24°51.5′, 북위 70°28.5′이다. 이

두 곳에서 금성의 태양면 통과를 관측했다. 지구가 완벽한 구가 아니라 사실은 약간 찌그러진 타원체임을 고려하여 지구를 관통하는 두 지점 사이의 최단 거리를 계산하면 $d = 10{,}616\,km$이다. 이는 지구 표면을 따라간 거리가 아님에 유의하라.

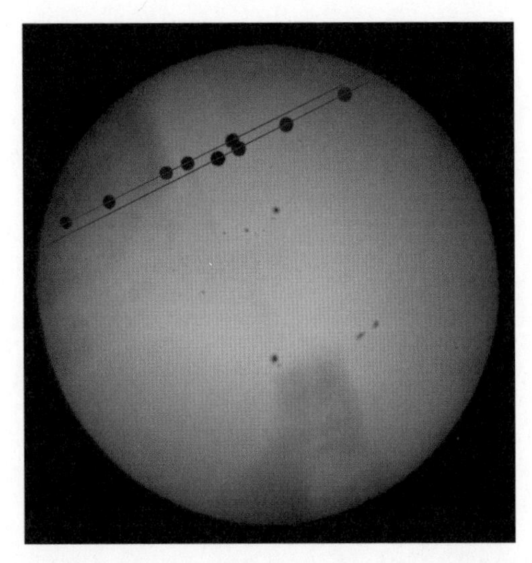

그림 II-15 오스트레일리아의 율라라와 노르웨이의 노르카프에서 관측한 금성의 태양면 통과 태양면에 있는 크고 고른 점들이 금성이고, 작고 고르지 않는 점들은 태양의 흑점이다. 위 줄에 놓인 금성 점들은 오스트레일리아에서 관측한 것이고, 아래 줄에 있는 금성 점들은 노르웨이에서 관측한 것이다.

[그림 II－15]는 천문학자들이 두 곳에서 관측한 금성의 태양면 통과 사진이다. 여기서 보듯이 두 곳에서 관측한 금성의 위치는 아주 조금 차이가 난다. 이날 해의 각지름은 $31'31.4''$였다. $1' = 60''$이므로 이 각지름은 $1{,}891.4''$인데, 사진에서 해의 지름은 1,688픽셀이었고, 두 곳에서 관측한 금성 사이의 거리는 31.8픽셀이었다. 그러므로 사진상에서 비례 관계에 의해

해의 지름(D_s): 해의 지름에 해당하는 픽셀 수
=시차에 해당하는 태양면에서의 거리(L):시차의 픽셀 수

이다. 즉,

$$D_s : 1{,}688\text{픽셀} = L : 31.8\text{픽셀}$$

이다. 내항의 곱과 외항의 곱이 같으므로, 앞의 식을 L에 대해 풀면

(식 II−7) $$L = \frac{31.8}{1{,}688} \times D_s$$

가 된다. 여기서 해의 지름은 호도법에 의해

(식 II−8) $$D_s = 31'31.4'' \times R_E = 1{,}891.4'' \times R_E$$

로 구할 수 있다.

이런 계산을 할 때 반드시 주의해야 할 점이 있다. 각도는 도(°), 분('), 초(") 단위를 사용하면 안 되고, 호도법의 라디안을 사용해야 한다는 것이다. 우리는 중학교 수학 시간에 부채꼴 호의 길이와 넓이를 구하는 방법을 배우는데, 이때 배운 것이 호도법이다. 호도법에 대해서는 뒤쪽에 간단히 설명해두었다. 여기서는 각도를 라디안으로 변환하는 방법만 설명하겠다.

원둘레 1바퀴는 원주각이 360°인데, 이것은 또한 2π라디안에 해당

하므로

$$1° = \frac{2\pi}{360}\text{라디안} = \frac{\pi}{180}\text{라디안}$$

이 된다. 즉, 도(°)로 표시된 각도에 $\frac{\pi}{180}$를 곱해주면 라디안이 된다. 또한 $1° = 60'$이므로 $1' = \frac{\pi}{180 \times 60}$라디안이고, $1' = 60''$이므로 $1'' = \frac{\pi}{180 \times 60 \times 60}$라디안이다. 정확한 숫자를 얻기 위해 $\pi = 3.14159$로 계산하면

$$1'' = \frac{1}{206,265}\text{라디안}$$

이다. 천문학에서는 이 숫자를 자주 활용하므로 기억해두는 것이 좋을 것이다.

이제 다시 금성의 태양면 통과 문제로 돌아가서 이 사실을 적용하면, 앞의 (식 II−8)은

$$D_s = 1,891.4'' \times R_E = \frac{1,891.4}{206,265}\text{라디안} \times R_E$$

가 된다. 이것을 (식 II−7)에 넣으면

$$L = \frac{31.8}{1,688} \times D_s = \frac{31.8}{1,688} \times \frac{1,891.4}{206,265}\text{라디안} \times R_E$$

이다. 이 값을 (식 II−6)에 대입한다. 또한 율라라와 노르카프 사이의 거리 $d = 10{,}616\,km$, 해-지구 사이의 거리 $R_E = 1\,au$, 앞에서 구한 해-금성 사이의 거리 $R_V = 0.7\,au$도 (식 II−6)에 모두 대입한다. 그러면 (식 II−6)은

$$\frac{d}{L} = \frac{(R_E - R_V)}{R_V}$$

$$\frac{10{,}616\,km}{\dfrac{31.8}{1{,}688} \times \dfrac{1{,}891.4}{206{,}265}} = (R_E - R_V) \times \frac{R_E}{R_V} = (1 - 0.7) \times \frac{1}{0.7}\,au \simeq 0.43\,au$$

가 된다. 이제 전자계산기를 꺼내서 좌변을 계산해보자.

$$\frac{10{,}616\,km}{\dfrac{31.8}{1{,}688} \times \dfrac{1{,}891.4}{206{,}265}} = 61{,}453{,}750\,km$$

이다. 우변의 0.43으로 양변을 나눠주면

$$1\,au = 142{,}915{,}698\,km \simeq 143{,}000{,}000\,km$$

이다. 현재 천문학자들이 사용하는 값은 $1\,au \simeq 1.50 \times 10^8\,km$이므로, 오스트레일리아와 노르웨이의 천문학자들이 측정한 값의 오차는 약 5 퍼센트에 불과하다. 여기서 우리는 지구의 공전궤도가 원이라고 가정했지만, 실제로 지구는 타원궤도를 따라 해 둘레를 공전한다. 그리고 1 천문단위는 어느 한 시점에서의 지구와 해 사이의 거리가 아니라 평균

거리로 정의된다. 우리가 구한 1천문단위 거리의 오차는 이러한 차이 때문에 발생했다고 볼 수 있다.

지구의 공전궤도가 타원임을 고려하여 좀 더 정확하게 계산해보자. 천문학자들의 계산에 따르면, 금성의 태양면 통과가 일어난 그날, 해-지구 사이의 거리는 $R_E = 1.0147\,au$였고, 해-금성 사이의 거리는 $R_V = 0.7155\,au$였다. 이 수치를 넣어서 계산하면, $1\,au = 145{,}000{,}000\,km$가 나온다. 현재 천문학자들이 구한 값과 고작 3퍼센트 차이 날 뿐이다. 정말 멋지지 않은가!

호도법

호도법, 즉 라디안은 중요한 개념이다. 여기에 아래와 같은 원이 있다고 하자.

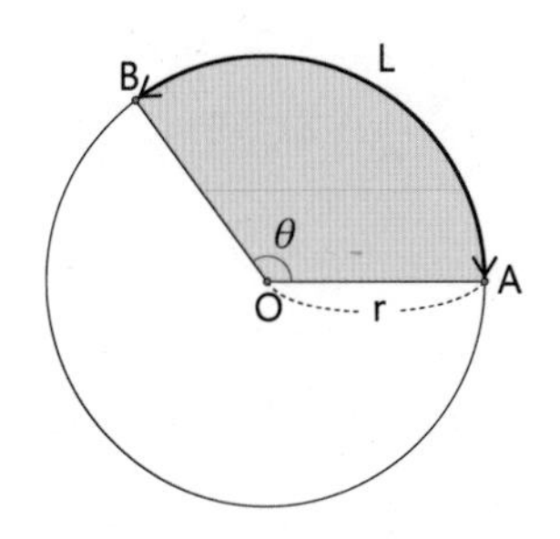

이 원에서 ∠AOB 즉, θ를 '중심각'이라고 하고 점 A와 점 B를 잇는 원둘레 부분 L을 '호'라고 부른다. 그런데 중심각 θ가 커질수록 호의 길이 L도 비례해서 커진다. 이것을 이용해서 중심각 θ를, 호의 길이 L을 원의 반지름 r로 나눈 값으로 정의하는 것을 호도법이라고 한다. 수

식으로 쓰면

$$\theta = \frac{\mathrm{L}}{r}$$

이다. 그러면 호의 길이는 $\mathrm{L}=\theta \times r$로 계산된다. 이렇게 호도법으로 나타낸 각의 크기 θ의 단위는 라디안(radian)이다. 원둘레에 해당하는 중심각은 360°이고, 반지름이 r인 원의 둘레 길이는 $2\pi r$이므로, 임의의 각 $x(°)$를 라디안으로 바꾸려면 비례식에 따라

$$x(°) : 360° = \theta\text{라디안} : 2\pi\text{라디안}$$

이 된다. 내항의 곱은 외항의 곱과 같으므로, 도(°)로 나타낸 각도 x를 라디안으로 바꾸려면

$$\theta\text{라디안} = \frac{2\pi x(°)}{360°}\text{라디안} = \frac{\pi x(°)}{180°}\text{라디안}$$

으로 구한다.

예를 들어, 90°는 몇 라디안일까? 앞의 식에서 $x = 90$을 대입하면, $\theta = \frac{\pi}{2}$라디안이 된다. 연습 삼아서 45°, 180°, 360°는 각각 몇 라디안인지 계산해보자. 거꾸로 θ라디안이 몇 도(°)인지 계산하려면, $x = \frac{180°}{\pi}\theta = 180°\frac{\theta}{\pi}$로 계산하면 된다. 예를 들어, 1라디안은 몇 도일까? 앞의 식에 $\theta = 1$을 대입하고 $\pi = 3.14$라고 하면, $x \approx 57.3°$이다.

영국의 천문학자인 에드먼드 핼리는 1716년에 금성이 태양면을 통과할 때 해와 지구 사이의 거리를 측정하는 아이디어를 발표했다. 천문학자들의 계산에 따르면 다음번 금성의 태양면 통과는 1761년과 1769년으로 예정되어 있었다. 그러나 안타깝게도 핼리는 1742년에 운명하였고, 자신이 연구하여 예측한 천문 현상을 직접 관측하지는 못했다. 핼리는 금성의 시차가 무척 작은 값이라서 측정하기 어렵다는 것을 알았다. 그래서 그는, 금성이 태양면을 가로질러 가는 데 걸리는 시간을 측정함으로써 시차를 좀 더 정밀하게 측정할 수 있다는 아이디어를 제안했다. 나중에 그의 후배 천문학자들이 금성의 태양면 통과를 관측하려 했을 때, 실제로 고려해야 할 문제가 한두 가지가 아니었다. 두 지점에서 관측한 금성의 시차가 굉장히 작았고, 지구 중심이 아니라 지구 표면에서 관측한다는 점도 고려해야 했으며, 금성은 점이 아니라 크기를 갖고 있어서 태양 표면의 가장자리에 접촉하는 시각을 정확하게 측정하는 것도 문제였다. 당시에는 사진 기술이 없어서 망원경으로 보이는 해의 모습을 눈으로 관측하거나 종이에 투영해서 관측했기 때문이었다. 물론, 지구와 금성의 공전궤도가 원이 아니라 타원이라는 점도 고려해야 했다. 이러한 모든 어려운 점을 극복하여 당시로서는 매우 정밀하게 관측이 이루어졌다. 1771년에 프랑스 천문학자인 제롬 랄랑드(1732~1807)는 1761년과 1769년에 금성의 태양면 통과를 관측한 자료를 종합하여 지구와 해 사이의 평균 거리를 1억 5,300만 킬로미터로 측정하였다. 현대 천문학에서 잰 값이 1억 4,960만 킬로미터이므로 당시의 기술적 한계를 고려하면 비교적 정확하게 측정한 것이다.

1950년대 말에 이르자 천문학자들은 여러 가지 방법으로 1천문단위가 몇 킬로미터인지를 측정하게 되었다. 그런데 문제가 생겼다. 각각의 방법은 무척 정밀하여 측정오차는 비교적 작았지만, 그 여러 가지 방법으로 구한 값들이 서로 차이가 컸다. 이것은 측정 방법들에 체계적인 오차가 있음을 뜻했다.

당시에는 전파 천문학이 매우 발전하던 시기였는데, 1958년 1월 미국의 매사추세츠과학기술원의 과학자들이 금성에 레이다를 쏘아 그 반사된 전파를 측정하는 데 성공했고, 곧이어 1959년 9월에 영국 맨체스터대학의 조드럴뱅크 전파망원경으로 그 반사파를 검출하는 데 성공했다.* 곧이어 미국과 영국의 천문학자들이 금성이 지구에 최근접했을 때 레이다를 금성에 쏘고 그 반사파를 측정하여 금성까지의 거리를 측정할 수 있었다. 빛의 속력은 초속 약 30만 킬로미터로 일정하므로, 그 걸린 시간을 반으로 나누고 여기에 빛의 속력을 곱하면, 그때 지구와 금성 사이의 거리가 몇 킬로미터인지를 구할 수 있다. 1961년에 금성이 지구에 가장 접근했을 때 이루어진 레이다 관측의 결과, 1천문단위는 1억 4,960만 킬로미터로 측정되었다. 기술이 발전하여 지금은 $1\,au = 149,597,870\,km$로 결정되었다.

---

* 1957년에 소련이 스푸트니크 1호 인공위성을 발사했을 때 전 세계가 놀랐다. 그로부터 몇 년이 지난 1962년에 미국의 AT&T 벨 연구소는 텔스타라는 통신위성을 발사했다. 이즈음은 우주 공간에 인공위성을 띄우고 전파로 통신을 하는 기술을 겨우 활용하기 시작한 때였다. 그 당시의 기술로는 금성에 레이다 전파를 쏘아서 반사되어 온 전파를 검출하는 것이 상당히 어려운 최첨단 연구였다.

케플러의 행성 운동에 관한 세 가지 법칙

> 내가 조금 더 멀리 내다볼 수 있었다면, 그것은 거인들의 어깨 위에 서 있었기 때문이다.
>
> – 아이작 뉴턴

아리스타르코스, 히파르코스, 프톨레마이오스, 튀코 브라헤… 이들을 생각하면 탄성이 절로 나온다. 이들은 사분의 같은 단순한 도구만으로 우주를 측량했음에도 불구하고 위대한 지식을 알아냈기 때문이다. 천체를 겨냥할 때 작은 망원경만 하나 달았어도 천체의 위치를 그 전보다 10배는 정확하게 측정할 수 있었을 것이다. 그러나 그들은 그런 도구의 도움을 받지 못했다. 왜냐하면 망원경이라는 도구가 발명되어 천체 관측에 이용된 것이 1609년 이탈리아의 갈릴레오 갈릴레이에 의해서였기 때문이다. 더욱이 그는 천체망원경으로 천체를 관찰했을 뿐 위치 측정을 더 정확하게 하려는 의도로 망원경을 사용하진 않았다. 사분의로 천체를 겨냥할 때, 맨눈 대신에 망원경을 단 것은 영국의 왕실 천문학자였던 존 플램스티드(1646~1719)였다.

망원경 사용 이전 최고의 관측 자료를 남긴 사람은 튀코 브라헤(1546~1601)였다. 튀코 브라헤 이전의 최고의 천문학자는 기원전 2세기의 히파르코스였다. 그의 관측 자료와 기법은 프톨레마이오스에게 이어졌고, 10세기 이슬람 천문학자 알 수피(903~986)와 15세기 사마르칸드의 천문학자이자 티무르 제국의 군주였던 울루그 베그(1394~1449)를 거쳐 16세기의 튀코 브라헤와 17세기의 플램스티드로 계보가 이어진다.

튀코가 남긴 행성의 거리 측량 결과는, 비록 맨눈으로 관찰할 것이었지만, 몇 가지 특별한 기법을 채택함으로써 위치 측량 정밀도가 매우 개선된 것이었다. 튀코는 선배들에게서 대각 눈금 기술을 받아들였다. 그는 요즘의 가늠자와 가늠쇠에 해당하는 기법을 겨냥 장치에 도입했다. 또한 그는 측정할 때 단 한 번만 하는 것이 아니라 여러 번을 측정하여 그 평균값을 택하면 위치가 더 정밀해짐을 경험으로 터득하고 있었다.

튀코가 심혈을 기울여 관측한 행성의 위치 관측 자료가 쌓였고, 이 자료는 결국 요하네스 케플러(1571~1630)의 손으로 넘어갔다. 케플러는 그 자료를 분석하여 화성의 궤도 모양을 조사하였다. 그 결과, 행성 운동에 관한 세 가지 법칙을 발견해냈다. 그러나 말이 쉽지, 대기굴절 효과를 보정하는데 그의 인생 1년이 소모되었고, 보정된 자료에서 조

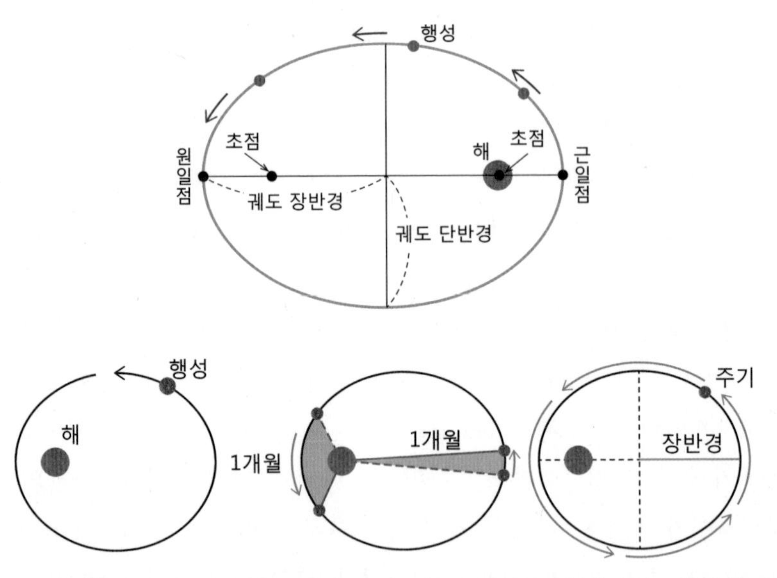

그림 II-16 행성 운동에 관한 케플러의 법칙 (왼쪽) 타원궤도의 법칙: 행성의 궤도는 태양을 한 초점에 두고 있는 타원이다. (가운데) 면적 속도 일정의 법칙: 같은 시간 동안 태양-행성을 잇는 선이 휩쓸고 지나간 면적은 일정하다. (오른쪽) 조화의 법칙: 행성의 공전주기의 제곱은 궤도 장반경의 세제곱에 비례한다.

화의 법칙을 발견하기까지 또 몇 년의 인생이 소모되었다. 그동안 그는 전자계산기도 없이 얼마나 많은 계산을 했을까?

케플러가 발견한 행성 운동의 법칙은 다음과 같다.

1. 타원궤도의 법칙: 행성의 공전궤도는 타원이다.
2. 면적 속도 일정의 법칙: 행성이 단위 시간 동안 휩쓸고 지나간 면적은 같다.
3. 조화의 법칙: 행성의 공전주기를 제곱한 값은 장반경을 세제곱 한 값에 비례한다.

뉴턴의 만유인력의 법칙에서 케플러의 제3법칙 유도하기

> 이러한 연역적 추론의 결과, 모든 입자는 다른 입자들과 거리의 제곱에 반비례하여 변하는 중력이 작용함을 알게 된다. 그러므로 이와 같이 제안된 법칙은 우주 전체에서 참이라고 가정된다.
>
> – 아이작 뉴턴

태양계의 행성 중에서 가장 무거운 것은 목성이다. 하지만 태양의 질량에 비하면 고작 1,000분의 1에 불과하다. 그래서 태양은 한 점에 고정되어 있고 행성만 공전한다고 놓고 문제를 풀어도 행성의 궤도를 거의 정확하게 구할 수 있다. 이러한 것을 1체 문제 또는 케플러 문제라고 한다.

공전하는 두 천체의 질량이 엇비슷한 경우는 어떨까? 두 천체는 어떤 공전궤도를 그릴까? 이것이 이번에 우리가 공부해볼 주제이다. 결론부터 말하자면, 두 천체는 질량 중심을 공통의 중심으로 유지하면서

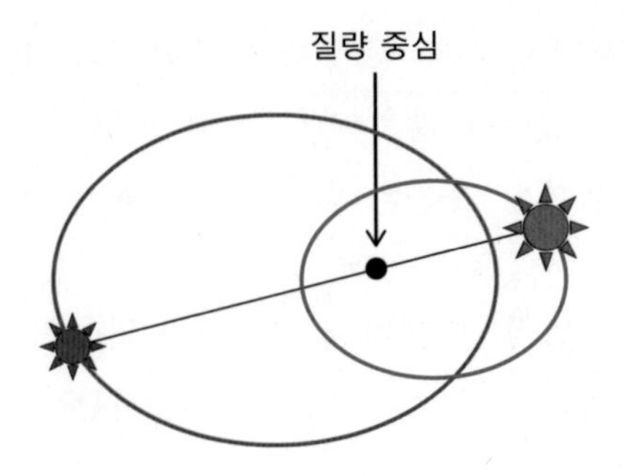

서로 멀어졌다가 가까워지기를 되풀이하면서 공전한다. 질량 중심이라는 것은, 우리가 놀이터에서 시소를 탈 때, 무거운 사람이 시소의 축 쪽으로 바짝 당겨 앉아야 양쪽의 균형이 맞는 것을 떠올리면 이해하기 쉽다. 시소의 양쪽에 앉을 사람의 무게를 각각 M_1과 M_2라고 하고, 각 사람이 시소의 축으로부터 떨어진 거리를 각각 r_1과 r_2라고 하면

$$M_1 \times r_1 = M_2 \times r_2$$

가 되어야 시소의 균형이 맞는다.

두 천체가 서로 중력으로 묶여서 공전할 때도 이와 마찬가지로 질량 중심이 한 점에 고정되도록 유지하면서 각자 그 질량 중심을 초점으로 하여 공전한다. 시소에서 한쪽에 코끼리를 태우면 어떻게 될까? 코끼리는 시소의 축에 바짝 붙은 자리에 올리고 그 반대쪽에는 아주 멀리 사람을 앉혀야 양쪽이 균형을 이룰 것이다. 무게가 6,000*kg*인 코끼리와 무게가 6*kg*인 아기를 시소의 양쪽에 앉혀놓았다고 생각해보자. 아기를 시소의 축에서 10*m* 떨어진 곳에 앉혀놓았을 때, 코끼리를 축에서 얼마나 떨어진 곳에 놓아야 균형이 이루어질까? 앞에서 살펴본 질량

중심을 구하는 식에 대입해보자. $M_1 = 6,000\,kg$, $M_2 = 6\,kg$, $r_2 = 10\,m$일 때, r_1을 구하는 문제이다.

$$6,000\,kg \times r_1 = 6\,kg \times 10\,m$$

$$r_1 = \frac{6\,kg}{6,000\,kg} \times 10m = \frac{1}{100}m = 0.01m = 1cm$$

코끼리를 시소의 축에서 겨우 $1\,cm$ 떨어진 곳에 앉혀야 아기와 균형을 맞춰서 시소를 탈 수 있다.

이와 비슷한 일이 태양계에서도 일어나고 있다. 목성의 질량은 해의 질량에 비하면 1,000분의 1에 불과하다. 시소를 타는 코끼리와 아기 문제와 마찬가지로 해와 목성의 질량 중심을 구해보면, 목성의 공전궤도가 8억 킬로미터 정도이고 질량비가 1,000분의 1이므로 해와 목성의 질량 중심에서 해까지의 거리는 80만 킬로미터 정도이다. 해의 반지름이 70만 킬로미터이므로, 해는 제자리에서 맴맴 도는 것과 마찬가지이다.

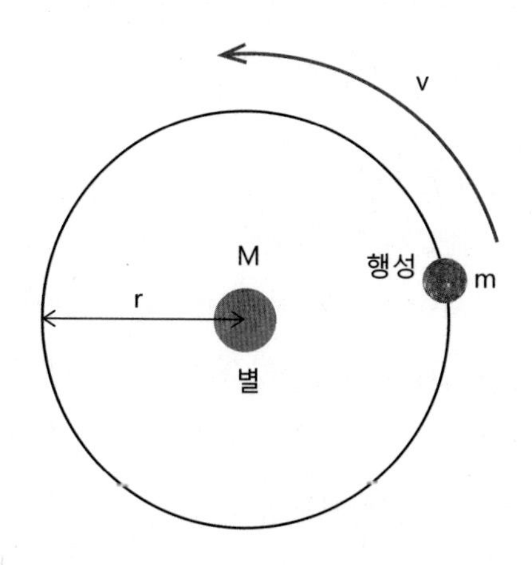

뉴턴의 중력이론으로부터 케플러의 '조화의 법칙'을 이끌어 내보자(유도해보자). 이 내용은 고등학교 과학 시간에 배우지만, 여기서 조금 더 자세하게 설명할 것이다. 찬찬히 단계를 밟아 따라오면 이해할 수 있을 것이다.

질량이 m인 행성이, 질량이 M인 별에서 거리 r만큼 떨어진 원궤도를 속력 v로 공전한다고 하자. 그런데 별이 행성보다 훨씬 무겁다고 가정하자. 즉, $M \gg m$이라고 가정하자. 이 경우, 별은 제자리에 있고 행성만 원궤도를 공전하고 있다고 볼 수 있다.

이 행성은 별로 떨어져 들어가지도 않고 별로부터 달아나지도 않고 있다. 따라서 행성과 별이 서로 끌어당기는 중력과 행성이 별에서 떨어져 나가려는 원심력이 균형을 이루고 있다. 먼저 이 두 천체 사이에는 뉴턴의 중력이 작용하여 서로를 끌어당긴다. 그 힘은 두 천체의 질량의 곱에 비례하고, 두 천체가 떨어져 있는 거리의 제곱에 반비례한다. 이것을 수식으로 쓰면 다음과 같다.

$$F_{중력} = -\frac{GMm}{r^2}$$

이것이 뉴턴의 만유인력의 법칙이다. 여기서 우변의 분수를 보자. $F_{중력}$은 우변의 분자에 있는 항들에는 비례하고 분모에 있는 항에는 반비례한다. 별의 질량 M이 2배로 커지면 $F_{중력}$도 2배 커지고, 질량 M이 3배로 커지면 $F_{중력}$도 3배가 되는 것을 비례한다고 한다. $F_{중력}$은 거리의 제곱(r^2)에 반비례하므로 거리 r이 2배가 되면 $F_{중력}$은 그 제곱인 1/4배가 된다. 그래서 중력을 역제곱의 법칙이 성립하는 힘이라고도 한다. 또한 음의 부호는 중력이 서로 끌어당기는 힘이라는 뜻이다. 여기서 G는 비례상수인데 '뉴턴의 중력상수'라고 한다. 여기서 별과 행성의 질량은 모두 킬로그램 단위이고, 거리는 미터 단위를 쓴다. 실험실에서 측정된 중력상수를 이 단위계에서 쓰면 $G = 6.67 \times 10^{-11} J \cdot m/kg^2$이다. 여기서 J는 줄(Joule)이라는 에너지의 단위이다.

한편 별과 행성 사이에 중력만 작용한다면 행성이 별로 떨어져 버릴 것이다. 그러나 행성은 원운동을 하므로 바깥쪽으로 달아나려는 힘인 원심력이 작용한다. 돌에 줄을 달아서 빙빙 돌릴 때, 돌이 바깥쪽으로 달아나려고 하는 힘을 느껴본 적이 있을 것이다. 그 바깥쪽으로 달아나려고 하는 힘을 원심력이라고 한다. 자동차를 타고 굽은 길을 가면 차와 사람이 바깥쪽으로 쏠리게 되는 것도 원심력 때문이다. 이때 쏠리는 정도는 길이 심하게 굽어 있을수록, 즉 회전 반경이 짧을수록, 또는 차가 빨리 달리고 있을수록, 그리고 그 차가 무거울수록 커진다. 그래서 원심력은 다음과 같은 수식으로 주어진다.

$$F_{\text{원심력}} = \frac{mv^2}{r}$$

바깥으로 달아나려는 힘이므로 중력과 반대 방향으로 작용한다. 그래서 양의 부호를 썼다. 이 식에서 볼 수 있듯이, 원심력에 가장 큰 영향을 끼치는 물리량은 속력 v이다. 속도의 제곱에 비례하기 때문이다. 그래서 급커브에서 원심력에 의해 차가 미끄러지지 않게 하려면 속도를 충분히 줄여야 한다.

행성이 별로부터 달아나거나 별로 떨어지지 않으면서 공전하려면, 이 원심력을 상쇄시키기 위해 궤도의 중심으로 잡아당기는 힘이 필요하다. 이것을 구심력이라고 하는데, 여기서는 두 천체 사이의 중력이 구심력 노릇을 한다. 그러므로 원심력과 중력은 크기가 같고 방향은 반대이어야 한다.

$$F_{중력} = -F_{원심력}$$

여기서 음의 부호는 중력과 원심력이 서로 방향이 반대라는 것을 나타낸다. 앞에서 이야기한 중력과 원심력을 이 식에 대입하면

$$\frac{GM\cancel{m}}{r^{\cancel{2}}} = \frac{\cancel{m}v^2}{\cancel{r}}$$

과 같고, 양변을 약분하여 정리하면

(식 II−9) $$\frac{GM}{r} = v^2$$

이 된다. 이 식은 두 천체 사이의 거리, 무거운 천체의 질량, 그리고 운동속도로 표시되어 있다. 그러나 우리가 행성 운동을 관찰하여 측정하는 물리량은 이런 것들이 아니라, 행성의 공전주기인 P와 행성의 공전 반지름인 r이다. 그러므로 행성의 공전 속력 v를 이러한 측정치로 나타내기 위해 다음과 같은 것을 고려해야 한다. 행성의 공전주기 P는, 1장에서 서울에서 목포까지 차로 운전해서 갈 때 걸리는 시간을 계산한 것과 똑같이 계산하면, 행성이 그 공전궤도의 둘레인 $2\pi r$을 속력 v로 운동할 때 걸리는 시간이므로

$$P = \frac{\text{이동 거리}}{\text{속력}} = \frac{2\pi r}{v}$$

로 구할 수 있다. 이것을 v에 대해 풀면

$$v = \frac{2\pi r}{P}$$

이 된다. 이것을 (식 II−9)에 대입하고 정리하면

(식 II−10) $$GMP^2 = 4\pi^2 r^3$$

을 얻는다. 이 식에서 G는 뉴턴의 중력상수이고, $4\pi^2$은 숫자이다. 또한 별의 질량 M도 주어진 별에 대해서는 변하지 않는 물리량이다. 그러므로 (식 II−10)은 '행성의 공전주기(P)의 제곱은 공전 반지름(r)의 세제곱에 비례한다'라는 뜻이다. 이것이 바로 케플러의 행성 운동에 관한 제3법칙인 '조화의 법칙'이다.

우리는 별이 행성에 비해서 몹시 무겁다고 가정했는데, 만일 행성이 별에 비해서 무시할 수 없을 정도로 무거운 경우, 좀 더 복잡한 계산을 하면

(식 II−11) $$G(M+m)P^2 = 4\pi^2 r^3$$

이 된다. $M \gg m$인 경우, 이 식에서 m은 무시할 수 있으므로 (식

II−10)과 같아진다. [부록 A]에 원운동을 하는 쌍성의 경우에 대해서 이 관계식을 유도해보았다. 천체물리학적으로 제대로 계산해보면, 쌍성을 이루는 별들이 타원궤도를 운행하는 경우에도 역시 조화의 법칙이 성립함이 증명되어 있다. 원운동을 하는 이상적인 경우이긴 하지만 2체 문제를 직접 풀어보면 뉴턴의 만유인력의 법칙이 얼마나 멋진 이론인지 느낄 수 있을 것이다.

(식 II−11)에 나오는 중력상수 G나 숫자 $4\pi^2$을 매번 계산하지 않도록 식을 간단하게 만들어보자. 해의 질량을 $M_\odot$라고 하고, 지구의 공전주기를 $P_\oplus$라고 하고, 지구의 공전 반지름을 $r_\oplus$라고 하면, 앞의 (식 II−10)에서 $GM_\odot P_\oplus^2 = 4\pi^2 r_\oplus^3$이 성립한다. 이 식으로 (식 II−11)의 양변을 나눠주면

$$\frac{\cancel{G}(M+m)P^2}{\cancel{G}M_\odot P_\oplus^2} = \frac{\cancel{4\pi^2}r^3}{\cancel{4\pi^2}r_\oplus^3}$$

이 되고, 이것을 약분하면

(식 II−12) $$\left(\frac{M}{M_\odot} + \frac{m}{M_\odot}\right)\left(\frac{P}{P_\oplus}\right)^2 = \left(\frac{r}{r_\oplus}\right)^3$$

이 된다. 여기서 $\left(\frac{M}{M_\odot}\right)$이나 $\left(\frac{m}{M_\odot}\right)$은 두 천체의 질량을 해의 질량 단위로 나타낸 값이다. 태양계 행성들의 운동을 따진다면, $M \gg m$이므로 $\left(\frac{m}{M_\odot}\right)$은 무시할 수 있고 $M = 1M_\odot$이기 때문에 $\left(\frac{M}{M_\odot}\right) = 1$이 된다. 천

문학에서는 별이나 은하의 질량을 나타낼 때 '해의 질량'을 단위로 사용하며, 그 단위를 $M_{\odot}$라고 쓴다. 즉, 우리의 해는 그 질량이 $1M_{\odot}$인 별이다. 이 약속은 앞으로 계속 나오므로 잘 기억해두자. 여기서 ⊙나 ⊕는 전통적으로 천문학자들이 태양계 천체들을 표시하는 기호들이다.*
⊙는 해를 나타내고, ⊕는 지구를 나타낸다. $P_{\oplus}$는 지구의 공전주기인 1년이므로, (식 II−12)에서 $\left(\frac{P}{P_{\oplus}}\right)$는 행성의 공전주기를 지구의 공전주기인 1년 단위로 나타낸 값이다. 마찬가지로 $\left(\frac{r}{r_{\oplus}}\right)$은 지구의 공전반지름인 $1au$(천문단위)로 나타낸 행성의 공전 반지름이 된다.

표 II−2 태양계 행성들의 공전주기와 공전궤도 장반경

행성	공전주기 P(년)	$\log_{10}$(P/1년)	장반경 $a(au)$	$\log_{10}(a/1au)$
수성	0.24	−0.62	0.5	−0.30
금성	0.62	−0.21	0.7	−0.15
지구	1.0	0.00	1.0	0.00
화성	1.9	0.28	1.5	0.18
목성	12	1.08	5.2	0.72
토성	29	1.46	9.6	0.98
천왕성	84	1.92	19	1.28
해왕성	165	2.22	30	1.48

* 참고로 금성은 미의 여신 비너스(Venus)라서 ♀로 표시하고, 화성은 전쟁의 남신 마르스(Mars)라서 ♂로 표시하는데, 나중에 이 표시가 각각 여자와 남자를 표시하게 되었다. 다른 행성들에도 부호가 각각 있다.

케플러의 '조화의 법칙'은 "지구의 공전주기와 궤도 장반경을 기준으로 할 때, 어떤 행성의 공전주기의 제곱은 그 행성의 궤도 장반경의 세제곱에 비례한다"라고 말할 수 있다. 궤도 장반경이란 행성의 궤도가 타원일 때 그 타원의 두 초점을 지나는 지름의 절반을 말한다. [표 II-2]에 태양계 행성들의 공전주기와 궤도 장반경을 모아놓았다. 이 표에 주어진 공전주기는 지구의 공전주기인 1년을 단위로 하였고 궤도 장반경은 지구의 궤도 장반경인 $1\,au$를 단위로 하였다. 따라서 공전주기는 제곱하고 장반경은 세제곱한 다음, 가로축은 공전주기의 제곱으로 하고 세로축은 장반경의 세제곱으로 하여 그래프를 그려보면, 태양계 행성들을 나타내는 점들이 하나의 직선 위에 놓이는 것을 알 수 있다.

상용로그를 도입하면 다음과 같이 이야기해볼 수도 있다. 케플러의 '조화의 법칙'에 따르면 $\mathrm{P}^2 = a^3$인데 이 수식의 양변에 상용로그를 취하면 $\log_{10}\mathrm{P}^2 = \log_{10}a^3$이므로, $2\log_{10}\mathrm{P} = 3\log_{10}a$, 즉

$$\log_{10}\mathrm{P} = \frac{3}{2}\log_{10}a$$

이다. $x \equiv \log_{10}a$라고 정의하고, $y \equiv \log_{10}\mathrm{P}$라고 정의하면, 이 식은 우리에게 익숙한 원점을 지나고 기울기는 $\frac{3}{2}$인 직선의 방정식 $y = \frac{3}{2}x$이다. 세로축은 지구의 공전주기 $\mathrm{P}_{\oplus} = 1$년을 단위로 하여 $\log_{10}(\mathrm{P}/\mathrm{P}_{\oplus})$로 하고, 가로축은 지구의 궤도 장반경 $a_{\oplus} = 1\,au$를 단위로 하여 $\log_{10}(a/a_{\oplus})$로 해서 그래프를 그리면, [그림 II-17]에서와 같이 기울기가 $\frac{3}{2} = 1.5$이고 지구를 원점으로 하여 직선이 원점을 지나는 그래프가 그려진다. 수성이 직선으로부터 조금 동떨어져 있는 까닭은 태양에 너무 가까워

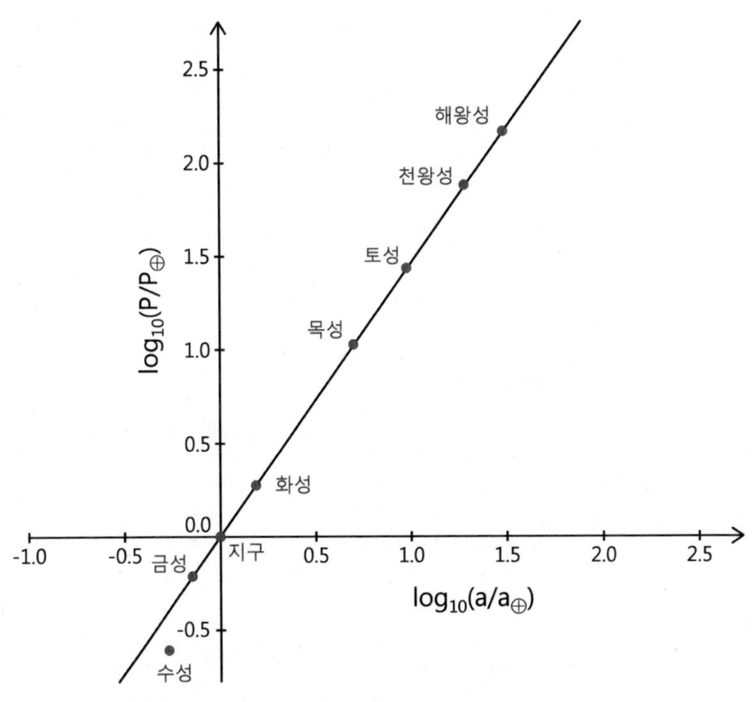

그림 II-17 태양계 행성들에서 성립하는 케플러의 '조화의 법칙' 세로축은 1년 단위로 나타낸 공전주기, 가로축은 1천문단위로 나타낸 공전궤도 장반경을 나타낸다. 원점을 지나고 기울기가 1.5인 직선 위에 점들이 놓인다.

서 태양의 강한 중력장에 의한 일반상대성이론의 효과가 나타나기 때문이다.

해의 둘레를 행성들이 공전하고 지구의 둘레를 달이 공전하듯, 목성의 둘레를 공전하는 여러 위성이 있다. 이탈리아의 갈릴레오 갈릴레이는 1609년에 망원경으로 목성을 관찰하여 목성 둘레를 공전하는 위성 넷을 발견하였다. 그래서 우리는 그 위성들을 갈릴레오 위성이라고 부른다. 뉴턴의 중력은 목성과 갈릴레오 위성 사이에도 성립하므로 케플러의 제3법칙인 '조화의 법칙'이 성립해야 한다. [표 II−3]은 갈릴레오 위성들의 궤도 요소이다. 이심률이란 공전궤도가 원에 비해 얼마나 찌그러진 타원인지를 나타내는데, 갈릴레오 위성들의 이심률은 거의 0에 가깝다는 것을 알 수 있다. [표 II−3]에 제시된 물리량을 가지고 목성과 갈릴레오 위성들 사이에도 케플러의 '조화의 법칙'이 성립하는지 알아보자. 먼저 연습문제를 풀어보자.

표 II-3 목성을 공전하는 갈릴레오 위성들의 궤도 요소

위성	이심률	궤도 경사(°)	주기(일)	공전 장반경(*km*)
이오(Io)	0.0041	0.050	1.77	421,800
유로파(Europa)	0.0094	0.471	3.55	671,100
가니메데(Ganymede)	0.0011	0.204	7.15	1,070,400
칼리스토(Callisto)	0.0074	0.205	16.69	1,882,700

연습문제 4 목성의 갈릴레오 위성인 이오는 공전 장반경이 4.22×10^5 km이고 공전주기가 1.77일이다. 목성의 질량을 구하시오.

답 큰 숫자는 지수(거듭제곱)를 사용하여 표현하면 편리하다. 지수에 관해서는 [부록 B]에서 자세히 다루었다. $4.22\times10^5 km$는 $422{,}000 km$를 10의 거듭제곱을 사용하여 표현한 숫자이다. $1 km = 1{,}000 m = 10^3 m$이므로

$$r = 4.22\times10^5 km = 4.22\times10^5\times10^3 m = 4.22\times10^8 m$$

이고

$$P = 1.77\text{일} = 1.77\text{일}\times\frac{24\text{시간}}{1\text{일}}\times\frac{60\text{분}}{1\text{시간}}\times\frac{60\text{초}}{1\text{분}} \simeq 1.53\times10^5\text{초} = 1.53\times10^5 s$$

이고

$$G = 6.67 \times 10^{-11} \frac{Nm^2}{kg^2}$$

이다. 이 값들을 (식 II－10)에 대입하면, 목성의 질량 M_J는

$$M_J = \frac{4\pi^2}{G}\frac{r^3}{P^2} = \frac{4 \times 3.14^2}{\left(6.67 \times 10^{-11}\frac{Nm^2}{kg^2}\right)}\frac{(4.22 \times 10^8 m)^3}{(1.53 \times 10^5 s)^2}$$

이다. 힘의 단위 뉴턴 N을 kg, m, s(시초)로 나타내면(이런 것을 엠케이에스[MKS] 단위계라고 부른다)

$$N = \frac{kg \cdot m}{s^2}$$

이므로, 물리량의 단위가 전부 소거되고 kg만 남는다. 그러면

$$\begin{aligned} M_J &= \frac{4 \times 3.14^2 \times 4.22^3}{6.67 \times 1.53^2}\frac{10^{8\times3}}{10^{-11} \times 10^{5\times2}} kg \\ &\simeq (1.90 \times 10^2) \times 10^{24-(-11+10)} kg \\ &= 1.90 \times 10^{27} kg \end{aligned}$$

이다. 즉, 목성의 질량은 $1.90 \times 10^{27} kg$이다. 여기서 1.90은 유효숫자를 고려한 결과이다.

연습문제 5 지구의 달은 공전 반지름이 $3.84 \times 10^8 m$이고, 공전주기는 27.322일이다.

(1) 지구의 질량을 구하시오. (단, 달의 질량은 지구의 약 100분의 1에 불과함을 고려하라.)

답 $6.01 \times 10^{24} kg$

(2) 앞에서 구한 목성의 질량은 지구 질량의 몇 배인가?

답 약 320배

연습문제 6 타이탄은 토성의 달이다. 천문학자들의 관측에 따르면, 타이탄의 공전 반지름은 $1.22 \times 10^6 km$, 공전주기는 15.9일이다. 토성의 질량을 구하시오.

답 $5.72 \times 10^{26} kg$

연습문제 7 왜소행성 세레스는 4.61년을 주기로 해를 1바퀴씩 공전한다. 세레스의 공전 반지름은 얼마인가?

답 (연습문제 4)를 풀 때 사용한 방식으로도 풀 수 있지만, 여기서는 지구의 공전주기와 공전 반지름으로 나눠진 (식 II−12)를 사용해보자. 해를 공전하므로 $M = 1 M_{\odot}$이고 세레스의 질량 m은 해에 비해 몹시 가벼우므로 무시한다. $P = 4.61 P_{\oplus}$이고 $r_{\oplus} = 1 au$이다. 따라서 전자계산기로 다음과 같이 산술 계산을 하면

$$\left(\frac{P}{P_{\oplus}}\right)^2 = \left(\frac{r}{r_{\oplus}}\right)^3$$

$$4.61^2 = \left(\frac{r}{r_{\oplus}}\right)^3$$

$$\left(\frac{r}{r_{\oplus}}\right)^3 = 21.2521$$

$$\frac{r}{r_{\oplus}} = (21.2521)^{\frac{1}{3}} = 2.7699$$

이다. 공전주기의 유효숫자가 세 자리이므로

$$r \simeq 2.77 r_{\oplus} = 2.77 au$$

이다. $1 au = 1.50 \times 10^{11} m$이므로, 세레스의 공전 반지름은 $r = 4.16 \times 10^{11} m$이다.

표 II-4 목성의 갈릴레오 위성들의 공전주기와 공전궤도 장반경

위성	공전주기 P(일)	이오 기준 $\left(\frac{P}{P_{이오}}\right)$	$\log_{10}\left(\frac{P}{P_{이오}}\right)$	공전 장반경 $a(km)$	이오 기준 $\left(\frac{a}{a_{이오}}\right)$	$\log_{10}\left(\frac{a}{a_{이오}}\right)$
이오	1.77	1	0	421,700	1	0
유로파	3.55	2.01	**0.30**	671,034	1.59	**0.20**
가니메데	7.15	4.04	**0.61**	1,070,412	2.54	**0.40**
칼리스토	16.69	9.43	**0.97**	1,882,709	4.46	**0.65**

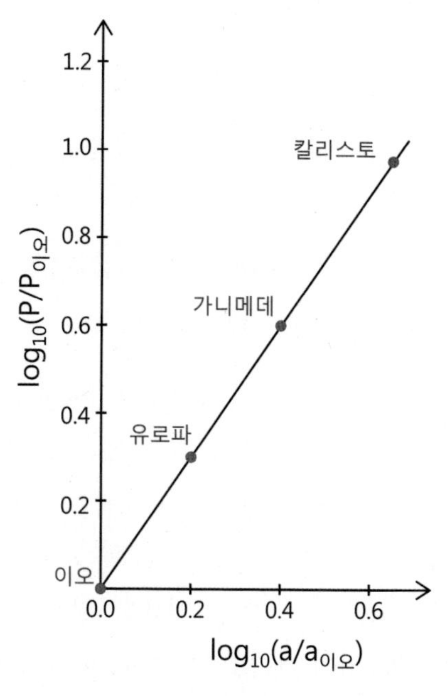

그림 II-18 목성의 갈릴레오 위성들에 대한 케플러의 '조화의 법칙'

[표 II-4]는 천문학자들이 측정한 목성의 갈릴레오 위성들의 공전주기와 공전 장반경을 적은 것이다. 앞에서는 태양계 행성들의 물리량을 지구의 공전주기와 공전 장반경을 기준으로 나타냈다. 이와 마찬가지로 여기서는 편의상, 목성과 그 위성들의 물리량을 이오의 공전주기와 공전 장반경을 기준으로 나타냈다. 그러면 케플러의 '조화의 법칙'은 다음과 같이 된다.

$$\left(\frac{\mathrm{P}}{\mathrm{P}_{\text{이오}}}\right)^2 = \left(\frac{a}{a_{\text{이오}}}\right)^3$$

양변에 상용로그를 취하면

$$\log_{10}\left(\frac{\mathrm{P}}{\mathrm{P}_{\text{이오}}}\right) = \frac{3}{2}\log_{10}\left(\frac{a}{a_{\text{이오}}}\right)$$

가 된다. 상용로그는 전자계산기를 써서 계산하면 된다. 로그함수에 대한 설명은 [부록 C]를 참고하기 바란다.

가로축을 $\log_{10}\left(\frac{a}{a_{\text{이오}}}\right)$, 그리고 세로축을 $\log_{10}\left(\frac{\mathrm{P}}{\mathrm{P}_{\text{이오}}}\right)$로 놓으면, 이 방정식은 $y = \frac{3}{2}x$가 된다. 이것은 원점을 지나고 기울기는 $\frac{3}{2} = 1.5$인 직선의 방정식이다. [표 II-4]에 있는 자료를 가지고 이 그래프를 그려보면 [그림 II-18]과 같다. 갈릴레오 위성들을 나타내는 붉은 점들이 모두 직선 위에 잘 놓여 있다. 즉, 갈릴레오 위성들은 케플러의 제3법칙을 잘 만족한다. 케플러의 제3법칙은 뉴턴의 중력이론인 만유인력의 법칙을 바탕으로 추론한 것이다. 그러므로 결국 뉴턴의 만유인력의 법칙이 목성과 그 위성들에서도 참이라는 사실이 증명된 것이다.

자연의 법칙으로부터 추론한 결과를 실제 천문 관측 자료에 적용하여 목성의 질량을 구해보았고, 또한 뉴턴의 중력 법칙으로부터 추론하여 증명한 케플러의 제3법칙인 '조화의 법칙'이 목성과 그 위성들에 대해서도 성립함을 살펴보았다. 이 과정을 함께해온 독자라면, 우주와 물리 법칙의 아름다움을 느낄 수 있었으리라 생각한다. 앞으로 계속 살펴보겠지만, 뉴턴의 만유인력의 법칙은 목성을 넘어서 훨씬 멀리 떨어져 있는 쌍성이나 우리 은하수 중심에 있는 초거대 블랙홀 둘레를 공전하는 별들에도 적용된다. 만유인력의 법칙은 영어로 'the law of universal gravitation'으로 우주 어디에서나 성립한다는 의미로 유니버설(universal)이라 하였고 이것을 만유(萬有)라고 번역한 것이다.

목성의 질량은 목성의 위성들에 대해 케플러의 제3법칙을 적용하여 구할 수 있다. 그렇다면 목성 위성들의 질량은 어떻게 측정할까? 탐사선을 목성의 위성까지 보내야 한다! 목성의 위성에 탐사선을 보내어, 그 위성이 탐사선에 작용하는 중력으로 인해 탐사선의 궤도가 얼마나 어떻게 변하는지를 측정함으로써 그 위성의 질량을 측정할 수 있다.

위성의 크기와 질량을 측정하면 그 위성의 밀도를 계산할 수 있다. 밀도는 어떤 물체의 질량을 그 물체의 부피로 나눈 물리량이다. 어떤 위성이 반지름이 r인 구인데 질량이 M이라면 구의 부피가 $\frac{4}{3}\pi r^3$이므로, 이 위성의 평균 밀도 ρ는

$$\rho = \frac{M}{\frac{4}{3}\pi r^3}$$

이다.

연습문제 8 달의 지름은 약 3,500 km이고, 질량은 약 $7.4 \times 10^{22}\,kg$이다. 달의 평균 밀도를 구하시오.

답 달의 지름이 3,500 km이므로 반지름은 그 절반인 $r = 1{,}750\,km = 1.75 \times 10^{6}\,m$이고, $\mathrm{M} = 7.4 \times 10^{22}\,kg$이다. 그러므로

$$\rho = \frac{\mathrm{M}}{\frac{4}{3}\pi r^3} = \frac{7.4 \times 10^{22}\,kg}{\frac{4}{3} \times 3.14 \times (1.75 \times 10^{6}\,m)^3}$$

$$= \frac{3 \times 7.4}{4 \times 3.14 \times 1.75^3} \times \frac{10^{22}}{10^{6\times3}}\,\frac{kg}{m^3} \simeq 3.3 \times 10^{3}\,kg/m^3$$

이다. 달의 지름과 질량이 유효숫자 두 자리로 주어졌으므로 계산 결과도 유효숫자 두 자리까지만 고려했다. $1\,kg = 10^3\,g$이고, $1\,m = 10^2\,cm$이므로 달의 평균 밀도는 $3.3\,g/cm^3$이다. 참고로 물의 밀도는 $1\,g/cm^3$이다. 지구의 대륙지각의 평균 밀도는 화강암에 해당하는 $2.74 \sim 2.80\,g/cm^3$이고, 해양지각의 평균 밀도는 $3.0\,g/cm^3$ 정도이다. 지구의 맨틀은 지구 중심으로 갈수록 밀도가 높아지는데, 상부 맨틀은 주로 감람석으로 되어 있

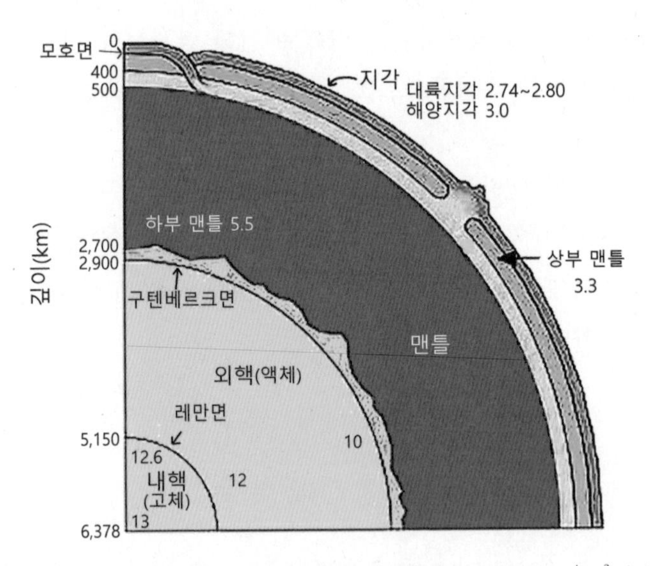

그림 II-19 지구의 내부 구조 숫자는 그 부분의 평균 밀도를 뜻한다. 단위는 g/cm^3이다.

고 깊이 420 km까지 내려가면, 그 밀도는 3.3 g/cm^3 정도이다. 하부 맨틀의 밀도는 5.5 g/cm^3 정도이다. 달의 평균 밀도가 지구의 지각과 상부 맨틀의 밀도와 비슷하다는 사실은, 달이 지구 맨틀의 겉부분이 떨어져나가서 생긴 것이라는 가설을 지지하는 증거 가운데 하나이다.

연습문제 9 갈릴레오 위성의 밀도를 구하여 다음 표의 빈칸을 채우시오. 또한 계산된 밀도를 보고 그 천체가 무엇으로 이루어져 있을지 짐작해보시오.

천체	질량(kg)	반지름(km)	밀도(g/cm^2)
목성	1.9×10^{27}	70,000	
이오	8.9×10^{22}	1,800	
유로파	4.8×10^{22}	1,600	
가니메데	1.5×10^{23}	2,600	
칼리스토	1.1×10^{23}	2,400	

답 위에서부터 순서대로 1.3, 3.6, 2.8, 2.0, 1.9이다.

연습문제 10 다음은 토성의 위성들에 관한 물리량을 적은 것이다. 밀도를 구하여 다음 표의 빈칸을 채우시오. 또한 계산된 밀도를 보고 그 천체가 무엇으로 이루어져 있을지 짐작해보시오.

천체	질량(kg)	반지름(km)	밀도(g/cm^3)
토성	5.7×10^{26}	58,000	
미마스	0.4×10^{20}	200	
엔셀라두스	1.1×10^{20}	250	
테티스	6.2×10^{20}	530	
디오네	1.1×10^{21}	560	
레아	2.3×10^{21}	760	
타이탄	1.4×10^{23}	2,600	
이아페투스	1.8×10^{21}	740	

답 위에서부터 순서대로 0.7, 1.2, 1.7, 1.0, 1.5, 1.3, 1.9, 1.1이다.

Chapter 03 별

우리는 모두 시궁창 속에 있지만, 누군가는 별을 보고 있다.

– 오스카 와일드의 희곡 〈윈더미어 부인의 부채〉 중에서

가장 가까운 별, 프록시마 센타우리

"지구에서 가장 가까운 별은 무엇일까요?"

천문학 강연을 할 때 청중에게 가끔 던지는 질문이다. 가장 자주 나오는 오답은 달이나 금성이라는 답변이다. 달은 지구라는 행성 둘레를 공전하는 위성이지 별이 아니다. 금성은 지구에서 보면 빛의 점처럼 보이지만 태양계의 한 행성일 뿐 별은 아니다. 목성과 토성도 별이 아니다. 현대 천문학에서는 "그 중심에서 핵융합을 일으켜 스스로 빛을 내는 천체"를 별이라고 한다. 즉, 자체 발광을 하는 천체가 별이다. 금성, 목성, 토성 등은 모두 햇빛을 반사하지 자체 발광을 하지 않으니 별이 아니다.

그러면 "핵융합으로 스스로 빛을 내는 천체 중에서 가장 가까운 것은 무엇일까?" 그렇다. 정답은 태양이다! 낮에 보이는 단 하나의 천체인 태양도 별이다. 밤하늘에 보이는 반짝이는 별을 가까이 가서 보면 우리의 해와 같이 보일 것이다. 너무나 멀리 있어서 아주 희미한 빛이 점처럼 보일 뿐이다.

그렇다면 그다음으로 가까운 별은 무엇일까? 지구에서 두 번째로 가

까운 별은 프록시마 센타우리라는 별로 약 4광년 정도 떨어져 있다.*

프록시마(Proxima)라는 말은 '가장 가깝다'라는 뜻의 라틴어이다. 지구에 가장 가까운 별이라서 이런 이름이 붙었다. 센타우리(Centauri)는 센타우루스(Centaurus)라는 라틴어 별자리 이름의 소유격이다. 소유격은 '-의'라고 표현되는 말이다. 가령 '나의 가방'이라면, '나'라는 명사에 '-의'라는 말을 붙이면 '나의'라는 소유격이 되어 '내가 소유하고 있는'이라는 뜻이 된다. 라틴어에서는 명사의 끝부분을 변형시켜서 이런 소유격을 만든다. 예를 들어, 안드로메다자리를 나타내는 Andromeda를 '안드로메다의'라는 소유격으로 만들려면, 끝에 '-e'를 붙여서 Andromedae로 쓴다. 센타우루스(Centaurus)나 페르세우스(Perseus), 페가수스(Pegasus) 등과 같이 '-us'로 끝나는 별자리는 '-us'를 '-i'로 바꿔서 소유격을 만들어 Centauri, Persei, Pegasi와 같이 된다. '프록시마 센타우리'는 '센타우루스자리에 있는 지구에서 가장 가까운 별'이라는 뜻이 되는 것이다.

프록시마 센타우리의 옆에 있는 무척 밝은 별은 '알파 센타우리 AB(α Cen AB)'라는 별이다. 지구로부터 4.37광년 떨어져 있다. '센타우리' 뒤에 붙은 'A & B' 또는 'AB'는 이 별이 사실은 A와 B라는 2개의 별이 서로 공전하고 있는 쌍성이라는 말이다. 이와 같이 밤하늘의 별들은 혼자 있지 않고, 2개 또는 3개, 어떤 것은 4~5개가 서로의 중력으로 묶여서 공전하고 있다. 둘이 있는 것은 쌍성, 셋이 있는 것은 삼중성, 넷은 사중성, 그리고 다섯은 오중성이라고 부르고, 삼중성 이상의 것을 통틀어 다중성이라고 한다.

---

* 앞에서도 설명했지만 광년(*ly*)은 빛이 1년 동안 가는 거리이다.

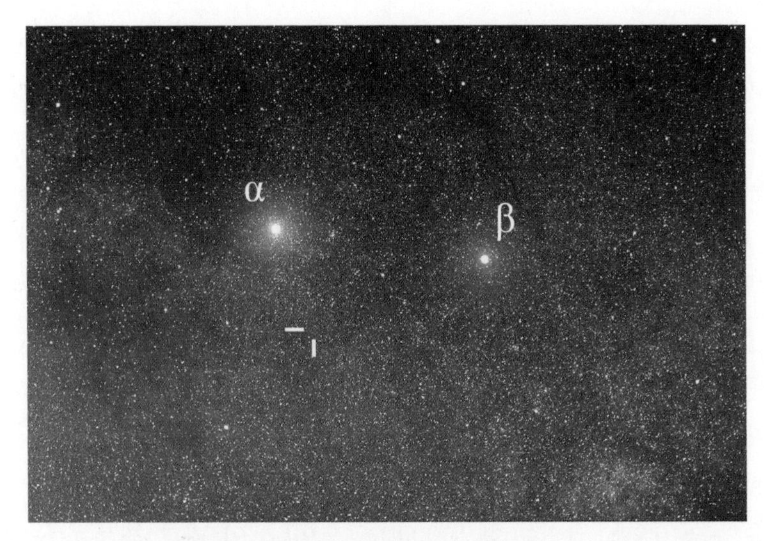

그림 III-1 알파 센타우리(왼쪽 밝은 별)와 베타 센타우리(오른쪽 밝은 별), 그리고 프록시마 센타우리(그 아래 붉은 동그라미와 막대기로 표시) 프록시마 센타우리는 지구에서 4.22광년 떨어져 있으며 겉보기등급이 11등급에 불과한 매우 어두운 별이다. 사진에 하나의 별로 보이는 알파 센타우리는 사실 2개의 별이 서로 공전하고 있는 쌍성이다. 각 별을 알파 센타우리 A와 알파 센타우리 B라고 부르며, 이 두 별은 지구에서 4.37광년 떨어져 있다. 아직 확실하지는 않지만, 이 쌍성 둘레를 프록시마 센타우리가 멀찍이 떨어져서 공전하고 있는 것으로 알려져 있다. 이렇게 세 별이 서로 묶여서 공전하는 천체를 삼중성이라고 한다.

'센타우리' 앞에 붙은 '알파'는 무슨 뜻일까? 이것은 요한 바이어(1572~1625)라는 천문학자가 붙인 것이다. 그는 하늘을 별자리 영역으로 나누고, 그 각 영역에 여러 별이 들어 있으면, 그 별 중에서 가장 밝은 별을 알파(α), 그다음 밝은 별을 베타(β), 그다음은 감마(γ), 또 그다음은 델타(δ)와 같은 방식으로 그리스 알파벳 글자의 순서에 따라 이름을 붙이고, 여기에 그 별이 속한 별자리 영역의 이름을 합쳐서 별의 이름을 붙였다. 즉, 알파 센타우리는 센타우루스자리에서 제일 밝은 별이라는 뜻이나. 알파 센타우리를 이루는 두 별은 각자의 밝기를 합하면 총합 등급이 -0.27등급이나 되는 밤하늘에서 가장 밝게 보이는 별

가운데 하나다. 그리스 알파벳 문자는 수학과 과학은 물론 많은 학문에서 많이 쓰이기 때문에 반드시 알아두는 것이 좋다. [표 III-1]에 정리해두었으니 잘 익혀두자.

알파 센타우리 A는 분광형이 해와 같은 G2 주계열별이다. 크기는 해의 1.2배, 질량은 해의 1.1배, 밝기는 해의 1.5배 정도이다. 또한 우리 해처럼 자전하고 있는데, 해는 1바퀴 자전하는 데 25일 정도 걸리지만 이 별은 약 22일이 걸리는 것으로 측정되었다. 게다가 알파 센타우리 A의 나이는 약 44억 년으로 추정된다. 여러모로 우리 해와 비슷한 별이다.

알파 센타우리 B는 분광형이 K1인 왜성이다. 크기는 해의 0.9배, 질량은 해의 0.9배, 밝기는 해의 0.5배 정도이다. 이 별의 자전주기는 약 41일로 측정되었다. 몇 가지 방법으로 연구해보면 이 별은 나이는 약 65억 년으로 추정된다.

두 별은 맨눈으로는 분해가 되지 않는다. 맨눈의 분해능이 1′, 즉 60″ 정도인데, 두 별이 서로 떨어진 각거리가 고작 2~22″에 불과하기 때문이다. 그러나 쌍안경이나 소형 망원경으로는 두 별을 분해해서 볼 수 있다. 두 별의 공전주기는 80년이고, 평균 거리는 29억 킬로미터로 우리 태양계로 치면 해와 천왕성 사이의 거리 정도에 해당한다. 이 두 별은 상당히 찌그러진 타원궤도를 이루며 서로 공전하고 있다. 그래서 가장 가까울 때는 17억 킬로미터, 가장 멀 때는 53억 킬로미터 정도 떨어진다.

알파 센타우리 AB와 프록시마 센타우리 항성계는 지구에서 가장 가깝기 때문에 미래에 다른 별에 탐사선을 보낸다면 1순위가 될 것이다. 가령 지구에서 가장 가까운 프록시마 센타우리는 지구에서 1.295*pc*(파섹), 즉 4.22*ly*(광년) 떨어져 있다. 천문단위(*au*)로는 얼마인지 계산해

표 III-1 그리스 문자표

글자		영어	한국어	글자		영어	한국어
대	소			대	소		
Α	α	alpha	알파	Ν	ν	nu	뉴
Β	β	beta	베타	Ξ	ξ	xi	크시
Γ	γ	gamma	감마	Ο	o	omicron	오미크론
Δ	δ	delta	델타	Π	π	pi	파이
Ε	ε	epsilon	엡실론	Ρ	ρ	rho	로
Ζ	ζ	zeta	제타	Σ	σ	sigma	시그마
Η	η	eta	에타	Τ	τ	tau	타우
Θ	θ	theta	세타	Υ	υ	upsilon	입실론
Ι	ι	iota	요타	Φ	φ	phi	피
Κ	κ	kappa	카파	Χ	χ	chi	키
Λ	λ	lambda	람다	Ψ	ψ	psi	프시
Μ	μ	mu	뮤	Ω	ω	omega	오메가

보자. $1\,pc = 3.26\,ly = 206{,}265\,au$임을 참고하면 쉽게 계산할 수 있다. 답은 $267{,}100\,au$이다. 얼마 전에 명왕성을 스쳐가면서 인류 최초로 명왕성 표면의 모습을 우리에게 선물한 탐사선 뉴허라이즌스가 지구에서 명왕성까지 가는 데 약 10년 정도가 걸렸다. 명왕성까지 거리가 약 $50\,au$임을 고려하면, 뉴허라이즌스가 프록시마 센타우리까지 가는 데는 약 5만 3,000년이 걸리게 된다. 뉴허라이즌스보다 1,000배 빠른 탐사신을 보내도 약 50년 뒤에야 그 별에 닿게 된다는 말이다. 이 정도면 우리 살아생전에 가장 가까운 별을 탐사할 수 있을까? 그 우주선이 프

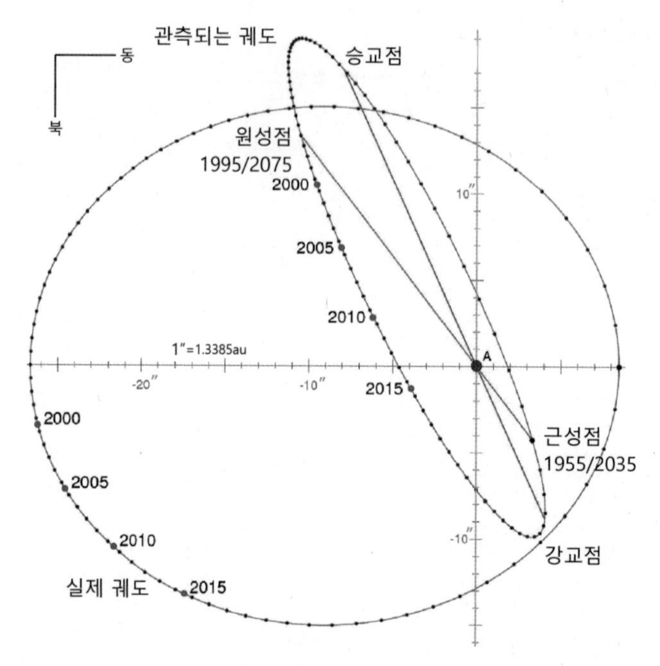

그림 III-2 알파 센타우리 A(α Cen A)를 기준으로 그린 알파 센타우리 B(α Cen B)의 궤도 A라고 표시한 파란 점이 알파 센타우리 A이고, 붉은 점들은 알파 센타우리 B가 있는 위치를 해마다 측정한 것이다. 많이 찌그러진 궤도가 실제 '관측되는 궤도'이고, 그 기울어진 공전궤도면을 바로 잡아서 평면에 그린 것이 '실제 궤도'라고 표현한 타원이다.

록시마 센타우리에 도착해서 사진을 찍어 지구로 전송했다면 그 사진을 받아보는 데 몇 년이 걸릴까?

가장 가까운 별도 이렇게 멀리 있으니 거기까지 탐사하는 일은 몹시 허황된 말처럼 들릴 것이다. 생각해보면, 지금까지 인류는 태양계를 탐사했지만, 지구 이외에는 아직 생명의 흔적을 찾지 못했다. 최근 다른 항성계에도 행성이 존재할 뿐만 아니라 지구형 행성도 존재함이 확인되었다. 천문학자들은 외계 행성에도 생명이 존재하는지 확인하고자 한다. 그래서 언젠가 누군가는 이 태양계를 벗어나 가까운 항성계까지 탐사해야 한다. 그런데 마침 2016년 8월에 프록시마 센타우리에서 지구 질량의 1.3배인 지구형 행성이 발견되었다.[3] 그러므로 아무래도 인류가 처음으로 탐사할 외부 항성계는 프록시마 센타우리가 되어야 할 것같다. 그리고 누군가는 그 일을 해야 한다! 그런데 그 누구를 자처한 사람들이 있다. 러시아의 사업가인 유리 밀너가 자금을 지원하고 천체물리학자 스티븐 호킹과 페이스북 최고경영자인 마크 저커버그 등이 참여한 '스타샷' 프로젝트가 그것이다. 브레이크스루(Breakthrough) 재단에서 추진 중인 이 프로젝트는 스마트폰에 들어가는 CPU칩 크기의 초소형 나노 탐사선 1,000대를 지구에서 발사하려 한다. 각각의 나노 탐사선은 우주 공간으로 나가면 광자 돛을 펼치게 되고 지구에서 쏜 레이저 빛을 몇 분 동안 돛으로 받아서 광속의 20퍼센트 정도로 가속되게 된다. 프록시마 센타우리가 4.22*ly*(광년) 떨어져 있으니 25년 정도면 이 우주선들이 프록시마 센타우리 항성계를 빠르게 스치고 지나가면서 여러 사진 자료를 지구로 전송하게 할 수 있다는 아이디어다. 그런데 이렇게 빠르게 비행하면 우주 공간에 있는 미세한 먼지 티끌도 우주선에 엄청나게 세게 부딪쳐서 타격을 줄 수도 있다.[4] 그래서 우주선은 최대한 길쭉한 모양으로 만들고 녹는점이 높고 강한 소재로 얇은 막을 이중, 삼중으로 만드는 방법 등을 강구하고 있다.

프록시마 센타우리는 작고 가벼운 M형 주계열별이다. 표면 온도는 절대온도로 약 3,000°K로 해의 절반 정도이고, 반지름은 해의 14퍼센트, 질량은 해의 13퍼센트, 광도(밝기)는 해의 0.1퍼센트 정도에 불과하다. 프록시마 센타우리의 자전주기는 83일 정도이며, 자기장이나 엑스선 밝기는 보통 수준으로 해와 비슷하다. 이 별에서 새로 발견된 행성은 질량이 지구의 1.3배 정도이고 공전주기는 약 11.2일이고, 공전궤도의 장반경은 0.05*au*이다. 이러한 환경에서 이 행성의 표면 온도는 물이 액체 상태로 존재할 수 있는 정도일 것으로 추산된다. 이 행성은 프록시마 센타우리에 매우 가까운 궤도를 돌지만, 별의 온도나 밝기가 어두우므로 행성 표면의 온도가 적당히 낮아서 표면에 물이 존재할 수 있고 생명체도 존재할 가능성이 비교적 높다고 판단된다. 그래서 천문학자들이 우주선을 보내어 탐사해볼 궁리를 하게 된 것이다.

알파 센타우리 AB는 지구에서 가까운 항성계이므로 과학 소설에도 단골로 출연한다. 영화 <스타트렉>에서는 알파 센타우리 A에 4개, 알파 센타우리 B에 3개의 행성이 돌고 있다고 상상하면서 심지어 그 행성들의 이름까지 붙여놓았다. 그러나 알파 센타우리 AB에 행성이 있는지는 아직 확정하지 못하고 있다. 2012년 12월에 스위스 천문학자들이 알파 센타우리 B를 지구 질량 정도 되는 행성이 주기 3.24일로 공전하고 있다고 발표했다. 그러나 그 공전주기가 지나치게 짧고, 또한 그들의 관측 자료를 다른 연구팀이 분석해보고 또 다른 연구팀들이 관측해보아도 그러한 행성이 존재한다는 사실을 재현하지 못했다. 불행하게도 2015년 무렵에는 두 별이 가장 가깝게 다가가는 시기라서 각각의 별을 따로 분리해서 분광 관측을 수행하기 어려웠다. 앞으로 2060년경이 되어야 두 별을 따로따로 관측할 수 있을 만큼 멀리 떨어지게 된다.

가까운 별까지의 거리 측량: 연주시차와 파섹

가까운 별까지의 거리는 *pc*(파섹)이라는 단위로 나타낸다. 파섹은 연주시차로 정의된 거리 단위이다. 연주시차란 무엇인가? 손을 앞으로 쭉 뻗고 엄지손가락을 세운 다음, 그 엄지손가락을 오른쪽 눈을 감고 왼쪽

눈으로만 봤다가, 또 왼쪽 눈을 감고 오른쪽 눈으로만 봤다가 해보자. 손가락이 벽이나 먼 풍경과 같은 배경에 대해 왔다 갔다 하는 걸로 보일 것이다. 우리는 이것을 시차라고 한다. 앞에서 금성의 태양면 통과와 관련하여 이미 시차라는 개념을 설명했다. 손가락이 눈에 가깝게 있으면 왔다 갔다 하는 정도가 심하고 손가락이 눈에서 멀리 있으면 왔다 갔다 하는 정도가 작다. 손가락의 거리가 멀수록 시차가 작아진다. 이러한 성질을 이용하여 거리를 측량할 수 있다.

그런데, 우리가 사는 지구는 1년 동안 해를 1바퀴 공전한다. 그러면 앞의 손가락 보기와 마찬가지로, 지금 어떤 별의 위치와 6개월 뒤의 별의 위치가 그 별보다 훨씬 더 멀리 배경에 있는 별들에 대해서 움직이는 것처럼 보일 것이다. 이것을 '연주시차'라고 한다. 한 해[年] 동안 돌면서[周] 나타나는 시각의 차이[視差]라는 뜻이다. 천문학에서 연주시차는 1년 동안 나타나는 시차의 절반으로 정의된다. [그림 III－3]을 보면 이해할 수 있듯이 가까운 별일수록 연주시차가 크고 멀리 있는 별일수록 연주시차가 작다. 이런 성질을 이용하면 어떤 별의 연주시차를 측정하여 그 별까지의 거리를 측정할 수 있다.

연주시차는 인류의 우주관 발달에도 중요한 역할을 했다. 오랜 옛날부터 천문학자들은 지구는 우주의 중심에 가만히 있고 해와 달과 행성들과 심지어 별들도 지구 둘레를 공전한다고 생각했다. 이것을 지구중심설이라고 한다. 그런데 1543년에 폴란드의 천문학자인 니콜라우스 코페르니쿠스(1473~1543) 신부는, 그게 아니라 우주의 중심에는 해가 있고 지구도 해의 둘레를 공전한다고 주장했다. 이것을 태양중심설이라고 한다. 태양중심설이 맞다면 별들의 연주시차가 측정되어야 한다. 그런데 당시에는 별들의 연주시차가 측정되지 않았다. 코페르니쿠스의 학설이 결정적 증거를 확보하지 못했던 것이다. 1838년이 되어서야 독

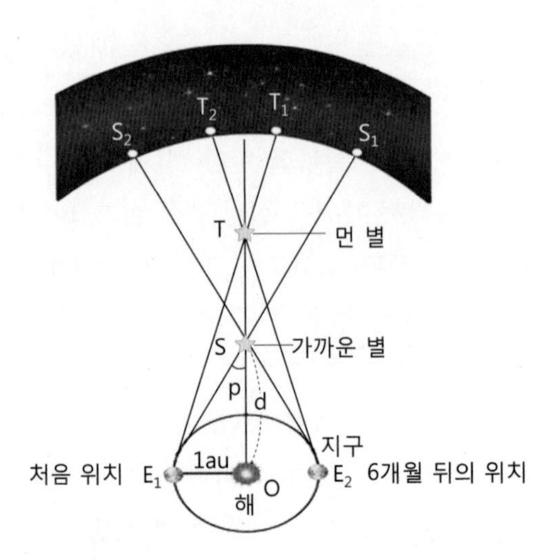

그림 III-3 연주시차의 원리 지구가 E_1에 있을 때 별 S는 천구의 S_1 방향에 보이고 6개월 뒤에 지구가 E_2로 옮겨가면 별 S는 천구의 S_2 방향에 보이게 된다. 이 별보다 멀리 있는 별 T는 각각 T_1과 T_2에 있는 것으로 관찰된다. S_1 방향과 S_2 방향이 이루는 각의 절반 p를 별 S의 연주시차라고 한다. 마찬가지로 T_1 방향과 T_2 방향이 이루는 각의 절반을 별 T의 연주시차라고 한다. 멀리 있는 별일수록 연주시차 값이 작음을 알 수 있다.

일의 천문학자인 프리트리히 베셀(1784~1846)이 61 Cyg라는 별의 연주시차를 측정할 수 있었는데,* 그 값이 고작 0.3136″에 불과했다! 망원경 안에 장착하는 십자선이나 현미경 눈금 측정장치 등이 발명되지 못했다면 측정하기 불가능했을 만한 작은 각도였다.

이제 측정된 연주시차로부터 그 별까지의 거리를 구해보자. [그림 III－3]에서 해는 점 O에 있고, 별은 점 S에 있다. 여기서 지구, 해, 별

---

* 61 Cyg는 백조자리(Cygnus) 영역 안에 있는 61번 별이라는 뜻이다. 61이라는 번호는 영국의 제1대 왕실 천문학자인 존 플램스티드가 붙인 것으로 플램스티드 번호라고 한다.

이 이루는 $\triangle E_1OS$를 생각해보면, 임의의 위치에 있는 별에 대해서, 지구-해-별이 이루는 각이 직각이 되는 때가 적어도 두 번 있다. 그때 지구의 위치를 각각 E_1과 E_2라고 하자. 그러면 지구-해-별이 이루는 $\triangle E_1OS$는 $\angle E_1OS$가 직각인 직각삼각형이 된다. 지구가 E_1과 E_2에 있을 때 별의 위치가 각각 S_1과 S_2에 있는 것으로 관측되었다면, S_1과 S_2 방향의 각도 차이 $\angle S_1SS_2$는 $\angle E_1SE_2$와 엇각이므로 같다. 직각삼각형 $\triangle E_1OS$에서 $\angle E_1SO$를 p라고 정의하자($p \equiv \angle E_1SO$).

직각삼각형 $\triangle E_1OS$에 탄젠트 함수를 적용해보면

$$\tan p = \frac{\text{높이}}{\text{밑변}} = \frac{\overline{OE_1}}{\overline{SO}}$$

이 된다. 여기서 연주시차 p는 라디안으로 나타내야 한다. d를 해에서 별까지의 거리 즉 $d \equiv \overline{SO}$이라고 정의하자. 또한 $\overline{OE_1}$은 지구와 해 사이의 거리이니, 바로 $1au$(천문단위)이다. 그러므로 해에서 별 S까지의 거리를 천문단위로 나타내고 d로 정의하면

$$d = \frac{1au}{\tan p}$$

로 쓸 수 있다. 그런데 p가 매우 작은 각도이므로, 2장에서 탄젠트 함수의 테일러 전개를 공부했듯이 $\tan p \approx p$로 근사할 수 있다. 따라서

(식 III−1) $$d = \frac{1au}{p(rad)}$$

가 된다. 여기서 $p(rad)$란 라디안으로 나타낸 연주시차 각도인데, 천문 관측에서는 보통 각초(″) 단위를 사용하므로, $p(rad)$를 각초(″) 단위로 바꾸어 $p('')$로 쓰면 편리할 것이다. 라디안을 도(°)로 바꿔주면 1라디안=$\left(\frac{180}{\pi}\right)^{\circ}$이며 $1^{\circ}=60'$, $1'=60''$이므로 $1^{\circ}=60\times60''=3600''$이다. 따라서

$$1\text{라디안}=\left(\frac{180\times60\times60}{\pi}\right)''=206{,}265''$$

이다. (여기서 원주율 $\pi=3.14159$로 하였다.) 따라서 라디안으로 나타낸 연주시차를 각초(″)로 나타내면

$$p('')=206{,}265''p(rad)$$

이다. 그러므로 (식 III−1)은

(식 III−2) $$d=\frac{1\,au}{p(rad)}=\frac{1\,au}{\left(\frac{1}{206{,}265}\right)p('')}=\frac{206{,}265\,au}{p('')}$$

가 된다.

천문학자들은 별까지의 거리를 파섹, 즉 pc이라는 단위로 표시한다. 1파섹은 연주시차가 1″가 되는 별까지의 거리로 정의한다. 그러면 앞의 (식 III−2)에서 $1\,pc=206{,}265\,au$임을 알 수 있다. 따라서

(식 III−3) $$d = \frac{1pc}{p('')}$$

으로 쓸 수 있다. 이 식은 어떤 별까지의 거리는 그 별의 연주시차에 반비례함을 뜻한다. 즉, 별의 연주시차가 작을수록 그 별까지의 거리는 멀어진다.

연습문제 1 61 Cyg라는 별은 베셀이 최초로 연주시차를 측정한 별이다. 이 별의 연주시차를 최근 히파르코스라는 천문관측위성으로 측정해보니, $p('') = 0.28718''$였다. 이 별까지의 거리는 몇 pc인가? 유효 숫자 세 자리까지의 수치로 답하시오.

답 (식 III−3)에 대입하면 이 별은 약 $3.48pc$ 떨어져 있다.

연습문제 2 61 Cyg까지의 거리는 몇 km인가? ($1au$는 약 $1.496 \times 10^8 km$이다.)

답 $1pc = 206,265au$이고 $1au = 1.496 \times 10^8 km$이므로, $1pc = 3.0857 \times 10^{13} km$이다. (연습문제 1)에서 61 Cyg의 거리는 $3.48pc$이므로, 답은 $1.07 \times 10^{14} km$이다. 61 Cyg는 지구에서 약 100조 킬로미터 떨어져 있다.

지구에서 가까운 별일수록 연주시차가 커서 측정하기 쉽다. 지구에서 가장 가까운 프록시마 센타우리의 연주시차를 히파르코스 위성으로 측정해보니, 0.7687″였다. 프록시마 센타우리까지의 거리는 몇 파섹인가? 이 연주시차 각도가 어느 정도인지 예를 들어보면, 2센티미터짜리 동전을 3킬로미터 떨어진 곳에 놓고 볼 때 그 동전의 각크기에 해당한다! 지상 관측으로는 이렇게 작은 각도를 측정하기 어렵다. 왜냐하면 지구의 대기층, 특히 제트 기류 때문에 천체의 상이 아지랑이처럼 일렁

일렁하는 것으로 보이므로 천체의 해상도에 한계가 생기기 때문이다. 이런 한계를 '시상(seeing)'이라고 한다. 하와이의 마우나케아나, 칠레의 체로 톨로로 등의 최우수 관측지에서 아주 드물게 대기가 아주 조용할 때면 시상이 0.3″까지도 나온다. 하지만 일반적으로 시상은 1″보다 좋아지기 어렵다. 코페르니쿠스가 태양중심설을 제창한 이후 거의 400년 동안 연주시차가 측정되지 못한 까닭을 알 수 있다. 요즘은 이러한 한계를 극복하기 위해 적응광학계를 사용하거나 대기의 방해가 없는 우주 공간에 천문 관측용 인공위성을 쏘아 올려서 별의 위치를 관측한다. 히파르코스 위성이나 케플러 위성이 그러한 천문관측위성이다. 모두 옛 천문학자의 이름을 딴 것이다.

[표 III−2]는 하늘에서 가장 밝은 별 10개를 골라서, 히파르코스 천문관측위성이 측정한 아주 정밀한 연주시차 값을 나타낸 것이다. 또한 이 연주시차 값으로부터 각각의 별이 몇 파섹인지 나타냈다. 연습 삼아 파섹 단위의 거리를 광년 단위로 바꿔보자.

이 표에서 겉보기밝기는 등급으로 나타냈다. 우리 눈으로 보이는 밝기에 따라 별의 등급을 매겨놓은 것이다. 원래 히파르코스가 밤하늘에서 가장 밝은 별들을 1등급으로 삼고, 가장 어두운 별들을 6등급으로 삼은 다음, 그 사이에 적당히 등급을 매겨놓은 것이다. 나중에는 이를 정량적으로 나타내게 되었다. 그러므로 숫자가 작을수록 밝은 별이라는 뜻이다. 가만히 보면, 오리온자리의 리겔과 베텔게우스, 그리고 용골자리의 카노푸스는 다른 별들과 비교할 때 거리가 훨씬 먼데도 하늘에서 가장 밝은 별 10개에 들었다. 이 별들은 원래 밝기가 엄청나게 밝은 것이다. 이러한 별들은 초거성으로 분류된다. 예를 들면, 베텔게우스는 우리 해보다 1,000배나 큰 별이다. 그 밖의 나머지 별들은 우리에

표 III-2 하늘에서 가장 밝은 별 10개 각 별이 몇 광년 떨어져 있는지는 여러분이 직접 계산해보기 바란다. (힌트: 1pc = 3.26 광년)

순위	이름	바이어 별 이름	별자리	연주시차 (″)	거리 (pc)	거리 (광년, ly)	겉보기 밝기 (등급)
1	시리우스 A	α CMa	큰개자리	0.37921	2.6		−1.46
2	카노푸스	α Car	용골자리	0.01055	94.8		−0.72
3	리길 센타우루스	α Cen	센타우루스자리	0.742	1.3		−0.27
4	아르투루스	α Boo	목동자리	0.08883	11.3		−0.04
5	베가	α Lyr	거문고자리	0.13023	7.7		0.03
6	카펠라	α Aur	마차부자리	0.07620	13.1		0.08
7	리겔	β Ori	오리온자리	0.00378	264.6		0.12
8	프로키온	α CMi	작은개자리	0.28456	3.51		0.38
9	아케르나르	α Eri	에리다누스자리	0.02339	42.8		0.46
10	베텔게우스	α Ori	오리온자리	0.00655	152.7		0.50

게서 매우 가까이 있어서 밝게 보이는 별들이다. 이제 우리 해 주변에 가까이 있는 별에는 어떤 것들이 있는지 살펴보자.

해 주변의 별들

[그림 III−4]는 우리 해를 가운데에 놓고 그 근처에 어떤 별들이 있는지 3차원 공간상의 위치를 그려본 것이다. 해에서 반경 4파섹 안에 들

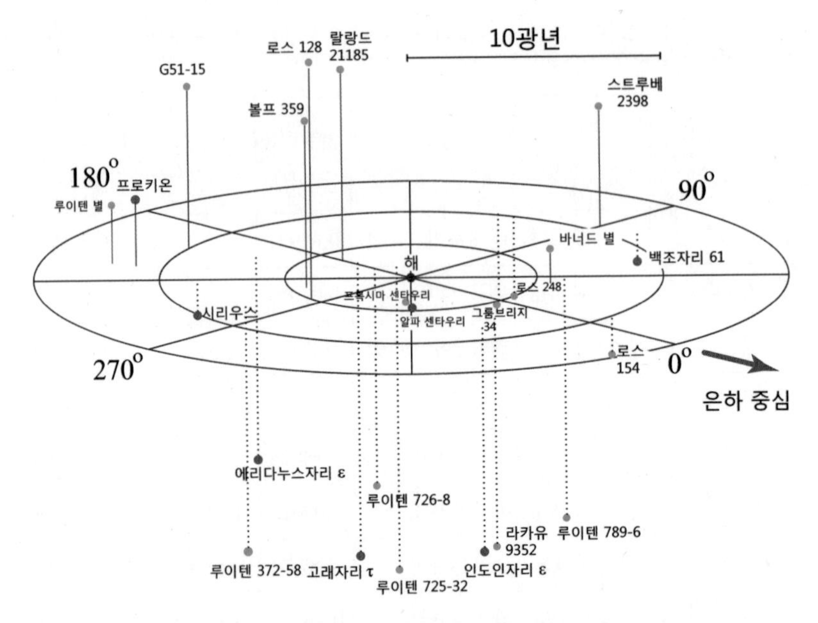

그림 III-4 해 주변 약 4파섹 안에 있는 가까운 별들

어 있는 별들을 나타냈다. 밤하늘에서 가장 밝은 별로 손꼽히는 프로키온, 시리우스가 보이고, 해(지구)에서 가장 가까운 프록시마 센타우리와 알파 센타우리도 있다. 나머지 별들은 대부분 최근에 천문학자들이 발견하거나 거리를 측정한 것들이다. 발견자의 이름을 딴 별 목록의 이름과 별 번호도 적혀 있다. 이 별들은 가까운데도 불구하고 별 자체가 너무 어두운 나머지 그동안 발견하지 못했었다. 이런 어두운 별들은 K형이나 M형의 주계열별들 또는 갈색왜성이라는 매우 가벼운 별들이다.

표 III-3 해 주변 약 4파섹 안에 있는 가까운 별들 별의 분광형은 표면 온도가 높은 순서로 O, B, A, F, G, K, M에 숫자를 덧붙여서 분류하는데, 그 뒤에 덧붙이는 V는 주계열별을 나타내고 IV는 준거성을 나타낸다. Ia, Ib는 초거성을, II는 밝은 거성을, III는 거성을, D는 백색왜성을 나타낸다. 그 뒤에 덧붙이는 e는 스펙트럼에 방출선이 보인다는 뜻이고, n은 넓은 흡수선이 보인다는 뜻이다.

거리 (*ly*)	이름	영문 이름	질량($M_\odot$)	분광형	별자리
0	해	The Sun	1	G2V	
4.22	프록시마 센타우리	Proxima Centauri	0.12	M5.5Ve	센타우루스자리
4.37	알파 센타우리 A	Alpha Centauri A	1.10	G2V	센타우루스자리
4.37	알파 센타우리 B	Alpha Centauri B	0.91	K1V	센타우루스자리
5.96	바너드 별	Barnard's Star	0.144	M4.0Ve	땅꾼자리
6.5	루먼 16 A	Luhman 16 A	0.033	L7.5	돛자리
6.5	루먼 16 B	Luhman 16 B	0.027	T0.5±1	돛자리
7.3	와이즈 0855-0714	WISE 0855-0714	0.003-0.005	Y2	바다뱀자리
7.78	볼프 359	Wolf 359	0.09	M6.0V	사자자리
8.29	랄랑드 21185	Lalande 21185	0.46	M2.0V	큰곰자리
8.58	시리우스 A	Sirius A	2.02	A1V	큰개자리
8.58	시리우스 B	Sirius B	0.99	DA2	큰개자리
8.72	루이텐 726-8 A, 고래자리 BL	Luyten 726-8 A(BL Ceti)	0.102	M5.5Ve	고래자리
8.72	루이텐 726-8 B, 고래자리 UV	Luyten 726-8 B(UV Ceti)	0.1	M6.0Ve	고래자리
9.68	로스 154	Ross 154(V1216 Sagittari)	0.17	M3.5Ve	궁수자리
10.3	로스 248	Ross 248(HH Andromedae)	0.136	M5.5Ve	안드로메다자리
10.5	에리다누스자리 엡실론	ε Eridani	0.82	K2V	에리다누스자리
10.7	라카유 9352	Lacaille 9352	0.503	M1.5Ve	남쪽물고기자리
10.9	로스 128	Ross 128(FI Virginis)	0.15	M4.0Vn	처녀자리
11.1	와이즈 1506+7027	Wise 1506+7027		T6	큰곰자리
11.3	물병자리 EZ A	EZ Aquarii A	0.11	M5.0Ve	물병자리
11.3	물병자리 EZ B	EZ Aquarii B	0.11	M?	물병자리
11.3	물병자리 EZ C	EZ Aquarii C	0.1	M?	물병자리
11.4	프로키온 A	Procyon A, α CMi A	1.499	F5V-IV	작은개자리
11.4	프로키온 B	Procyon B, α CMi B	0.602	DQZ	작은개자리
11.4	백조자리 61 A	61 Cyg A	0.7	K5.0V	백조자리

11.4	백조자리 61 B	61 Cyg B	0.63	K7.0V	백조자리
11.5	스트루베 2398 A	Struve 2398 A	0.36	M3.0V	용자리
11.5	스트루베 2398 B	Struve 2398 B	0.3	M3.5V	용자리
11.6	그룸브리지 34 A	Groombridge 34 A, GX And	0.404	M1.5V	안드로메다자리
11.6	그룸브리지 34 B	Groombridge 34 B, GQ And	0.163	M3.5V	안드로메다자리
11.8	인도인자리 엡실론 A	ε Indi A	0.762	K5Ve	인도인자리
11.8	인도인자리 엡실론 Ba	ε Indi Ba	0.066	T1.0V	인도인자리
11.8	인도인자리 엡실론 Bb	ε Indi Bb	0.047	T6.0V	인도인자리
11.8	게자리 DX	DX Cancri	0.09	M6.5Ve	게자리
11.9	고래자리 타우	τ Ceti	0.783	G8Vp	고래자리
12	GJ 1061	GJ 1061	~0.113	M5.5V	시계자리
12.1	와이즈 0350-5658	WISE 0350-5658		Y1	그물자리
12.1	고래자리 YZ	YZ Ceti		M4.5V	고래자리
12.4	루이텐 별	Luyten's star	0.26	M3.5Vn	작은개자리

쌍성

두 별이 중력으로 묶여서 서로 공전하는 천체를 쌍성 또는 짝별이라고 한다. 이에 비해 홀로 존재하는 별들을 홑별 또는 낱별이라고 한다. 어둡고 가벼운 별들까지 전부 포함하면 현재 우리 은하수를 이루고 있는 별 중에서 3분의 1 정도가 쌍성이다.[5] 북두칠성의 국자 끝에서 둘째 별은 눈이 좋은 사람이 보면 별이 2개로 보인다. 서양에서는 둘 중에 밝은 것을 마이저(Mizar)라고 부르고 어두운 것은 알코어(Alcor)라고 부른다. 맨눈으로 구분이 가능한 각거리가 1′ 정도인데, 두 별은 12′ 정도 떨어져 있으므로 두 별을 충분히 낱개로 분간할 수 있다. 그래서 옛날 아랍이나 로마에서는 병사들의 시력을 시험하는 데 사용되기도 했다고 한다.

1617년 제자인 베네데토 카스텔리(1578~1643)의 제안에 따라 갈릴레오 갈릴레이는 이 별을 망원경으로 관찰하고 그 모습을 자세히 기록했다. 1650년경에 조반니 리치올리(1598~1671)가 이 별이 사실은 이중성으로 보인다고 기록했다. 마이저는 2등성인 마이저 A와 4등성인 마이저 B로 되어 있는데, 두 별은 약 15″ 떨어져 있어서 맨눈으로는 분해가 안 되지만 망원경으로는 분해되어 2개로 보인다. 두 별은 약 380 *au*(천문단위) 떨어져 있으면서 수천 년 주기로 서로 공전하고 있음이 밝혀졌다.

그러다가 1889년에 에드워드 피커링(1846~1919)이라는 천문학자가 마이저 A의 별빛을 파장별로 분해하여 분광 스펙트럼을 연구해보니 이 별은 하나가 아니라 2개의 별이 바짝 붙어서 공전하는 쌍성임을 발견

그림 III-5 북두칠성 북두칠성 국자 손잡이 끝에서 두 번째 별을 잘 보면 2개이다. 둘 중에 밝은 것을 마이저, 어두운 것을 알코어라고 한다. 동양에서는 각각 개양성과 보성이라고 불렀다. 마이저를 천체망원경으로 보면 위의 동그라미 안에 보듯이 마이저가 2개의 별로 구분된다. 그 두 별은 마이저 A와 마이지 B라고 부른다. 위에 있는 별은 알코어이다. 이 세 별은 모두 망원경으로는 분해되지 않지만 스펙트럼으로는 쌍성임이 확인되므로, 사실 마이저와 알코어는 모두 6개의 별로 되어 있다. [2017년 5월. 충남 당진. 안상현. 10초 노출 영상 20장 합성. 고정촬영 후 합성한 사진을 가공함.]

하였다. 두 별은 약 20.5일을 주기로 서로 공전하고 있는데, 너무 가까이 붙어 있어서 망원경으로도 분해되지 않았다. 이와 같이 쌍성으로 보이지 않으나 분광 스펙트럼에 두 별의 운동이 나타나는 쌍성을 분광쌍성이라고 한다. 그런데 흥미롭게도 나중에 마이저 B도 분광쌍성임이 밝혀졌다. 즉, 마이저는 마이저 A와 마이저 B가 느슨한 쌍성을 이루며 서로 공전하고 있고, 각 별도 모두 쌍성이었던 것이다.

2009년에 에릭 마마젝 등의 연구팀과 닐 짐머만 등의 연구팀이 독립적으로 새로운 사실을 발견하였다. 알코어도 쌍성이며, 알코어와 마이저는 생각보다 가까워서 두 항성계는 서로 중력적으로 묶여 있을 가능성이 매우 크다는 것이다. 그러므로 마이저와 알코어는 실제로는 모두 6개의 별들로 이루어진 육중성계인 것이다. ●이 별을 나타내고, ●●이 근접쌍성을 나타내고 ●+●이 중력으로 서로 묶여 있는 느슨한 쌍성을 나타낸다면, 마이저와 알코어 항성계는 (●●+●●)+●●로 나타낼 수 있을 것이다.

또 다른 예를 들어보자. 동양에서 천랑성(天狼星)이라고 부르는 큰개자리의 으뜸별 시리우스도 쌍성이다. 1844년 독일의 천문학자 프리드리히 베셀은 시리우스의 고유운동을 장기간 측정하였는데, [그림 III-6]과 같이 시리우스가 약간 흔들거리면서 운동한다는 사실을 알게 되었다. 그래서 그는 우리 눈에 보이지는 않지만 시리우스와 함께 공전하는 천체가 있다고 생각했다. 시리우스의 위치를 해마다 측정하여 그리면 [그림 III-6]과 같이 남서쪽으로 움직이면서 동시에 아래위로 오르락내리락한다. 만일 시리우스가 홑별이라면 별이 직선 운동을 할 텐데 왜 오르락내리락하는 것일까? 베셀은 그 원인 우리 눈에는 보이지는 않는 동반성이 있기 때문임을 알아챘다.

약 20년이 지난 1862년, 미국의 앨번 클라크(1832~1897)가 그 어두

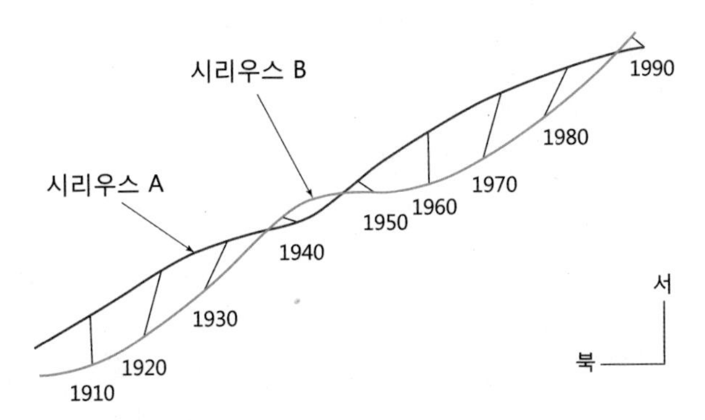

그림 III-6 시리우스 A의 고유운동과 동반성과의 공전 시리우스 A가 보이지 않는 동반성과 공전하기 때문에 마치 흔들거리듯이 북동에서 남서로 고유운동을 하고 있다. 나중에 발견된 백색왜성인 동반성은 시리우스 B라고 부른다.

운 짝을 발견하였다. 그래서 맨눈으로 보이는 별을 시리우스 A라고 부르고 어두워서 망원경으로나 보이는 동반성을 시리우스 B라고 부른다. 천문학자들의 연구 결과, 시리우스 A의 질량은 해 질량의 2배 정도이고, 시리우스 B는 해 질량과 비슷함을 알게 되었다. 그러나 시리우스 B는 크기가 지구만 하다. 해가 지구만 한 크기로 오그라든 것이다. 이런 천체를 백색왜성이라고 한다. 해의 크기는 지구의 100배 정도 되므로, 백색왜성의 밀도는 해의 100만 배 정도가 된다. 밀도가 어마어마하게 높은 천체다. 그런데 백색왜성보다 더 밀도가 높은 천체가 발견되었다. 중성자별이 그것이다. 이 천체는 별이 서울시만 한 크기인 십여 킬로미터 정도로 졸아든 것이다. 백색왜성보다 500배나 작으므로 밀도는 약 1억 배 더 높다! 이 희한한 천체의 정체는 1931년 수브라마니안 찬드라세카르(1910~1995)에 의해 규명되었다. 그는 1983년에 노벨상을 받았다.

시리우스 A를 기준으로 시리우스 B의 위치를 그리면 [그림 III-7]의 왼쪽과 같다. 두 별의 질량 중심에 대해 두 별의 위치를 그리면 [그림 III−7]의 오른쪽과 같다. 두 별의 궤도가 타원처럼 보이지만, 실제로 타원궤도인지 아니면 궤도가 기울어져서 그렇게 보이는 것인지는 조금 더 따져봐야 알 수 있다.

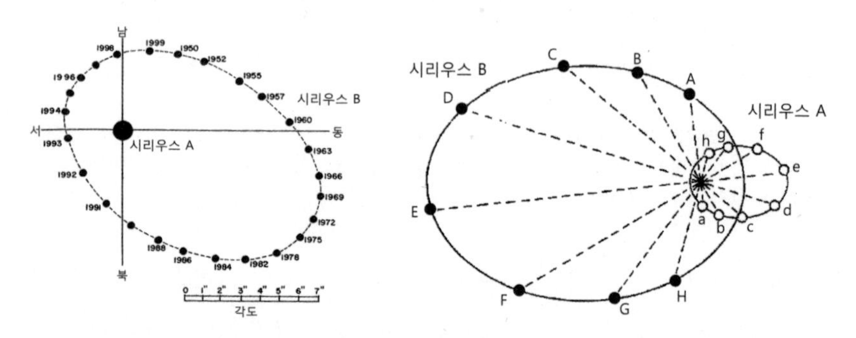

그림 III−7 시리우스 A와 시리우스 B (왼쪽) 시리우스 A를 기준으로 동반성인 백색왜성 시리우스 B의 위치를 나타냈다. (오른쪽) 두 별의 질량 중심을 기준으로 시리우스 A와 시리우스 B의 위치를 나타냈다.

이 두 별이 원궤도를 돈다고 가정하고 뉴턴의 만유인력의 법칙을 적용하여 쌍성의 궤도가 케플러의 제3법칙을 만족함을 증명하는 과정은 [부록 A]에서 따로 다루었다. 그 결과에 따르면, 시리우스 A의 질량을 m_A라고 하고 시리우스 B의 질량을 m_B라고 했을 때, 두 별은 서로의 공통 질량 중심을 축으로 서로 마주 보며 운동을 한다. 그 공전주기를 P라고 하고 두 별이 가장 멀리 떨어질 때의 거리를 $2a$라고 하면 이 a가 바로 궤도 장반경이 된다. 그러면 이 쌍성의 공전궤도는 2장의 (식 II−11)에서 살펴본 케플러의 제3법칙에서 $r=a$로 놓은 식 $G(M+m)P^2 = 4\pi^2a^3$을 만족한다. 또한 지구에 대해 성립하는 케플러 제3법칙으로 (식 II−11)의 양변을 나눠주면, (식 II−12) 또는 [부록 A]의 (식 A−

11)과 같이 수식 표현이 간단해진다. 그 식을 다시 써보면 다음과 같다.

(식 II−12) 또는 (식 A−11) $$\left(\frac{M}{M_\odot}+\frac{m}{M_\odot}\right)\left(\frac{P}{P_\oplus}\right)^2=\left(\frac{a}{a_\oplus}\right)^3$$

연습문제 3 작은개자리의 가장 밝은 별인 프로키온은 지구에서 3.51pc 떨어져 있는 쌍성이다. 그 가운데 주성인 프로키온 A는 안시등급이 0.34등급이고 분광형이 F5형이고 표면 온도는 6,530°K인 주계열성이므로, 그 질량은 1.5$M_\odot$로 추정된다. 동반성인 프로키온 B는 안시등급이 10.7등급에 불과하므로 매우 어둡다. 두 별의 공전주기는 40.82년이고 장반경은 4.3″로 측정되었다. 프로키온 B의 질량을 구하시오.

답 문제가 꽤 어려워 보이지만 우리가 배운 지식으로 쉽게 풀 수 있다. 먼저 각초(″)로 측정된 장반경을 천문단위(au)로 고친다. 이 별이 지구에서 3.51pc 떨어져 있고 장반경의 각크기가 4.3″이므로 호도법과 삼각측량을 적용하면 쌍성의 장반경은 15.1au이다. 계산은 앞에서 연주시차 계산하는 방법을 참고하여 스스로 해보기 바란다. 이렇게 계산되어 au 단위로 주어진 장반경과 두 별의 공전주기 40.82년, 그리고 프로키온 A의 질량 $M=1.5M_\odot$를 (식 II−12) 또는 (식 A−11)에 대입하고 프로키온 B의 질량을 m이라고 하면, 다음과 같은 방정식이 된다.

$$\left(1.5+\frac{m}{M_\odot}\right)\times 40.82^2=15.1^3$$

이것을 m에 대해 풀고, 전자계산기로 계산하면

$$m=\left(\frac{15.1^3}{40.82^2}-1.5\right)M_\odot\simeq 0.6M_\odot$$

를 얻는다. (참고로 프로키온 B는 백색왜성이다. 2015년 허블우주망원경 관측에 따르면, 이 백색왜성의 질량은 $0.592\pm0.006M_\odot$이고, 백색왜성 냉각 모형과 비교한 결과 나이는 약 27억년이고, 중심핵은 탄소와 산소로 이루어져 있으며 대기에는 헬륨이 압도적으로 많음이 밝혀졌다. 항성진화모형과 비교해보면, 이 백색왜성의 모체는 처음 질량이 $1.9-2.2M_\odot$ 즉 태양질량의 2배 정도였던 주계열별이었던 것으로 추론된다.)

이 연습문제에서 보듯이, 쌍성의 공전궤도를 잘 관찰하면 그 쌍성을 구성하는 별들의 여러 가지 물리량을 구할 수 있다. 별까지의 거리, 별의 질량, 별의 반지름, 별의 표면 온도 등을 구할 수 있다. 그래서 쌍성은 항성 천체물리학의 실험실이라고 할 수 있다. 별의 질량은 앞의 문제에서 구할 수 있음을 보았다. 가령 주계열성 2개로 이루어진 쌍성이라면, 각 별의 색과 겉보기밝기를 측정함으로써 그 쌍성까지의 거리를 구할 수 있다. 두 별이 서로를 가리기 때문에 밝기가 변하는 식변광성의 경우는 각 별의 크기를 측정할 수 있다. 별이 얼마나 많은 빛에너지를 방출하고 있느냐를 나타내는 것이 별의 광도이다. 별까지의 거리를 측정하면 그 별의 광도를 측정할 수 있다. 광도는 별의 표면적에 비례하고 온도의 네제곱에 비례하므로 반지름을 구하면 표면 온도를 결정할 수 있다. 이러한 별의 질량, 크기, 표면 온도 등은 항성 진화에 관한 이론 계산에 중요한 자료를 제공한다.

태양 정도의 별이 늙어서 진화한 백색왜성, 별이 되지 못하고 무거운 가스형 행성으로 남은 갈색왜성, 그리고 행성 등도 쌍성에 속해 있는 경우라면, 이러한 천체들의 물리적 특성을 알아낼 수 있다. 한편, 중성자별이 빠르게 회전함에 따라 거기서 내뿜는 전파 신호가 주기적으로 반짝거리는 것을 펄사라고 한다. 중성자별 2개가 쌍성을 이루고 있기도 한데, 그중 하나 이상이 펄사인 경우가 있다. 이 경우 펄사의 주기를 잘 측정하면 그 중성자별들이 얼마나 많은 중력파를 발생하면서 서로 가까워지는지 알 수 있는데, 이것을 발견한 조지프 테일러와 러셀 헐스가 1993년에 노벨상을 받았다. 또한 블랙홀과 거성이 짝을 이루고 있는 쌍성도 있는데, 특히 거성에서 블랙홀로 물질이 빨려 들어가는 경우, 블랙홀 둘레에 강착원반이라는 것이 생긴다. 여기서는 강한 엑스선을 방출하는데, 그 엑스선 스펙트럼을 잘 연구함으로써 블랙홀의 질량 등을 정밀하게 측정하기도 한다. 이처럼 쌍성은 별의 진화와 관련된 많은 사실을 알아내고 관련 이론을 검증해볼 수 있는 좋은 실험실이다.

Chapter 04 은하

우리가 경험할 수 있는 가장 아름다운 것은 신비로움이다. 이것은 모든 진정한 예술과 과학의 원천이다.

– 알베르트 아인슈타인

우리 은하수 측량하기

한 번이라도 은하수를 본 적이 있는 사람은 그 감동을 잊을 수 없을 것이다. 은하수라는 이름에서 알 수 있듯이 은하수는 하늘의 강물을 뜻한다. 순우리말로는 '미리내'라고 하는데, 미르는 '용'을 뜻하고 내는 '강물'을 뜻한다. 중국말의 은하(銀河)도 은빛 강물이라는 뜻이다. 고대 그리스 신화에 따르면, 제우스가 알크메네와 바람을 피워 아들을 얻었는데, 제우스는 그의 본처이자 질투의 여신인 헤라가 그 아기를 해치지 못하게 하려고, 헤라가 잠든 틈을 타서 아기에게 헤라의 젖을 물렸다. 그러자 천하장사였던 이 아기가 얼마나 세게 젖을 빨았던지 아기가 입을 떼자마자 젖이 세차게 뿜어져 나와 하늘에 흩뿌려졌고, 그것이 은하수가 되었다고 한다. 이 아기의 이름은 '헤라의 영광'이라는 뜻의 헤라클레스이다. 그리스 말로는 은하수를 키클로스 갈락티코스(kyklos galaktikos)라고 한다. 키클로스는 '동그라미'라는 뜻이고, 갈락티코스는 '젖의'라는 뜻이다. 이처럼 고대부터 전 세계 문명들은 은하수를 별도의 천체로 보아왔었는데, 1609년 갈릴레오 갈릴레이가 천체망원경으로 은하수를 관찰하여 은하수는 별도의 천체가 아니라 수많은 희미한 별들이 빽빽하게 모여 있는 것임을 발견하였다.

그림 IV-1 남반구에서 본 은하수 길쭉한 원반 형태를 이루고 있고 중앙에 볼록한 팽대부가 있다. 가운데를 가로지르는 거무스름한 띠는 성간 먼지에 의해 별빛이 약해져서 검게 보이는 것이다. 왼쪽 위에 솜털같이 보이는 두 덩어리의 천체가 있다. 큰 것은 대마젤란은하, 작은 것은 소마젤란은하이다. 은하수 중심 방향에 있는 궁수자리와 전갈자리를 표시했고, 견우별과 직녀별을 표시했다. 센타우루스자리의 α별과 β별을 표시했다. 프록시마 센타우리는 삼각형의 중앙 정도에 있는 매우 어두운 천체이다. [2012년 4월. 서호주 와디팜 리조트. 황인준. 카메라: Canon 5D MarkIII. 렌즈: Canon EF8-15 어안렌즈 F4L. 적도의: 한국 아스트로드림테크 비틀 프로토타입. 9분 노출.]

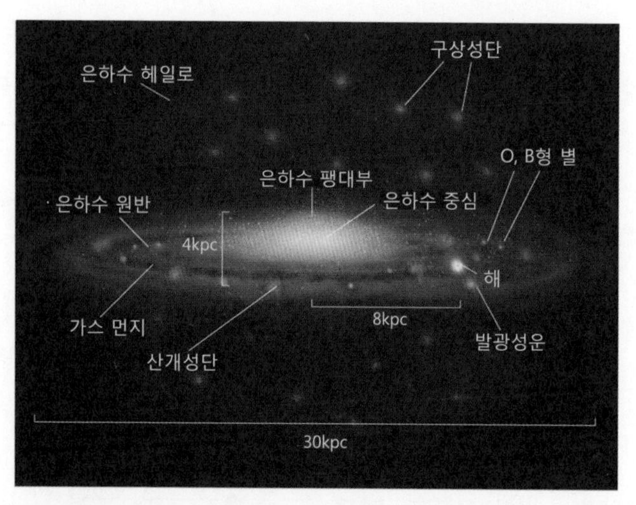

그림 IV-2 우리 은하수의 구조 우리 은하수는 나선은하다. 나선팔이 있는 원반, 은하수 중심을 둘러싸고 있는 팽대부, 그리고 전체를 둘러싼 헤일로로 나눌 수 있다.

우리 은하수의 구조는 은하수 원반, 팽대부, 헤일로의 세 부분으로 나눌 수 있다. 원반에는 별, 가스, 먼지가 있고 새로 생겨난 젊은 별들인 O, B형 별* 주변에는 발광성운이 존재한다. 또한 젊은 별들로 이루어진 산개성단이 있다. 은하수의 중심부에 있는 볼록한 부분을 팽대부라고 하는데, 이곳에는 늙은 별들이 있다. 그리고 이것들을 넓게 둘러싼 부분을 헤일로라고 한다. 부처님이나 예수님을 그린 그림이나 조각을 보면 머리 근처에 휘황한 빛을 표현한 것을 볼 수 있는데, 이것을 헤일로라고 한다. 헤일로에는 구상성단이라는 늙은 별들로 이루어진 항성계 150개 정도가 넓게 흩어져 있다. 우리 태양은 원반에 속하며, 은하수 중심에서 약 8*kpc*(킬로파섹) 떨어져 있다. 은하수 중심 방향은

---

* 별의 스펙트럼 특성에 따라 표면 온도가 높은 별들부터 O, B, A, F, G, K, M형으로 분류한다.

궁수자리 쪽에 있으며 우리나라에서는 여름철에 잘 볼 수 있다. 겨울철 한밤중에 보이는 은하수는 우리 은하수 바깥쪽 부분이라서 여름철보다 별 개수가 적으므로 흐릿하다.

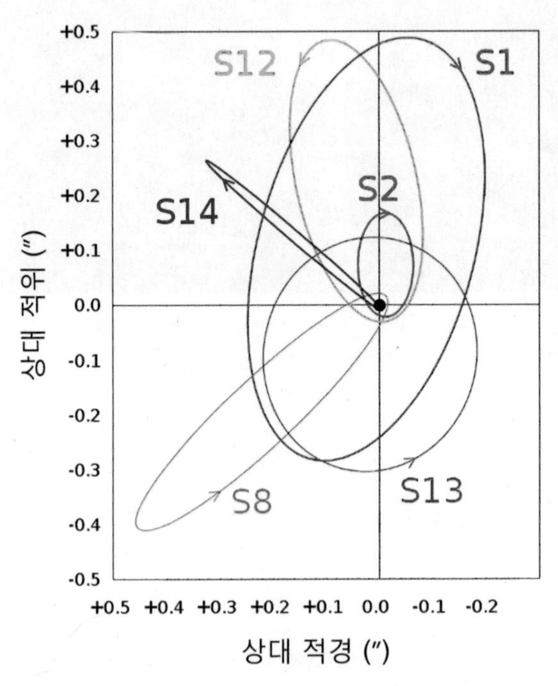

그림 IV-3 우리 은하수 중심에 있는 초거대 블랙홀을 공전하는 별들 검은 점으로 표시한 좌표의 원점은 우리 은하수 중심에 있는 초거대 블랙홀이다. 그 질량은 해의 질량의 430만 배이다.

미국 캘리포니아주립대학 로스앤젤레스 캠퍼스(UCLA)의 천문학자들은 우리 은하수의 중심에 초거대 블랙홀이 있음을 알아냈다. 다른 외부 은하들 중심부에도 대개 초거대 블랙홀이 있다. 우리 은하수의 초거대 블랙홀은 궁수자리 쪽에 Sgr A*이라는 천체에 자리 잡고 있다. 그 초거대 블랙홀의 질량은 해 질량의 430만 배나 되는 것으로 밝혀졌다. 천문학자들은 그런 사실을 도대체 어떻게 알아냈을까? 천문학자들은 [그림 IV-3]에서 보듯이 그 초거대 블랙홀 둘레를 공전하고 있는 별을 여럿 발견하였다. 최첨단 관측 장비를 동원하여 그 별들의 움직임을 정밀하게 측정함으로써 그 별들의 궤도를 알아냈고, 그 궤도를 분석한 결과, Sgr A*에 해 질량의 430만 배나 되는 엄청나게 무거운 초거대 블랙홀이 존재함을 알 수 있었다.

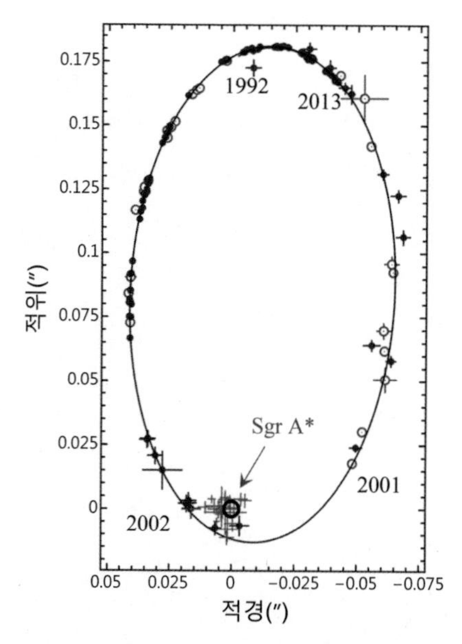

그림 IV-4 우리 은하수 중심인 Sgr A*에 있는 초거대 블랙홀 둘레를 공전하는 별 S2의 궤도 별 S2의 위치를 우리 은하수의 중심인 Sgr A*을 중심으로 하여 나타낸 궤도이다. 검은 점과 흰 점은 칠레와 하와이에 있는 대형 망원경으로 관측한 결과이다. 궤도 분석 결과 Sgr A*이라는 천체에 해의 질량의 430만 배나 되는 초거대 블랙홀이 있음이 확인되었다. 가로축과 세로축은 각각 적경과 적위를 나타내는데 각도 단위는 각초(″)이다. [제공: 독일 막스플랑크 외계 물리학 연구소(Max Planck Institute for Extraterrestrial Physics).]

[그림 IV−4]는 그 별들 가운데 하나인 S2라는 별이 1992년부터 2013년까지 약 20년 동안 어떻게 움직였는지를 보여준다. 이 초거대 블랙홀은 우리 은하수의 중심에 존재한다. 그러므로 이제 우리는 이 별을 이용하여 우리와 은하수 중심까지의 거리를 측량해보고자 한다. 이번에도 역시 삼각측량을 이용한다. 실제 크기를 알고 있는 막대기를 가지고, 그 각크기가 얼마로 관측될 때 그 막대기가 관찰자로부터 얼마나 떨어져 있는지를 따지면 되는 아주 간단한 기하학 문제다.

여기 몇 미터인지 길이를 아는 막대기가 있다고 하자. 그 막대기가 우리에게 가까이 있으면 그 각크기는 크게 보이고, 그 막대기가 멀리 있으면 그 각크기는 작게 보일 것이다. 우리가 일상생활에서 늘 접하는 사실이다. 이것을 이용하여 길이를 아는 막대기가 얼마만 한 각크기로 보이는지를 측정하면 그 막대기까지의 거리를 구할 수 있다. 이것을 수학의 언어로 말하면 훨씬 명확해진다.

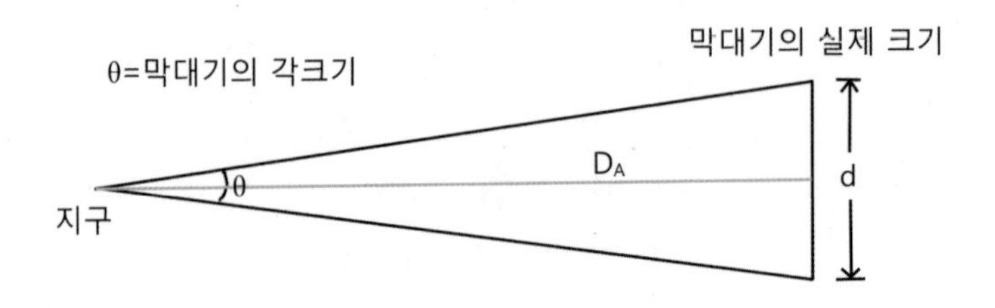

길이가 d인 막대기가 있다고 하자. 그 막대기가 관측자로부터 D_A만큼 떨어져 있다면 그 막대기의 각크기 θ는 탄젠트 함수의 정의에 따라 다음과 같이 주어진다.

$$\tan\frac{\theta}{2} = \frac{d/2}{D_A}$$

막대기가 충분히 멀리 있어서 막대기의 각크기 θ가 작다면, 2장에서 공부했던 테일러 근사에 의해 $\tan\frac{\theta}{2} \approx \frac{\theta}{2}$로 근사할 수 있다. 따라서 앞의 식을 막대기까지의 거리 D_A에 대해서 풀면

$$D_A = \frac{d}{\theta}$$

가 된다. 막대기의 실제 길이 d를 알고 있다면, 이 막대기가 얼마만 한 각크기 θ로 보이는가를 측정함으로써 그 막대기까지의 거리 D_A를 구할 수 있다. 다만 여기서 주의할 점은, θ는 반드시 라디안 단위의 값이어야 하고 그 값이 작아야 한다는 것이다. 이렇게 구한 거리 D_A를 '각지름거리'라고 한다.

우리는 은하수 중심에 있는 초거대 블랙홀의 둘레를 공전하는 S2라는 별의 공전궤도를 '길이를 아는 막대기'로 삼고, 그 궤도가 몇 도의 각크기로 보이는지를 측정하여, 그 초거대 블랙홀까지의 거리를 측정하고자 한다. 그렇게 하기 위해서는 S2의 공전궤도가 몇 킬로미터인지를 먼저 알아야 한다. 이 문제는 케플러의 행성 운동에 관한 제3법칙인 '조화의 법칙'을 적용하여 해결할 수 있다. '조화의 법칙'은 천문학에서 매우 쓸모 있는 지식이다. 쌍성을 연구할 때도, 외계 행성을 찾을 때도, 블랙홀 쌍성에서 나오는 중력파를 연구할 때도, 은하수 중심의 초거대 블랙홀을 연구할 때도 이용된다.

케플러의 제3법칙을 우리 은하수의 중심에 있는 초거대 블랙홀과 그 둘레를 공전하는 별 S2에 적용해보자. 이 블랙홀 둘레를 공전하는 별들이 여럿이기 때문에 이 별들 모두에 '조화의 법칙'을 적용하면, (식 II−10), (식 II−12), 또는 (식 A−11)에 의해서 블랙홀의 질량을 구할 수 있다. 천문학자들의 분석 결과, 이 초거대 블랙홀의 질량은 해 질량의 430만 배, 즉 $M_{BH} = 4{,}300{,}000\,M_{\odot}$ 임이 밝혀졌다.[6] S2와 같은 별들은 대개 해의 질량 정도이므로 초거대 블랙홀에 비해서 무시할 정도이다. 따라서 우리는 케플러 문제를 풀면 된다. 즉, (식 II−12)이나 (식 A−11)에서 별의 질량을 무시하여

(식 IV−1) $$\left(\frac{a}{a_{\oplus}}\right)^3 = \left(\frac{M_{BH}}{M_{\odot}}\right)\left(\frac{P}{P_{\oplus}}\right)^2$$

을 얻는다. 천문학자들이 10여 년간 꾸준하게 S2를 관측한 결과 S2의 공전주기는 P = 15.8년으로 측정되었다. 블랙홀의 질량과 별 S2의 공전주기를 (식 IV−1)에 대입하면, 장반경 a를 구할 수 있다. 전자계산기로 함께 계산해보자.

$$\left(\frac{a}{a_{\oplus}}\right)^3 = 4{,}300{,}000 \times 15.8^2 \approx 1{,}000{,}000{,}000 = (1{,}000)^3$$

$$\frac{a}{a_{\oplus}} = 1{,}000$$

지구의 공전궤도 장반경 $a_{\oplus} = 1\,au$이므로 별 S2의 궤도 반지름 $a = 1{,}000\,au$이다. 드디어 막대기의 길이가 $d = 1{,}000\,au$임을 알았다.

막대기의 길이를 알았으니, 이제 그 막대기가 얼마의 각도로 보이는

지 관측하면 초거대 블랙홀까지의 거리를 구할 수 있다. 미국 캘리포니아주립대학 로스앤젤레스 캠퍼스의 천문학자인 안드레아 게즈(1965~)가 하와이 마우나케아 산 정상에 있는 켁 망원경으로 관측한 결과, 별 S2의 궤도 반지름의 각크기는 $\theta = 0.12''$로 관측되었다. (유효숫자가 두 자리임에 유의하라.) 안드레아 게즈 박사는 이 연구로 2020년 노벨 물리학상을 수상하였다.

이제 앞에서 설명한 방법에 따라

$$\mathrm{D_A} = \frac{d}{\theta}$$

에 d와 θ를 대입하면 블랙홀까지의 각지름거리 $\mathrm{D_A}$를 구할 수 있다. 여기서는 $d = a = 1{,}000\,au$를 대입하고, $\theta = 0.12''$를 넣으면 된다. 그런데 앞에서도 강조했듯이 각도 θ는 반드시 라디안으로 표시된 값이어야 한다. 그러므로 먼저 각초($''$)로 표시된 궤도 반지름의 각크기를 라디안으로 바꾸자. 앞에서 몇 차례 해보았으니 이제 조금 익숙해졌을 것이다.

$$x = \frac{\pi\theta('')}{180°}\text{라디안} = \frac{\pi\theta('')}{180 \times 3600''}\text{라디안}$$

여기서 $1° = 60' = 60 \times 60'' = 3600''$이므로 $180° = 180 \times 3600''$라는 사실을 적용하고 원주율은 $\pi = 3.14$를 사용한다. 따라서 모든 값을 대입하면

$$\mathrm{D_A} = \frac{1{,}000\,au}{\dfrac{0.12\pi}{180 \times 3{,}600}} = \frac{1{,}000 \times 180 \times 3{,}600}{0.12 \times 3.14} \simeq 1{,}700{,}000{,}000\,\mathrm{au}$$

이다. 즉, 블랙홀까지의 거리는 $D_A = 1{,}700{,}000{,}000\,au$이다. 앞에서 $1\,pc = 206{,}265\,au$라고 하였으므로

$$D_A = \frac{1{,}700{,}000{,}000\,\cancel{au}}{206{,}265\,\frac{\cancel{au}}{pc}} \simeq 8{,}200\,pc = 8.2\,kpc$$

이다. 여기서는 $1{,}000\,pc = 1\,kpc$임을 적용하였다. 지구(해)에서 은하수 중심의 블랙홀까지의 거리는 약 $8.2\,kpc$임을 알 수 있다! 이 초거대 블랙홀까지 거리를 좀더 정확하게 구해보면 $(8.28 \pm 0.33)\,kpc$이고, 그 초거대 블랙홀의 질량은 $(4.30 \pm 0.36) \times 10^6\,M_{\odot}$이다. 우리의 계산은 오차 범위 안에서 천문학자들의 결과와 일치한다.

연습문제 1 우리 태양계는 은하수 중심에서 몇 km 떨어져 있는지 계산하시오. ($1\,pc$은 약 $3.086 \times 10^{13}\,km$이다.)

답 약 $2.5 \times 10^{17}\,km = 25$경 km

연습문제 2 우리 태양계에서 은하수 중심까지는 빛의 속력으로 몇 년이 걸리는지 계산하시오. ($1\,pc$은 약 3.26광년이다.)

답 약 2.7×10^4년=약 3만 년

우리는 우리 은하수의 원반 안에 들어앉아 있으므로 우리 은하수의 전체 모습을 조망할 수 없다. 그러나 지금까지 천문학자들이 다양한 방법으로 우리 은하수의 전체 모습을 밝혀냈다. 그 결과 우리 은하수가 소용돌이처럼 팔이 감겨 있는 나선은하이며, 은하 중심부의 나선팔이 시작하는 부분에 작은 막대와 같은 구조가 있는 막대나선은하임을 알

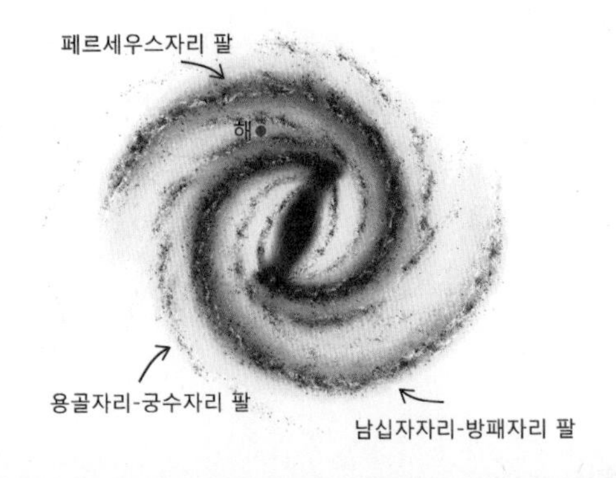

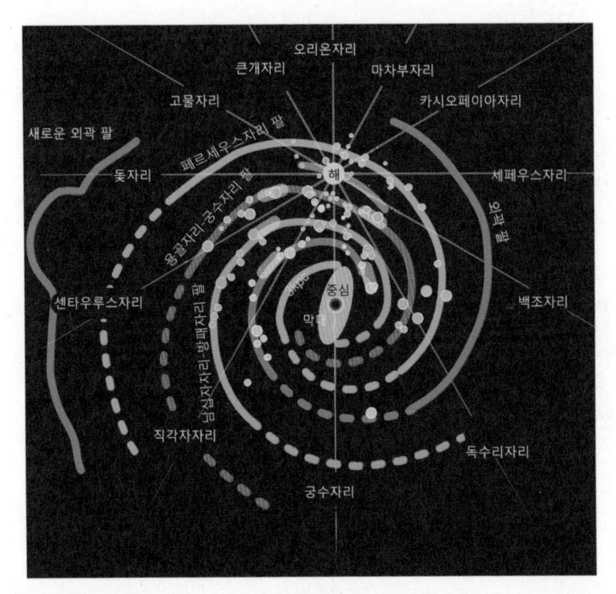

그림 IV-5 우리 은하수의 모습 (위) 우리 은하수를 은하 북극 방향에서 본 상상도이다. (아래) 중성수소 21센티미터 방출선을 관측하여 알아낸 우리 은하수의 구조이다. 위쪽에 있는 노란 점이 우리 해의 위치이다. 맨 바깥에 있는 오리온자리, 마차부자리, 카시오페이아자리 등은 지구(해)에서 바라볼 때 그 방향으로 보이는 별자리를 나타낸다. 가운데에 '중심'이라고 표시한 곳은 우리 은하수의 중심이다. 위 그림과 비교하면서 보면, 붉은색 곡선이 용골자리–궁수자리 팔이고, 청록색 곡선이 페르세우스자리 팔이다. 녹색 곡선이 남십자자리–방패자리 팔이다. 우리 해는 용골자리–궁수자리 팔과 페르세우스자리 팔의 사이에 주황색 짧은 곡선으로 표시한 오리온자리–백조자리 팔에 속하며, 은하 중심에서 약 8 kpc 떨어져 있다.

게 되었다. 또한 우리 은하수의 별들은 은하수 중심에서 15 kpc 안쪽에 대부분 모여 있고, 50 kpc 정도까지도 성운이 존재함을 알게 되었다. 우리가 방금 살펴본 것처럼, 우리 태양계는 은하수 중심에 있는 초거대 블랙홀에서 약 8 kpc만큼 떨어져 있다. 이제 우리는 우리 은하수 안에서 어디쯤 자리하고 있는지 이해하게 되었다.

안드로메다은하

우리나라가 속한 북반구에서 가을철 밤중에 하늘의 별을 보면 커다란 창문을 닮은 모양을 찾을 수 있다. 흔히 페가수스 사각형이라고 부른다. 그 위에는 W자를 닮은 별자리는 카시오페이아자리이다. 페가수스

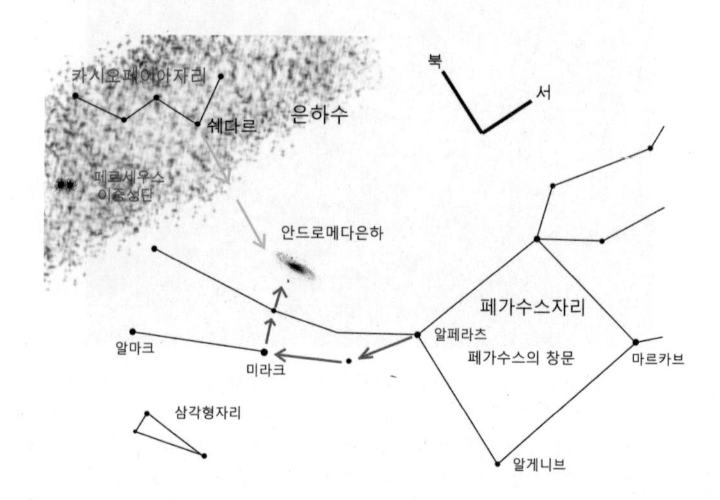

그림 IV-6 안드로메다은하 찾기 관측자의 시력이 좋더라도 밤하늘이 어둡고 날씨가 맑지 않으면 안드로메다은하를 맨눈으로 보기는 어렵다. 가을철의 페가수스 사각형의 북동쪽 별인 알페라츠와 누구나 쉽게 찾을 수 있을 만큼 유명한 카시오페이아자리 중간쯤에 안드로메다은하가 있다. DSLR 카메라를 이 부근을 향하게 놓고 노출을 주면 안드로메다은하의 사진을 찍을 수 있다.

사각형의 북동쪽 모퉁이를 이루는 별은 알페라츠이다. 카시오페이아자리의 W자에서 가장 남쪽에 있는 별은 쉐다르라는 별이다.

안드로메다은하(M31, NGC 224)*는 알페라츠와 쉐다르의 중간쯤에 자리하고 있다. 일반적인 디지털카메라로 이 부분을 찍으면 안드로메다은하를 볼 수 있다.

밤하늘이 정말로 맑고 어두운 곳에서는 안드로메다은하를 맨눈으로도 볼 수 있다. 밤하늘이 어둡기로는 둘째가라면 서러운 강원도 화천의 조경철 천문대에서 눈이 썩 좋지 않은 필자도 맨눈으로 안드로메다은하를 볼 수 있었다. 그런데 요즘 한국은 그런 암흑의 공간을 찾기가 쉽지 않다. 하지만 쌍안경이나 디지털카메라를 이용하면 우리는 더 멀리까지 체험할 수 있다. 즉, 우리가 체험할 수 있는 우주가 훨씬 더 깊어진다.

안드로메다은하는 그 크기가 달의 5~6배에 이르는 매우 큰 천체이

---

* 성운이나 성단 앞에 붙어 있는 'M'이나 'NGC'는 각각 메시에 목록과 엔지시 목록의 번호를 나타낸다. 메시에 목록은 프랑스의 천문학자 샤를 메시에(1730~1817)가 작성하였다. 메시에는 혜성을 탐색하고 있었는데, 희뿌옇게 보이는 천체들이 혜성과 혼동되었다. 그래서 혼동을 피하려고 미리 목록을 만들어두었다. 그가 정리한 백 개 남짓의 천체들은 나중에 성단과 은하들로 밝혀졌는데, 오늘날도 아마추어 천문가들이 즐겨보는 관찰 대상이 되고 있다. 그래서 그 목록의 천체들에 메시에(Messier)의 머리글자를 붙여 M31(안드로메다은하), M32, M110 등으로 부른다. 엔지시 목록은 윌리엄 허셜 경의 관측을 바탕으로 작성되었다. 독일에서 태어난 영국의 천문학자인 윌리엄 허셜 경이 1786년에 그의 누이인 캐롤라인 허셜(1750~1848)과 함께 『성운과 성단 목록』을 출간하였고, 그의 아들인 존 허셜(1792~1871)이 이 목록을 확장하여 『성운과 성단의 일반 목록』을 출간하였다. 1888년에 존 드레이어(1852~1926)가 허셜 일가의 목록을 정리하여 『성운과 성단의 새로운 일반 목록』을 출간하였다. 이 목록은 7,840개의 천체를 수록하고 있으며, 이 목록에 수록된 것은 대부분이 은하이다. 이 '새로운 일반 목록'은 영어로 'New General Catalogue'라고 하며, 이 목록에 수록된 천체의 이름은 흔히 그 머리글자를 따서 엔지시(NGC) 몇 번이라고 부른다. 예를 들어, 안드로메다은하는 엔지시 번호로 NGC 224이다.

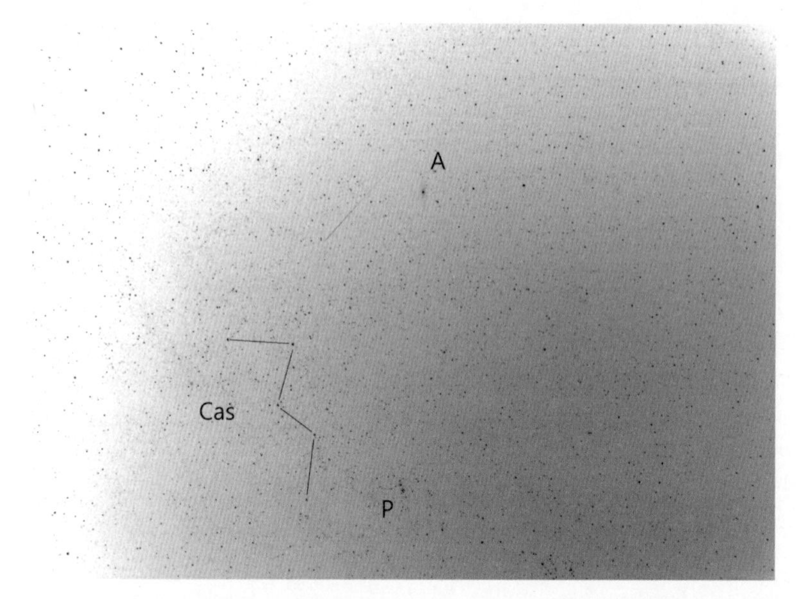

그림 IV-7 카시오페이아자리와 안드로메다은하 W자를 닮은 카시오페이아자리를 Cas로 나타냈다. A로 표시한 어슴푸레한 천체가 안드로메다은하이고, 카시오페이아자리 오른쪽에 P로 표시한 두 덩어리의 천체가 페르세우스자리 이중성단이다. 페르세우스 이중성단은 '에이치 앤드 카이 페르세이(h & χ Persei)'라고 부르며, NGC 869와 NGC 884라는 엔지시 목록 번호가 붙어 있다. 거리는 각각 7,600광년과 6,800광년이다. 안드로메다은하 근처에 있는 긴 직선은 별똥별이다. [2017년 7월 26일. 대전시 유성구. 안상현. 카메라: Canon 50D. 삼각대 고정촬영. 13초 노출. 10장 합성.]

다. 굉장히 멀리 있는 천체인데도 그 정도로 크게 보인다는 것은 안드로메다은하가 매우 큰 천체라는 뜻이다. 또한 다른 은하들의 각크기에 비해 월등히 크다는 말은 다른 은하들에 비해 상대적으로 매우 가까이에 있다는 말도 된다. 안드로메다은하는 전형적인 나선은하다. 나선팔이 휘감기는 모양으로 소용돌이가 보이기 때문에 그런 이름이 붙었다. 이 은하의 부분 부분의 스펙트럼을 관측하여 적색이동을 측정해보면 우리는 이 은하가 스스로 회전(자전)하고 있음을 알 수 있다.

안드로메다은하의 확대 사진을 보면, 커다란 원반 모양의 안드로메

그림 IV-8 안드로메다은하 가운데 큰 은하가 안드로메다은하(M31, NGC 224)이고, 그 위에 약간 떨어져 있는 은하는 그 위성은하 가운데 하나인 M110(NGC 205)이라는 은하이다. 또한 안드로메다 은하의 오른쪽 5시 방향에 숨어 있는 작은 은하는 M32(NGC 221)이다. [2015년 9월 13~14일. 강원도 수피령. 장승혁. 망원경: FDK150. 카메라: Canon 6D. 마운트: Takahashi EM-200 Temma2M. ISO1600/7분 노출. 43장 합성.]

다은하가 있고, 그 주변에 각각 M32와 M110이라고 부르는 약간 작은 은하 2개를 더 볼 수 있다. 이 두 은하는 안드로메다은하의 강한 중력에 묶여 있는 안드로메다은하의 위성은하들이다. 안드로메다은하는 약 30개 정도의 위성은하를 거느리고 있는 것으로 추정된다.[7] 그중에서 밝은 것은 M32, M33, M110 등이다. 나머지 위성은하들은 굉장히 어두워서 대형 천체망원경이 많아진 1970년대 이후에나 발견되기 시작했고, 최근에도 새로운 위성은하들이 속속 발견되고 있다.

표 IV-1 안드로메다은하의 위성은하 목록 은하의 형태에서 dE2나 dE6의 앞머리에 붙어 있는 dE는 왜소(dwarf) 타원은하(Elliptical)를 뜻하며 숫자가 클수록 더 일그러진 모양이다. dSph는 왜소(dwarf) 구형은하(Spheroidal)라는 뜻이다. 등급은 총합 등급이다. 삼각형자리은하(M33)는 정확한 거리가 측정되지 않아 안드로메다은하의 위성은하인지 확정되지 않았다.

영문 이름	이름	형태	거리(100만 광년)	등급	질량-광도비	발견된 해
M32	M32	dE2	2.48	+9.2		1749
M110	M110	dE6	2.69	+9.4		1773
NGC 185	NGC 185	dE5	2.01	+11		1787
NGC 147	NGC 147	dE5	2.2	+12		1829
Andromeda I	안드로메다 I	dSph	2.43	+13.2	31±6	1970
Andromeda II	안드로메다 II	dSph	2.13	+13	13±3	1970
Andromeda III	안드로메다 III	dSph	2.44	+10.3	19±12	1970
Andromeda V	안드로메다 V	dSph	2.52	+15.4	78±50	1998
Pegasus Dwarf Spheroidal (Andromeda VI)	페가수스 왜소은하 (안드로메다 VI)	dSph	2.55	+14.5	12±5	1998
Cassiopeia Dwarf (Andromeda VII)	카시오페이아 왜소은하 (안드로메다 VII)	dSph	2.49	+12.9	7.1±2.8	1998
Andromeda VIII	안드로메다 VIII	dSph	2.7	+9.1		2003
Andromeda IX	안드로메다 IX	dSph	2.5	+16.2		2004
Andromeda X	안드로메다 X	dSph	2.9	+16.2	63±40	2005
Andromeda XI	안드로메다 XI					2006
Andromeda XII	안드로메다 XII					2006
Andromeda XIII	안드로메다 XIII					2006
Andromeda XIV	안드로메다 XIV				102±71	2007
Andromeda XV	안드로메다 XV					2011
…	…					
Triangulum Galaxy (M33)	삼각형자리은하(M33)	SA(s)cd	2.59	+6.27		1654?

은하수의 위성은하: 대마젤란은하와 소마젤란은하

우리가 밤하늘에서 볼 수 있는 은하수는 사실 나선은하이다. 우리는 그 원반 안에 살고 있으므로 그 소용돌이 모양을 직접 조망할 수는 없고 다만 그 옆모습을 보고 있다. 우리 은하수는 혼자가 아니다. 여러 작은 위성은하들을 거느리고 있다. 흔히 잘 알려진 것이 [그림 IV-9]의 대마젤란은하와 [그림 IV-10]의 소마젤란은하이다. 이 두 위성은하는

그림 IV-9 대마젤란은하 대마젤란은하는 모양이 복잡하므로 불규칙은하로 분류되는데, 기다란 막대도 보이고 나선팔도 보이는 듯하다. 불그스름한 발광성운들 중에서 그림의 왼쪽 아랫부분에 있는 가장 큰 것이 타란툴라성운이다. 타란툴라는 거대한 독거미를 뜻한다. 이 근처에서 초신성 1987A가 폭발했다. 지금도 그 잔해가 남아 있지만 잔해의 크기가 작아서 이 사진에서는 찾을 수 없다. [2016년 7월 31일. 칠레 아타카마 사막. 황인준. 렌즈: 삼양 135mm F2.0 렌즈@F3. 카메라: Canon 5D MarkIII. 마운트: Takahashi H40 modified K-Astec. 240초 노출. 10장 합성.]

그림 IV-10 소마젤란은하 소마젤란은하는 남반구에서 맨눈으로 볼 수 있는 왜소은하로 큰부리새 자리에 있고 우리로부터 약 20만 광년 떨어져 있다. 약 1억 개의 별이 모여 있으며 우리 은하수의 중력장에 묶여 있는 위성은하다. 위쪽에 보이는 별 무리는 47 Tuc이라고 부르는 유명한 구상성단이다. [2016년 8월 8일. 칠레 아타카마 사막. 황인준. 망원경: FDK150. 카메라: SBIG STL-1100M. 마운트: CRUX-80HD. 필터: Baader LRGB. 합성 노출 100분.]

우리나라에서는 볼 수 없고 남반구에 가면 맨눈으로도 볼 수 있다. 선사 시대 사람들도 이 두 천체를 알고 있었으나, 1519년에 세계 일주를 하던 항해가 페르디난드 마젤란(1480~1521)이 이 은하를 보고 문헌에 남겼으므로 그의 이름을 붙이게 되었다.

1930년대에서 1950년대에 우리은하의 중력에 묶여 있는 작은 위성은하들이 여럿 발견되었다. 그리고 1990년대 이후 구경 8미터급 대형 천체망원경이 여럿 가동되면서 훨씬 많은 위성은하가 발견되었다.[8]

2005년 이전까지는 우리 은하수에 12개의 위성은하가 있는 것으로 알려져 있었다. 그러던 것이 2005년부터 2014년에 걸쳐 슬론 서베이 사업*이 수행되면서, 훨씬 어두운 위성은하들을 15개나 더 찾아냈다.

이러한 위성은하들은 대부분 질량이 작은 왜소은하들이다. 슬론 서베이가 진행되던 그 시기에 우리 은하수 외곽에서 조금 무거운 성단들이 여럿 발견되었다. 그래서 자연스럽게 성단과 왜소은하가 본질적으로 어떻게 구분이 될 수 있는지에 대해 궁리하게 되었다. 그 결과, 별로만 되어 있으면 성단이고 암흑물질도 상당히 많으면 왜소은하로 보고 있다.**

2015년 이후에는 기존 관측 자료를 다시 분석하고 광학 영상을 추가로 얻어서 우리 은하수의 위성은하 14개를 추가로 발견하였다. 또한 2015년 말에 발표된 암흑에너지 서베이 프로젝트에서 8개의 왜소은하 후보를 추가하였다. 이로써, 지금까지 발견된 우리 은하수의 위성은하는 약 50개에 이르며, 앞으로 추가될 것으로 기대되고 있다. [표 IV-2]는 은하수 중심에서 100 *kpc* 안쪽에 있는 위성은하들의 목록이다.

---

* 이 사업은 슬론 디지털 은하 조사(Sloan Digital Sky Survey) 사업을 뜻하며 약자로는 SDSS라고 쓴다. 우리는 흔히 '슬론 서베이'라고 부른다.

** 왜소은하에는 암흑물질이 많이 있어서 중력이 강하므로 별 탄생이나 초신성 폭발로 튕겨 나간 물질이 그 은하로 다시 떨어져 들어온다. 그래서 별 탄생이 여러 차례 거듭되기 때문에 그 은하 안에는 여러 종족의 별들이 있는 것으로 관측된다. 반면에 구상성단에는 암흑물질이 거의 없어서 중력이 약하므로, 별이 생길 때 나오는 빛과 초신성 폭발 에너지 등에 의해 성간물질이 달아나는 것을 막을 수 없고 그래서 또 다른 별의 탄생이 일어나기 어렵다.

표 IV-2 우리 은하수의 위성은하 목록 은하의 형태에서 dE나 dSph는 각각 왜소 타원은하와 왜소 구형은하를 뜻하며, E2, E6 등은 타원은하로 숫자가 클수록 더 찌그러진 모양이다. 또한 Irr은 모양이 규칙적이지 않은 불규칙은하(Irregulars)를 뜻한다. 대마젤란은하와 소마젤란은하는 형태에 따라 SBm으로 분류한다. 불완전하지만 나선(S)과 막대(B)가 보이는 왜소은하인데 마젤란은하가 이런 형태의 은하들의 전범이므로 마젤란의 m이 붙은 것이다. *세규(SEGUE)는 'Sloan Extension for Galactic Understanding and Exploration'의 머리글자를 딴 것으로 기존의 슬론 디지털 우주 측량 사업, 이른바 슬론 서베이를 확장하여, 이전에는 관측을 회피했던 은하수 안의 별들까지도 관측한 연구 사업이다. **Recticulum은 통상 그물자리로 번역하지만, 실제로는 망원경의 접안렌즈에 있는 십자선을 기념하여 그 모양을 본떠서 만든 별자리이다. 그래서 십자선자리라고 번역했다. ***조각가자리는 조각실자리라고도 한다.

학명	이름	직경 (*kpc*)	거리 (*kpc*)	형태	발견된 해
Canis Major Dwarf	큰개자리 왜소은하	1.5	8	Irr	2003
Sagittarius Dwarf	궁수자리 왜소은하	2.6	20	E	1994
Draco II	용자리 II	0.04	20	dSph	2015
Segue 1	세규* 1	0.06	23	dSph	2007
Tucana III	큰부리새 III	0.09	25	dSph	2015
Ursa Major II Dwarf	큰곰자리 II 왜소은하	0.2	30	dG D	2006
Recticulum II	십자선자리** II	미정	30	dSph	2015
Triangulum II	삼각형자리 II	0.07	30	dSph	2015
Cetus II	고래자리 II	0.03	30	dSph?	2015
Segue 2	세규 2	0.07	35	dSph	2007
Boötes II	목동자리 II 은하	0.1	42	dSph	2007
Coma Berenices	머리털자리은하	0.14	42	dSph	2006
Boötes III	목동자리 III 은하	1	46	dSph?	2009
Tucana IV	큰부리새 IV	0.25	48	dSph	2015
Large Magellanic Cloud	대마젤란은하	4	48.5	SBm	선사 시대
Grus UU	두루미 II	0.19	53	dSph	2015
Tucana V	큰부리새 V	0.03	55	dSph	2015
Boötes I	목동자리 I 은하	0.3	60	dSph	2006
Ursa Minor Dwarf	작은곰자리 왜소은하	0.4	60	dE4	1954

Small Magellanic Cloud	소마젤란은하	2	61	Irr	선사 시대
Sagittarius II	궁수자리 II	0.08	67	dSph	2015
Tucana II	큰부리새 II	미정	78	dSph	2015
Horologium II	시계자리 II	0.09	80	dSph	2015
Draco Dwarf	용자리 왜소은하	0.7	80	dE0	1954
Pisces I	물고기자리 I	미정	80	dSph?	2009
Sextans Dwarf Spheroidal	육분의자리 왜소은하	0.5	90	dE3	1990
Sculptor Dwarf	조각가자리*** 왜소은하	0.8	90	dE3	1937
Eridanus III	에리다누스자리 III 은하	미정	90	dSph?	2015
Reticulum III	십자선자리 III 은하	0.13	92	dSph	2015
Ursa Major I Dwarf	큰곰자리 I 왜소은하	미정	100	dG D	2005
Carina Dwarf Spheroidal	용골자리 왜소은하	0.5	100	dE3	1977
Leo T	사자자리 T 은하	0.34	420	dSph/dIrr	2006

은하의 종류

우리가 우주에서 볼 수 있는 은하들은 모양에 따라 몇 가지 종류로 나뉜다. 먼저 우리 은하수나 안드로메다은하와 같은 나선은하가 있다. 앞의 [그림 IV-5]에서 보았듯이, 나선은하는 별과 가스로 이루어져 있다. 그 구조는 납작한 원반, 팽대부, 헤일로 등으로 되어 있으며 원반은 스스로 회전하고 있다. 나선은하의 특징은 나선팔이 소용돌이 모양으로 휘감긴다는 것인데, 그 감긴 정도에 따라 Sa형, Sb형, Sc형으로 분류한다. 나선팔이 감은 횟수가 많을수록 Sc형 은하가 된다. 여기서 S는 나선을 뜻하는 Spiral의 머리글자를 딴 것이다.

한편 나선은하와 마찬가지로 나선팔이 보이지만, 특징적으로 중앙을

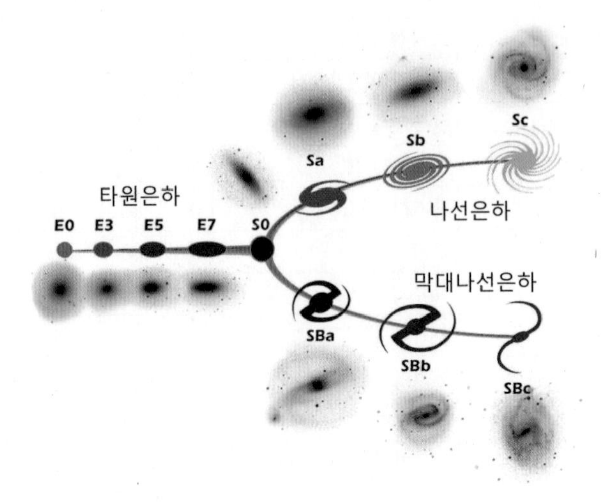

가로지른 막대 모양이 뚜렷한 은하들이 있다. 이것을 막대나선은하라고 한다. 막대의 끄트머리에서 나선팔이 생겨서 은하를 휘감은 모양을 하고 있다. 그 나선팔이 휘감은 정도에 따라 SBa형, SBb형, SBc형 등으로 분류한다. 여기서 SB는 나선을 뜻하는 Spiral과 막대를 뜻하는 Bar의 머리글자를 딴 것이다.

또 다른 은하 종류는 타원은하이다. 모습이 타원을 닮았다고 해서 타원은하인데, 찌그러진 정도에 따라 E0형, E1형, E2형, … , E7형 등으로 분류한다. 여기서 E는 타원이라는 뜻의 Elliptical의 머리글자이며, 그 뒤에 붙은 숫자가 클수록 더 심하게 찌그러진 모양이다. 타원은하에는 가스가 별로 없고 대개 이온화되어 있다. 타원은하에 들어 있는 별들은 나선은하와는 달리 사방으로 무작위 운동을 하고 있다. 즉, 나선은하가 스스로 회전하는 운동에 의해 모양이 유지된다면, 타원은하는 별들의 무작위 운동에 의해 모양이 유지된다고 볼 수 있다.

또 하나의 은하 종류는 렌즈형은하이다. 기호로는 S0형 은하라고 한다. 여기서 S는 나선을 뜻하는 Spiral의 머리글자인데 그 뒤의 숫자 0은 타원은하의 형태 표기법을 도입하여 렌즈형은하가 원형임을 나타낸 것이다. 렌즈형은하는 나선은하처럼 원반 모양으로 생겼으나 가스를 거의 다 소모하여 별 탄생은 활발하지 못하고 늙은 별들이 많고 나선과 같은 구조가 없이 밋밋한 모습을 하고 있다. 그래서 정면을 향하는 경우, 특히 적색이동이 큰 아주 멀리 있는 렌즈형은하의 경우는 타원은하와 분간하기 어려울 수도 있다.

그리고 또 다른 종류로, 대마젤란은하나 소마젤란은하처럼 특정 모양을 이루지 못하여 불규칙은하라고 부르는 것이 있다. 불규칙하다는 뜻인 Irregular의 머리글자를 따서 불규칙은하를 Irr로 표시하거나 각각의 특이한 형태에 따라 왜소 타원은하(dwarf Elliptical)를 뜻하는 dE나 왜소 구형은하(dwarf Spheroidal)를 뜻하는 dSph 등으로 형태를 나타낸다. 불규칙은하들의 질량은 나선은하나 타원은하보다 훨씬 작다. 불규칙은하 중에서도 질량이 작은 왜소은하들이 있다.

타원은하가 가장 무겁고, 렌즈형은하, 나선은하가 그다음이고, 불규칙은하가 가장 가볍다. 그중에서도 왜소은하가 가장 가볍다. 이들 은하가 공간상에 어떻게 분포하는지를 살펴보면, 다른 곳보다 밀도가 높은 은하단 지역에서는 은하단 중심에는 타원은하와 렌즈형은하가 많고 은하단 외곽으로 갈수록 나선은하가 많아진다. 또한 다른 곳보다 밀도가 낮은 우주공동(void)에서도 타원은하나 렌즈형은하보다 나선은하가 많다.

예전에는 이러한 은하들의 겉보기 모습이 진화 과정을 나타낼 수도 있다고 보았다. 그런 관점에서 에드윈 허블은 1926년 허블의 포크라는 것을 만들었다. 즉, E0형 은하에서부터 은하가 진화하여 S0형을 거쳐 Sc형 은하나 SBc형 은하로 진화한다고 추론하기도 했다. 그래서 Sa형 은하나 SBa형 은하는 조기형 은하라고 부르고, 이에 대해 Sc형 은하나

SBc형 은하를 만기형 은하라고 부르기도 한다. 물론 그동안 관측 기술의 발달로 훨씬 더 자세한 정보를 많이 얻으면서 이러한 생각은 너무 단순한 것이었음이 드러났다. 그러나 모든 과학은 기본적으로 자료 수집과 분류에서 시작하므로, 은하들을 겉모습에 따라 분류하고 그것으로부터 은하의 형태학적 진화를 따져보고자 하는 아이디어는 여전히 유효하다.

망원경의 각 분해능과 측량 정밀도

지금까지 삼각측량으로 천체까지의 거리를 측량했다. 길이를 아는 막대기가 얼마만 한 각크기로 보이는지를 측정하여 거리를 측량한다. 그 길이를 아는 막대기, 즉 잣대를 '표준 잣대'라고 부른다. 표준 잣대로 삼각측량을 할 때 더 멀리까지 측량하려면 더 작은 각도까지 분해하여 측정할 수 있어야 한다. 그러나 지구 대기의 요동으로 인해 천체 이미지의 해상도에 한계가 있기 때문에 천문학자들은 우주망원경을 띄워 올렸다. 그러나 우주망원경도 구경 한계와 촬영소자(CCD)의 픽셀 크기에 한계가 있어서 각 분해능(해상도)이 제한된다. 히파르코스 천문관측 위성의 경우, 그 관측 해상도가 0.001″이므로, 연주시차를 측정할 경우 1,000 pc, 즉 1 kpc까지의 거리를 측정할 수 있다.

천체망원경으로 얼마만큼 가까이 붙어 있는 별을 구분해서 볼 수 있는지를 나타내는 것을 망원경의 각 분해능 또는 공간 분해능이라고 한다. 약간 복잡한 광학 계산을 하면, 구경이 D(m)이고 관측하는 빛의 파장이 λ(m)일 때 이 망원경의 각 분해능 θ는 다음과 같이 주어진다.

$$\theta = 1.22\frac{\lambda(m)}{D(m)}\text{라디안}$$

그런데 여기서 $D(m)$과 $\lambda(m)$은 모두 그 길이의 단위가 미터(m)임을 뜻하며, $\lambda(\mu m)$은 그것을 마이크로미터(μm) 단위로 나타낸 것이다. 예를 들어, 우리 눈에 가장 민감한 빛은 그 파장이 대략 6,000옹스트롬, 즉 $6\times10^{-7}m$인데, 이것을 마이크로미터로 나타내면 $0.6\mu m$이다. 그러므로 $\lambda(m)=6\times10^{-7}$이고 $\lambda(\mu m)=0.6$이며, $\lambda(m)=10^{-6}\lambda(\mu m)$이다. 또한, 1라디안= 206,265″이다. 따라서 이 두 가지를 이용하여 위의 식을 고쳐 쓰면,

(식 IV－2) $$\theta = 0.25''\frac{\lambda(\mu m)}{D(m)}$$

가 된다. 망원경의 구경이 커질수록 각 분해능이 작아지므로 더 미세한 것까지 관찰할 수 있다는 뜻이다. 또한 파장이 $\lambda=0.6\mu m$인 가시광선에서 보는 망원경이, 파장이 $\lambda=1.2\mu m$로 그 2배인 적외선에서 보는 망원경과 같은 각 분해능을 가지려면 구경이 2배 커야 함을 뜻한다. 천체망원경의 각 분해능은 망원경의 구경 이외에 망원경의 배율과 촬영소자의 픽셀 크기에도 달려 있다. 허블우주망원경은 구경이 $2.4m$이며, 가장 최근에 바꿔 단 WFC3이라는 시시디(CCD) 카메라는 자외선과 가시광 촬영용에서 픽셀 하나가 각도로는 0.04″에 해당하며 적외선에서는 0.13″에 해당한다. 픽셀이 3개 정도는 있어야 점광원이 분해된다고 볼 수 있으므로 분해능은 대략 0.12″ 정도로 볼 수 있다. 한편, 지상망원경으로는 각 분해능이 가장 좋은 관측 조건에서 0.4~0.5″ 정도이다. 지표면에 가까운 대기의 운동 때문에 별빛이 아지랑이처럼 일렁거리는

현상을 보정하는 '적응광학'이라는 기술도 있다. 이 기술을 적용하면 구경 6.5 *m*인 마젤란 쌍둥이 망원경의 분해능을 0.025″까지 높일 수 있다. 1989년에 발사된 히파르코스 천문관측위성은 구경이 약 30 *cm*에 불과하지만 특별한 기술을 개발하여 0.001″에 달하는 각 분해능을 얻었다.

연습문제 3 아래의 표는 천체를 관측하는 여러 가지 도구들의 관측 중심 파장과 구경을 조사한 것이다. 도구 각각의 각 분해능을 계산하여 빈칸을 채우시오. (단, 히파르코스 위성과 마젤란 망원경 적응광학계는 예외적인 상황이므로 제외한다.)

관측 도구	개시 년도	관측 파장 대역(μm)	중심 파장 (μm)	구경 (m)	각 분해능 $\theta('')$
눈	–	0.39~0.75	0.55	0.01	
히파르코스 위성	1989~1993	가시광선	0.6	0.3	0.001
스피처 우주망원경	2003	3.6~160	6.5	0.85	
허블우주망원경(WFC3)	2009	0.2~1.7	1.2	2.4	
허셜 우주망원경	2009	55~672	150, 400	3.5	
제임스웹 우주망원경	2018	0.6~28.5		6.5	
마젤란 망원경 적응광학계	2000, 2002			6.5	0.025

답 위부터 14, 1.9, 0.13, 11/ 29, 0.023~1.1

별의 밝기와 등급

지상망원경이건 우주망원경이건 그 각 분해능에는 한계가 있다. 높은 각

분해능을 확보하려면 우주로 나가야 한다. 히파르코스 위성은 약 1 *kpc* 까지만 별의 거리를 측정할 수 있다. 가이아 위성은 약 10 *kpc* 이내에 있는 별의 거리를 20퍼센트의 오차 범위로 측량할 수 있다. 이보다 더 멀리 있는 천체의 거리는 어떻게 측량할까? 여기서는 천체 고유의 밝기를 미리 알고 있는 경우, 그것을 이용하여 그 천체까지의 거리를 측량하는 방법을 하나 소개해본다.

천체 중에는 그 고유의 밝기가 모두 같은 것이 있다. 세페이드 변광성이나 Ia형 초신성이 그런 천체이다. 고유 밝기가 같더라도 관측자에게서 떨어진 거리가 다르면 관측되는 겉보기밝기는 달라진다. 천체에서 나온 빛이 그 천체와 관측자 사이의 거리를 반지름으로 하는 구의 표면에 골고루 퍼지기 때문에, 천체의 겉보기밝기는 천체까지의 거리의 제곱에 반비례한다. 어떤 별이 관측자로부터 10파섹 떨어진 곳에 놓여 있을 때의 밝기를 '절대밝기' 또는 '절대광도'라고 한다. 그 별이 10파섹의 2배인 20파섹에 있다면, 그 별의 밝기는 거리의 제곱에 반비례하므로 4배 어두워지고, 30파섹에 있다면 9배 어두워진다. 따라서 고유의 밝기를 알고 있는 천체라면 그 겉보기밝기를 측정함으로써 그 천체까지의 거리를 구할 수 있다.

천문학에서는 별의 밝기를 나타낼 때, '등급'이라는 개념을 사용한다. 은하나 다른 천체들의 밝기도 마찬가지로 등급을 사용한다. 기원전 135년경에 히파르코스라는 그리스의 천문학자는, 맨눈으로 밤하늘의 별들을 볼 때, 가장 밝은 별들을 1등급, 가장 어두운 별들을 6등급으로 분류하고, 그 사이는 고르게 나누어 별의 밝기 계급을 매겼다. 이것이 바로 별의 등급이다. 나중에 천문학자들은 별의 등급을 정량적으로 재정의하였다. 1등급에서 6등급 사이의 5등급 차이는 100배의 밝기 차이에 해당한다고 정의한 것이다. 이것을 '포그슨(Pogson)의 법칙'이라고 한다. 시각, 후각, 청각, 촉각, 미각과 같은 사람의 감각은 자극이 몇 배씩 변해야 사람이 그 변화를 인지할 수 있다. 예를 들어, 진동을 느끼는 인간의 감각은 거듭제곱으로 변하는 것을 등급으로 인식하게 된다. 이러한 사실을 고려하여 감각의 등급을 매기는 것이다. 예를 들면, 지진 규모가 그렇게 정의된 것이다.

별의 밝기가 5등급 차이가 나면 밝기로는 100배 차이가 난다는 것을 수치로 풀어보자. 별의 등급이 1등급 차이가 날 때마다 별의 밝기는 x배 차이가 나므로, 5등급 차이는 x를 5번 곱해주는 것만큼의 배수 차이에 해당한다. 이것이 100배라고 정의했으므로, $x \times x \times x \times x \times x = 100$을 만족하는 x가 1등급 차이에 해당하는 밝기 차이 비가 된다. 이것을 지수로 표현하면, $x^5 = 100$이 된다. 이 방정식의 해를 다음과 같이 구하면 $x \approx 2.51$이다. 상용로그를 $x^5 = 100$의 양변에 취하면 $5\log_{10}x = \log_{10}100 = \log_{10}10^2 = 2$이므로 $\log_{10}x = \frac{2}{5} = 0.4$이다. 따라서 $x = 10^{0.4}$이다. 전자계산기로 계산하면 $10^{0.4} = 2.51188 \cdots \simeq 2.51$이다. 즉, 별의 밝기가 2.51배쯤 변해야 1등급의 차이가 된다.

이러한 이야기를 수식으로 나타내보자. 기준 별의 밝기가 b_0이고, 어떤 별의 밝기가 b라고 하자. 별의 밝기가 2.51배 변하면 별의 등급이 1등급 변한다는 말은, 별의 등급 m이 밝기 비의 로그값에 비례한다는 말이다. 즉, $\mathrm{m} \propto \log_{10}\left(\frac{b}{b_0}\right)$이다. 비례상수 c를 도입하면, $\mathrm{m} = c \times \log_{10}\left(\frac{b}{b_0}\right)$로 쓸 수 있다. 그런데 앞에서 등급을 정의하기를 밝기 비 $\frac{b}{b_0} = 100$일 때 등급은 -5등급 차이가 난다고 하였으므로, $-5 = c \times \log_{10}100 = 2c$이다. 따라서 비례상수 $c = -\frac{5}{2} = -2.5$임을 알 수 있다. 그러므로 밝기가 b인 어떤 별의 등급 m은

(식 IV−3) $$m=-2.5\log_{10}b+k$$

가 된다. 여기서 맨 뒤의 k는 상수이며, 이것은 밝기의 기준이 되는 별을 하나 정해주면 $k=0$으로 잡을 수 있고, 이때 임의의 별의 밝기는 그 기준 별의 밝기에 대한 비로 주어진다.

한편 절대밝기가 L인 별이 관측자로부터 거리 D_L파섹만큼 떨어진 곳에 있다면, 관측되는 겉보기밝기 b는 어떻게 될까? 별빛이 사방팔방으로 뻗어나가서 반지름이 D_L인 구면 위의 면적에 퍼지는 것과 같기 때문에, 관측되는 겉보기밝기는 구의 표면적인 $4\pi D_L^2$에 반비례한다. 따라서 $b=\frac{L}{4\pi D_L^2}$이 된다. 이것을 (식 IV−3)에 대입하면

(식 IV−4) $$m=5\log_{10}D_L-2.5\log_{10}L+2.5\log_{10}4\pi+k$$

가 된다. 여기서 $D_L=10pc$일 때의 등급 m을 절대등급이라 하고 M으로 쓰자. 그러면

$$\begin{aligned}M=m(D_L=10)&=5\log_{10}10-2.5\log_{10}L+2.5\log_{10}4\pi+k\\&=5-2.5\log_{10}L+2.5\log_{10}4\pi+k\end{aligned}$$

이다. 여기서 $\log_{10}10=1$임을 유의하자. 이 식을 다시 쓰면

$$M-5=-2.5\log_{10}L+2.5\log_{10}4\pi+k$$

가 된다. 이 식의 좌변으로 (식 IV−4)의 우변에 있는 붉은색 글자로 표시한 항을 대신하면

$$m = 5\log_{10} D_L + M - 5$$

가 된다. 이 식은

(식 IV−5A) $$m - M = 5\log_{10} D_L - 5$$

또는

(식 IV−5B) $$m - M = 5(\log_{10} D_L - 1)$$

또는

(식 IV−5C) $$m - M = 5\log_{10} \frac{D_L}{10\,pc}$$

이라고 쓸 수 있다. 여기서 m은 그 별의 겉보기등급, M은 그 별의 절대등급이다. D_L은 천체의 밝기를 비교하여 측량된 거리라는 의미에서 광도거리라고 한다. 아래 첨자 L은 광도를 뜻하는 luminosity의 머리글자이다. 광도거리의 단위는 파섹이다.

여기서 m−M 값을 천문학자들은 '거리지수'라고 부른다. 거리지수를 나타내는 (식 IV−5A)나 (식 IV−5B)나 (식 IV−5C)에 $D_L = 10\,pc$을 대입하면 $m - M = 0$ 즉 $m = M$이 된다. 거리가 $10\,pc$ 떨어져 있을

때의 겉보기 밝기 m이 절대등급 M과 같다는 것을 확인할 수 있다. (참고로 $\log_{10} 10 = 1$이고 $\log_{10} 1 = 0$이다.)

앞의 계산에 나오는 $\log_{10} x$는 상용로그함수라는 것으로, 고등학교 수학 시간에 배운다. 익숙하지 않은 독자를 위해 간단하게 설명하면, $y = \log_{10} x$라는 함수는 10을 y번 제곱하면 x가 된다는 뜻이다. 즉, $\log_{10} x$라는 숫자는 10을 몇 번 제곱해야 x가 되느냐를 나타낸다. 한편 10을 y번 제곱하면 x가 된다는 것을 $10^y = x$라고 표현하는데, 여기의 10^y와 같은 것을 지수함수라고 한다. 10을 x번 곱하고 거기에 또 10을 y번 곱하면, 전체는 10을 $(x+y)$번 곱한 것이 된다. 이것을 지수함수로 표현하면 $10^x \times 10^y = 10^{x+y}$이다. 이 책에서는 모든 계산을 전자계산기로 한다고 가정하고 있다. 그러나 삼각함수와 지수로그함수와 같은 기초적인 수학의 기본 개념을 잘 알아두어야 한다. 이미 알고 있으면 그냥 건너뛰어도 상관은 없으나, [부록 B]와 [부록 C]에 지수함수와 로그함수를 각각 쉽게 설명해놓았으므로 관심 있는 독자는 한번 읽어보기 바란다.

천문학 계산을 할 때는 $3 \times 3 \approx 10$, $\pi \approx 3$ 등과 같은 근사를 취하는 경우가 많지만 지수함수나 로그함수에는 이러한 근사를 되도록 사용하지 말아야 한다. 지수함수와 로그함수를 계산할 때는 소수점 아래의 숫자도 결과에 큰 차이를 줄 수 있기 때문이다.

표준 촛불

천문학자들은 고유의 밝기, 즉 절대밝기 또는 절대등급이 거의 같은 천체의 종류를 찾아냈다. 그 예로는 세페이드 변광성이나 Ia형 초신성 같은 것이 있다. 이 천체의 겉보기밝기 또는 겉보기등급을 측정하면, 거리지수 공식에서 알 수 있듯이, 그 천체까지의 거리를 측정할 수 있다. 이와 같이, 밝기를 이용한 거리 측량의 기준이 되는 천체를 '표준 촛불'이라고 부른다. 여기서는 세페이드 변광성에 관해 먼저 소개하겠다.[9]

'세페이드 변광성'의 세페이드는 'Cepheid'라고 쓰는데, '세페우스자리(Cepheus)에 있는 것'이라는 뜻이다. 변광성은 밝기가 변하는 별이다. 따라서 세페이드 변광성이란 세페우스자리에 있는 변광성이라는 뜻이다. 1784년에 천문학자 에드워드 피곳(1753~1825)은 독수리자리 에타(η)별*의 밝기가 주기적으로 변한다는 것을 발견하였다. 그 후, 스코틀랜드의 아마추어 천문가 존 굿리키(1764~1786)가 세페이드자리 델타(δ)별도 밝기가 주기적으로 변한다는 사실을 발견하였다. 이 별들은 며칠을 주기로 밝아졌다 어두워졌다를 규칙적으로 되풀이한다. 천문학자들은 이러한 특징을 갖는 변광성을 세페우스자리 델타별의 이름을 따서 세페이드 변광성이라고 부른다. 최초로 관측된 것은 독수리자리 에타별이었지만 이름은 세페우스자리 델타별을 따서 지은 것이다.

미국의 천문학자인 헨리에타 리빗(1868~1921)은 소마젤란은하에서 977개, 대마젤란은하에서 800개의 세페이드 변광성을 관측하였다.[10] 그 중에서 16개는 사진 건판이 충분히 많았으므로 1.25~127일에 이르는 긴 주기 동안의 밝기 변화를 연구할 수 있었다. 이 변광성들은 한 은하에 들어 있으므로 거리는 같다고 근사할 수 있다. 따라서 리빗은 밝은 변광성일수록 긴 변광 주기를 갖는다는 사실을 발견할 수 있었다. 그

---

* 이 독수리자리 에타별은 우리나라 최초의 천문학 박사이자 최초의 과학 박사인 이원철 박사가 박사학위를 얻기 위해 관측한 별로도 유명하다.

후 그러한 변광성의 개수가 25개로 늘어났으며, 1912년에 이를 모아서 논문으로 발표했는데, 이것이 그 유명한 세페이드 변광성의 주기-광도 관계이다.[11] 그녀는 이 발견이 천체까지의 거리를 측정하는 데 매우 유용한 도구가 될 것으로 판단하였다. 그래서 우리 은하수 안에 있는 세페이드 변광성들의 거리를 연주시차나 고유운동과 같은 다른 방법으로 측량하여 주기-광도 관계의 절대 기준을 세워야 한다고 생각했으나, 1921년에 세상을 떠나고 말았다.

우리 은하수 안에 있는 가까운 세페이드 변광성들까지 거리를 측량하여 세페이드 변광성의 절대밝기가 얼마인지 알아내는 임무는 다른 천문학자들이 맡게 되었다. 1913년에 헤르츠스프룽(1873~1967)은 우리 은하수 안에 있는 세페이드 변광성 13개에 대해 고유운동을 측정하여 거리를 알아내고 주기-광도 관계의 눈금 조정을 했다. 그 결과를 바탕으로 소마젤란은하에 있는 세페이드 변광성의 겉보기등급과 비교하여 소마젤란은하까지의 거리가 약 10 *kpc*이라고 추산했다. 그는 이 논문에서 최초로 이러한 변광성들을 세페이드 변광성이라고 불렀다. 1918년에 미국의 천문학자인 섀플리(1885~1972)는 헤르츠스프룽의 13개 세페이드 변광성 중에서 성질이 달라 보이는 2개를 제외하고 비슷한 분석을 수행했다. 이를 바탕으로 그는 소마젤란은하는 20 *kpc* 떨어진 천체라고 주장했다. 두 사람의 추정은 현대 관측치인 61 *kpc*에 비해 상당히 오차가 크다.

섀플리는 또한 구상성단에서 세페이드 변광성을 찾아내서 주기-광도 관계를 눈금 조정하였다. 하지만 그 연구 과정에서 사용한 세페이드 변광성의 개수가 많지 않았고 성간 흡수를 몰라서 보정하지도 못했으며 은하 회전도 고려하지 못하였다. 그래서 전체적으로 약 +1.5등급의 오차가 발생하였다. 그러나 나중에 월터 바데(1893~1960)**가 발견한 내용이지만, 구상성단의 별들은 제2형 세페이드 변광성이라서 제1형 세페이드 변광성보다 −1.5등급 정도 어두웠다. 결과적으로 섀플리의 관측에서는 이러한 오차가 서로 상쇄되어 구상성단의 세페이드 변광성들로 수행한 눈금 조정 결과는 참값과 비슷하게 되었다. 그리하여 1921년에 섀플리는 우리 은하수의 크기를 처음으로 측량할 수 있었다.

그 당시에 천문학계에서 가장 큰 화제는 안드로메다성운과 같은 천체들이 우리 은하수에 속한 것인지 아니면 따로 떨어져 있는 천체인지에 대한 것이었다. 그러나 이러한 논쟁은 1925년 1월 1일 미국천문학회 연례 학술대회에서 종지부를 찍었다. 1년 전에 에드윈 허블이 이미 안드로메다은하에서 세페이드 변광성을 발견하여 그 은하의 거리가 무려 300 *kpc*이나 된다는 사실을 증명했던 것이다. 현대 관측값이 730 *kpc*이므로 허블의 측량값은 상당히 오차가 큰 것이었다. 그러한 오차는 섀플리의 경우와 마찬가지로 은하수 성간소광의 무시, 자료 부족, 측정오차 때문에 생긴 것이었다.

세페이드 변광성을 이용하여 실제로 천체까지의 거리를 측량해보자. [그림 IV−11]은 한 세페이드 변광성의 시간에 따른 밝기 변화를 보여준다. 이런 그래프를 천문학자들은 '광도곡선'이라고 부른다. 점 하나가 한 번 관측한 결과이고, 며칠을 계속 관측하여 그래프에 점을 찍는

** 독일 출신의 미국 천문학자로 1919년에 박사학위를 받고 1919년부터 1931년까지 함부르크 천문대에서 일하였다. 1920년에는 히달고라는 소행성을 발견하였다. 미국으로 망명하여 1931~1958년에는 미국의 윌슨 산 천문대에서 일하였다. 제2차 세계대전으로 야간 등화관제를 하는 틈을 타 안드로메다은하의 팽대부에 있는 별들을 분해하여 관측할 수 있었다. 그 결과, 별에는 두 가지 종족이 존재함을 발견하였으며 특히 세페이드 변광성에도 두 가지가 있음을 알아냈다.

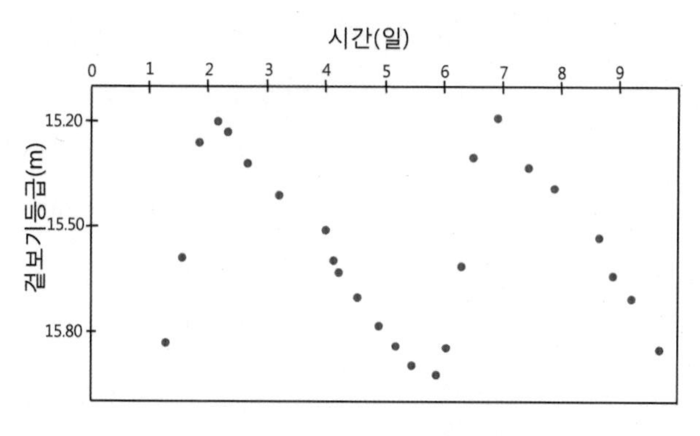

그림 IV-11 세페이드 변광성의 광도곡선

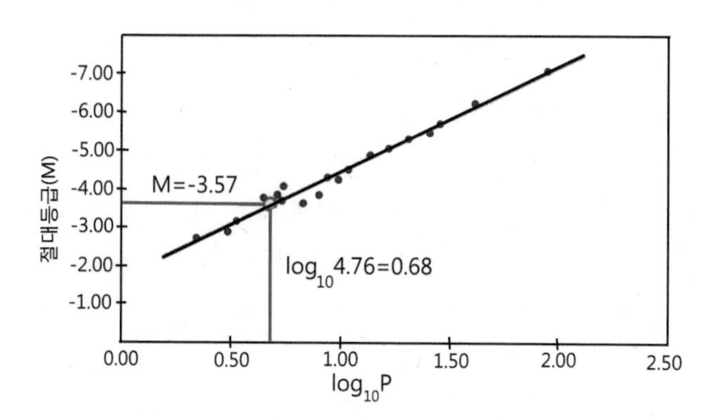

그림 IV-12 제1형 세페이드 변광성의 주기-광도 관계

다. 밝기가 밝아졌다 어두워졌다를 되풀이하고 있음을 볼 수 있다. 또한 밝기가 변화하는 모양도 똑같이 되풀이됨을 볼 수 있다. 대략 5일을 주기로 밝기 변화가 되풀이되는데, 이것을 변광 주기라고 한다. 정밀한 분석을 거쳐 이 변광성의 변광 주기가 4.76일로 결정되었다.

이렇게 측정된 변광 주기를 세페이드 변광성의 주기-광도 관계에 대입하여 이 세페이드 변광성의 절대밝기를 구한다. [그림 IV-12]에서 가로축은 로그 축척으로 되어 있으므로 $\log_{10} 4.76 = 0.68$을 찾아서 주기-광도 관계선에 대입하여 세로축의 절대등급을 읽으면 이 변광성의 절대등급 $M = -3.57$이다. 이 별의 최대 겉보기등급을 측정했더니 $m = 15.57$이었다. 이 값들을 거리지수를 나타내는 (식 IV−5C)에 대입한다. (식 IV−5C)를 D_L에 대해 풀면 $D_L = 10^{\frac{m-M+5}{5}}$ 이므로

$$D_L = 10^{\{15.57-(-3.57)+5\}/5} pc = 10^{24.14/5} pc = 10^{4.828} pc \simeq 67.3\,kpc$$

이다. 이 세페이드 변광성까지의 거리가 약 67.3 kpc임을 구한 것이다.

에드윈 허블은 미국 캘리포니아의 윌슨 산에 있던 구경 2.5미터짜리 후커 망원경을 사용하여 1922년부터 1923년 사이에 안드로메다성운과 삼각형자리성운 등에서 세페이드 변광성들을 찾아내서 그 은하들까지의 거리를 구해보았다.[12] 그 결과, 그때까지 우리 은하수 안에 들어 있는 성운으로 알고 있었던 천체들이 사실은 우리 은하수에서 매우 멀리 떨어져 있는 독립된 천체임을 알아냈다. 이런 천체들을 우리 은하수의 외부에 있다고 해서 외부은하라고 부르게 되었다. 요즘은 단지 은하라고 부르면 그것은 외부은하를 칭하는 것이다. 안드로메다성운과 삼각형자리성운은 각각 안드로메다은하와 삼각형자리은하로 칭하게 되었다. 또한 특히 우리가 있는 은하를 '우리 은하' 또는 '은하수'라고 부른다.

우리도 최신 관측 자료를 분석하여 안드로메다은하까지의 거리를 구해보자. 2008년에 빌라르델, 호르디, 리바스라는 세 스페인 천문학자들이 안드로메다은하에 있는 세페이드 변광성을 관측하여 그 거리를 측

정한 결과를 《천문학과 천체물리학(A&A)》이라는 학술지에 발표했다.[13] 안드로메다은하에 있는 세페이드 변광성 416개를 무려 5년 동안 관측해서 주기-광도 관계를 얻고 이를 기존에 알려진 세페이드 변광성의 주기-광도 관계와 비교하여 안드로메다은하의 거리지수가 $m-M=24.32$임을 구하였다. (유효숫자가 몇 개인가?) 이것을, (식 IV−5C)를 거리 D_L에 대해 푼 식 $D_L=10^{\frac{m-M+5}{5}}$에 대입하면, 안드로메다은하까지의 거리를 구할 수 있다.

$$D_L = 10^{\frac{m-M+5}{5}}\,pc = 10^{\frac{24.32+5}{5}}\,pc$$
$$= 10^{5.864}\,pc \simeq 731{,}100\,pc = 731.1\,kpc$$

지구에서 안드로메다은하까지는 약 730 kpc 떨어져 있음을 알 수 있다. (메가파섹(Mpc)은 킬로파섹(kpc)의 1,000배이다. 안드로메다은하까지의 거리는 몇 Mpc인가?) 광년으로는 약 240만 광년 떨어져 있다!

세페이드 변광성의 주기-광도 관계를 활용한 거리 측정 방법은 현대 천문학에서도 여전히 연구에 활용되고 있다. 우리 은하수에서 제법 멀리 떨어진 은하에서도 세페이드 변광성이 발견되어 그 은하까지의 거리를 측량할 수 있다. 예컨대, 거대 쌍안 망원경(LBT)*으로 NGC 4258이라는 은하에서 81개의 세페이드 변광성을 관측하여 그 은하까지의 거리를 $(51.82\pm3.23)\,kpc$으로 측량하였다.[14] 또한 센타우루스 은하군

---

* 미국 애리소나 주의 피나레모에 있는 마운트그레이엄 산의 3,300미터 정상에 있는 망원경이다. 구경 8.4미터인 반사경 2개를 14.4미터 간격으로 놓고 마치 쌍안경처럼 작동한다고 해서 거대 쌍안 망원경이라고 한다.

의 중심부에 있는 NGC 5128이라는 은하는 지구에서 가장 가까운 거대 타원은하이다. 이 은하 안에서 발견된 세페이드 변광성으로 측정한 거리와 다른 방법들로 구한 거리를 종합하여 이 은하까지의 거리는 (3.8 ± 0.1)Mpc으로 측량되었다.[15] 그러나 지상망원경으로는 약 15~20 Mpc 떨어져 있는 처녀자리 은하단에 있는 세페이드 변광성을 관측하기 어려웠다. 그래서 허블우주망원경이 발사되었을 때, 처녀자리 은하단까지 세페이드 변광성의 주기-광도 관계를 정립하여 허블상수를 측정하는 것이 주요 과제로 선정되었다.[16]

초신성 1987A와 대마젤란은하까지의 거리

세페이드 변광성의 주기-광도 관계를 사용하여 멀리 있는 천체의 거리를 구하기 위해서는, 먼저 가까운 곳에 있는 세페이드 변광성들의 거리를 다른 독립적인 방법으로 구하여 절대등급을 구하고 그것들의 변광주기는 관측으로 구한 다음, 세페이드 변광성의 주기-광도 관계의 눈금 조정을 잘해놓아야 한다.* 헨리에타 리빗의 발견 이후, 여러 천문학자의 노력으로 그러한 눈금 조정 작업이 진행되던 1942년에 월터 바데가 안드로메다은하의 팽대부에 있는 세페이드 변광성을 관측하여 세페이드 변광성에 두 가지 종류가 있음을 발견하였다. 기존의 세페이드 변광성과는 다른 새로운 유형의 세페이드 변광성이 있음을 발견했던 것이다.

---

* 홑별까지의 거리는 연주시차 등으로 측정하고, 성단에 들어 있는 세페이드 변광성은 그 성단까지의 거리를 운동성단법 등을 써서 구한다. 이러한 측량 방법은 별의 성분 조성이나 진화 모형 등에 무관한 기하학적 측량 방법임에 유의하자.

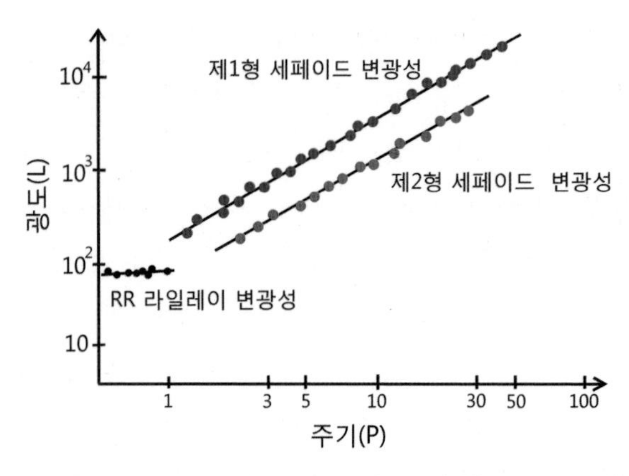

그림 IV-13 두 가지 종류의 세페이드 변광성 주기가 같아도 제2형 세페이드 변광성이 1.5~2등급 정도 어둡다.

리빗이 관측한 마젤란은하에도 이러한 새로운 유형의 세페이드 변광성이 있지만, 새로운 유형의 세페이드 변광성들은 기존의 세페이드 변광성들보다 1.5~2등급 정도 어두워서 미처 발견하지 못했던 것이다. 만일 월터 바데 이전의 천문학자들이 주기가 좀 더 긴, 다시 말해서 좀 더 밝은 세페이드 변광성을 연구했더라면 두 유형을 모두 검출할 수도 있었을 것이다. 그렇지만 당시에는 그렇게 오랫동안 관측된 사진 건판 자료를 구하기 힘들었다. 바데는 안드로메다은하에서 주기가 긴 세페이드 변광성을 찾아서 이 신형 세페이드 변광성을 발견할 수 있었다. 더군다나 제2차 세계대전이 발생하여 로스앤젤레스에 등화관제가 실시되어 안드로메다은하의 팽대부에 있는 어두운 별까지 찾아낼 수 있었다. 그가 발견한 새로운 유형의 세페이드 변광성을 기존의 세페이드 변광성과 비교하면, 중원소 함량이 적고 나이가 많고(약 100억 년) 질량이 작으며($0.5 \sim 1M_{\odot}$) 고유 밝기가 기존의 세페이드 변광성보다 1.5~2등급 정도 어둡다.[17] 제1형 세페이드 변광성과 제2형 세페이드 변광성의 고유 밝기가 서로 다른 근본적인 원인은 질량이 다르기 때문이다.

특성이 서로 다른 두 종류의 세페이드 변광성이 존재함이 알려지면서, 리빗이 마젤란은하에서 발견했던 기존의 세페이드 변광성을 제1형 세페이드 변광성(Type I Cepheids) 또는 고전적 세페이드 변광성이라고 부르고, 바데가 안드로메다은하의 팽대부에서 발견한 세페이드 변광성을 제2형 세페이드 변광성(Type II Cepheids)이라고 부르게 되었다.[18] 바데는 또한 우리 은하수의 별들도 두 가지 종류가 있음을 알아냈다. 그것을 제1형 별(pop I)과 제2형 별(pop II)이라고 부른다. 이것들도 세페이드 변광성의 제1형과 제2형과 마찬가지로 그 중원소 함량, 나이, 질량에서 서로 다른 특성을 보인다. 최근에는 제1형도 제2형도 아닌 비정상 세페이드나 변광 주기가 여럿인 다중 모드 세페이드 등도 발견되었다. 이것들의 정체는 아직도 연구 중이다.

세페이드 변광성의 주기-광도 관계를 잘 정립하기 위해서는 별까지의 거리를 잘 측량해야 한다. 천문학에서 사용되는 거리 측정 방법은, 가령 주계열 맞추기 방법처럼, 별의 진화 모형에 의존한다. 별의 진화 모형에서는 중원소 함량, 나이, 질량 등에 따라 절대밝기가 달라진다. 진화 모형이 얼마나 잘 만들어져서 정립되어 있느냐에 따라 별의 거리가 다르게 측량될 수 있다는 말이다. 그러므로 별의 진화 모형과 상관없이 전적으로 삼각측량과 같은 기하학적 방법만으로 천체까지의 거리를 측량하는 일이 중요하다. 그런 방법으로 거리를 구하면 별의 절대밝기를 알 수 있고, 그것으로부터 별의 진화 모형을 수정하고 다듬을 수 있기 때문이다. 여기서는 세페이드 변광성과 관련하여 그 거리가 항상 논란이 되어왔던 대마젤란은하의 기하학적 측량 방법을 소개하려고 한다.

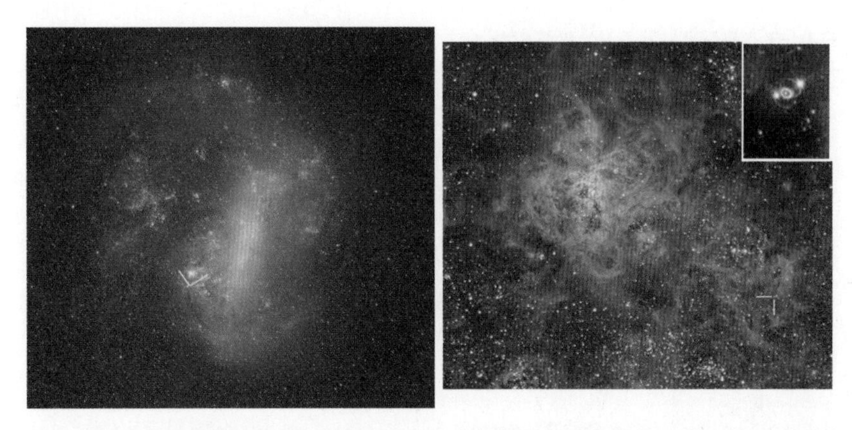

그림 IV-14 대마젤란은하와 초신성 1987A의 위치 (왼쪽) 대마젤란은하로, 노란색 선으로 표시한 영역에 있는 울긋불긋한 발광성운이 타란툴라성운이다. 이 부분을 확대한 것이 오른쪽 사진이다. (오른쪽) 노란색 선이 만나는 곳을 자세히 보면 그 위의 작은 상자 안의 모습과 같은 초신성 1987A의 잔해를 볼 수 있다. [(왼쪽) 2016년 11월 18일. 칠레 아타카마 사막. 황인준. (오른쪽) 허블우주망원경.]

1987년 2월 23일 대마젤란은하에 전에 보이지 않던 별이 갑자기 나타났다. 이 별은 처음에 급격히 밝아져서 겉보기등급이 3등급까지 되더니 약 80일 동안이나 맨눈으로도 목격할 수 있었다. 이 별이 그 유명한 초신성 1987A이다. 초신성은 별이 일생을 마감하고 폭발한 것이다. 우리 은하수에서는 대략 50년에 하나씩 초신성이 폭발하는데, 성간소광 때문에 우리가 볼 수 있는 것은 그보다 드물다. 지금까지 우리 은하수에서 관찰된 최근의 초신성은 무려 340년 전인 1680년에 영국의 제1대 왕실 천문학자인 존 플램스티드가 카시오페이아자리에서 관측한 것이다. 천문학자들은 초신성이 나타나기를 학수고대하고 있었다. 마침내 1987년에, 비록 우리 은하수 안은 아니었지만, 은하수에서 가장 가까운 외부은하인 대마젤란은하에서 초신성이 하나 터졌다. 천문학자들은 흥분의 도가니에 빠졌다. 그때 마침 최신 대형 천체망원경과 중성미자 검출기 등 여러 가지 관측 장비가 마련되어 있었으므로 천문학자들은 마

표 IV-3 분광선에 의한 초신성 분류 방법

<table>
<tr><td rowspan="3">I형
(수소 흡수선 없음)</td><td colspan="3">Ia형(한 번 이온화된 규소(siII) 흡수선이 6,150Å에 나타남)</td></tr>
<tr><td rowspan="2">Ib, Ic형(모두 규소 흡수선이 거의 나타나지 않음)</td><td colspan="2">Ib형(중성 헬륨 흡수선이 5,876Å에 나타남)</td></tr>
<tr><td colspan="2">Ic형(헬륨 흡수선이 거의 나타나지 않음)</td></tr>
<tr><td rowspan="4">II형
(수소 흡수선 있음)</td><td rowspan="3">II-P, II-L, IIn형(모두 II형 초신성의 스펙트럼 특성, 즉 수소선이 지속적으로 나타남)</td><td rowspan="2">II-P, II-L형(모두 폭이 좁은 흡수선이 거의 나타나지 않음)</td><td>II-P형(광도곡선에 밝은 상태가 오래 지속되어 편평한 언덕 같은 부분이 나타남)</td></tr>
<tr><td>II-L형(광도곡선이 선형적(linear)으로 감소함)</td></tr>
<tr><td colspan="2">IIn형(폭이 좁은 흡수선이 약하게 나타남)</td></tr>
<tr><td colspan="3">IIb형(스펙트럼이 Ib형 초신성과 비슷하게 변화함)</td></tr>
</table>

음껏 관측을 해볼 수 있다는 기대감에 한껏 부풀었었다.

천문학자들은 이 초신성이 잦아든 다음에 사진을 찍어서 초신성이 폭발하기 이전에 찍어놓은 사진과 비교해보았다. 거기에 원래 어떤 별이 있었다 사라졌는지 살펴보려는 것이다. 거기에는 원래 청색 초거성이 하나 있었는데, 겉보기등급이 12.24등급으로 맨눈으로 볼 수 있는 한계보다 300배나 어두운 녀석이었다. (대마젤란은하까지는 47 kpc이다. 이 청색 초거성의 절대등급을 구해보자. 답: −6.12등급) 청색 초거성은 아주 무거운 별이 진화하여 마지막 단계에 이른 것이다.

초신성은 그 스펙트럼에 수소 흡수선이 있느냐 없느냐에 따라 I형 초신성과 II형 초신성으로 나뉜다. 수소 흡수선이 없는 I형 초신성 중, 파장 6,150옹스트롬에 규소 흡수선이 있는 것은 Ia형 초신성이고, 규소 흡수선이 없는 것은 Ib형이나 Ic형 초신성이다. 중성 헬륨의 5,876옹스

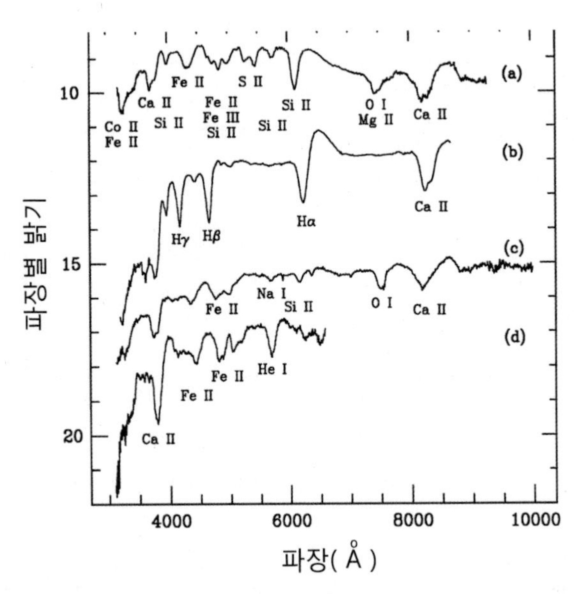

그림 IV-15 1987년에 나타난 여러 초신성들의 타입에 따른 스펙트럼의 특성 (a)는 초신성 1987N의 스펙트럼인데, 스펙트럼에 H_α, H_β, H_γ 등의 수소 흡수선이 없고, 파장 6,150옹스트롬에 규소 흡수선이 강하게 나타나므로 Ia형 초신성이다. (b)는 바로 SN1978A인데, H_α, H_β, H_γ 등의 수소 흡수선이 강하게 나타나고 다른 중원소의 흡수선이 거의 나타나지 않으므로 II형 초신성으로 볼 수 있는데, II-P형이냐 II-L형이냐는 초신성의 광도곡선을 봐야 판단할 수 있다. 초신성이 가장 밝아진 이후, 광도곡선이 평탄한 모습을 보이면 II-P형이라고 하고, 밝기가 단조 감소하면 II-L형이라고 한다. P는 평탄한 고원이라는 뜻의 plateau의 머리글자이고, L은 선형이라는 뜻의 linear의 머리글자이다. (c)는 SN1987M이라는 초신성이고 (d)는 SN1987L이라는 초신성의 스펙트럼인데, 모두 수소 흡수선이 보이지 않으므로 I형 초신성이지만 규소 흡수선도 보이지 않으므로 Ia형은 아니다. (c)는 5,876옹스트롬에 헬륨 흡수선이 보이지 않으므로 Ic형 초신성이고, (d)는 5,876옹스트롬에 헬륨 흡수선이 있으므로 Ib형 초신성이다. [출처: Filippenko, 1997년, "Optical Spectra of Supernova(초신성의 광학 스펙트럼)", *Annual Review of Astronomy and Astrophysics*, 35권, 309~355쪽.]

트롬 흡수선이 있으면 Ib형 초신성이고 없으면 Ic형 초신성이다. II형 초신성은 광도곡선에 따라 그 종류가 세분된다. II-P형 초신성은 별 중심에서 발생한 충격파가 별의 내부를 통과하면서 나올 때 생성된 $^{56}_{28}Ni$과 같은 방사성 동위원소(반감기 6.1일)가 붕괴하면서 나오는 빛에너지

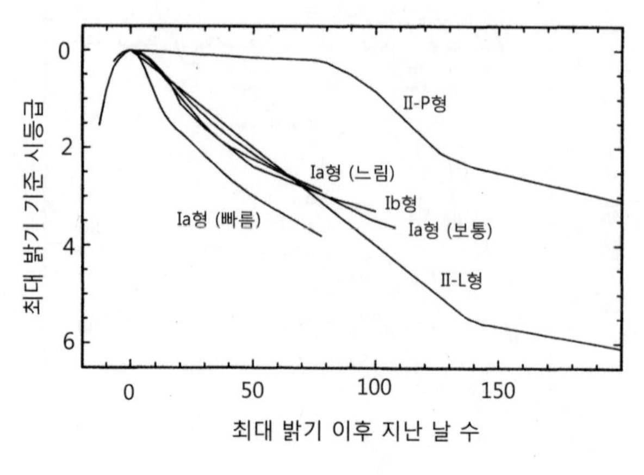

그림 IV-16 여러 가지 초신성들의 광도곡선

때문에 밝기 감소가 느려지지만, II-L형 초신성은 그렇지 않다.

초신성의 '광도곡선'은 I형 초신성과 II형 초신성 등의 종류에 따라 서로 조금씩 차이가 있다. 일반적으로 광도곡선만으로 초신성의 종류를 구분하지 못하며, 스펙트럼을 관측해야만 초신성의 종류를 알 수 있다. 초신성 1987A는 II-P형 초신성으로 밝혀졌다.

우리 조상들이 초신성을 관측하고 남긴 기록이 역사서에 남아 있다. 그 가운데 1604년에 관측된 초신성은, 요하네스 케플러가 『새로운 별(De Stella Nova)』이라는 책에 관측 기록을 자세히 적어놓았으므로, 대개 케플러의 초신성이라고 부른다. 한편 우리 조상들도 이 초신성을 매우 자세하게 관측하여 『선조실록』에 남겼다.

> 밤 1경(更)에 객성이 미수(尾宿, 전갈자리) 10도의 위치에 있었는데, 북극성과는 110도의 위치였다. 형체의 크기는 목성보다 작고 황적

색이었으며 이글거리며 반짝거렸다.

– 『선조실록』 37년, 1604년 음력 9월 21일(양력 10월 13일)

밤 1경에 객성이 천강성(天江星, 땅꾼자리 근처) 위에 나타났는데, 미수 11도에 있었으며 북극성과는 109도의 위치였다. 형체의 크기는 금성만 하였고 빛살이 매우 성하였으며 황적색이었는데 이글거리며 반짝거렸다.

– 『선조실록』 37년, 1604년 음력 윤9월 6일(양력 10월 28일)

우리 조상들은 초신성을 객성(客星), 즉 '손님별'이라는 이름으로 불렀다. 중국의 『명실록』과 『명사』에도 관측 기록이 남아 있다. 명나라 천문학자들은 1604년 10월 9일에 처음 객성을 발견하여 이듬해인 1605년 10월 7일까지 관측 기록을 남겼다. 케플러는 날씨가 허락하지 않아 1604년 10월 17일에야 처음으로 초신성을 볼 수 있었다. 그러나 다른 유럽의 천문학자들이 남긴 관측 기록을 분석해보면, 이 초신성은 중국에서와 마찬가지로 10월 9일에 처음 발견되었다. 조선의 천문학자들은 중국보다는 조금 늦은 1604년 10월 13일에야 이 객성을 발견하였는데, 그 후 1년 동안 거의 날마다 관측 기록을 꾸준하게 남겼다. 더군다나 이 초신성의 밝기를 목성, 금성, 화성 등의 밝기와 비교하여 기록해두었다. 이러한 기록을 분석하여 초신성의 밝기 변화, 즉 광도곡선을 알아낼 수 있었다.[19] 최근에 챈드라 엑스선 천문 위성으로 관측한 결과, 이 초신성의 잔해에 철과 산소가 풍부하게 들어 있음을 알아냈다. 이는 초신성 1604가 Ia형 초신성임을 뜻한다.[20] 우리나라의 기록에는 이 초신성이 가장 밝을 무렵의 것들이 남아 있는데, Ia형 초신성은 최대 밝기가 거의 비슷하다는 성질이 있어서 표준 촛불로 삼고 있으므로 우리

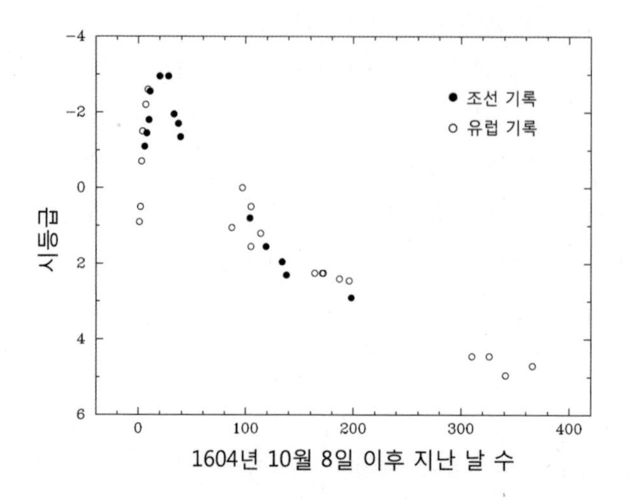

그림 IV-17 초신성 1604의 광도곡선 유럽의 관측 자료(흰 동그라미)와 조선의 관측 자료(검은 동그라미)로부터 초신성의 밝기를 추산하여 그린 것이다. 이 초신성이 가장 밝을 무렵에 조선의 관측 자료가 존재한다. [출처: Green & Stephenson, 2003년, "The Historical Supernovae(역사 초신성)" in 『Supernovae and Gamma Ray Bursters(초신성과 감마선 폭발체들)』, ed. K. W. Weiler, Lecture Notes in Physics (Springer-Verlag), 598권, 7~19쪽.]

나라 기록의 중요성이 더욱 부각된다.

1987년 2월 23일, 대마젤란은하에 나타난 초신성은, 바로 초신성 1987A였다. 처음에는 급격하게 밝아졌다가 약 80일 동안 천천히 어두워졌다. 초신성 1987A가 나타난 뒤 7년이 지난 1994년 2월에 허블우주망원경으로 이 초신성을 촬영했다. 이 사진의 중앙에 보이는 밝은 점은 초신성 폭발 후 남겨진 중성자별 또는 블랙홀을 방사성 물질이 감싸고 있는 것이고, 그 둘레에 있는 타원은 초신성이 된 별의 바깥 부분이 날아가면서 고리 형태를 이루는 것이다. 나비의 날개처럼 생긴 바깥 고리 2개는, 초신성 직전의 맥동 변광성 단계에서 대량으로 방출된 물질이 모래시계 형태를 이루고 있는 것으로, 초신성 폭발의 충격파가 이를 휩

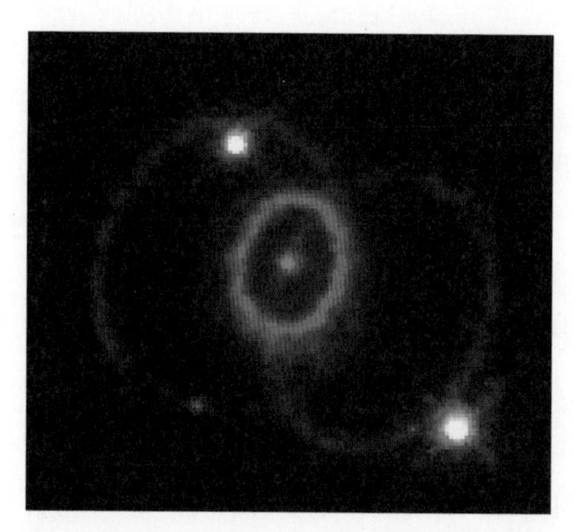

그림 IV-18 초신성 1987A 1994년 2월에 허블우주망원경으로 촬영한 것이다. 중앙에 밝은 점은 초신성 폭발 잔해이고, 양쪽에 나비의 날개처럼 생긴 2개의 타원은 초신성이 되기 전에 별에서 나온 물질이 모래시계 형태를 이루고 있었던 것으로, 초신성의 충격파가 이를 훑고 지나가면서 빛을 내고 있다. 가운데에 있는 밝은 타원은 청색 초거성 자체가 파괴되어 원형 고리 모양을 이루며 퍼져나가고 있는 것이다. 기울어져 있어서 타원으로 보인다. [제공: Christopher Burrows, ESA/STScI and NASA.]

쓸고 지나가면서 밝게 빛나고 있다.

초신성 1987A의 잔해 물질은 방사성 붕괴를 하면서 빛을 방출한다. 이 빛이 사방으로 퍼져나가다가 안쪽 고리를 빛나게 만든다. 이것이 초신성 1987A 잔해를 둘러싸고 있는 타원형 고리이다. 천문학자들이 이 고리의 특성을 여러 가지로 관찰해본 결과, 이것은 실제로 반지처럼 생긴 둥근 고리 모양이라는 것이 밝혀졌다. 이 고리를 잘 연구함으로써 우리는 초신성 1987A까지의 거리, 또한 그 초신성이 속한 대마젤란은하까지의 거리를 잴 수 있다!

초신성 1987A에서 아주 짧은 시간 동안 강한 빛을 사방으로 내뿜었다고 가정해보자. 그 빛 중에서 우리에게 곧장 날아오는 것은 1987년 2월 23일에 우리에게 관측된다. 그런데 초신성으로부터 사방으로 퍼져 가던 빛 중 일부는 그 초신성을 둘러싸고 있는 고리에 흡수되었다가 다시 사방으로 재방출된다. 그 빛 중에서 일부가 또 우리 쪽으로 날아와서 우리가 관측하게 되면, 우리는 "아! 고리가 빛을 내는군!" 하고 알게 된다. 그런데 이처럼 고리에서 재방출되어 나온 빛은, 초신성에서 우리에게 직접 날아온 빛보다 우리에게 닿기까지 더 긴 경로를 진행해야 한다. 따라서 우리는 초신성이 밝아지는 때와 고리가 밝아지는 때 사이에 시간 차이가 있음을 관측하게 된다.

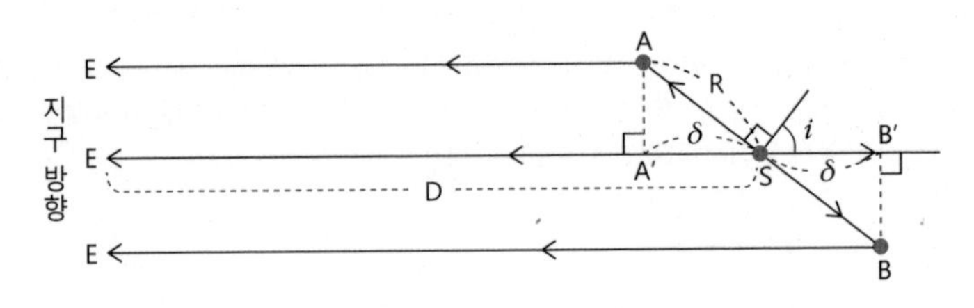

그림 IV-19 초신성 1987A 고리의 각 부분에서 방출된 빛의 경로 차

이 상황을 그림으로 그리면 [그림 IV-19]와 같다. 점 S는 초신성을, 점 E는 지구를 나타낸다. 점 A와 점 B는 고리 위에 있는 점이다. 이 고리는 본디 원이지만, 이 고리의 면에 수직인 방향이 우리의 시선방향에 대해 약간 비스듬히 놓여 있으면 그 고리는 우리에게 타원으로 보인다. 동전의 면이 향하는 방향을 우리가 보는 방향과 같게 놓으면 완전히 원으로 보이지만, 그 동전을 비스듬히 눕혀서 보면 타원으로 보이는 것과 같은 원리이다. 동전의 면에 수직인 방향과 시선방향이 이루는 각을 경사각이라고 하는데, 그림에 i라고 표시했다. 또 고리에서 우리에게 가장 가까운 부분을 점 A, 가장 먼 부분을 점 B라고 하자. 점 S

에 놓여 있는 초신성에서 나온 빛은 화살표를 따라 선분 $\overline{\mathrm{SA}}$를 진행하다가 점 A를 빛나게 한다. 점 A에서 나온 빛은 점 E에 있는 우리까지 날아온다. 초신성과 지구의 거리가 매우 멀기 때문에 점 A나 점 B, 그리고 점 S에서 나온 빛은 모두 평행하게 날아온다고 가정해도 크게 틀리지 않는다. 에라토스테네스를 기억하라!

그런데 점 A에서 재방출된 빛은 δ만큼 우리에게 더 가까운 곳에서 나온 셈이다. [그림 IV-19]에서 선분 $\overline{\mathrm{ES}}$는 지구와 초신성 사이의 거리이다. 이 거리를 D라고 하자($\mathrm{D} \equiv \overline{\mathrm{ES}}$). 또한 점 A에서 선분 $\overline{\mathrm{ES}}$에 내린 수선의 발을 점 A′이라고 할 때 선분 $\overline{\mathrm{SA'}}$의 길이를 δ라고 하자($\delta \equiv \overline{\mathrm{SA'}}$). 그러면 고리 위의 한 점 A에서 재방출된 빛은 $(\mathrm{D}-\delta)$의 거리를 진행하여 우리 눈에 들어오게 된다. 고리의 반대쪽에 있는 점 B에서 나오는 빛도 마찬가지로, 점 S에서 나와서 점 B까지 진행한 다음, 점 B에서 재방출되어 지구를 나타내는 점 E로 진행한다. 이 빛이 점 B에서 점 E로 오는 거리는 앞에서와 마찬가지 이유로 $(\mathrm{D}+\delta)$가 된다. 여기서도 점 B에서 선분 $\overline{\mathrm{ES}}$의 연장선에 내린 수선의 발을 점 B′이라고 할 때, $\delta \equiv \overline{\mathrm{SB'}}$로 정의한다.

경로 SAE를 따라 진행하는 빛이 우리에게 오는 데 걸리는 시간을 t_{A}라고 하고, 경로 SBE로 진행하는 빛이 우리에게 오는 데 걸리는 시간을 t_{B}라고 하자. 그러면 광속을 c라고 표시할 때

$$t_{\mathrm{A}} = \frac{\overline{\mathrm{SA}} + (\mathrm{D}-\delta)}{c} = \frac{\mathrm{R} + (\mathrm{D}-\delta)}{c}$$

$$t_{\mathrm{B}} = \frac{\overline{\mathrm{SB}} + (\mathrm{D}+\delta)}{c} = \frac{\mathrm{R} + (\mathrm{D}+\delta)}{c}$$

가 된다. 여기서 고리의 반지름을 R이라고 하면, $\overline{SA} = \overline{SB} = R$이다.

이제 초신성이 있는 점 S에서 나온 빛을 우리가 관측한 지 얼마의 시간이 흘러야, 점 A와 점 B에서 나온 빛을 보게 될까? 초신성에서 나온 빛이 그대로 우리 눈에 들어오기까지 걸리는 시간이 $\frac{D}{c}$이므로, 각각 $\left(t_A - \frac{D}{c}\right)$와 $\left(t_B - \frac{D}{c}\right)$가 된다. 그것을 T_A와 T_B라고 하자. 그러면

$$T_A = t_A - \frac{D}{c} = \frac{R + (D - \delta)}{c} - \frac{D}{c} = \frac{R - \delta}{c}$$

$$T_B = t_B - \frac{D}{c} = \frac{R + (D + \delta)}{c} - \frac{D}{c} = \frac{R + \delta}{c}$$

이다.

그림을 보면, △SAA′에서 ∠SA′A가 직각이기 때문에, $\angle SAA' = i$이다. 직각삼각형에서 정의되는 사인 함수의 정의에 따라 $\delta = R \sin i$임을 알 수 있다. △SBB′에서도 마찬가지로 $\delta = R \sin i$ 이다. 경사각 $\sin i$는 고리가 찌그러진 정도에서 구할 수 있다. 즉, 초신성 잔해의 사진에서 고리의 장축의 길이를 a라고 하고 단축의 길이를 b라고 하면, $\sin i = \frac{b}{a}$로 구할 수 있다.

점 A가 밝아지는 순간의 시각과 마지막으로 점 B가 밝아지는 순간의 시각의 차이는, 바로 앞에서 구한 T_A와 T_B를 대입하고 또한 $\delta = R \sin i$를 대입하여

$$T_B - T_A = \frac{2\delta}{c} = \frac{2R \sin i}{c}$$

로 구할 수 있다. 이 식을 R에 대해서 풀면

(식 IV−6) $$R = \frac{c(T_B - T_A)}{2\sin i}$$

가 된다. 바로 앞에서 설명했듯이 $\sin i$는 천체 사진에서 고리의 장축의 길이와 단축의 길이를 측정하여 구할 수 있고, T_A와 T_B는 고리의 연속 사진 관측을 통해 그 시간을 구할 수 있다. 그러면 결국 고리의 반지름 R을 알 수 있다.

파나지아 등의 천문학자들이 실제로 관측한 결과,[21] $i \approx 43°$이고, $T_B - T_A \approx 310$일이었다. 1년이 약 365일이므로 310일은 $\frac{310}{365}$년이고, 따라서 그 시간($T_B - T_A$) 동안 빛의 속도 c로 간 거리는 $c(T_B - T_A) = \frac{310}{365}\,ly$(광년)인 것이다. 전자계산기를 사용하면, $\sin i \approx \sin 43° \simeq 0.68$이다. 이 모두를 (식 IV−6)에 대입하면

$$R = \frac{\frac{310}{365}\,ly}{2 \times 0.68} \simeq 0.62\,ly$$

이다. $1\,pc = 3.26\,ly$이므로, 고리의 반지름은 $R \simeq 0.19\,pc$이다.

이제 막대기의 실제 길이를 알았으니, 막대기의 각크기를 재면 그 막대기까지의 거리를 측량할 수 있다. 관측된 사진에서 고리의 가장 넓은 부분(장축)이 바로 이 R값에 해당한다. 허블우주망원경을 사용하여 장축의 각크기를 측정해보니 1.66″였다. 고리의 반지름에 해당하는 각크기를 θ라고 하면, 장축 각크기의 절반으로 $\theta = 0.83''$이다.

이 막대기까지의 거리는 삼각측량을 사용하여 구하면 된다. 즉,

$$\tan\theta = \frac{R}{D_A}$$

에서 θ가 작은 값이면, 테일러 근사에 의해 $\tan\theta \approx \theta$로 놓을 수 있고, 따라서 $D_A \approx \frac{R}{\theta}$이다. 이미 몇 번 말했지만 여기서 θ는 반드시 라디안 값이어야 한다. 이제 전자계산기로 계산만 하면 된다.

고리의 각크기를 라디안으로 고치기 위해 $1° = 3600''$, $1° = \pi/180$라디안, $\pi = 3.14$를 적용하면

$$\theta = 0.83'' = \left(\frac{0.83''}{3600''}\right)^{\circ} \times \frac{\pi}{180°}\text{라디안} = 0.000004021\text{라디안}$$

이다. 따라서

$$D_A = \frac{0.19\,pc}{0.000004021} \simeq 47{,}000\,pc = 47\,kpc$$

이다. 초신성 1987A은 지구에서 $47\,kpc$ 떨어져 있는 천체라는 결과가 나왔다! 이 거리는 바로 초신성 1987A가 속한 대마젤란은하의 거리이며, 현재 천문학자들이 받아들이고 있는 가장 정확한 측정치와 일치한다. 실제로는 초신성에서는 빛이 순간적으로 나오고 마는 것이 아니라 [그림 IV-20]에서 보듯이 급격히 밝아졌다가 천천히 어두워지는 식으로 상당히 긴 시간 간격을 두고 나온다. 또한 고리가 완전한 원이 아니라 타원일 가능성이 크다. 따라서 좀 더 복잡한 모델을 만들어 계산해

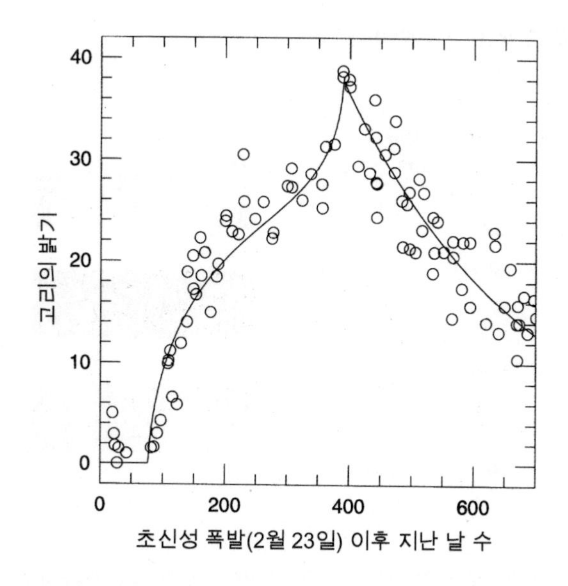

그림 IV-20 초신성 1987A 고리의 밝기 변화 가로축은 시간을 나타내는데, 초신성 폭발이 감지된 1987년 2월 23일부터 흘러간 날 수이다. 세로축은 고리에서 나온 빛 중에서 전자가 2개 떨어져 나간 질소 이온이 내는 특정 방출선의 밝기를 나타낸다. 이것은 IUE라는 천문관측위성으로 관측한 것이다. 실선은 고리의 모형으로 계산한 것이다. 고리의 밝기 변화를 만족하는 시간은 $(T_B - T_A) \approx 310$일이었다. [제공: Andrew Gould 박사.]

야 하겠지만,[22] 기본적인 아이디어는 여기서 설명한 것과 같고, 우리가 얻은 답도 그 측정치와 큰 차이가 없다.

고리가 빛을 내는 시간을 측정하거나 고리의 각크기를 잴 때 모두 측정오차가 있다. 그 값들로부터 구한 초신성까지의 거리도 오차를 갖게 된다. 과학에서의 측정값은 항상 오차가 있으며, 그 측정값을 사용하여 구한 물리량에는 항상 오차가 표시되어야 한다. 천문학자들이 치밀하게 검토하여 측량한 초신성 1987A의 거리, 즉 대마젤란은하의 거리는 $D = (47 \pm 1)\,kpc$이다. 우리가 구한 값과 아주 잘 맞는 값이다.

도플러 효과에 의한 적색이동

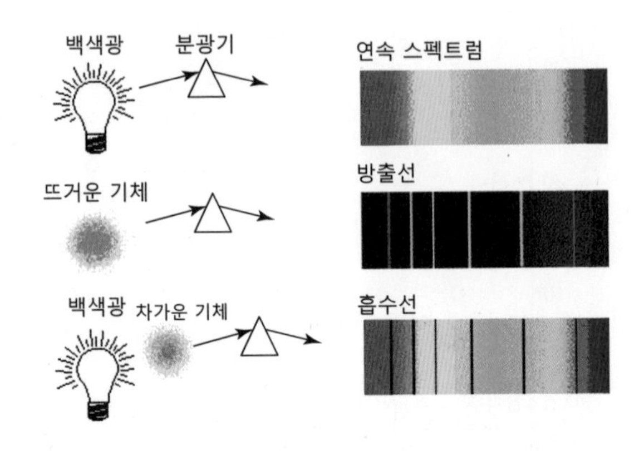

1814년에 독일의 물리학자 요제프 폰 프라운호퍼(1787~1826)가 분광기로 햇빛을 분해해보니, 무지개 빛의 띠 즉 '연속 스펙트럼' 속에 검은 줄이 나타났다. 이 검은 줄을 '흡수선'이라고 한다. 1859년에 독일의 과학자인 구스타프 키르히호프(1824~1887)와 로베르트 분젠(1811~1899)은 이 검은 선들이 해에 들어 있는 여러 원소의 고유한 흡수선임을 알아냈다. 또한 프라운호퍼는 시리우스를 비롯해 밤하늘에서 가장 밝게 보이는 별들의 스펙트럼도 측정해보았는데, 서로 약간씩 다른 모습을 보였다. 이것은 별마다 구성 성분이 조금씩 다름을 뜻했다.

우리 은하수에는 '발광성운'이 있다. 발광(發光)은 빛을 내뿜는다는 뜻이다. 가장 유명한 것은 아무래도 오리온 대성운이 아닐까 싶다. 오리온성운은, 젊고 무겁고 뜨거운 별에서 나온 자외선이 주변의 가스를 비추고, 그 가스를 구성하는 수소, 산소, 질소 등의 원자가 그 빛을 흡수했다가 자신들의 독특한 빛으로 내뿜은 것이다. 발광성운의 빛을 분광기로 분해해보면, 스펙트럼에 밝은 줄만 나타난다. 이것을 '방출선'

이라고 한다. 원자의 종류에 따라서 각기 독특한 흡수선과 방출선을 나타내기 때문에 그 별 안에 어떤 원소가 얼마만큼 들어 있는지 알아낼 수 있다.

나선은하는 별과 가스와 약간의 먼지가 납작한 원반 모양으로 회전하면서 나선 모양을 이루고 있는 은하다. 나선은하의 빛을 분광기로 분해해보면, 별빛과 성운에서 나오는 방출선이 동시에 나타난다. 타원은하는, 나선은하보다 크고 무거우며 별들이 찌그러진 공 모양으로 모여

그림 IV-21 오리온 대성운 M42 오리온자리의 세쌍둥이별 아래에 있는 성운이다. 젊은 별에서 나오는 자외선에 의해 수소가 이온화되었다가 재결합하면서 내뿜는 특유의 광사에 의해 불그스름한 빛을 띤다. [2016년 11월 1일. 경상남도 밀양 얼음골. 이상현. 망원경: 구경 80mm 굴절. 카메라: Canon 60D. ISO6400/30초 노출. 123장 합성.]

있는 은하이다. 그 안에는 가스가 별로 들어 있지 않아서, 타원은하의 빛을 분광해보면 별빛의 스펙트럼만 나타나고 방출선은 보이지 않는다.

흡수선이나 방출선은 원소마다 고유한 파장에서 나타난다. 그런데 천문학자들이 천체에서 나오는 빛의 스펙트럼을 얻어서 거기에 나타나는 흡수선과 방출선의 파장을 측정해보았더니, 그 파장이 각각의 고유한 파장보다 조금 짧거나 긴 것으로 관측되었다. 원래의 파장보다 짧은 파장으로 관측되는 경우를 청색이동이라 하고, 원래의 파장보다 긴 파장으로 관측되는 경우를 적색이동이라고 한다. 프리즘으로 햇빛을 분해하면 볼 수 있는 빨주노초파남보 무지개 빛 중에서, 빨간색 쪽의 빛이 파장이 길고 청색이나 보라색 쪽으로 갈수록 파장이 짧아서 이런 이름이 붙었다. 이러한 현상을 도플러 효과로 풀이하기도 한다. 기차가 기적을 울리며 지나갈 때, 기차가 우리(관측자)에게 다가오는 동안은 기적 소리가 파장이 짧은 높은음으로 들리고, 우리를 지나쳐 멀어질 때는 파장이 긴 낮은음으로 들리는 것을 도플러 효과라고 한다. 이와 마찬가지로 우리에게 다가오는 천체는 빛의 파장이 짧아지는 청색이동을 보이고, 우리에게서 멀어지는 천체는 빛의 파장이 길어지는 적색이동을 보인다는 것이다. 은하는 대부분 적색이동을 나타내기 때문에 흔히 적색이동이라고만 칭한다. 그러나 조금 멀리 있는 은하의 적색이동에는 은하의 움직임에 의한 도플러 효과와 우주 팽창에 의한 효과가 모두 들어 있다. 이것에 대해서는 조금 뒤에서 자세히 다룰 것이다.

천체의 스펙트럼에서 관측되는 것은 그 천체의 속도가 아니라 적색이동이다. 그 적색이동이 천체의 운동 때문인지 우주 공간의 팽창 때문인지는 우리의 해석에 달려 있다. 천문학에서는 적색이동을 다음과 같이 정의한다. 관측자에 대해서 정지해 있는 천체가 내놓은 흡수선이나 방출선의 고유한 파장이 λ_0인데, 실제로 관측된 파장은 λ였다고 하자.

그러면 적색이동 z는 다음과 같이 정의된다.

(식 Ⅳ-7) $$z \equiv \frac{\text{파장의 변화량}}{\text{원래의 파장}} = \frac{\Delta\lambda}{\lambda_0} = \frac{\lambda - \lambda_0}{\lambda_0} = \frac{\lambda}{\lambda_0} - 1$$

어떤 원소의 흡수선이나 방출선이 갖는 고유 파장 λ_0은 실험실, 즉 정지좌표계에서 측정되며 양자역학을 적용하여 계산한다. 천문학자는 천체의 스펙트럼을 얻어서 그 흡수선이나 방출선이 어떤 파장 λ로 관측되는지 측정한다. 이 두 값으로 적색이동 z를 구한다.

적색이동은 물리 단위가 없는 단순 숫자이며 차원이 없는 양이다. 빛의 파장이 원래보다 짧아져서 파란색 쪽으로 이동한 경우는 $\lambda < \lambda_0$가 되어 $z < 0$, 즉 z는 음수가 된다. 이것이 청색이동이다. 또한 만일 빛의 파장이 원래보다 길어져서 붉은색 쪽으로 이동한 경우는 $\lambda > \lambda_0$가 되어 $z > 0$, 즉 z는 양수가 된다. 이것이 적색이동이다.

광원과 관측자 사이의 상대운동 때문에 적색이동이나 청색이동이 나타난다면 우리는 그것을 도플러 효과로 해석할 수 있다. 물체의 운동속도(v)가 광속(c)보다 매우 작을 때, 즉 $|v| \ll c$일 때, 도플러 효과에서는 적색이동 z가

(식 Ⅳ-8) $$z = \frac{v}{c}$$

로 주어진다. 그러므로 우리는, 그 적색이동이 천체가 관측자를 기준으로 상대적인 운동을 하여 생긴 것이라면, 그 천체의 스펙트럼을 관측하

여 적색이동을 측정함으로써 그 천체의 운동 속도를 알 수 있다. 한편 그 운동 속도가 제법 빠른 경우에는 $|v| \ll c$가 성립하지 않으므로, 이때는 특수상대성이론을 적용하여 적색이동을 정의해주어야 한다. 광원(정지좌표계)에서 빛의 주파수를 ν_0, 파장을 λ_0이라고 하면, 주파수의 역수가 시간에 해당하므로, (ν_0^{-1}, λ_0)에 로렌츠 변환을 적용하면 관측자가 측정하는 주파수와 파장을 얻을 수 있다. 이때 특수상대성이론의 공리에 의해 모든 관측자에게 광속은 같아야 한다. 따라서 $\nu_0\lambda_0 = \nu\lambda = c$이다. 계산 결과만 소개하면 관측되는 광원의 속도와 적색이동 사이에는 다음의 관계가 주어진다.

(식 IV-9) $$z = \frac{\lambda}{\lambda_0} - 1 = \sqrt{\frac{1+\frac{v}{c}}{1-\frac{v}{c}}} - 1$$

단, 이 공식을 허블의 법칙에 적용하면 안 된다. 허블의 법칙은 은하의 운동에 의한 것이 아니라 우주의 팽창에 의한 것이기 때문이다. 이 공식은 광원 자체가 광속에 가깝게 움직이는 경우, 예를 들어 블랙홀 주변에 만들어진 강착원반이나 고속 제트와 같이 빛의 속력에 필적하는 속력으로 움직이는 물체에서 빛이 나오는 경우에 적용할 수 있다.

연습문제 4 상대론적 도플러 효과에 의한 적색이동과 속도와의 관계식인 (식 IV-9)를 속도에 대해서 푸시오.

답 $\frac{v}{c} = \frac{(1+z)^2 - 1}{(1+z)^2 + 1}$

한편 광원의 운동속도가 상당히 느린 경우, 즉 $|v| \ll c$ 또는 $\frac{|v|}{c} \ll 1$인 경우에 앞의 (식 IV-9)는 다음과 같이 근사된다. ($x \ll 1$인 경우, 테일러 근사*를 하면 $\frac{1}{1-x} \approx 1+x$이 됨을 이용하였다.)

$$z=\frac{\lambda}{\lambda_0}-1=\sqrt{\frac{1+\frac{v}{c}}{1-\frac{v}{c}}}-1 \approx \sqrt{\left(1+\frac{v}{c}\right)^2}-1=1+\frac{v}{c}-1=\frac{v}{c}$$

즉, $z=\frac{v}{c}$이다. 이는 앞에서 설명한 비상대론적 도플러 효과에 의한 적색이동-속도의 관계식인 (식 IV-8)과 같다.

비상대론적 도플러 효과를 나타내는 (식 IV-8)은 상대론적 도플러 효과를 나타내는 (식 IV-9)의 $|v| \ll c$일 때의 근사식이다. 참값과 근삿값의 차이를 그린 것이 [그림 IV-22]이다. 우리가 측정하는 양은 적색이동 z값이다. 적색이동 $z=0.1$이면 두 값의 차이는 5퍼센트에 이르고, $z=0.2$이면 10퍼센트나 된다. 따라서 근사식인 (식 IV-8)을 쓸 경우 참값에 비해서 이 정도의 오차를 미리 염두에 두고 사용해야 한다.

---

* 테일러 근사에서 함수 $f(x)$가 무한 번 미분 가능하고 $\Delta x \ll 1$일 때, $f(x+\Delta x)=f(x)+f'(x)\Delta x+\frac{1}{2!}f''(x)\Delta x^2+\frac{1}{3!}f'''(x)\Delta x^3+\cdots=\sum_{n=0}^{\infty}\frac{1}{n!}f^{(n)}(x)(\Delta x)^n$이다 함수가 무한 번 미분 가능한 것을 해석학에서는 '함수가 매끈하다(smooth)'라거나 또는 '함수가 해석적이다(analytic)'라고 한다.

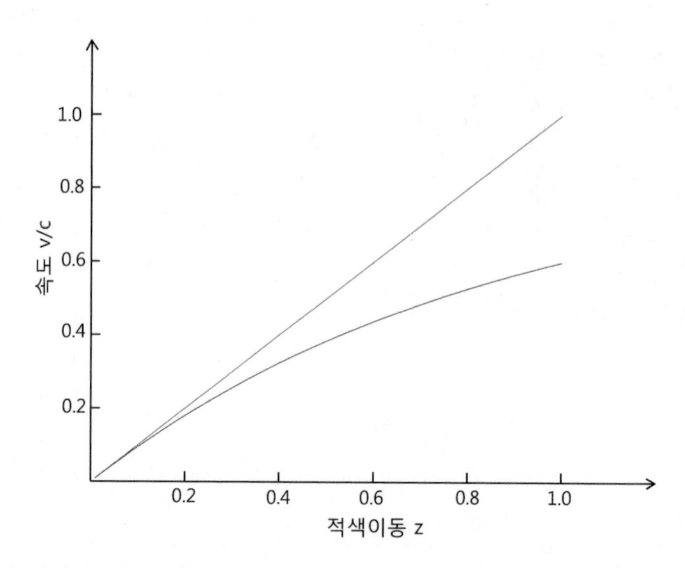

그림 IV-22 도플러 효과에 의한 적색이동 붉은색 곡선은 특수상대성이론을 적용할 때 적색이동과 물체의 운동속도 사이의 관계를 그린 것이고, 파란색 직선은 비상대론적 도플러 효과에 대한 값이다.

나선은하의 회전속도 곡선과 암흑물질

나선은하는 스스로 회전(자전)하고 있다. 이것을 어떻게 알 수 있을까? 나선은하의 빛은 망원경의 초점면에 '상'을 맺는다. 은하의 '상'에다 은하의 장축을 따라 슬릿을 대고 그 슬릿을 통과해 나오는 은하 각 지점의 스펙트럼을 얻는다. 각 지점의 스펙트럼에서 적색이동을 측정한다. 이렇게 하면 그 은하의 중심으로부터 떨어진 거리에 따라 각 지점의 적색이동을 측정할 수 있다. 단, 그 정면이 보이는 나선은하는 자전 속도가 검출되지 않으며, 기울어져서 옆면을 보이는 나선은하에서만 자전 속도가 나타난다. 스스로 회전하는 은하의 한쪽에서는 적색이동이 나타나고 다른 한쪽에서는 청색이동이 나타난다. 이를 도플러 효과로 해석하면, 한쪽은 우리에게서 멀어지고 다른 한쪽은 우리에게 다가오는 것이다. 이는 나선은하가 스스로 회전하고 있음을 뜻한다. 우리 은하수도 나선은하이다. 별과 가스가 원반을 이루며 자전하고 있다. 그 회전속도는 중심 거리에 따라 달라진다. 우리 해는 은하 중심으로부터 약 8*kpc* 떨어진 거리에 있으며 약 2.5억 년의 주기로 우리 은하수를 1바퀴씩 공전한다.

나선은하가 스스로 회전하는 속도를 측정하면 그 은하의 질량을 구할 수 있다. 그 방법은 앞에서 이미 다루었다. 은하의 중심에서 어떤 거리만큼 떨어진 곳에 별이 있다고 하자. 그 별에는 은하가 작용하는 중력 F_g와 원운동 때문에 생기는 원심력 F_c가 작용하고 있다. 이 두 힘이 균형을 이루고 있어야만 그 별은 은하 중심으로 빨려 들어가거나 은하 바깥으로 날아가지 않고 은하의 형태를 유지할 수 있다. 우리는 이 조건을 만족할 때 물리량들 사이의 관계를 구하면 된다.

다만 앞에서는 태양계의 경우를 살펴보았는데, 은하의 경우는 다른 점이 있다. 태양계는 대부분의 질량을 태양이 차지하므로 태양을 질점(점 질량)으로 두고 케플러 문제로 간주해서 풀면 되었으나, 은하의 경우는 질량이 퍼져 있으므로 질점으로 간주할 수가 없다. 뉴턴은 『프린키피아』에 이런 경우에 대한 문제를 풀어놓았다. 이것이 그 유명한 '껍질 정리'이다. 이 정리에 따르면, 균질한 공껍질은 그 구의 내부에 있는 물체에 중력을 작용하지 못한다. 또한 균질한 공껍질은 그 외부에 있는 물체에는 그 껍질에 있는 물질이 그 공의 중심 한 점에 모두 모여 있는 경우처럼 중력을 작용한다.

먼저 그림을 보면, 공껍질 안에 질량이 m인 물체가 들어 있다. 이때 그 물체의 중심을 꼭짓점으로 하고 그 물체와 공껍질의 중심을 잇는

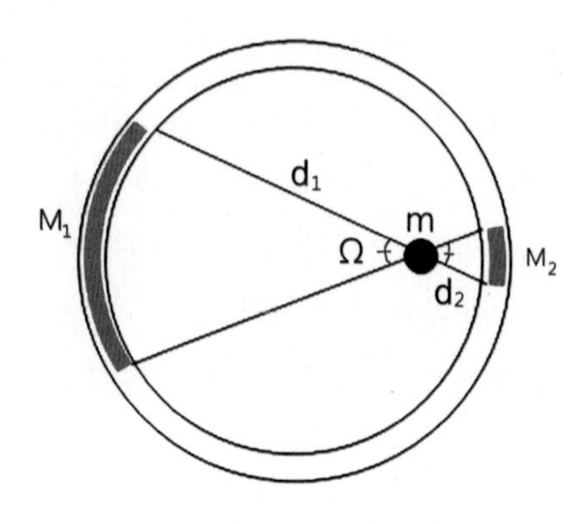

직선을 축으로 하는 원뿔을 생각해보자. 그러면 그 원뿔이 공껍질과 만나는 면적이 있을 것이다. 위의 그림에서 그 면적의 단면을 붉은색으로 표시했다. 공껍질이 균질하므로 각각의 붉은색 부분의 질량은 자기 면적에 비례한다. 왼쪽의 M_1이라고 표시한 부분은 면적이 넓어서 질량이 큰 대신에 물체와 거리가 멀어 물체에 가하는 중력이 약하고, 오른쪽의 M_2라고 표시한 부분은 면적이 좁아서 질량이 작은 대신에 물체와 거리가 가까워서 물체에 가하는 중력이 강하다. 또한 그 중력은 서로 반대 방향으로 작용한다. 그런데 꼭지각의 크기가 같으므로 두 단면의 넓이는 단지 물체와의 거리의 제곱에 비례하여 커진다. 반면에 두 단면이 물체에 작용하는 중력은 거리의 제곱에 반비례한다. 즉, 왼쪽 붉은 부분의 질량 M_1은 d_1^2에 비례하지만 그 질량 M_1이 물체에 작용하는 중력은 d_1^2에 반비례하며, 오른쪽 붉은 부분의 질량 M_2는 d_2^2에 비례하지만 그 질량 M_2가 물체에 작용하는 중력은 d_2^2에 반비례한다. 따라서 좌우의 붉은색 부분이 그 물체에 작용하는 중력은 크기는 같고 방향이 서로 반대가 되어 상쇄된다. 붉은 부분의 면적을 점점 크게 하여, 즉 입체각 Ω를 점점 크게 하여, 물체를 기준으로 수직면을 그렸을 때 구껍질을 둘로 나누는 경우를 생각해보면, 구껍질 전체가 물체에 작용하는 중력은 서로 상쇄되어버림을 알 수 있다. 따라서 균질한 구껍질의 안쪽에 있는 물체는 구껍질에 의한 중력을 받지 않는다. 반면에 구껍질의 바깥에 있는 물체는 구껍질의 반쪽이 작용하는 중력이 서로 같은 방향이므로 상쇄되지 않고 정확하게 그 구껍질의 중심에 모든 물질이 모여 있는 경우와 같음을 증명할 수 있다.

복잡한 이야기 같지만 실은 아주 간단한 이야기다. 우리가 보는 나선 은하는 빛을 내는 물질이다. 그 빛을 내는 물질은 양성자와 중성자로 이루어져 전자와 함께 원자를 이루는 바리온 물질이다. 그러나 바리온 물질은 은하 전체 물질의 극히 일부이며, 나머지는 대부분 암흑물질임이 밝혀졌다. 이 암흑물질은 대략 구형으로 분포해 있다. 그 은하의 중심으로부터 거리 R만큼 떨어진 곳에 질량이 m인 별이 속력 v로 원궤도를 돌고 있다고 하자. 그러면, 뉴턴의 껍질 정리가 뜻하는 바는, 그 은하를 이루는 물질이 이 별에 작용하는 중력은 그 은하의 중심에서 그 별까지의 거리를 반지름으로 하는 구의 안에 들어 있는 전체 질량이 은하의 중심에 모여 있는 경우와 같고, 그 별의 공전궤도 바깥에 있는 질량은 그 별에 중력을 작용하지 못한다는 말이다.

껍질 정리를 적용하여 은하의 질량을 구해보자. 앞에서 (식 II−9)를 구할 때와 마찬가지로, 질량이 m인 별에 작용하는 중력 F_g와 원심력 F_c가 서로 평형을 이루어야 한다는 $F_g = -F_c$의 조건에서 (평형을 이루고 있지 않다면 어떤 일이 일어날까?)

(식 IV−10) $$v = \sqrt{\frac{GM(R)}{R}}$$

을 얻을 수 있다. 여기서 뉴턴의 껍질 정리에 의해 중력에 작용하는 질량은 중심 거리 R 안쪽에 들어 있는 은하의 총질량이 되므로 그것을 M(R)이라고 정의하였다. (식 IV-10)을 M(R)에 대해서 풀면

(식 IV-11) $$M(R) = \frac{Rv^2}{G}$$

이다. 그러므로 어떤 반경 R의 안쪽에 들어 있는 총질량 M(R)은 그 반경 R과 그 반경에서의 회전속도 v를 측정하면 구할 수 있다. 따라서 앞에서 나선은하 각 지점의 회전속도를 측정한 것에서 우리는 그 은하의 질량 분포를 알아낼 수 있다.

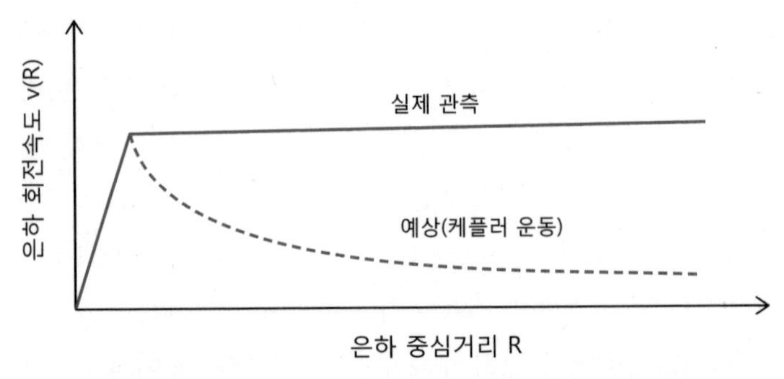

그림 IV-23 나선은하의 회전 곡선 나선은하는 겉보기에 가장자리가 존재하므로 그 가장자리 바깥에서는 모든 질량이 은하 중심에 모여 있는 셈이 되어, 물질의 운동속도가 마치 태양계의 행성들처럼 거리의 제곱근에 반비례하는 이른바 케플러 운동을 할 것으로 짐작되었다. 그러나 실제로 나선은하의 회전곡선을 구해보니 그 은하의 가장자리 바깥으로 나가도 회전속도가 줄어들지 않았다. 이것은 나선은하의 겉보기 가장자리 바깥에 빛을 내지는 않지만 중력을 작용하는 암흑물질이 존재함을 뜻한다.

처음에 천문학자들은 은하는 별과 가스만이 모여 있다고 생각했다. 은하의 바깥으로 가다 보면 별들이 갑자기 적어지는 경계가 나타나기

때문에 그 바깥에는 물질이 없다고 보았다. 그렇다면 은하의 가장자리 바깥으로 점점 더 멀리 나가더라도 그 안에 들어 있는 총질량은 늘어나지 않을 것이다. 이것을 수식으로 말하면 (식 IV-11)에서 거리 R이 커지더라도 M(R)은 그대로 거의 변화가 없다는 말이고, 그렇다면 (식 IV-10)에서 중심 거리에 따른 회전속도 $v(R)$은

(식 IV-12) $$v(R) \propto \frac{1}{\sqrt{R}}$$

이 된다. 즉, 은하의 경계 바깥에서는 은하의 회전속도가 중심 거리의 제곱근에 반비례해서 작아질 것으로 예측하였다. (이러한 공전속도 변화는 우리 태양계도 마찬가지다. 태양이 대부분의 질량을 차지하고 있으므로 태양에서 멀리 떨어진 행성일수록 공전속도가 거리의 제곱근에 반비례해서 느려지는 것이다. 그래서 이러한 회전 운동을 '케플러 운동'이라고 부른다.)

이렇게 예측하던 차에 베라 루빈(1928~2016)이 나선은하에서 나오는 가시광 파장대의 방출선을 측정하여 나선은하의 회전속도를 측정해보았더니, 예측과는 영 딴판으로 은하 외곽에서도 회전속도가 작아지지 않고 일정하였으며 오히려 늘어나는 녀석도 있었다. 이러한 관측 결과는 1970년대에 전파 천문학이 발달함에 따라 외부은하에서 나오는 중성수소 21센티미터 방출선을 관측함으로써 은하의 훨씬 외곽까지 조사해도 마찬가지였다. 이와 같이 외부은하의 회전 곡선이 별이 관찰되지 않는 은하 외곽에서도 편평하다는 것은, (식 IV-11)에서 v가 일정한 경우에 해당하므로, 은하를 이루는 물질이 중심 거리에 비례하여 증가함을 뜻한다. 즉 그 은하에는 눈에는 보이지 않지만 무언가 질량이 더 있다는 뜻이다! 그것도 상당히 많이 있어야 한다. 이와 같이 빛을 내지

못해서 우리 눈에 보이지는 않으나 중력의 원천으로 작용하는 어떤 물질을 천문학자들은 '암흑물질'이라고 부른다.

사실 암흑물질의 존재를 처음 주장한 사람은 캘리포니아 과학기술원(칼텍)의 천문학자 프리츠 츠비키(1898~1974)였다. 1933년에 그는 머리털자리 은하단을 구성하는 은하들의 속력으로부터 그 은하단의 질량을 추정해보았다.* 놀랍게도 그 질량은 머리털자리 은하단을 구성하는 은하들이 내뿜고 있는 빛으로부터 추정한 질량의 수백 배에 달하였다. 그는 우리 우주에는 암흑물질이 존재하며 우리 눈에 보이는 보통 물질보다 훨씬 더 많다고 주장했다. 그러나 그것을 뒷받침할 만한 관측적 증거가 나오지 않았으므로 그의 주장은 한동안 주목을 받지 못하였다. 이러한 때에 암흑물질 연구에 새 빛을 던져준 이가 바로 베라 루빈이었다.[23] 그녀는 "그때 마침 새로운 천체망원경과 관측기기가 개발되어 은하들의 회전 곡선을 효율적으로 측정할 수 있었을 뿐이에요"라고 술회했다.

베라 루빈 박사는 1965년에 그녀의 고향인 미국의 수도 워싱턴에 있는 카네기 연구소의 지자기 연구부에 들어갔다. 그녀는 거기서 동료인 켄트 포드 박사와 함께 안드로메다은하의 회전 곡선을 연구하여 암흑물질의 증거를 발견하였다. 그 후 1970년대까지 우리 주변의 10여 개 은하의 회전 곡선을 연구함으로써 마침내 암흑물질의 존재를 확증했다. 플랑크 우주배경복사 관측위성의 관측에 따르면, 우리 우주는 5퍼센트의 보통 물질(바리온)과 24퍼센트의 암흑물질과 71퍼센트의 암흑에

---

* 그 은하단을 구성하는 은하들의 속도를 측정하여 이른바 비리얼 정리(Virial theorem)를 적용함으로써 질량을 얻을 수 있다.

너지로 구성되어 있다.* 암흑물질이 물질의 95퍼센트를 구성하고 있다는 말이다. 이러한 업적을 기려서 그녀는 1981년에 미국 과학 한림원 회원으로 선정되었고, 1993년에 미국 국가 과학 메달을 받았다. 1996년에는 영국 왕립 천문학회의 금메달을 받았는데, 1828년에 캐롤라인 허셜이 받은 이후 첫 여성 수상자의 영예였다. 또한 최근까지 거의 매년 노벨상 후보로 거명되었으나 끝내 노벨상을 받지는 못하였다. 여성 차별 때문이라는 이야기도 있다.

베라 루빈은 1928년 7월 23일에 수도 워싱턴에서 태어났다. 10살 때 새 집으로 이사했는데, 그 집 창가에서 별을 보곤 하다가 천문학의 매력에 빠져들었다. 이후 천문학자의 꿈을 키워나갔고, 1948년에 천문학과의 유일한 여성 졸업생으로 대학을 졸업하였다. 프린스턴대학 석사과정에 진학하고자 하였으나 당시 프린스턴대학은 여성 대학원생의 입학을 거부했다. 그래서 그녀는 코넬대학에서 석사학위를 받았고, 조지타운대학에서 박사학위를 받았으며, 거기서 10년간 교편을 잡았다.

---

* 우리 우주는 현재 바리온 4.5%, 암흑물질 24.7%, 암흑에너지 70.8%로 구성되어 있다. 우주론에서는 이것을 Ω로 나타내는데, 이 값은 각 구성 요소의 밀도를 우주가 평탄할 조건에서의 밀도값으로 나눈 값이다. 이를 밀도인수라고 부른다. 양성자나 중성자와 같이 우리를 이루는 물질을 바리온(Baryon)이라고 한다. 현재 우리 우주에서는 바리온 밀도인수가 $\Omega_B = 0.045$인데, 물질(Matter) 전체의 밀도인수는 $\Omega_M = 0.292$이므로, 여기에서 바리온 밀도를 뺀 나머지 물질은 그 정체를 잘 모르고 있는 암흑물질(Dark Matter)이다. 그러므로 암흑물질의 밀도인수는 $\Omega_{DM} = 0.247$이다. 또한 천문학자들의 관측에 따르면 우리 우주는 평탄한 우주이다. 따라서 우주 전체의 에너지밀도 $\Omega = 1$이고 곡률에너지에 해당하는 밀도는 0인데 $\Omega_K = 0$으로 표시할 수 있다. 우주에 들어 있는 요소들을 전부 합한 것이 Ω이므로 $\Omega = \Omega_M + \Omega_K + \Omega_\Lambda = 1$이다. 위에서 얻은 값을 넣어주면 Ω_Λ라는 값이 더 있어야 함을 알 수 있다. 이 요소는 우주상수라는 것에서 기원하고 있는데, 우주가 커지더라도 밀도가 변하지 않고 우주가 아주 커지면 오히려 척력처럼 작용하여 우주를 가속 팽창시키는 노릇을 하는 아주 기이한 우주 구성요소이다.

코넬대학에 다니던 때였다. 그녀에게는 생후 1개월 된 아기가 있었다. 학회 발표가 닥치자 교수가 그녀에게 제안했다. "자넨 아기가 있으니 자네의 연구 결과는 내가 대신 발표하겠네." 그녀는 그 제안을 단호히 거절하고, 아기를 데리고 학회에 참석하여 연구 결과를 발표했다. 그녀는 캘리포니아 과학기술원의 팔로마 산 천문대에서 관측한 첫 여성이었다. 그때 그 천문대에는 여성 화장실이 없었다. 그녀는 여성 표시를 그려서 화장실 표지판에 붙였다.

그녀는 코넬대학에서 수학자이자 물리학자인 남편 로버트 루빈을 만나 1948년 결혼하고 4명의 자녀를 두었다. 교육에 대한 열정도 대단해서 그녀의 자녀들은 모두 과학이나 수학에서 박사학위를 받았다. 또한 젊은 여성들이 천문학자의 꿈을 이룰 수 있도록 적극적으로 격려하는 한편, 사회의 편견을 깨기 위해 저항했다.

다시 돌아가서 은하 회전속도를 가지고 우리 은하수의 질량을 구해 보자. 우리 은하수의 중심에서 20 *kpc* 정도 떨어진 곳이면 우리 은하수의 외곽에 해당한다. 그곳에 있는 물질이 은하수 중심을 축으로 공전하는 속도는 초속 약 220 *km*로 측정된다. 물리량을 *kg*, *m*, *s*로 통일하여 앞의 (식 IV−11)에 대입하면 우리 은하수 중심에서 반지름 20 *kpc* 안에 들어 있는 총질량을 구할 수 있다. 여기서 관측값의 유효숫자가 두 자리임을 고려하자. $1\,pc = 3.086 \times 10^{16}\,m$이므로, $R = 20\,kpc = 20 \times 10^3 \times (3.086 \times 10^{16})\,m$, $v = 220\,km\,s^{-1} = 2.2 \times 10^5\,m\,s^{-1}$이며, 중력상수 $G = 6.67 \times 10^{-11}\,m^3\,kg^{-1}\,s^{-2}$이다. 이것을 모두 (식 IV−11)에 대입하고 전자계산기로 계산하면

$$M = \frac{Rv^2}{G} = \frac{(20 \times 3.086 \times 10^{19}\, m) \times (2.2 \times 10^5\, m\, s^{-1})^2}{6.67 \times 10^{-11}\, m^3 kg^{-1} s^{-2}} \simeq 4.5 \times 10^{41}\, kg$$

이 된다. (물리량의 단위들이 어떻게 소거되는지 살펴보자.) 그런데 해의 질량이 $M_{\odot} = 2.0 \times 10^{30}\, kg$이므로 우리 은하수의 질량을 해의 질량으로 표현하면

$$M = \frac{4.5 \times 10^{41}\, kg}{2.0 \times 10^{30}\, kg M_{\odot}^{-1}} \simeq 2.3 \times 10^{11} M_{\odot}$$

이다. 우리 은하수에는 반지름 20 kpc 안에 해의 질량의 2,300억 배에 달하는 질량이 들어 있다는 말이다.

연습문제 5 2009년에 미국 천문학자들이 브이엘비에이(VLBA)라는 전파 망원경으로 은하수 중심에서 약 50 kpc 떨어진 별 탄생 영역에서 나오는 메이저라는 빛을 관측한 결과, 그 별 탄생 영역의 은하 공전 속력이 $v = 254\, km\, s^{-1}$로 측정되었다. 이 자료를 가지고 우리은하의 반지름 50 kpc 안에 들어 있는 질량을 구해보시오.

답 $7.5 \times 10^{11} M_{\odot}$

연습문제 6 [그림 IV-24]는 베라 루빈 박사가 측정한 안드로메다은하의 회전 곡선이다. 그 회전 곡선은 은하 중심에서 약 23 kpc 거리까지 측정되었고, 그 값은 대략 $220\, km\, s^{-1}$이다. 이 반지름 안에 들어 있는 이 은하의 질량을 구하시오.

답 $2.6 \times 10^{11} M_{\odot}$

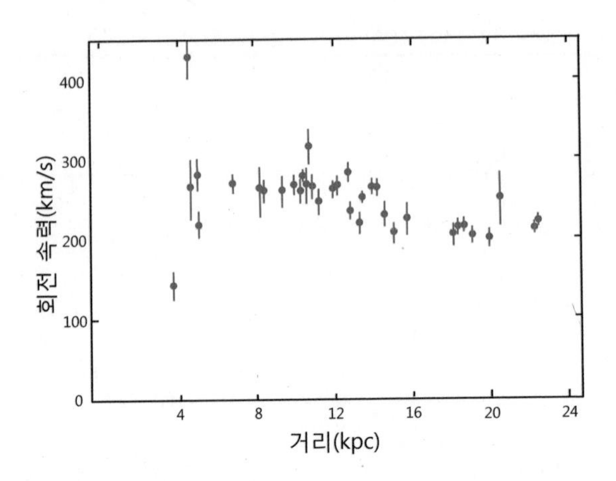

그림 IV-24 안드로메다은하의 회전 곡선 [출처: Rubin & Ford Jr., 1970년, "Rotation of the Andromeda Nebula from a Spectroscopic Survey of Emission Regions(방출선 분광 서베이로 알아낸 안드로메다은하의 자전)", *Astrophysical Journal*, 159권, 379~403쪽.]

국부은하군

우리 은하수를 중심에 두고 좀 더 큰 규모로 시야를 넓혀보자. [그림 IV-25]는 우리 은하수 근처 반지름 약 1 M*pc*(메가파섹) 안에 들어 있는 은하들을 나타낸 것이다. 큰 은하로는 우리 은하수와 안드로메다은하, 우리 은하수보다 10배쯤 작은 삼각형자리은하 정도가 있다. 우리 은하수 주변에 있으면서 우리 은하수의 중력장에 붙잡혀 있는 여러 위성은하가 보이고, 안드로메다은하 주변에도 그것의 위성은하들이 있다. 또한 큰 은하들과는 동떨어져 있는 작은 은하들도 여럿 있다. 이들은 서로의 중력으로 묶여 있다. 대략 50~100개 정도의 은하가 서로 중력으로 묶여 있는 계를 '은하군'이라 한다. 특히 우리 은하수가 속한 은하군을 '국부은하군'이라고 한다. 국부(局部)라는 것은 우리 근처라는 뜻이고, 은하군의 군(群)은 떼지어 모여 있다는 뜻이다. 은하군보다 더 많은 수백 개에서 수천 개의 은하가 떼지어 있는 계를 '은하단'이라고 한다. 은하단은 우리 우주에서 중력으로 묶여 있는 계 가운데 가장 큰 것이다.

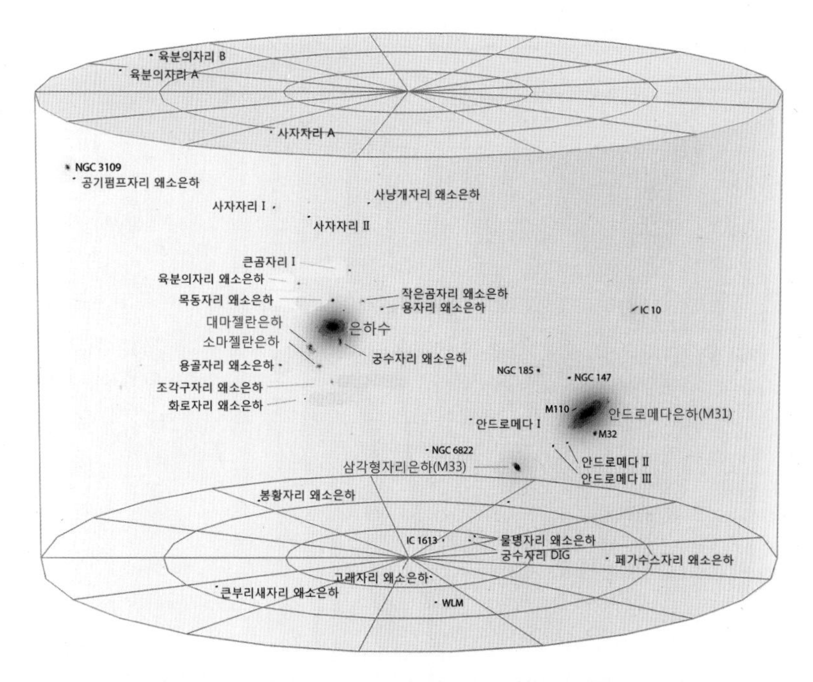

그림 IV-25 국부은하군 우리 은하수와 안드로메다은하를 포함한 반지름 약 1메가파섹의 영역 안에 들어 있고 서로 중력으로 묶여 있는 은하들을 국부은하군이라고 한다. 주로 우리 은하수와 그 위성은하들, 또한 안드로메다은하와 그 위성은하들로 구성되어 있고, 또한 삼각형자리은하가 들어 있다. 이렇게 은하 50~100개가 서로 중력으로 묶여서 도망가지 못하고 한군데 모여 있는 것을 은하군이라고 한다. 수백에서 수천 개의 은하가 그렇게 모여 있는 것을 은하단이라고 한다.

Chapter 05 우주의 팽창

허블의 법칙

1929년에 미국의 천문학자 에드윈 허블은 20세기의 가장 중요한 과학적 발견 중 하나로 거론되는 논문을 발표하였다. 몇 해 전 그는 안드로메다성운이 우리 은하수와는 동떨어진 외부은하임을 증명했다. 그는 이어 외부은하들이 대부분 적색이동을 보인다는 사실에 주목하였다. 이 사실은 이미 10여 년 전부터 외부은하의 적색이동을 측정해온 베스토 슬라이퍼(1875~1969)라는 천문학자에 의해 알려져 있었다. 슬라이퍼가 관측한 41개의 은하들 중에서 36개가 적색이동을 보였던 것이다. 슬라이퍼의 관측 결과는 영국의 유명한 천문학자인 아서 에딩턴 경(1882~1944)이 지은 『상대성이론의 수학적 이론』이라는 책에 실려 있었다. 허블은 윌슨 산 천문대에서 함께 일하던 동료 밀턴 휴메이슨(1891~1972)이 관측한 몇몇 은하에 대한 속도값 이외의, 나머지 대부분의 관측 자료를 에딩턴 경의 책에 실린 슬라이퍼의 관측값을 채용한 것으로 파악된다. 그러나 그는 그 출처를 명확하게 밝히지는 않았다.

그 은하들까지의 거리를 구하는 것은 더욱더 어려운 문제였다. 그 당시 이미 세페이드 변광성이 외부은하의 거리를 재는 표준 촛불 역할을 할 수 있다는 사실이 뜨거운 화제이긴 했다. 그러나 그때는 망원경의

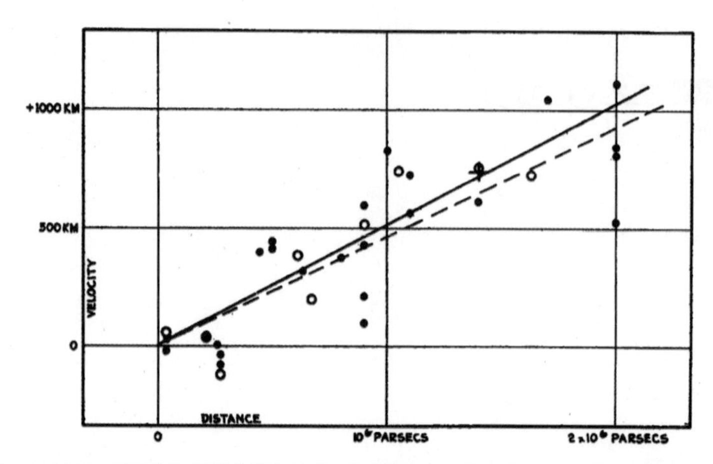

그림 V-1 허블도 가로축은 은하까지의 거리, 세로축은 그 은하의 후퇴속도를 그린 그래프이다. 가로축은 $10^6\,pc$, 즉 *Mpc* 단위이고, 세로축은 *km/s* 단위이다. 점들이 직선을 따라 분포하는 것은 은하의 후퇴속도가 거리에 비례함을 뜻한다. 이것을 허블의 법칙이라고 한다. [출처: Hubble, 1929년, "은하 외부성운들 사이의 거리와 시선속도와의 관계", *Proceedings of the National Academy of Sciences*, 15권, 제3호, 168~173쪽.]

구경도 작고 관측기기도 감도가 낮은 사진이 고작이었기 때문에 멀리 있는 은하에서 세페이드 변광성을 찾아 관측하기는 무리였다. 허블은 대마젤란은하, 소마젤란은하, 안드로메다은하, 삼각형자리은하 등 매우 가까운 은하들의 거리는 세페이드 변광성을 사용하여 측량했고, 나머지 대부분의 은하들의 거리는 그 은하에서 제일 밝은 별의 밝기를 사용한다거나 그 은하 전체의 밝기 등을 지표로 구하였다.[24] 당연히 그가 제시한 거리는 매우 부정확할 수밖에 없었다.

이러한 어려움에도 불구하고 허블은 은하까지의 거리와 후퇴속도로 그래프를 그려보았다. 그 결과 엄청난 발견을 하게 되었다. [그림 V-1]에서 보듯이, 점들이 그래프상에서 직선을 따라 분포하고 있었다. 은하들의 후퇴속도는 거리에 비례한다! 다시 말해서 멀리 있는 은하일수록 우리로부터 더 빠르게 멀어져 간다. 게다가 특정 방향에 보이는 은하들만 이런 경향을 보이는 것이 아니라 전체 하늘에서 골고루 뽑은 은하들이 모두 이런 경향을 보인다. 허블은 이렇게 결론을 내렸다. "우주의 어떤 방향을 보더라도 먼 은하일수록 우리로부터 더 빨리 달아나는 경향이 있다." 이것은 우리 우주가 팽창한다는 결정적 근거로 해석되었고, 그 발견자의 이름을 기려서 '허블의 법칙'이라고 부르고 있다.

가로축은 은하까지의 거리, 세로축은 후퇴속도로 하여 그린 그림을 '허블도'라고 한다. [그림 V-1]은 허블의 논문에 실려 있는 허블도이다. 점들이 직선을 따라 분포하는 양상을 보이기는 하지만 점들이 흩어져 있는 느낌을 준다. 그 당시 기술로는 은하까지의 거리와 후퇴속도의 측정값이 부정확했기 때문이다. 현대 천문학은 첨단 관측 기술을 동원하여 이런 물리량들을 정확하게 측정할 수 있다. 그러므로 그 정확한 관측값을 사용하여 허블의 법칙을 재조명해볼 수 있을 것이다.

[표 V-1]은 미국의 천문학자 브렌트 툴리(1943~) 등이 2013년에 발표한 논문에 실려 있는 최신 은하 목록에서 허블이 연구에 사용한 은하들에 대한 거리와 후퇴속도 관측값만을 뽑아놓은 것이다.[25] 그리고 허블의 관측치는 허블의 논문에 실려 있는 값이다.[26] 툴리의 은하의 후퇴속도는 우리 은하수 중심에서 관측한 값으로 보정된 것이다. 우리가 사는 지구는 자전하고 있고 해를 공전하고 있다. 또한, 해는 우리 은하수를 2.5억 년 주기로 공전하고 있다. 그러므로 이러한 운동을 모두 고려함으로써, 은하의 거리와 후퇴속도를 우리 은하수 중심에서 관측할 때의 값으로 변환하였다. 이것을 가지고 허블의 법칙을 재발견해보자.

표 V-1 허블이 관측했던 은하들 맨 왼쪽 칸에 번호가 매겨진 은하들이 허블의 법칙을 발견할 때 사용된 은하들이다. 여기에 처녀자리 은하단을 구성하는 은하들 가운데 가장 밝은 것 16개 추가하였다. 비고에는 각 은하를 부르는 다른 이름들을 나타냈고, 처녀자리 은하단을 구성하는 은하의 경우는 괄호 안에 밝기 순위를 적어두었다. 은하까지의 거리와 후퇴속도의 현대 관측치는 툴리 등의 2013년 논문에 수록된 측정치를 넣었다. 툴리의 후퇴속도는 우리 은하수 중심에서 관측할 때의 값으로 보정한 것이다.

번호	은하	별자리	다른 이름	거리(*Mpc*)		속도(*km/s*)		비고
				툴리	허블	툴리	허블	
1	PGC 3085		SMC	0.06	0.032	+10	+170	
2	PGC 17223		LMC	0.05	0.034	+74	+290	
3	PGC 63616	궁수자리	NGC 6822	0.48	0.214	+51	−130	바너드은하
4	PGC 5818	삼각형자리	NGC 598	0.91	0.263	−36	−70	삼각형자리은하
5	PGC 2555	안드로메다자리	NGC 221	0.78	0.275	−4	−185	M32
6	PGC 2557	안드로메다자리	NGC 224	0.77	0.275	−97	−220	M31, 안드로메다은하
7	PGC 50063	큰곰자리	NGC 5457	6.95	0.45	+366	+200	바람개비은하
8	PGC 43495	사냥개자리	NGC 4736	4.59	0.5	+370	+290	M94
9		사냥개자리	NGC 5194	7.1	0.5	+463	+270	M51, 소용돌이은하
10	PGC 40973	사냥개자리	NGC 4449	4.27	0.63	+260	+200	
11	PGC 39225	사냥개자리	NGC 4214	2.93	0.8	+313	+300	
12	PGC 28630	큰곰자리	NGC 3031	3.61	0.9	+77	−30	M81, 보데의 은하
13	PGC 34695	사자자리	NGC 3627	9.04	0.9	+637	+650	M66, UGC 6346
14	PGC 44182	사냥개자리	NGC 4826	5.24	0.9	+401	+150	M64, 검은눈은하
15	PGC 48082	히드라자리	NGC 5236	4.66	0.9	+367	+500	M83
16	PGC 10266	고래자리	NGC 1068	14.4	1.0	+1137	+920	M77
17	PGC 46153	사냥개자리	NGC 5055	9.04	1.1	+571	+450	M63, 해바라기은하
18	PGC 69327	페가수스자리	NGC 7331	13.87	1.1	+1047	+500	Caldwell 30
19	PGC 39600	사냥개자리	NGC 4258	7.31	1.4	+520	+500	M106
20	NGC 4151	사냥개자리	NGC 4151	19	1.7	+995	+960	

21	PGC 40515	머리털자리	NGC 4382	15.85	2.0	+678	+500	(5) M85
22	PGC 41220	처녀자리	NGC 4472	16.07	2.0	+906	+850	(1) M49
23	PGC 41361	처녀자리	NGC 4486	16.52	2.0	+1223	+800	(2) M87
24	PGC 042831	처녀자리	NGC 4649	17.38	2.0	+1055	+1090	(3) M60
	PGC 40653	처녀자리	NGC 4406	17.06		−339		(4) M86
	PGC 40153	처녀자리	NGC 4321	13.93		1522		(7) M100
	PGC 40455	처녀자리	NGC 4374	16.90		940		(6) M84
	PGC 40001	처녀자리	NGC 4303	16.1		1483		(9) M61
	PGC 41517	머리털자리	NGC 4501	19.68		2230		(10) M88
	PGC 39578	머리털자리	NGC 4254	13.878		2347		(11) M99
	PGC 41772	처녀자리	NGC 4526	15.0		515		(12)
	PGC 42168	처녀자리	NGC 4579	16.67		1459		(13) M58
	PGC 41968	처녀자리	NGC 4552	15.85		269		(14) M89
	PGC 42628	처녀자리	NGC 4621	15.35		385		(15) M59
	PGC 41024	머리털자리	NGC 4450	15.35		1912		(18)
	PGC 41934	머리털자리	NGC 4548	17.14		441		(20) M91
	PGC 42857	처녀자리	NGC 4654	14.52		995		(21) NGC 4654
	PGC 41823	처녀자리	NGC 4536	14.66		1716		(22)
	PGC 42833	머리털자리	NGC 4651	22.1		788		(23) UGC 7901
	PGC 40898	처녀자리	NGC 4435	16.52		746		(24) VCC1030

[표 V−1]에 수록된 거리와 후퇴속도를 가지고 허블도를 그린 것이 [그림 V−2]이다. 검은 동그라미는 허블이 사용한 은하의 현대 관측값을 나타내는데, 직선을 따라 긴밀하게 나열되어 있음을 볼 수 있다. 은하의 후퇴속도가 은하까지의 거리에 비례한다는 허블의 법칙을 다시 확인한 셈이다! 앞에서 태양계와 목성의 위성들에서 성립하는 케플러

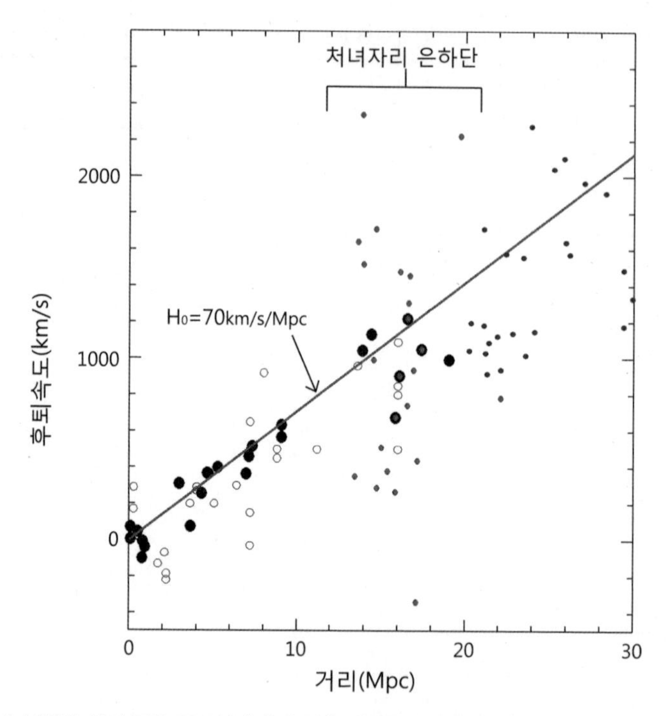

그림 V-2 허블도 툴리 등은 2013년에 은하 관측 자료를 바탕으로 은하까지의 거리와 후퇴속도를 그렸다. 흰 동그라미는 허블의 1929년 논문에 제시되어 있는 관측값들이다. 거리에 임의의 숫자를 곱하여 현대 관측 결과와 최대한 일치하도록 만들었다. 이 은하들에 대해 현대 관측값으로 그린 것이 크고 검은 동그라미이다. 중앙에 보이는 붉은 점은 처녀자리 은하단을 구성하는 은하들의 현대 관측값을 나타낸다. 파란 점은 처녀자리 방향에 보이는 은하들이다.

의 제3법칙을 이야기할 때처럼, 이것을 수식으로 나타내면 훨씬 명확해진다. 즉, 은하의 후퇴속도를 v_r이라고 하고* 그 은하까지의 거리를 r이라고 하고, 후퇴속도가 거리에 비례한다는 말을 수식으로 쓰면

* v_r의 아래 첨자 r은 후퇴한다는 뜻의 recession의 머리글자를 딴 것이다.

$$v_r \propto r$$

이다. 이것을 달리 말하면, r에 대한 v_r의 비가 일정한 것이다. 이것을 수식으로 표현하면

$$\frac{v_r}{r} = \mathrm{A}$$

라고 할 수 있는데, 여기에 나오는 A는 일정한 물리량을 뜻하며 비례상수라고 부른다. 이해를 돕기 위해 고등학교 때 배운 해석기하학을 생각해보면, $y \equiv v_r$이라고 정의하고 $x \equiv r$이라고 정의하면, 이 식은 $y = \mathrm{A}x$가 된다. 이것은 원점을 지나는 직선의 방정식이고, 여기서 A는 그 직선의 기울기이다. 다시 말해서, 허블의 법칙은 가로축을 은하까지의 거리로 하고 세로축을 그 은하의 후퇴속도로 하여 그리면 각 은하를 나타내는 점들이 한 직선을 따라 나타나게 되고 그 직선의 기울기가 비례상수가 된다는 말이다. 이 비례상수 또는 직선의 기울기를 특별히 발견자의 이름을 기념하여 '허블상수'라고 하고 H_0이라고 표기한다. 여기에 아래 첨자로 쓴 숫자 0은 '지금 여기' 근처에서 측정된 값이라는 뜻이다. [그림 V-2]에 붉은 직선으로 그린 것은 현대적인 방법으로 측정된 허블상수 값 $\mathrm{H}_0 \approx 70\, km/s/\mathrm{M}pc$을 그린 것이다. 그러면 허블의 법칙은 $v_r = \mathrm{H}_0 r$로 쓸 수 있다.

한편, [그림 V-2]에서 흰 동그라미는 허블이 사용한 옛날 관측값이다. 원래 허블이 채택한 거리를 8배 해주니 그것들이 허블의 법칙을 나타내는 붉은 직선을 따라 분포하게 되었다. 그래서 허블의 논문에 있는 은하의 거리는 현대 관측값에 비해 약 8배 정도 과소 평가되어 있음을

추론할 수 있었다. 허블이 논문에 제시한 허블상수도 현재값에 비해 7~8배 정도 큰 값이었다. 역시 부정확한 거리가 문제였다!

허블은 허블도의 중앙에 아래위로 폭넓게 흩어져 있는 점들을 주목했다. 그는 이 은하들이 처녀자리 은하단에 속해 있음을 지적했다.* 허블의 추정이 맞는지 확인해보고자, 처녀자리 은하단의 가장 밝은 은하 20개 정도를 추가하여 허블도에 붉은 점으로 표시하였다. 예상했던 대로 약 15 *Mpc*(메가파섹) 근처에 길쭉한 모양이 나타나고, 허블이 사용한 네 은하들은 검은 동그라미와 붉은 점이 대체로 일치한다. 처녀자리 은하단의 구성원이 맞는 것으로 확인된다.

허블이 사용한 은하는 현대에 측량된 거리로는 20 *Mpc* 정도까지이다. 그 너머에서도 허블의 법칙이 성립하는지 알아보기 위해 처녀자리 은하단이 있는 하늘 방향에 존재하고 거리가 20~30 *Mpc*인 은하들을 골라 [그림 V-2] 허블도에 파란 점으로 표시해보았다. 그 파란 점들은 전체적으로 허블의 법칙을 나타내는 붉은 직선을 따라 분포하지만 후퇴속도가 아래위로 흩어져 있다. 그 흩어진 까닭을 알아보기 위해 그보다 멀리 있는 은하들까지 허블도를 그려보자.

[그림 V-3]은 툴리 등이 2013년 발표한 논문에 실려 있는 은하의 거리와 후퇴속도를 가지고 처녀자리 은하단 방향에 있는 은하들만을 대상으로 허블도를 그려본 것이다. 그중 아래 그림은 30 *Mpc* 안쪽에 있는 은하들의 허블도를 그린 것인데, 15 *Mpc* 근처에 점들이 많이 모

---

* 처녀자리 은하단의 강한 중력에 의해 그 안에 들어 있는 은하들은 상당히 빠른 속력을 가질 수 있으므로, 우리에게 다가오는 은하는 후퇴속도가 허블의 법칙에 의한 속도보다 작아지고, 반대로 우리에게서 멀어지는 은하는 후퇴속도가 허블의 법칙에 의한 속도보다 커지게 된다. 이러한 효과 때문에 허블도에서 은하단에 속한 은하들은 허블의 법칙을 나타내는 직선의 위아래에 볼록한 모양을 이루며 모여 있게 된다.

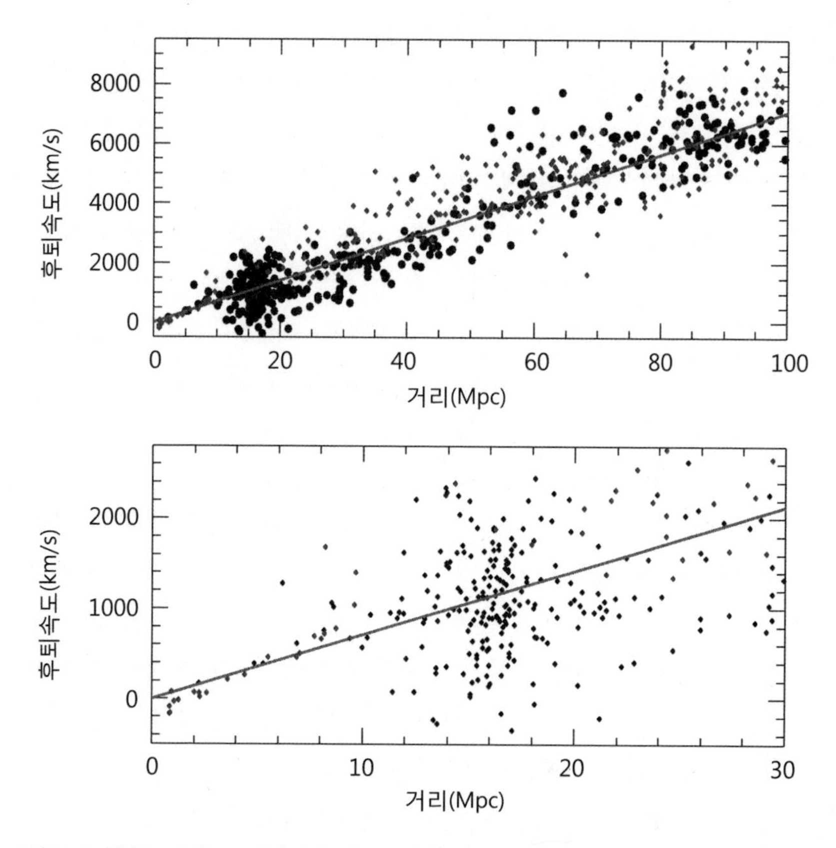

그림 V-3 허블도 아래는 30메가파섹보다 가까운 은하들의 허블도이고, 위는 100메가파섹보다 가까운 은하들의 허블도이다. 검은 점은 처녀자리 은하단 근처의 은하들이고, 파란 점은 그 정반대 쪽에 있는 은하들이다. 아래 그림의 중앙, 즉 위 그림의 왼쪽 아래에 모여 있는 검은 점들은 처녀자리 은하단을 구성하는 은하들이다.

여 있는 것을 볼 수 있다. 이것이 바로 처녀자리 은하단이다. 그 위의 그림은 100 M*pc* 안쪽에 있는 은하들의 허블도를 그린 것으로, 파란 점들은 처녀자리의 정반대 쪽 하늘에 있는 은하들이다. 전체적으로 후퇴속도가 거리에 비례하며, 거리가 15 M*pc*보다 가까운 은하들은 최신 허블상수로 그린 붉은 직선과 매우 잘 일치한다. 그 까닭은 이 정도 거리까지는 세페이드 변광성으로 거리를 정확하게 측량했기 때문이다. 그보다 먼 은하들 중 나선은하는 툴리-피셔(Tully-Fisher) 관계성을 사용하고, 타원은하는 페이버-잭슨(Faber-Jackson) 관계성을 사용한다. 툴리-피셔 관계성이란 나선은하의 회전속도와 절대광도 사이에 관계성이 성립한다는 것이고, 페이버-잭슨 관계성이란 타원은하를 이루는 별들의 무작위 운동 속력과 은하 전체의 절대광도가 관계성을 가지고 있다는 경험 법칙이다. 툴리-피셔나 페이버-잭슨 방법은 세페이드 변광성에 의한 측량 방법보다는 오차가 훨씬 크다.

먼 은하일수록 더 빨리 달아난다는 말은 '은하의 후퇴속도가 은하까지의 거리에 비례한다'라고 고쳐 말할 수 있다. 거리에 따라 후퇴속도가 커질 때, 거리의 제곱에 비례할 수도 있고, 세제곱이나 네제곱에 비례할 수도 있다. 그런데 허블은 은하들의 후퇴속도가 거리에 비례한다는 사실을 발견하였다. 거리의 제곱이 아닌 단지 거리에 비례한다(수학적으로는 선형 비례한다)는 것은 정말로 중요한 사실이다! 그것은 우리 우주 공간이 팽창하고 있음을 의미하기 때문이다. 이것에 대해서는 조금 나중에 살펴보기로 하고, 여기서는 우주의 시작과 우주의 나이에 대해 잠시 생각해보기로 하자.

어떤 은하가 우리로부터 달아나는 속도인 후퇴속도를 v_r, 그 은하까지의 거리를 r이라고 하자. 그러면 허블의 법칙은 허블상수 H_0을 도입하여

(식 V−1) $$v_r = \mathrm{H}_0 r$$

이라고 쓸 수 있다. 여기서 허블상수 H_0은 우주론에서 매우 중요한 값이지만, 허블상수는 물리학의 네 가지 기본상수*는 아니다. 앞에서도 설명했듯 아래 첨자 0은 '지금 여기' 근처에서 측정된 값임을 뜻한다. 또한 허블상수는 우주의 시간에 따라 그 값이 변한다. 그래서 허블계수라고 부르는 편이 옳다. 다만 현재의 허블계수 값을 특히 허블상수라고 부른다.

한편 앞의 식은

(식 V−2) $$\frac{r}{v_r} = \frac{1}{H_0}$$

이라고도 쓸 수 있다. 이 식의 좌변은, 속도 v_r로 멀어지고 있는 어떤 은하가 거리 r만큼까지 멀어지는 데 걸리는 시간을 뜻한다. 허블의 법칙이 성립한다면, 거리가 어떻든 모든 은하에 대해 같은 시간이 걸리게 된다. 따라서 우변의 $\frac{1}{H_0}$은 우주의 나이에 해당하는 어떤 값으로 생각할 수 있다. 그래서 허블상수의 역수를 '허블시간'이라고 부른다. 거꾸로 $\frac{1}{H_0}$의 시간만큼 과거로 돌아가면, 지금 거리가 어떻든 모든 은하가 서로 가까이 있다 못해 한 점에 모여 있었다는 말이 된다. 그 때를 우리는 빅뱅이라고 부른다.

연습문제 1 현대천문학의 측정에 따르면, $H_0 \approx 70 km/s/Mpc$이다. 허블시간을 계산해보시오.

---

* 뉴턴의 중력상수 G, 통계역학에서 사용하는 볼츠만상수 k, 양자역학의 플랑크상수 h, 그리고 빛의 속도 c 등을 말한다.

답 허블상수 H_0은 $70\,km/s$의 속력으로 $1\,Mpc$의 거리를 나아가는 데 걸리는 시간이라는 뜻이다. $1\,Mpc = 10^6\,pc = 3.086 \times 10^{19}\,km$이므로, 허블시간은

$$\frac{1}{H_0} = \frac{3.086 \times 10^{19}\,km}{70\,km/s} \simeq 4.4 \times 10^{17}\,s$$

이다. 1년=365.25일×24시간×60분×60초= $3.15576 \times 10^7\,s$이므로, 허블시간은

$$\frac{1}{H_0} = \frac{4.4 \times 10^{17}\,s}{3.15576 \times 10^7\,s/\text{년}} \simeq 1.4 \times 10^{10}\text{년},$$

즉 140억 년이다.

그런데 앞의 (식 V−1)을 r에 대해 풀고, 분자와 분모에 광속 c를 곱해주면

(식 V−3)
$$r = \frac{v_r}{H_0} = \frac{c}{H_0}\frac{v_r}{c}$$

이 된다. (식 IV−7)과 같이 은하의 스펙트럼에서 측정되는 적색이동을

$$z \equiv \frac{\lambda - \lambda_0}{\lambda_0}$$

으로 정의하고, 이러한 적색이동이 나타나는 이유를 도플러 효과 때문이라고 풀이하면, $z = \frac{v_r}{c}$이다. 따라서

(식 V−4)
$$r = \frac{c}{H_0} z$$

가 된다. 이 식에 나타나는 $\frac{c}{H_0}$는

$$c \times \frac{1}{H_0} = \text{광속} \times \text{허블시간}$$

이다. 이 값은 허블시간 동안 빛이 진행한 거리이다. 즉, 우주의 나이 동안 빛이 진행한 거리이다. 우주의 크기에 견줄 수 있는 양이라고 이해할 수 있다. 우리는 이 값을 '허블거리'라고 부른다. 앞에서 풀어본 (연습문제 1)에서 허블시간이 140억 년이므로 허블거리는 140억 광년이 된다. 다만, 실제 우주의 나이를 구할 때는 허블계수가 시간에 따라 변해왔다는 사실을 고려해서 시간에 대한 적분을 해야 한다. 앞으로 우리는 허블거리를 d_H라고 표기하기로 한다.

우주의 팽창

허블의 법칙이 뜻하는 바는 무엇인가? 은하 A에 사는 관측자가 다른 은하들을 관측하면, 그 은하들의 후퇴속도는 허블의 법칙을 따르므로, [그림 V-4]의 (가)와 같이, 은하 A에서 먼 은하일수록 더 빨리 달아나는 것으로 보인다. 여기서 은하의 후퇴속도는 화살표로 나타냈다. 화살표의 길이는 후퇴속도의 크기, 즉 속력을 나타내고 화살표의 방향은 은하 A를 기준으로 한 시선의 방향이다. (수학에서는 이러한 화살표를 속도 벡터라고 한다.) 이와 같이 후퇴속도가 허블의 법칙을 따르는 은하들의 운동을 '허블 흐름'이라고 부른다.

그런데 은하 A에서 다른 은하들을 볼 때 허블 흐름으로 관측되는 경우, 우주의 다른 곳에 있는 은하 B에 사는 관측자에게 은하들은 어떻게 보일까? 그 답은 [그림 V-4]에서 차례로 볼 수 있다. [그림 V-4]의 (가)에 있는 녹색 화살표는 은하 A에 사는 관측자가 관측한 은하들의 속도이다. 이 속도에서 은하 A에 대한 은하 B의 속도, 즉 [그림 V- 4]의 (나)에 있는 파란색 화살표를 일률적으로 빼준 것이 [그림 V-4]의 (다)이다. 그 빼준 결과가 바로 은하 B의 관측자가 보는 다른 은하들의 운동속도, 즉 [그림 V-4]의 (라)에 나타낸 붉은색 화살표가 된다.*

(가)와 (라)를 비교해보면, 은하 A의 관측자가 자신을 기준으로 볼 때 다른 은하들이 모두 허블 흐름을 나타내면, '임의의' 다른 은하 B의 관측자도 자신을 기준으로 할 때 다른 은하들이 모두 허블 흐름을 나타내는 것으로 관측하게 됨을 알 수 있다. 그러므로 우리는 다음과 같은 결론을 얻을 수 있다. "한 관측자가 허블 흐름을 관측하면 다른 곳의 관측자도 각자 동일한 허블 흐름을 관찰하게 된다!" (이런 결과가 나온 까닭을 찾아 생각을 거슬러 올라가 보면, 그 까닭은 은하의 후퇴속도가 거리에 선형으로 비례하기 때문이다. 만일 은하의 후퇴속도가 거리의 제곱에 비례하면 이런 현상이 생기지 않는다.)

은하들이 우리 은하수를 중심으로 모든 방향으로 허블의 법칙을 따

---

* 속도의 덧셈과 뺄셈을 수학에서는 벡터의 덧셈과 뺄셈으로 계산한다. 속도 벡터를 화살표로 표시하고 덧셈을 설명하자면, 한 속도를 나타내는 화살표의 머리에다 다른 속도의 꼬리를 이었을 때, 첫 화살표의 꼬리를 꼬리로 하고 더한 화살표의 머리를 머리로 하는 새로운 속도가 두 벡터의 합이 된다. 벡터는 고등학교 수학 시간에 배운다. 이는 뉴턴의 『프린키피아』에도 두 힘의 합력을 구할 때 평행사변형을 그려서 합을 구한다는 것이 설명되어 있을 만큼 오래된 개념이다. 한 속도에서 다른 속도를 빼는 것은, 빼는 속도와 그 속력은 같고 방향만 정반대인 속도를 더해주는 것과 같다.

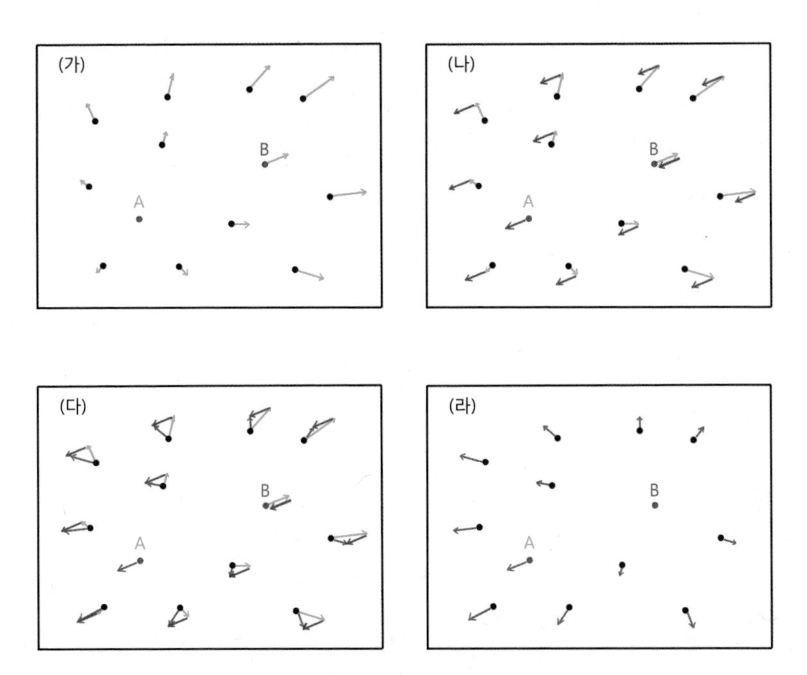

그림 V-4 허블 흐름 모든 관측자가 동일한 허블의 법칙을 관측하게 된다.

르며 멀어지고 있다! 그렇다면 우리 은하수가 우주의 중심이라는 말인가? 그러나 다른 은하의 관측자도 똑같은 허블 흐름을 관측한다. 우리 우주에 특별한 중심은 없는 것이다.

이런 일이 어떻게 일어날 수 있는지 생각해보자. 우리는 은하가 우리로부터 후퇴하는 '운동'을 하기 때문에 이른바 '도플러 효과'에 의해 적색이동이 나타난다고 생각하기 쉽다. 그러나 (식 V−4)를 고쳐 쓰면, $z = v_r/c = H_0r/c$로 쓸 수 있는데, 이 식을 가만히 살펴보면, 어떤 은하의 거리가 충분히 멀면 그 후퇴속도 v_r이 광속 c에 필적할 수 있고, 심지어 광속보다 커질 수도 있음을 볼 수 있다. 그러나 상대성이론에 따르면 질량을 가진 물체는 광속보다 빨리 움직일 수 없다.

광원의 속도가 광속에 필적하는 경우에는, 앞의 (식 IV−9)처럼, 상대론적인 도플러 효과를 고려해줌으로써 물체(은하)의 후퇴속도가 광속을 넘는 문제를 해결할 수 있을 것 같기도 하다. 그러나 특수상대성이론에 따르면, 속력 v로 움직이는 정지질량 m_0인 물체(은하)의 에너지 E는

$$E = \frac{m_0 c^2}{\sqrt{1 - \left(\frac{v}{c}\right)^2}}$$

이다. (정지해 있는 물체, 즉 $v = 0$인 경우, 위의 식은 그 유명한 $E = m_0 c^2$이 된다.) 은하의 속력 v가 광속 c에 가까워짐에 따라 분모가 0에 가깝게 되므로 $m_0 = 0$이 아닌 이상 에너지가 무한대로 발산한다. 물리학에서 이런 상황은 뭔가 잘못된 것이다. 즉, 허블의 법칙은 은하 자체의 운동 때문에 생기는 현상이 아니라고 봐야 한다.

은하들이 운동하는 것이 아니라면 무슨 일이 벌어지고 있는 것인가? 우리는 발상을 전환해야 한다. 즉, 은하들은 그냥 자기 자리에 있는데 은하들 사이의 공간이 늘어난다고 생각해보자. 이렇게 가정하면, 은하의 적색이동과 허블의 법칙이 자연스럽게 설명된다.

이것을 증명하기에 앞서, 팽창하는 우주 공간을 서술하기 위해 직관적인 좌표계를 도입해보자. [그림 V−5]에서 보듯이, 우주 공간과 함께 팽창하는 좌표계를 생각하자. 이것을 '동행 좌표계'라고 한다. 은하들 자체는 움직이지 않고 제자리에 있다. 그러면, 동행 좌표계에서 두 은하 사이의 거리는 변하지 않는다. 이 거리를 comoving distance라고 하는데, 함께(co−) 움직이는(moving) 거리라는 뜻이라서 '동행 거리'라는 용어를 쓴다. (하지만 사실 이 용어는 불만족스럽다. 우주 공간과 함께

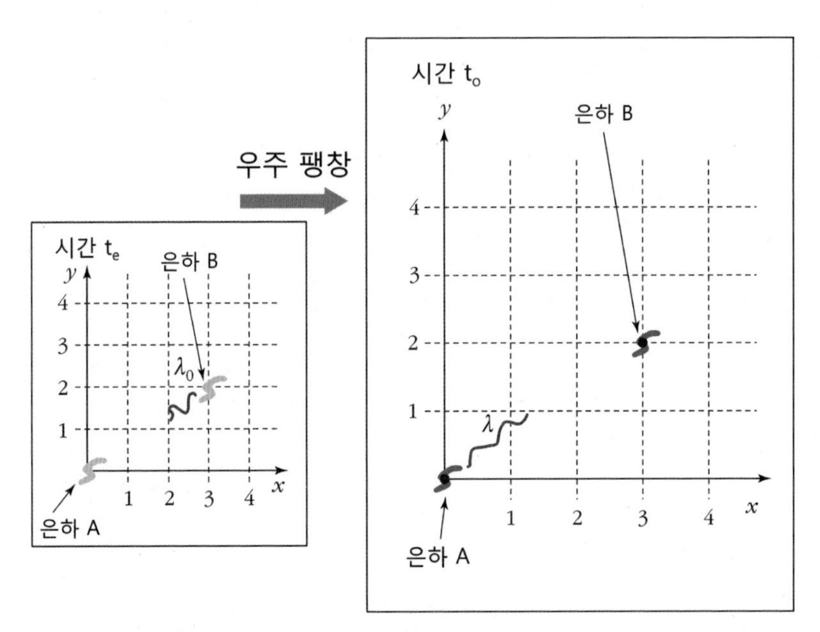

그림 V-5 우주의 팽창 고무막 위에 좌표 격자가 그려져 있다고 하자. 그 고무막이 사방으로 a배 늘어났다고 하자. 은하들이 자체 운동을 하지 않는다면 고무막을 따라 늘어난 좌푯값은 변하지 않으나, 은하들 사이의 실제 거리는 a배 커진다. 여기서 a를 '우주축척'이라고 한다. 고무막과 함께 늘어난 좌표로 측정한 거리를 '동행거리'라고 하고, 우주 팽창과 더불어 멀어진 거리를 '고유거리'라고 한다. 또한 우주가 팽창하면 그동안 우주축척이 커지므로 빛의 파장도 길어지는 우주론적 적색이동이 발생한다.

(同) 늘어나는(伸) 거리이므로 차라리 동신 거리라고 하고 싶다.) [그림 V-5]에서 보듯이, 격자로 그려진 동행 좌표계에서 은하 A와 은하 B의 좌표는, 우주가 팽창하더라도, 각각 (0, 0)과 (3, 2)로 변하지 않는다. 그러나 우주 공간이 팽창함에 따라, 두 은하 사이의 실제 거리는 늘어난다. 이 실제 거리를 proper distance라고 하는데, '정확한 거리' 또는 '진짜 거리'라는 뜻이지만 '고유 거리'라는 좀 불만족스러운 용어를 사용하고 있다.

어쨌든, 두 은하 사이의 '동행 거리'를 χ라고 하고 '고유 거리'를 r

이라고 한 다음, 우주 공간이 a배 팽창하면 동행 거리도 a배 커지고 그것이 '고유 거리'가 된다고 놓아보자. 그러면, $r = a\chi$가 된다. 이 비율 a를 '우주 축척(cosmic scale factor)'라고 하며, 시간에 따라 변하므로 시간 t의 함수가 된다. 그래서 $a = a(t)$로 나타내자. 우주 축척이 시간의 함수이므로 고유 거리도 시간의 함수가 된다. 즉, 고유거리 $r(t)$는 동행거리 χ를 우주축척 $a(t)$배만큼 팽창시킨 것이다. 이것을 다시 수식으로 적으면

$$r(t) = a(t)\chi$$

또는

(식 V−5) $$\frac{r(t)}{a(t)} = \chi$$

가 된다. 현재($t = t_0$)를 기준 척도로 놓으면, 즉 $a(t_0) = 1$로 놓으면 $r(t_0) = a(t_0)\chi = \chi$이다. 즉, 현재 어떤 은하까지의 고유 거리가 바로 동행 거리이다. 우주는 팽창해왔으므로 과거의 우주 축척은 현재의 우주 축척보다 작다. 따라서, 그 은하의 과거 고유 거리는 현재 고유 거리보다 작다. 고유 거리로 보면, 그 은하는 과거에 우리에게 더 가까이에 있었던 것이다.

우주 팽창과 적색이동

어느 은하에서 방출된 빛은 공간에 묻어서 진행하여 우리에게 관측되는데, 그 사이에 그 은하와 우리 사이의 공간 자체가 늘어나버리면 그 빛은 파장이 길어져서 적색이동이 일어난다. 우리는 이것을 '우주론적

적색이동'이라고 한다.

[그림 V−5]의 상황에서, 시간이 t_e일 때 한 은하에서 파장이 λ_0인 빛이 방출되어, 시간 t_o에 우리가 파장이 λ인 빛으로 관측했다고 하자. (파장 λ에 붙은 숫자 0은 정지좌표계에서 측정한 값이라는 뜻이고, 시간 t에 붙은 e와 o의 아래 첨자는 각각 방출을 뜻하는 emitted와 관측을 뜻하는 observed의 머리글자이다. 일반적으로 관측자는 '지금 여기'에 있는 우리이므로 $t_o = t_0$인 경우가 일반적이다.) 이 경우 두 은하가 자체 운동을 하지 않는다면 우주가 팽창해도 동행거리 χ는 변하지 않는 상수이므로 (식 V−5)에서

(식 V−6) $$\frac{r(t_e)}{a(t_e)} = \frac{r(t_o)}{a(t_o)}$$

의 관계가 성립한다. 시간 t_e일 때 방출된 빛은 한 파장의 길이가 λ_0이라면 그것은 그 당시에 측정되는 물리적 길이, 즉 고유거리이므로 $r(t_e) = \lambda_0$이 된다. 이 빛이 시간 t_o에 한 파장의 고유거리가 λ인 빛으로 관측되므로 마찬가지 이유로 $r(t_o) = \lambda$이다. 따라서

$$\frac{\lambda_0}{a(t_e)} = \frac{\lambda}{a(t_o)}$$

이다. 즉,

(식 V−7) $$\frac{\lambda}{\lambda_0} = \frac{a(t_o)}{a(t_e)}$$

이다. 앞의 (식 IV−7)과 같이, 천체의 스펙트럼에서 측정되는 적색이동은 다음과 같이 정의된다.

$$z \equiv \frac{\Delta\lambda}{\lambda_0} = \frac{\lambda - \lambda_0}{\lambda_0} = \frac{\lambda}{\lambda_0} - 1$$

여기에 (식 V−7)을 대입하면

$$z = \frac{a(t_o)}{a(t_e)} - 1$$

또는

(식 V−8) $$\frac{a(t_o)}{a(t_e)} = z + 1$$

이 된다. 이와 같이 적색이동은 우주의 팽창을 나타내는 우주축척으로 표현된다. 지금 여기에서 어떤 은하의 빛이 관측되는데, 그 빛이 방출될 때의 우주 축척 $a(t_e)$가 지금 여기의 우주 축척 $a(t_0)$와 같다면, 다시 말해 우주가 팽창하지 않는다면, 적색이동은 $z=0$이 된다. 그러나 우주가 팽창했다면 $a(t_0) > a(t_e)$이므로, 우주론적 적색이동은 $z \neq 0$일 뿐만이 아니라 항상 $z > 0$임도 알 수 있다. 즉, 허블의 흐름으로 나타나는 은하의 적색이동은 우주(공간)의 팽창 때문에 발생하는 현상이다.

우주 팽창과 허블의 법칙

허블의 법칙이 우주의 팽창 때문에 나타나는 현상임을 공부해보자. 팽창하는 우주에서는 은하 사이의 고유거리를 (식 V−5)로 나타낼 수 있다. 두 은하는 자체 운동을 하지 않으므로 동행거리 χ는 시간에 무관한 상수이다. 이 경우, (식 V−5)의 양변을 시간에 대해 미분하면

(식 V−9)
$$\frac{dr(t)}{dt} = \frac{da(t)}{dt}\chi$$

가 된다. 좌변은 우리가 실제로 측정하는 고유거리의 시간에 대한 변화율을 뜻하므로 은하 A에서 관측한 은하 B의 속도가 된다. 이것을 허블의 법칙에서는 후퇴속도라고 정의하고 있으므로 그것을 따르기로 하자. 즉,

$$v_r \equiv \frac{dr(t)}{dt}$$

이다. (식 V−9)의 우변에 있는 분자와 분모에 모두 $a(t)$를 곱해주어도 등식은 성립한다. 따라서

$$\frac{da(t)}{dt}\chi = \frac{da(t)}{dt}\frac{a(t)}{a(t)}\chi = \frac{\dot{a}(t)}{a(t)}a(t)\chi$$

이다. 물리학에서는 표현을 간단하게 하기 위해 시간에 대한 미분을 표현할 때 함수 위에 점을 찍어서 표시한다. 즉, $\dot{a}(t) = da/dt$이다. $\dot{a}$은 '에이 도트'라고 읽는다. 앞의 식을 보면 (식 V−5)에 따라 $a(t)\chi =$

$r(t)$이다. 또한

$$H(t) \equiv \frac{\dot{a}(t)}{a(t)}$$

라고 정의하면, 우변은 $H(t)r(t)$가 된다. 결론적으로 좌변과 우변은

$$v_r = H(t)r(t)$$

가 된다. 이것은 바로 은하의 후퇴속도가 거리에 비례한다는 허블의 법칙이다! 즉, 허블의 법칙은 우주 공간이 팽창하기 때문에 나타내는 현상인 것이다.

이 결과는 미분을 해서 얻은 것이므로 특정 시간에서의 허블의 법칙은 그 시간 근처에서만 성립한다. 앞에서 정의한 $H(t)$는 시간의 함수이며 다른 시간에서는 다른 값을 갖는다. 그래서 이것을 일반적으로 허블계수라고 부르고, 특히 현재($t = t_0$) 우리가 측정한 $H(t_0)$값을 허블상수라고 부르며 H_0이라고 쓴다. 멀리 있는 한 은하에서 다른 은하들을 관측하면 후퇴속도가 거리에 비례한다는 사실은 변하지 않지만 우리가 '지금 여기'에서 관측한 허블상수는 우주의 다른 시간에서는 값이 달라진다는 말이다.

허블상수의 측정

허블이 1929년에 은하들의 후퇴 속도가 거리에 비례함을 발견했을 때,

그가 제시한 허블상수는 $H_0 = 500\,km/s/Mpc$이나 되는 매우 큰 값이었다. 은하들까지의 거리를 측정하는 방법이 매우 부정확했기 때문에 이렇게 큰 값이 나왔다. 그 후로 천문학자들은 은하들까지의 거리를 정확하게 측정하는 방법을 개발해왔다. 세페이드 변광성을 사용해서 은하까지의 거리를 측정하는 방법이 나와서 가까운 은하들의 거리는 어느 정도 측정할 수 있게 되었다. 그럼에도 불구하고 1990년경에는 허블상수가 $H_0 = (50 \sim 100)\,km/s/Mpc$ 정도로 측정되었다. $H_0 = 50\,km/s/Mpc$이라면 허블시간이 200억 년이고 $H_0 = 100\,km/s/Mpc$이면 100억 년이므로, 이러한 허블상수는 우주의 나이가 100~200억 년임을 뜻하였다. 그러나 우리 은하수에 있는 가장 늙은 구상성단의 나이가 135억 년으로 측정되었고, CS31082-001이라는 별의 대기에 들어 있는 우라늄 방사성 동위원소 측정을 통해 이 별의 나이가 140억 년으로 추산되었다. 또한 BD+17°3248이라는 별에서 관측된 토륨과 우라늄 함량으로부터 이 별의 나이가 138억 년으로 추정되었으며, M4라는 구상성단에 들어 있는 가장 어두운 백색왜성을 관측한 결과 이 구상성단의 나이가 127억 년에 이른다는 사실이 밝혀졌다. 허블상수가 $100\,km/s/Mpc$에 가까워서 허블시간이 100억 년이면, 우주의 나이보다 우주 안에 들어 있는 천체의 나이가 더 많다는 이야기가 되므로 말도 안 되는 상황이었다.[27]

그럼에도 불구하고 1990년경까지도 세페이드 변광성을 사용하여 구할 수 있는 거리가, 가장 가까운 은하단인 처녀자리 은하단에도 미치지 못하였다. 그리하여 지구에서 고작(?) $15\,Mpc$에 있는 처녀자리 은하단까지 세페이드 변광성으로 거리를 측정하겠다는 야심찬 프로젝트가, 허블우주망원경이 첫 단계로 수행할 주요 관측 사업으루 선정되었다. 그 결과 허블상수는 $H_0 = (72 \pm 8)\,km/s/Mpc$(10%의 오차)으로 측정되

었다.[28]

그 이후 Ia형 초신성의 최대 밝기가 모두 동일하다는 사실이 발견되었다. 세페이드 변광성의 최대 밝기는 절대등급으로 −7등급 정도인데 비해서, Ia형 초신성의 최대 밝기는 −19등급이나 되었다. Ia형 초신성이 세페이드 변광성보다 6만 배나 더 밝다는 이야기로, Ia형 초신성을 가지고 은하의 광도거리를 측정하면 엄청나게 멀리까지 시야를 넓힐 수 있는 것이다. 천문학자들은 Ia형 초신성을 이용하여 처녀자리 은하단보다 먼 곳에 있는 은하의 거리를 측정할 수 있게 되었다. 적색이동이 $z \approx 0.1$ 정도에 해당하는 약 450 Mpc 거리까지 은하의 거리를 측정하여 $H_0 = (73.24 \pm 1.74)\,km/s/Mpc$(2.4%의 오차)라는 허블상수 값을 얻었다.[29]

한편 우주배경복사의 비등방성을 관측해도 허블상수를 측정할 수 있다. 우주배경복사는 빅뱅 이후 약 37만 년 당시의 우주의 모습을 사진으로 찍어놓은 것과 같은데, 그 온도 비등방성을 분석하여 '음파지평'의 크기를 측정하고 이를 가장 잘 설명하는 우주 모형을 결정할 수 있다. 1990년에 발사된 코비(COBE) 위성과 2001년에 발사된 더블유맵(WMAP) 위성을 거쳐, 2009년에는 플랑크 우주배경복사 관측 위성이 발사되었다. 위성이 관측할 수 있는 각 분해능은 시간이 갈수록 좋아졌다. 지금까지 가장 각 분해능이 좋은 플랑크 위성이 관측한 우주배경복사 비등방성 지도를 분석한 결과, $H_0 = (67.8 \pm 0.9)\,km/s/Mpc$(1.3%의 오차)이고 $\Omega_M = 0.308 \pm 0.012$로 측정되었다.[30] Ω_M은 우주를 구성하는 요소 중에서 바리온 물질과 암흑물질을 합한 성분이 얼마나 들어 있는지를 나타낸다.

은하들의 공간 분포에도 우주 초기의 바리온 음파 진동의 흔적이 남아 있다. 그러므로 은하 분포를 관측해도 허블상수를 측정할 수 있다. 현재 천문학자들의 연구에 따르면, 이 방법으로는 $H_0 = (67.3 \pm 1.1)\,km/s/Mpc$(1.7%의 오차), $\Omega_M = 0.301 \pm 0.008$, $\Omega_K = -0.003 \pm 0.003$의 값으로 측정되었다.[31] 여기서 Ω_K는 우주의 임계 밀도에 대한 우주의 곡률에너지 밀도를 나타내는 양이다. 우주의 시공간도 에너지를 담고 있을 수 있으므로 이 양을 따져보는 것인데, 우리 우주의 시공간이 기하학적으로 평탄하다면 우주의 총 에너지 밀도인수는 1이 되고 $\Omega_K = 0$이 된다. 위의 바리온 음파 진동에 관한 연구 결과를 보면, 우주의 곡률에너지 밀도가 사실상 0으로 측정되었다는 것도 주목된다.

이중 퀘이사나 아인슈타인 십자가 등과 같은 강한 중력렌즈 현상이 일어난 경우에도 허블상수를 측정할 수 있다. 최근 천문학자들은 H0LiCOW라는 이름의 아인슈타인 십자가 현상을 13년 동안 모니터링하였다. 이 현상은 멀리 있는 한 천체가 중간에 위치한 중력렌즈에 의해 4개로 나타나 보여서 마치 십자가처럼 보이기 때문에 아인슈타인의 십자가라고 부르는 천체 현상이다. 천문학자들은 그 네 이미지 사이의 시간 지연을 측정할 수 있었다. 거기에다가, 기존에 B1608+656과 RXJ1131-1231이라는 중력렌즈에서 측정된 시간 지연 값 등을 종합하여, 허블상수는 $H_0 = (71.9 \pm 2.70)\,km/s/Mpc$(3.8%의 오차)으로 구했고 암흑에너지 밀도인수는 $\Omega_\Lambda = 0.62^{+0.24}_{-0.35}$로 측정했다.[32]

Ω_Λ는 우리 우주의 임계 밀도에 대해 우주상수에 해당하는 에너지 밀도가 얼마나 되는지를 나타내는 양이다. 우주상수로부터 기인되며, 흔히 이 양을 암흑에너지라고 부른다. 우주가 팽창해도 그 밀도는 변하지 않는 기이한 성질을 가졌으며, 우주가 팽창함에 따라 빛에너지, 물질에너지, 곡률에너지 등은 줄어들기 때문에 이 값이 중요해져서 우주

공간을 가속 팽창시키는 노릇을 하게 된다.

이러한 여러 가지 허블상수 관측법으로 측정된 허블상수를 보면, 세페이드 변광성이나 Ia형 초신성으로 구한 허블상수와 우주배경복사의 비등방성으로 관측한 허블상수 사이에는 측정오차를 고려하더라도 분명한 차이가 있음을 알 수 있다. 즉, 세페이드 변광성 관측은 $H_0 = 73\,km/s/Mpc$이라고 할 수 있고, 우주배경복사는 $H_0 = 68\,km/s/Mpc$이라고 할 수 있는데, 각자의 측정오차가 $(1 \sim 2)\,km/s/Mpc$에 불과하므로 이 두 값의 차이는 측정오차가 아니라 실제로 물리적인 의미가 있는 차이라고 봐야 한다. 우주 초기와 한참을 진화한 후의 우주에서 측정한 허블상수가 분명한 차이가 있다는 사실은 천문학자들에게는 굉장히 흥미로운 문제이다.[33] 이 책에서는 이러한 차이가 분명히 있다는 사실을 전제로 편의상 두 값의 중간에 해당하는 $H_0 = 70\,km/s/Mpc$으로 허블상수를 택했다. 한편 이러한 관측 결과에서 말할 수 있는 또 다른 사실은, 우리 우주가 평탄한 유클리드 기하학을 만족하는 듯하다는 것이다. 이 사실은 우리 우주의 초기에 인플레이션이라는 사건이 있었음을 증명하는 관측 결과로 생각할 수 있다.

Chapter 06 우주론적 거리

> 수학에서는 항상 그렇지만, 단지 어떤 것에 대해 읽는 것보다 그것에 대해 조금이라도 혼자 힘으로 생각해본 경험을 통해 훨씬 깊이 이해할 수 있다.
>
> \- 로저 펜로즈

우리는 유클리드의 평면 기하학이 적용되는 유클리드 시공간에 익숙하다. 우리 근처의 좁은 우주에서는 평탄한 유클리드 기하학으로도 충분히 정확한 답을 얻을 수 있다. 해와 달, 그리고 행성까지의 거리, 별까지의 거리, 그리고 가까운 은하까지의 거리도 유클리드 기하학으로 정확하게 측량할 수 있다. 그러나 앞으로 우리가 공부할 우주는 그 규모가 훨씬 크며, 우리가 존재하는 시공간은 작은 규모에서는 평탄한 유클리드 시공간으로 보이지만 큰 규모에서는 휘어진 비유클리드 시공간일 가능성도 있다. 그렇다면 큰 규모의 우주에 대해 유클리드 기하학을 적용한다면 거리 측량을 비롯한 모든 것이 잘못될 것이다.

우리는 또한 팽창이나 수축을 하지 않는 정적인 시공간에 익숙하다. 그러나, 앞에서 우리는, 우주의 공간이 팽창하므로 적색이동이나 허블의 법칙이 나타남을 알게 되었다. 따라서 거리 측량의 문제를 비롯한 온갖 천체 현상을 일반적이고도 정확하게 취급하려면, 굽어 있으면서 팽창하는 시공간에서 거리를 따져야 한다.

이 장에서는 거시적인 우주를 공부하기 위해 기본적으로 알아야 할 우주론적 거리에 대해 살펴보려 한다. 거대 규모의 우주를 이해하기 위해서는 뉴턴의 중력 대신 일반상대성이론을 알아야 한다. 또한 이를 이해하고 계산하기 위해 기본적으로 알아야 할 수학도 어려워진다.

이 장에서는 우주론적 거리의 개념, 해설, 계산법과 그 결과를 다룬다. 그 과정에서 너무 어려운 수학과 물리학 이야기는 [부록 D]로 빼냈다. [부록 D]에는 일반상대성이론과 로버트슨-워커 메트릭, 프리드만 방정식에 관한 해설을 적어놓았다. 물론 최대한 쉽게 설명하려고 노력했다. 독자들은 여기 등장하는 주제어와 개념을 생경하고 난해하다고 느낄 수도 있다. 그러나 약간의 끈기를 가지고 찬찬히 읽으면서 계산도 직접 해보면 충분히 읽어나갈 수 있을 것이다. 단, 도저히 따라갈 수 없다고 느끼더라도 내용 전부를 포기하지는 말기 바란다. 적어도 고유거리, 동행거리, 광행거리, 광도거리, 각지름거리의 개념은 확실히 이해해보자. 또한 적어도 적색이동에 따른 그 거리들의 계산 결과를 그려놓은 그래프는 이해하고 사용할 줄 알아야 한다. 이 주제들은 난해한 수학 계산 없이도 이해할 수 있도록 설명해두었으니 포기하지 말기 바란다. 왜냐하면 이러한 내용은 앞으로 나올 초신성 관측, 중력렌즈, 그리고 우주배경복사 등을 공부하기 위한 기초 개념이기 때문이다.

그래서 독자의 수준에 따라 이 장을 읽는 방법을 제시해보고자 한다. 먼저 대학생 이상의 독자로 천체물리학에 상당히 관심이 많은 독자라면 일반상대성이론의 기본 개념과 로버트슨-워커 메트릭에 대해 [부록 D]에 쉽게 설명해놓았으니 꼭 읽어보기를 바란다. 또한 우주론의 원리를 바탕으로 우주 시공간과 물질의 진화를 기술하는 프리드만 방정식도 꼭 알아두자. 로버트슨-워커 메트릭과 프리드만 방정식은 본문에서 계속 사용하게 될 것이기 때문이다. 수학과 물리학이 어렵게 느껴지는 독자는, 본문을 읽어가면서 먼저 그림 위주로 시공간도를 이해하고 그다음에 그 시공간도에서 각종 거리가 어떻게 정의되는지를 공부한 다음,

그 실제 계산 결과를 나타낸 [그림 VI-8]에서 [그림 VI-11]까지를 이해해보자. 그다음에 이 장의 끝에 있는 연습문제를 풀어보면 그 개념이 어떻게 사용되는지 알게 될 것이다.

우리가 다루어야 하는 우주의 규모가 커짐에 따라, 즉 천체의 적색이동이 커짐에 따라, 다음의 세 가지 요소를 반드시 고려해야만 은하들까지의 거리를 이야기할 수 있다. 그렇지 않으면 우리는 엉뚱한 결과를 얻을 수 있다.

(1) **우리가 측정하는 물리량은 거리가 아니고 적색이동 z이다.** 은하의 스펙트럼을 관측하여 방출선이나 흡수선의 파장이 실험실에서 측정된 파장과 얼마만큼 차이가 나는지로부터 적색이동을 측정한다. 적색이동을 측정했다고 해서 바로 거리를 알 수 있는 것은 아니지만, 어떤 우주 모형을 따라 우주 시공간이 팽창하는지를 알면 적색이동으로부터 여러 가지 거리를 구할 수 있다. 즉, 적색이동이 가장 기본적인 관측값임을 명심해야 한다. 다시 말하지만, **허블의 법칙에 나오는 적색이동은 우주가 팽창하기 때문에 생기는 것이지 은하 자체의 운동 때문에 생기는 것이 아니다.** 우주 공간의 축척이 변하는 것을 나타내기 위해 우주축척 $a(t)$를 도입하였는데, 앞에서 이미 적색이동과 우주축척은 $a = a_o/(1+z)$의 관계가 있음을 증명했다. 여기서 a_o는 관측할 때의 우주축척 값을 뜻한다. 일반적으로 관측자는 '지금($t=t_0$) 여기'에 있는 우리이므로, $a_o = a(t_0) = a_0$이고 편의상 $a_0 = 1$로 둔다. 현재 우주축척은 $a_0 = 1$로 하고, 과거에는 우주의 공간이 더 작았으므로 $a(t) < 1$이 된다. **즉, 적색이동**

이 클수록 우주가 지금보다 작았을 때라는 뜻이다.

(2) 가까운 별까지의 거리를 삼각측량으로 측정하는 경우와 달리 **우주의 팽창을 고려하여 거리를 따질 때는 앞에서 설명했던 고유거리(proper distance)와 동행거리(comoving distance)*라는 개념을 제대로 이해해야 한다.** 앞에서도 설명했지만, 정확하다 또는 진짜라는 뜻의 영어 단어인 proper가 쓰인 점에서 알 수 있듯이 고유거리는 우주의 팽창을 고려하여 우리가 실제로 측정하는 물리적 거리이며 '진짜 거리(true distance)'라고도 한다. 고유거리는, 우주가 팽창하더라도 그에 따라 그 눈금의 간격이 함께 늘어나지 않는 줄자로 잰 거리이다. 이에 비해, 동행거리는 우주 공간의 팽창에 따라 눈금 자체가 늘어나는 줄자로 잰 거리이다. 그러므로 어떤 은하까지의 동행거리는 우주가 팽창해도 변하지 않는다. **어떤 시점에서 한 은하의 동행거리를 $\chi(t)$라고 하고, 그때의 우주축척을 $a(t)$라고 하면, 그때 그 은하의 고유거리 $r(t)$는 $r(t)=a(t)\times\chi(t)$가 된다.** (편의상 앞으로 곱하기 표시(×)는 생략하겠다.)

---

* comoving distance를 흔히 공변(共變)거리라고 번역하는데, 중국에서는 동행(同行)거리라고 번역한다. 보통 고유거리를 우주축척으로 나눈 값을 comoving distance라고 하고, 그러한 값으로 나타낸 좌표계를 comoving coordinate나 comoving frame 등으로 부른다. 여기서 comoving distance는 측정 대상이 되는 천체가 관측자의 시간으로 현재에 얼마나 떨어져 있는지를 나타낸다. 즉, 관측자의 시간을 기준으로 하여 거리를 나타내겠다는 말이다. 그래서 좌표계나 거리가 관측자와 함께 변한다는 의미에서 공변(共變)이라는 용어를 쓰는 것이지만, 관측자와 함께 다닌다는 의미로 동행(同行)이 더 적합한 용어로 생각된다. 더군다나 일반상대성이론에서 covariant derivative를 공변미분이라고 번역하기 때문에 혼동의 우려도 있다. 그래서 이 책에서는 comoving을 동행이라고 번역했다.

명제 어떤 은하의 현재($t=t_0$) 고유거리 $r(t_0)$은 그 은하의 동행거리 χ와 같다.

증명 앞의 정의에 따라 $r(t_0)=a(t_0)\times\chi=a_0\chi$이다. 그런데 일반적으로 현재의 우주축척 $a_0\equiv a(t_0)=1$로 놓기 때문에, $r(t_0)=\chi$이다. QED.

현재 어떤 은하까지 동행거리가 χ라면 이 은하는 과거에 우주축척이 $a(t)$였을 때는 그 고유거리가 $a(t)\chi$였다. 동행거리는 우주 팽창에 대해 변하지 않기 때문이다. 또한 우리 우주는 지금껏 팽창하기만 했으므로 $t=t_e$이고 우주축척이 $a_e\equiv a(t_e)$일 때 어떤 천체에서 나온 빛이, 나중에 $t=t_o$이고 우주축척이 $a_o\equiv a(t_o)$일 때 관측되었다면 $a_o>a_e$이고, 이에 따라 $r(t_o)>r(t_e)$, 즉 고유거리는 계속 커져왔음을 알 수 있다.

과거에 이 은하는 우리에게 가까이 있었지만, 시간이 흘러서 현재가 되기까지 우주 공간이 팽창해왔으므로 그 은하의 고유거리는 더 멀어졌다. 그런데 빛의 속도가 유한하므로 그때 그 은하에서 나온 빛을 '지금 여기'에서 우리가 관측하기까지 시간이 걸리며, 그 시간 동안 우주가 팽창하므로 빛은 그 팽창한 만큼을 더 날아와야 우리에게 도달할 수 있다. 그러므로 처음에 그 은하가 얼마나 떨어져 있었는가, 지금은 그 은하가 얼마나 떨어져 있는가, 또한 빛이 날아오는 데 걸린 시간은 얼마인가 등으로 거리를 여러 가지로 정의할 수 있다. 이러한 거리들은 그 시간 동안 우주가 얼마나 팽창했는지에 따라 달라지며, 우주 팽창률은 우주 안에 물질과 에너지가 얼마나 들어있느냐, 시공간이 얼마나 굽어 있느냐 등에 따라 달라진다.

앞의 (1)에서 설명했듯이, 일반적으로 우리는 은하의 고유거리를 직접 측정하지 못한다. 우리가 측정하는 물리량은 고유거리가 아니고 적색이동이다. 우리 근방의 가까운 우주의 경우라면, 은하의 적색이동 z를 측정하고 그 적색이동을 후퇴속도 v_r로 해석해서 $v_r = cz$로 계산하고, 이것을 $v_r = \mathrm{H}_0 r$이라는 허블의 법칙에 넣어서 거리를 추정한다. 그러나 은하의 적색이동은 우주의 팽창 때문에 생기는 현상이지, 은하가 움직여서 발생하는 도플러 효과 때문에 생기는 현상은 아니다. 그러므로 적색이동이 큰 경우에는 $v_r = cz$로 계산할 수 없다. **적색이동이라는 관측값으로부터 고유거리를 구하려면 물리학적 해석이 필요하다.**

우리는 고유거리도 동행거리도 바로 측정할 수 없다. **우리가 측정하는 거리는, 초신성이나 세페이드 변광성의 밝기를 측정하여 구하는 광도거리, 또는 어떤 천체의 각크기를 측정해서 구하는 각지름거리, 또는 고유운동의 각크기 변화를 측정하여 구하는 고유운동거리 등이다.** 이러한 거리들은 물리적인 거리가 아니라 천문 관측의 편의상 정의한 이를테면 '가짜 거리'들이다. 다만, 우리 근처 우주에서는 이러한 모든 거리들의 차이가 매우 작으므로 광도거리나 각지름거리를 고유거리로 근사해도 크게 잘못되지는 않는다. 문제는 적색이동이 클 때 발생한다.

(3) 어떤 천체(은하)는 광도, 물리적 크기, 운동속도, 공간 밀도 등의 고유한 특성이 있다. 그 천체(은하)에서 멀리 떨어져 있는 관측자는 그 천체의 고유한 특성을 각각 겉보기밝기, 각크기, 고유운동의 각크기, 개수밀도 등으로 측정하여 그 천체까지의 거리를 구한

다. 팽창하지 않는 평탄한 유클리드 공간에서는 이들 사이의 관계가 자명하다. 지금까지 행성이나 별까지의 거리를 측정한 방법은 모두 이러한 경우였다. 그러나 공간이 팽창하는 경우는 이러한 거리 개념이 모두 엉클어지고 어려워진다. 더욱이 공간이 굽어 있다면 그 효과까지 고려해주어야 한다. 그러나 천문 관측에서는 절대광도와 겉보기광도 사이의 관계, 물리적 크기와 각크기 사이의 관계 등으로 거리를 결정하므로, 팽창하는 (더욱이 평탄하지 않은) 시공간에서의 거리를 마치 팽창하지 않는 유클리드 공간인 경우처럼 정의해놓는다면 실제 관측량인 천체의 밝기나 각크기를 가늠해보는 데 편리하다. 그래서 정의한 거리들이 바로 광도거리 D_L이나 각지름거리 D_A 등이다. (여기서 D_L의 L은 광도를 나타내는 영문 용어 Luminosity의 머리글자이고, D_A의 A는 각지름을 나타내는 영문 용어 Angular diameter의 머리글자를 딴 것이다.)

이상의 요소들을 고려한 거리 개념을 '우주론적 거리'라고 부른다. 우주론적 거리는 개념이 복잡해 보이지만, 원리를 이해하고 나면 그렇게 어려운 이야기는 아니다. 위에서 살펴본 지식을 바탕으로 알기 쉽게 설명해보겠다. 먼저 고유거리, 동행거리, 광행거리를 생각해보자. '지금 여기'에서 우리가 관측한 은하의 빛은 그 은하가 과거 언젠가 우리로부터 얼마만큼 떨어져 있었을 때 방출한 것이다. 그 은하까지의 거리를 말할 때, 우주가 팽창해왔고 빛의 속도는 유한하므로, 언제 측정한 거리인지에 따라 다음과 같이 세 가지 경우를 생각할 수 있다.

(1) 우리가 '지금 여기'에서 어떤 은하를 관측했다고 하자. 광속은 유한하므로 그 빛이 처음 방출되었을 때($t = t_e$)가 있었을 것이다.

그때 그 은하가 (과거의) 우리로부터 얼마나 떨어져 있었는지로 거리를 말할 수 있다. 이 거리는 $t=t_e$일 때 그 은하의 **'고유거리'** $r(t_e)$이다.*

(2) 그 빛이 우리에게 도달했을 때($t=t_o$), 즉 현재($t=t_0$) 그 은하의 고유거리는 얼마인가로 거리를 말할 수도 있다. 이것은 우리의 약속에 따르면 $r(t_o)$ 또는 $r(t_0)$으로 표현할 수 있다.** 앞의 고려해야 할 요소 (2)에서 설명했듯이 $r(t_0)=\chi$이다. 이것이 **'동행거리'**다. $t=t_e$에서 $t=t_o$로 시간이 흐르는 동안, 시간은 항상 미래로 흐르고 그동안 우주도 팽창했기 때문에 당연히 $r(t_e)<\chi$이다.

(3) 시간이 $t=t_e$에서 $t=t_o$로 흐르는 동안 빛이 날아오는 데 걸린 시간 간격(t_o-t_e)을 '회상시간'이라고 하고, 그 시간 동안 빛이 날아온 거리를 **'광행거리'** r_{LT}라고 한다.*** 거리는 시간 곱하기 속력이므로 회상시간을 거리로 환산하면 빛의 속력을 c라고 할 때 $r_{\mathrm{LT}}=c(t_o-t_e)$가 된다. 우리가 어떤 은하를 관측했다는 말은, 우주의 과거에 그 은하에서 나온 빛이 오랜 시간 동안 우주 공간을

---

* 앞에서도 설명했지만 여기서 t_e의 아래 첨자 e는 빛이 방출되었다는 뜻의 영어 emitted의 머리글자이다.

** 앞에서도 설명했지만 여기서 t_o의 아래 첨자 o는 빛이 관측되었다는 뜻의 영어 observed의 머리글자이다. 보통 관측자는 '지금 여기'에 있는 우리이므로 영문자 o 대신 현재를 뜻하는 숫자 0을 쓰기도 한다. 이 책에서도 가끔 둘을 섞어 쓰는 경우가 있으니 유의하기를 바란다.

*** 여기서 LT는 빛이 진행한다(光行)는 뜻의 Light Travel의 머리글자를 딴 것이다.

진행하여 '지금 여기'에 있는 우리의 눈에 감지되었다는 뜻이다. 빛의 속도는 유한하므로 우리가 본 그 은하의 모습은 회상시간만큼 과거의 모습이다. 게다가 우주가 팽창해왔으므로 빛이 거슬러 와야 하는 거리는 그만큼 더 길어졌다. 그러므로 광행거리는 은하의 시간에 따른 진화 양상을 이야기할 때 중요하게 따져보아야 할 시간 및 거리 개념이다. 한편, 과거에 어떤 은하에서 나온 빛이 지금 우리에게 도달하려면 그동안 팽창한 공간을 거슬러와야 하므로, $r(t_e) < r_{\rm LT} < \chi$임이 자명하다. (공간이 팽창하였으므로 $r(t_e) < r_{\rm LT}$이고, 거슬러왔으므로 $r_{\rm LT} < \chi$이다.)

고정 유클리드 시공간

지금까지 세 가지 거리를 개념적으로 설명했는데, 이것을 보다 알기 쉽게 이해하기 위해 시공간도(space-time diagram)를 그려가며 공부해보자. 먼저 시공간도가 무엇인지 배우기 위해 간단한 경우인 팽창이나 수축을 하지 않는 고정 유클리드 시공간의 경우에 시공간도가 어떻게 되는지 생각해보자. 시공간도란 가로축을 공간 좌표 r, 세로축을 빛이 진행한 거리 ct=(광속×시간)으로 하여 그림을 그린 것이다. 흔히 r은 원점으로부터 떨어진 거리를 표시하므로 $r \geq 0$으로 취급하곤 한다. 그러나 여기서는 거리가 아니라 그냥 좌푯값을 표시하므로 $r < 0$도 가능하다. 이러한 시공간도상의 한 점을 우리는 사건(event)이라고 한다. 이 시공간도에 어떤 천체의 시간과 공간의 위치를 연속해서 그리면 선이 되는데, 그 선을 '세계선(world-line)'이라고 한다. 즉, 연속적인 사건들의 집합이 세계선이다. 예를 들어보자. 어떤 관측자가 $ct = 0$일 때 공간

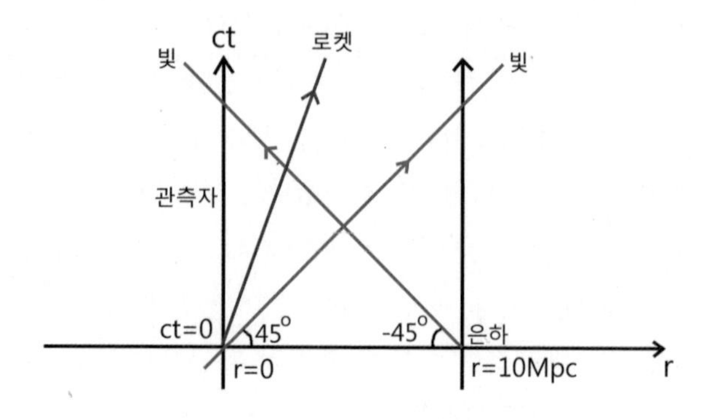

그림 VI-1 고정 유클리드 시공간도

의 원점($r=0$)에 정지해 있다고 하자. 그 관측자의 시공간상의 위치는, 밖에서 힘을 작용하지 않는 한, 시간이 흘러도 계속 공간의 원점에 있으므로 시공간도의 세로축이 바로 그 관측자의 세계선이 된다. 한편 어떤 은하가 $ct=0$에 $r=+10\,Mpc$에 정지해 있었는데 외력이 작용하지 않아서 시간이 지나도 계속 그 자리에 있다면, 그 은하가 시공간도에서 그리는 세계선은 $r=+10\,Mpc$을 지나는 세로선이 될 것이다. 한편 $ct=0$일 때 $r=+10\,Mpc$에 있는 은하에서 관측자 쪽으로 빛이 방출되었다면, 그 빛은 어떤 세계선을 그리게 될까? 빛이 $-r$ 방향으로 진행하면 빛이 진행한 거리는 $r(t)=-ct$이므로 그 빛의 세계선은 기울기가 -1, 각도로는 $-45°$가 되고, 빛이 방출되었을 때 그 은하의 위치인 $r=+10\,Mpc$을 지나야 한다. 반대로 지구의 관측자가 $ct=0$일 때 그 은하를 향해 레이저 빛을 발사했다면, 그 빛의 세계선은 기울기가 $+45°$이고 원점에 있는 관측자를 지나야 한다. 한 점을 지나는 빛의 세계선이 이루는 원뿔을 광추(light cone)라고 하고 그 광추의 표면을 광추면이라 한다. 또한 관측자가 있는 지구에서 $ct=0$일 때 그 은하를 향해 속도 v로 등속운동 하도록 로켓을 발사했다면 그 로켓의 세계선은 기울어진 직선이 된다. 그 로켓의 속도는 $v=\frac{dr(t)}{dt}$이므로, 시공간도에서 그 로켓의 세계선은 $\frac{cdt}{dr(t)}=\frac{c}{v}$의 기울기를 갖는다. 특수상대성이론에 따르면, 질량을 가진 물체는 빛보다 빠르게 운동할 수 없다. 관측자가 발사한 로켓이건 전자나 양성자 따위의 입자건 간에 모든 질량을 가진 물체는 빛보다 느리다. 즉, 물체의 속도는 항상 $v<c$이므로 로켓 세계선 기울기의 절댓값은 항상 1보다 크다. 즉, 질량을 가진 모든 물체의 세계선은 빛의 세계선보다 기울기가 가팔라야 한다. 그러므로 시공간도상의 한 점에서 발생한 물리적 현상은 그 점을 꼭짓점으로 하고 빛의 세계선을 모서리로 하는 원뿔, 즉 광추의 안쪽에만 영향을 미칠 수 있다.

팽창하는 평탄한 유클리드 시공간 (1): 고유거리-정상시간 시공간도

이제 팽창하는 유클리드 시공간에서의 시공간도를 살펴보자. [그림 VI-2]는 고유거리-정상시간 시공간도이다. 세로축인 시간은 우리가 측정하는 시간, 즉 정상시간(normal time)이며 빅뱅에서 시작하여 위로 증가한다. 가로축은 고유거리로 나타낸 공간 좌표이다. 빅뱅에서 방사상으로 뻗어나가는 듯한 선들은 은하들의 세계선이다. 그 가로 좌표값은 고유거리 $a(t)\chi$인데, 그림에서는 편의상 직선처럼 나타냈지만, 실제로는 우주 축척 $a(t)$에 따라 변하는 곡선이다. 우주 축척 $a(t)$은 시간에 선형으로 비례하는 것은 아니며, 그것이 시간에 따라 어떻게 변해왔느냐는 우주의 구성 성분의 양과 물리적 특성(즉 상태방정식)이 주어지면 프리드만 방정식을 풀어서 결정된다. 조금 뒤에 자세히 살펴보

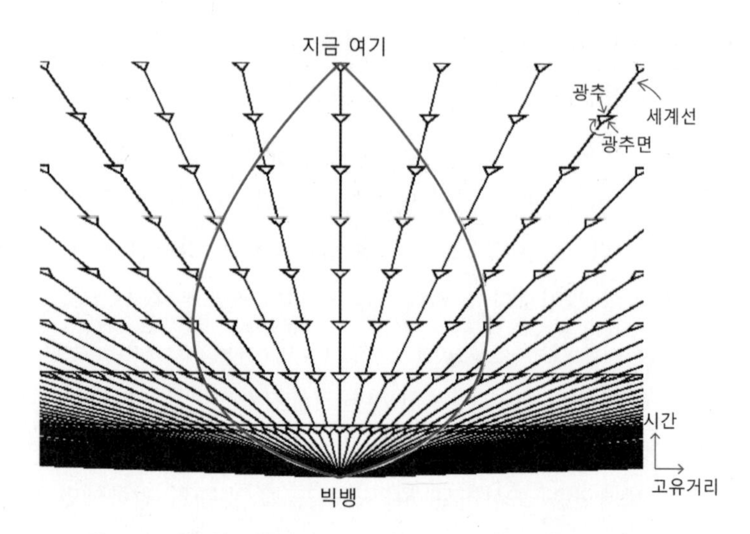

그림 VI-2 팽창하는 유클리드 시공간에서의 고유거리-정상시간 시공간도

기로 한다.

그 세계선에 띄엄띄엄 그려놓은 삼각형은 그 점(사건)에서의 광추(단면)이고 각 삼각형의 좌변과 우변은 광추면이다. 붉은 선은 '지금 여기'에서 우리가 관측하는 모든 사건의 집합이다. 빛은 광추면을 따라 진행하기 때문에 '현재의 광추'를 과거로 연장한 붉은 선은 각 사건의 광추면에 접하게 된다. 붉은 곡선, 즉 현재의 광추 중에서 오른쪽 광추는 각 사건의 왼쪽 광추면에 접하고, 반대로 현재의 광추 중에서 왼쪽 광추는 각 사건의 오른쪽 광추면에 접한다. 붉은 선의 안쪽에 있는 사건들은 우리가 과거에 이미 관측했던 사건들이고, 붉은 선 바깥에 있는 사건들은 앞으로 관측하게 될 사건들이다. 또한 우주 초기 빅뱅 때는 우주축척이 0이기 때문에 모든 은하들의 고유거리가 0이 되므로 다른 시점에서 그린 붉은 선들은 모두 한 점에서 만난다.

이러한 시공간도에 그려진 현재의 광추(붉은 곡선)를 보고 우리가 흔히 착각하는 것이 있다. 빅뱅 순간에 빛이 우리로부터 멀어지는 방향으로 발사되었다가 마치 우주의 중력 때문에 거꾸로 되돌아와서 현재의 우리에게 관측된다고 이해하면 곤란하다. 그것이 아니라, 빅뱅 때 얼마만 한 동행거리만큼 떨어진 곳에서 원점에 있는 우리를 향해 빛이 진행해오지만, 우주 초기에는 우주 팽창률이 매우 크기 때문에 공간의 팽창에 묻어서 그 빛이 우리로부터 멀어지다가 일정 거리까지 멀어진 다음부터는 우주 팽창이 작아져서 빛이 우리 쪽으로 자꾸 가깝게 다가오게 되고, 마침내 현재 우리의 눈에 도착하는 것이다.

이러한 이야기를 수학 계산을 통해 정량적으로 이해해보자. 공간이 팽창하는 경우에, 가로축은 고유거리, 즉 $r(t)=a(t)\chi$로 하고, 세로축은 원점에 있는 한 관측자가 측정한 시간(즉, 정상시간) 동안 빛이 진행한 거리로 할 때, 시공간도가 어떻게 될지 생각해보자. [그림 VI−2]에서 빅뱅이라고 적힌 점을 중심으로 펴져나가는 듯한 검은 직선들이 은하들의 세계선이다. 어떤 시각 t에서 은하의 고유거리는 $r(t)=a(t)\chi$인데, 빅뱅 때($t=0$)는 $a(t=0)=0$이므로 모든 은하의 고유거리는 $r(t)=0$이 된다. 따라서 모든 은하의 세계선은 빅뱅이라고 쓰인 원점을 지난다. 또한 빅뱅 이후 지금까지 우주축척 $a(t)$가 증가만 했으므로 그림에서 보듯이 은하의 세계선은 빅뱅을 원점으로 하여 뻗어나가는 형태가 된다.

다음으로 [그림 VI−2]에서 작은 삼각형으로 표시한 것이 각 점에서의 광추인데, 그 삼각형의 좌변과 우변을 각각 좌광추면과 우광추면이라고 부르자. 그 좌우 광추면의 기울기를 계산해보자. 고유거리로 나타낸 공간 좌표 $r(t)$는 우주축척 $a(t)$ 및 동행거리 χ와 $r(t)=a(t)\chi$의

관계가 있다. 이를 시간에 대해 미분하면

$$\text{(식 VI}-1\text{)} \qquad \frac{dr(t)}{dt} \equiv \dot{r}(t) = \dot{a}(t)\chi + a(t)\dot{\chi}(t)$$

이다. (식 VI−1)의 우변 첫째 항은

$$\text{(식 VI}-2\text{A)} \qquad \dot{a}(t)\chi = \frac{\dot{a}(t)}{a(t)} \times a(t)\chi = \mathrm{H}(t)r(t)$$

이다. 앞에서도 나왔지만, 앞 변수를 우주축척 $a(t)$로 나눠주고 뒤 변수에 우주축척 $a(t)$를 곱해준 다음, 허블계수 $\mathrm{H}(t) \equiv \frac{\dot{a}(t)}{a(t)}$와 고유거리 $r(t) = a(t)\chi$의 정의대로 다시 써준 것이다. 즉, 이 항은 우주 팽창에 따라 공간이 늘어나기 때문에 나타나는 허블 흐름을 뜻한다.

(식 VI−1)의 우변에 있는 둘째 항은 은하나 빛 자체의 운동에 의한 동행거리의 변화가 얼마만 한 고유거리 변화로 되어 나타나는지를 뜻한다. 이것을 특이속도라고 한다. 이 값이 얼마인지는 다음과 같이 계산할 수 있다. (조금 어려운 이야기가 될 듯하지만 [부록 D]를 꼭 읽어보기를 권하면서 일단 이야기를 계속하기로 하자.) 균질하고 등방적인 팽창 우주를 나타내는 로버트슨-워커 메트릭을 초구면 좌표계에서 나타내면

$$\text{(식 D}-4\text{)} \qquad ds^2 = -(c\,dt)^2 + a^2(t)\left[d\chi^2 + \mathrm{R}_0^2 \mathrm{S}_\kappa^2\left(\frac{\chi}{\mathrm{R}_0}\right)d\Omega^2\right]$$

이 된다. 여기서 $a(t)$는 우주축척이고, χ는 동행거리이고, R_0은 현재 우주 공간의 곡률이다. 함수 S_κ는 공간의 기하학적 성질에 따라 다른

함수를 갖는다. 또한 각도 성분이 길이에 대해 기여하는 부분을 $d\Omega^2 \equiv d\theta^2 + \sin^2\theta d\phi^2$으로 정의한 것이다. 우리는 빛의 진행 경로를 따지고 있는데, 빛이 진행하는 측지선은 $ds = 0$을 만족한다. 또한 우리가 관측한 천체에서 나온 빛은 시선방향을 따라 방향을 바꾸지 않고 진행하여 우리 눈에 관측되었다. 그러므로 $d\theta = 0$이고 $d\phi = 0$이고 따라서 $d\Omega^2 = d\theta^2 + \sin^2\theta\, d\phi^2 = 0$이다. 따라서 빛이 따르는 측지선은 $0 = -(c\, dt)^2 + a^2(t)[d\chi^2 + 0]$을 만족한다. 이 식을 잘 정리하면

$$\dot{\chi} \equiv \frac{d\chi}{dt} = \pm \frac{c}{a(t)}$$

이다. 그러므로 앞의 (식 VI−1)에서 우변의 둘째 항은

(식 VI−2B) $$a(t)\dot{\chi}(t) = \pm c$$

가 된다. 광속 앞에 붙은 ±에서 +일 때는 빛이 오른쪽으로 진행하는 경우이고, −일 때는 빛이 왼쪽으로 진행하는 경우이다.

따라서 앞의 (식 VI−1)에 (식 VI−2A)와 (식 VI−2B)를 대입하면

(식 VI−3) $$\frac{dr(t)}{dt} = c\frac{dr}{d(ct)} = \mathrm{H}(t)r(t) \pm c$$

로 쓸 수 있다. 양변의 역수를 취하면, 시공간도의 각 사건에서 광추면의 기울기는

(식 VI－4) $$\frac{d(ct)}{dr} = \frac{c}{\mathrm{H}(t)r(t) \pm c}$$

가 된다. 여기서 분모가 $\mathrm{H}(t)r(t)+c$인 경우가 오른쪽으로 진행하는 빛에 해당하는 광추면의 기울기이고, $\mathrm{H}(t)r(t)-c$인 경우가 왼쪽으로 진행하는 빛에 해당하는 광추면의 기울기이다.

이 (식 VI－4)의 몇 가지 특성을 생각해보자. 첫째, $r=0$에 있는 관측자는 세계선이 시간축을 따르는데, 그에게는 $\mathrm{H}(t)r(t)=0$이므로 $\frac{d(ct)}{dr}$ $=\pm 1$이다. 즉, 시간축 위의 사건들은 모두 광추면의 기울기가 ± 1로 같다. 둘째, 어떤 주어진 시간 t에, $r(t)$가 $r=0$에서부터 양의 방향으로 점점 커질 때 좌우 광추면의 기울기가 어떻게 변하는지 살펴보자. 오른쪽 광추면은 $r=0$인 사건에서는 기울기가 $+1$이었다가, $\mathrm{H}(t)r(t)+c$가 단조 증가하면서 광추면의 기울기가 점점 작아져서 광추면이 가로축에 점점 나란해진다. 반면, 왼쪽 광추면은 $r=0$인 사건에서는 기울기가 -1이었다가, 고유거리 $r(t)$가 $\mathrm{H}(t)r(t)-c=0$에 가까워질수록 음의 기울기를 유지하면서 기울기가 점점 가팔라지다가 $\mathrm{H}(t)r(t)-c \to 0^-$가 될수록 기울기가 음의 무한대가 된다. 그 광추면이 가로축과 거의 수직을 이룬다. 이제 고유거리가 그것보다 더 커져서 $\mathrm{H}(t)r(t)-c \to 0^+$가 되면 기울기가 갑자기 양의 무한대가 된다. 고유거리 $r(t)$가 그것보다 점점 커지면 왼쪽 광추면의 기울기는 양의 방향을 유지하지만, 값이 점점 작아져서 $r(t)$가 무한대가 되면 누워서 가로축과 나란하게 된다. 셋째, $r(t)$가 $r=0$에서부터 음의 방향으로 가면서 좌우 광추면의 기울기가 어떻게 변하는지도 마찬가지 방식으로 생각해볼 수 있다.

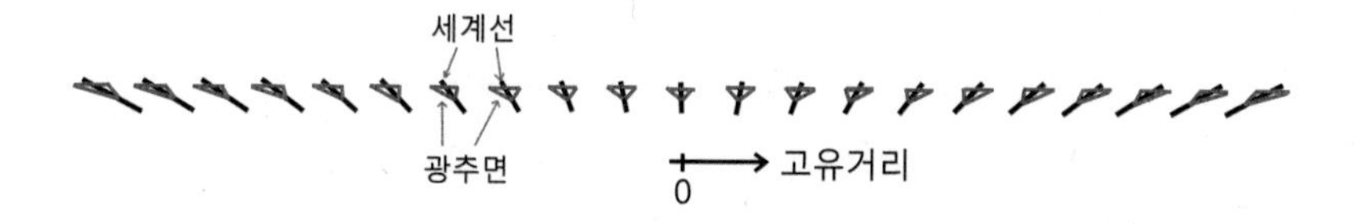

지금까지 (식 VI－4)가 무슨 뜻인지를 수학적으로 따져보았다. 이런 방식이 낯선 독자들은 앞의 그림을 보면서 수학적인 의미를 따지면, 이해하는 데 도움이 될 것이다. 이 그림은, 고유거리-정상시간의 시공간 도상에서 특정 시각에 일어난 모든 사건들에 대해서, 각 사건에서의 세계선(검은색 직선)과 광추면(붉은색 삼각형의 좌변과 우변)을 그린 것이다. 원점으로부터 왼쪽과 오른쪽으로 멀어지면서 각각 광추면의 좌변과 우변의 기울기가 어떻게 변하는지 살펴보기 바란다. 각 사건에서 왼쪽 광추면은 빛이 왼쪽으로 진행하는 경우이고, 오른쪽 광추면은 빛이 오른쪽으로 진행하는 경우이다. 그런데 여기서 착각하지 말아야 할 것이 있다. 원점에서 오른쪽에 있는 사건들의 경우, $\mathrm{H}(t)r(t) > c$일 때 왼쪽 광추면의 기울기가 양수가 되어 광추면이 오른쪽 위를 향하게 된다. 그래서 왼쪽 광추면임에도 불구하고 빛이 오른쪽으로 진행하는 것으로 착각할 수 있다. 그러나 이 왼쪽 광추면을 따라 나아가는 빛은 꾸준히 왼쪽으로 진행하고 있다. 다만 우주가 너무 빨리 팽창하는 바람에 고유거리로는 자꾸 오른쪽으로 멀어져가고 있을 뿐이다. 시간이 흘러 우주 팽창률이 느려지면 (즉, 허블계수가 작아지면) 마침내 빛은 고유거리로도 왼쪽으로 진행하게 될 것이다.

[그림 VI－2]에서 무화과 모양을 한 붉은 곡선에 대해 알아볼 차례가 되었다. 이 곡선은 '지금 여기'에서 우리가 관측한 모든 천체의 빛이

시공간도상에서 어떤 경로를 따라 진행해왔는지를 나타낸다. 또는 '지금 여기'의 광추를 빅뱅 시기까지 연장한 것이다. 이 붉은 곡선 바깥에 있는 사건은 우리가 미래에 관측할 사건이며, 그 곡선 안쪽에 있는 사건은 이미 과거에 관측한 사건이다. 이 붉은 곡선은 각 지점의 광추면과 접하고 있다. 각 사건에서 빛은 광추면을 따라 진행하기 때문이다. 오른쪽 붉은 곡선은 각 사건의 왼쪽 광추면과 접한다. 그림의 오른쪽으로부터 관측자가 있는 원점을 향해 진행하는 빛의 경로이다. 왼쪽 붉은 곡선은 각 사건의 오른쪽 광추면에 접한다. 그림의 왼쪽으로부터 관측자가 있는 원점을 향해 진행하는 빛의 경로이다.

시공간도의 오른쪽에 있는 붉은 곡선을 가지고 이야기해보자. 빅뱅 직후 초기 우주에서는 공간의 팽창률이 몹시 크기 때문에 원점에서 얼마 떨어지지 않은 사건에서도 왼쪽 광추면이 양의 방향으로 많이 기울어져 있다. 그러므로 고유거리 시공간도에서는 빛이 그 광추면을 따라 진행하므로 붉은 곡선이 오른쪽을 향하게 된다. 그 빛이 왼쪽 광추면을 따라 조금 진행함으로써 옆 사건으로 이동한다. 그 사건에서도 빛은 그 사건의 왼쪽 광추면을 따라 그다음 사건으로 진행한다. 이런 식으로 빛을 시공간도에서 잇달아 조금씩 진행시키면 그 곡선이 바로 붉은 곡선이 된다. 그런데 시간이 어느 정도 흐르면, 우주 공간의 팽창률이 작아져서 왼쪽 광추면이 점점 가로축에 수직으로 되다가, 조금 더 시간이 흐르면 마침내 왼쪽 광추면은 음의 기울기가 되어 빛은 원점에 가까워지기 시작한다. 시간이 더 흐르면, 이 빛이 결국 원점에 있는 관측자에게 관측되는 것이다.

이렇게 이야기로 풀어본 문제를 수학으로 서술해보자. 이것은 앞의 미분방정식 (식 VI−4)에 적합한 조건을 주고 적분하는 것과 같다. 그 조건이란 '지금($t=t_0$) 여기'에서 우리가 그 빛을 관측해야 하므로 $r(t_0)$

$=0$이 되어야 한다는 것이다. 그 밖에 우리가 구한 해가 맞는 것인지 점검할 수 있는 사항이 있다. 하나는 빅뱅 때($t=0$) 우주축척이 $a(t=0)=0$이어야 하므로 $r(0)=0$이어야 한다는 것과, 또 하나는 $H(t)r(t)\pm c=0$일 때 고유거리가 짧아지기 시작한다는 사실이다.

실제 (식 VI−4)를 적분하려면 구체적인 우주 모형을 정해줘서 시간의 함수인 우주축척 $a(t)$를 구해야 한다. 좀 더 구체적으로 말하면, 우주 모형이 주어지면, 프리드만 방정식을 풀어서 우주축척 $a(t)$를 구한다. 이렇게 구한 $a(t)$를 가지고 허블계수를 구하고, 또 허블계수를 (식 VI−4)에 대입해서 미분방정식을 풀면 우리가 원하는 '지금 여기'의 광추를 구할 수 있다. 그런데 미분방정식인 프리드만 방정식의 적분을 손으로 계산할 수 있는 경우는 드물다. 이렇게 손으로 계산하는 것, 좀 더 정확하게 말하면 종이와 연필로 계산할 수 있으면 과학자들은 해석해가 존재한다고 말한다. 그러나 일반적으로는 해석해를 구할 수 없으므로 컴퓨터 코드를 작성해서 수치계산을 해야 한다.

수치계산은 전문적이어서 이 책에서 다루기 힘들고, 더군다나 우리는 목적은 어떤 수학적 기법으로 문제를 푸느냐가 아니라, 그 문제를 풀어서 나온 해답이 어떤 물리적 성질을 갖는지 알아보는 것이다. 따라서 여기서는 해석해가 존재하는 특별한 우주 모형에 대해서 종이와 연필로 계산해보자.

우리가 풀어볼 우주 모형은, 천문학자들이 EdS라고 간략하게 표기하는, '아인슈타인-드시터 우주(Einstein-de Sitter universe)'*라는 우주 모

* 1932년에 아인슈타인과 드시터가 주창한 우주 모형이다. 현대 우주론의 용어로 말하면, 평탄하고 물질만 존재하는 프리드만−르메트르−로버트슨−워커 메트릭으로 묘

형이다. 이 모형에서는 현재 우주 공간의 곡률에너지 밀도가 $\Omega_K = 0$이고, 암흑에너지 밀도가 $\Omega_\Lambda = 0$이며, 물질에너지 밀도가 $\Omega_M = 1$인 평탄한 우주에서, 물질이 우주를 구성하는 지배적인 성분인 경우를 생각한다. 이러한 아인슈타인-드시터 우주 모형에서 '지금 여기'에서 관측한 빛이 시공간도상에서 어떤 경로를 진행해왔는지를 구해보자.

균질하고 등방적인 우주에 대한 아인슈타인 장-방정식의 해가 프리드만 방정식인데, 그 첫째 (미분)방정식은 다음과 같이 주어진다. 이것에 대한 자세한 이야기는 [부록 D]를 반드시 읽어보기를 권한다. 어렵게 느껴지는 독자는 이 방정식의 의미만 살펴보자.

$$\mathrm{H}(t) \equiv \frac{\dot{a}}{a} = \mathrm{H}_0\sqrt{\Omega_R a^{-4} + \Omega_M a^{-3} + \Omega_K a^{-2} + \Omega_\Lambda}$$

여기서 Ω_R은 우주의 임계 밀도에 대한 렙톤(빛+중성미자+반중성미자) 에너지 밀도의 비이고, Ω_M은 우주의 임계 밀도에 대한 물질(암흑물질+바리온) 밀도의 비이고, Ω_K는 우주 공간의 곡률이 갖는 에너지의 비이고, Ω_Λ는 우주상수(또는 암흑에너지)의 비이다. 또한 우주축척의 시간에 대한 변화 비율$\left(\frac{\dot{a}}{a}\right)$을 허블계수 $\mathrm{H}(t)$로 정의하고, 그 허블계수의 현재값을 $\mathrm{H}_0 \equiv \mathrm{H}(t = t_0)$으로 정의하였다. 이 방정식이 뜻하는 바는 우변에 있는 렙톤(빛+중성미자+반중성미자), 물질(암흑물질+바리온), 공간의 곡률, 우주상수(또는 암흑에너지) 등 우주를 구성하는 에너지 요소들이 각각 얼마만큼씩 들어 있느냐가 좌변의 우주 팽창률 $\mathrm{H}(t)$를 결정한다는 것이다.

사되는 우주를 말한다.

물질 우세시기 이전, 우주의 초기에는 빛 우세시기가 있다. 빛에너지의 밀도는 우변의 $\Omega_R a^{-4}$이다. 우주축척 a가 매우 작았던 빛 우세시기에는 이 빛에너지 밀도 항이 지배적인 역할을 했다. 하지만 우주가 팽창함에 따라, 즉 a가 커짐에 따라, 빛의 에너지 밀도가 급격히 작아져서, 즉 $\Omega_R a^{-4} \to 0$이 되므로, 그다음으로 큰 항인 $\Omega_M a^{-3}$이 우주의 진화를 주도한다. 이 시기를 물질 우세시기라고 한다. 또한 우리가 생각하고자 하는 우주 모형에서는 $\Omega_K = \Omega_\Lambda = 0$이고 $\Omega_M = 1$이므로, 프리드만 방정식은

$$\text{(식 VI}-5) \qquad \mathrm{H}(t) = \frac{\dot{a}}{a} = \frac{1}{a}\frac{da}{dt} = \mathrm{H}_0 a^{-\frac{3}{2}}$$

으로 간단한 식이 된다. 이 미분방정식에서 같은 변수끼리 모으면, $a^{\frac{1}{2}} da = \mathrm{H}_0 dt$가 된다. 이 미분방정식을 $a = 0$인 빅뱅으로부터 우주축척이 a일 때까지 적분한다. 좌변은 $a' \in [0, a]$ 구간에서 적분하고 우변은 이에 맞추어 $t' \in [0, t]$ 구간에서 적분하면

$$\int_0^a a'^{\frac{1}{2}} da' = \int_0^t \mathrm{H}_0 dt'$$

이다. (a와 t를 각각 a'과 t'으로 나타낸 것은 단순히 혼동을 피하기 위해 표기를 바꾼 것이다.) 좌변은 고등학교 때 배우는 멱함수의 적분 $\int x^n dx = \frac{1}{1+n} x^{n+1}$을 이용할 수 있고, 우변의 H_0은 시간 t에 무관한 상수이므로, 앞의 적분식은

(식 VI−6) $$\frac{2}{3}a^{\frac{3}{2}} = \mathrm{H}_0 t = \frac{\mathrm{H}_0}{c}(ct)$$

가 된다. 이 식을 a에 대해 풀면

(식 VI−7) $$a = \left(\frac{ct}{\tau}\right)^{\frac{2}{3}}$$

이다. 여기서

(식 VI−8) $$\tau \equiv \frac{2c}{3\mathrm{H}_0}$$

로 정의하는데, $\frac{c}{\mathrm{H}_0}$가 우주의 크기를 대표하는 척도인 허블거리임에 유의하면 τ는 우주의 크기를 가늠할 수 있는 양이라고 볼 수 있다. 그런데 현재의 우주축척을 보통 $a_0 \equiv a(t = t_0) = \left(\frac{ct_0}{\tau}\right)^{\frac{2}{3}} = 1$로 놓으므로 $\tau = ct_0$이다. 즉, 여기서 정의된 τ는 이 우주 모형에서는 우주의 나이만큼 빛이 진행한 거리, 즉 광행거리임을 알 수 있다. (식 VI−7)을 (식 VI−5)에 대입하여 $\mathrm{H}(t)$를 구하면 $\mathrm{H}(t) = \left(\frac{\tau}{ct}\right)\mathrm{H}_0$이다. τ는 (식 VI−8)로 정의되므로 $\mathrm{H}(t) = \frac{2}{3t}$이다. 이 $\mathrm{H}(t)$를 (식 VI−3)에 대입하면

(식 VI−9) $$\frac{dr}{d(ct)} = \frac{\mathrm{H}(t)r(t)}{c} \pm 1 = \frac{2}{3}\frac{r(t)}{ct} \pm 1$$

이 된다. 수식을 간단히 하기 위해 $x \equiv r$로 정의하고 $y \equiv ct$로 치환하면

$$\frac{dx}{dy} = \frac{2}{3}\frac{x}{y} \pm 1$$

의 방정식이 된다. $\frac{dx}{dy}$라는 전미분 또는 도함수가 포함되어 있으므로 이 방정식은 상미분방정식이다. 또한 미분항이 1차, 즉 $\frac{dx}{dy}$의 1제곱 항이 가장 높은 차수이므로 1계 상미분방정식이다. 그리고 지금 현재, 즉 $y = ct_0$일 때 고유거리 $x = r = 0$이어야 한다는 조건을 갖고 있다. 그러므로 이 1계 상미분방정식을 풀고 그 조건에 맞는 상수를 계산해 주면 시공간도에서의 지금 우리가 관측한 은하가 진행해온 빛의 경로를 계산할 수 있다. 미분방정식이 나왔다고 겁먹을 필요는 없다. 미분방정식은 자연과학대학 2학년 학생들이 배우는 수학이므로 일반 독자들에게 절대로 익숙할 리가 없다. 여기서는 수학자들이 잘 풀어놓은 이런 형태의 미분방정식의 해답만 갖다가 쓰도록 하겠다. 앞의 미분방정식의 해는

$$x = \pm 3y \mp c_1 y^{\frac{2}{3}}$$

이다. 1계 미분방정식이므로 c_1이라는 계수가 하나 있다. 이 해가 $y = ct_0$일 때 $x = 0$이어야 한다는 조건을 만족하도록 계수 c_1을 정해주면 된다. 이 조건은 '지금 여기'에서 우리가 그 빛을 관측했음을 뜻한다. 이 조건을 위의 일반해에 대입하면, $0 = \pm 3(ct_0) \mp c_1 (ct_0)^{\frac{2}{3}}$에서 $c_1 =$

$3(ct_0)^{\frac{1}{3}} = 3\tau^{\frac{1}{3}}$을 얻는다. 결론적으로 우리가 구하고자 하는 빛의 경로는, $x \equiv r$, $y \equiv ct$로 다시 환원하면

(식 VI−10) $$r(t) = \pm 3(ct) \mp 3\tau^{\frac{1}{3}}(ct)^{\frac{2}{3}}$$

이 된다.

앞에서 우리가 구한 해가 맞는지 점검할 수 있는 사항이 있다고 했다. 그 첫 번째 사항은 빅뱅 때 모든 은하의 고유거리가 0이 된다는 것이다. (식 VI−10)에 $t=0$을 대입하면 $r(t)=0$이 되므로 통과한다! 두 번째 점검 사항은 이 빛의 경로가 갖는 변곡점에 관한 것이다. 그 고유거리의 변곡점은 그때의 허블 지평, 즉 허블 흐름에 의한 후퇴속도가 $v_r = c$가 되어야 한다는 것이다. 이 사항은 (식 VI−4)를 보면 자명하다. 왜냐하면 이 조건을 만족하는 경우 분모가 0이 되어 기울기가 무한대가 되기 때문이다. 먼저 변곡점이 언제 생기는지 알아보기 위해 (식 VI−10)을 미분하여 0이 될 때를 찾는다. 즉, 그 변곡점은 $\frac{dr}{d(ct)} = 0$인 사건에서 생기므로, $\frac{dr}{d(ct)} = \pm 3 \mp 2\tau^{\frac{1}{3}}(ct)^{-\frac{1}{3}} = 0$을 만족하는 사건을 구해본다. 이 방정식을 풀면, 변곡점은 $ct = \left(\frac{2}{3}\right)^3 \tau$일 때 생긴다. 이것을 (식 VI−9)에 대입하면, 이때 고유거리는 $r = \mp \frac{4}{9}\tau$이다. (식 VI−9)에서 이때 허블의 법칙에 의한 후퇴속도 $v_r = \mathrm{H}(t)r(t) = \mp c$가 됨을 확인할 수 있다. 즉, $r = \mp \frac{4}{9}\tau$는 $ct = \left(\frac{2}{3}\right)^3 \tau$일 때의 허블 반지름 또는 허블 지평이다.

(식 VI−10)을 고유거리-정상시간 시공간도에 그린 것이 [그림 VI−3]

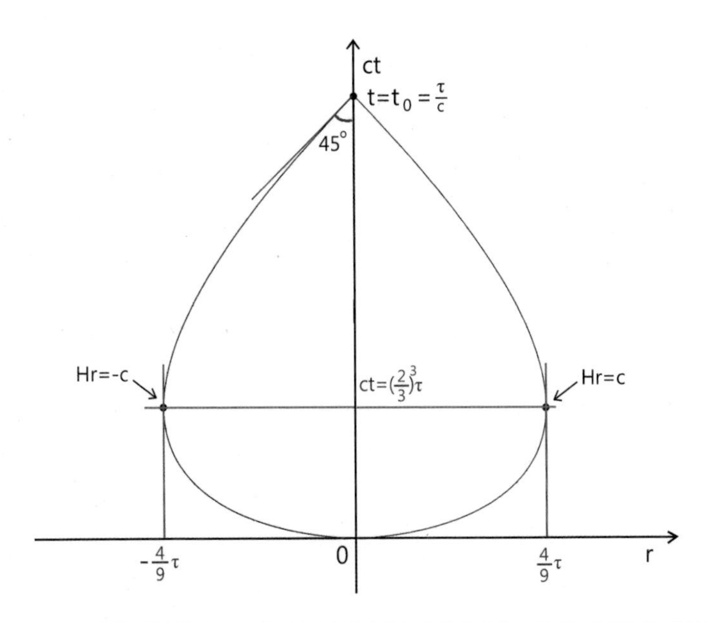

그림 VI-3 고유거리-정상시간 시공간도상의 광추 곡선 현재의 광추 곡선을 과거로 연장한 것이며, '지금 여기'에서 빛으로 관측되는 모든 사건의 집합이라고 보면 된다. 여기서는 특히 $\Omega_K = \Omega_\Lambda = 0$이고 $\Omega_M = 1$인 우주 모형에 대해 계산한 것이다. 빛은 계속 원점 방향으로 진행하고 있지만, 빅뱅 때($t=0$)부터 $ct = \left(\frac{2}{3}\right)^3 \tau$일 때까지는 빛이 우주 팽창에 경도되어 원점으로부터의 고유거리는 $r = \mp \frac{4}{9}\tau$까지 멀어졌다가, 그 후 다시 우리를 향해 고유거리가 가까워지기 시작하여, 마침내 '지금($t = t_0 = \frac{\tau}{c}$) 여기($r=0$)'에서 우리에게 관측된다. 여기서 $\tau \equiv \frac{2c}{3H_0}$로 정의된 값이다.

이며,* 은하들의 세계선과 광추면과 함께 그리면 앞의 [그림 VI-2]의 붉은 곡선이 된다. 그중에서 위 부호에 해당하는 해는 무화과 곡선의 왼쪽 부분에 해당하고, 아래 부호에 해당하는 해는 무화과 곡선의 오른쪽 부분에 해당한다.

---

* 어떤 방정식으로 주어진 선을 그래프로 그려주는 앱, 웹 사이트, 소프트웨어가 여럿 있는데, 여기서는 http://www.desmos.com/calculator를 사용해서 그려보자.

빅뱅으로부터 $ct=\left(\frac{2}{3}\right)^3\tau$까지는 빛이 공간의 허블 팽창으로 인해 우리로부터 멀어진다. 이때의 고유거리는 $r=\mp\frac{4}{9}\tau$인데, 이것은 그때의 허블거리와 같다. 즉, $r=\frac{\mp c}{\mathrm{H}(t)}$이다. 이때 (식 VI−4)의 분모가 0이 된다. 그 이후 빛은 다시 우리 쪽으로 점점 다가온다. 현재($t=t_0$), 시공간도에서 빛의 세계선의 기울기는 ±45°가 된다. 현재 우리 근처에서는 허블 팽창이 없는 것으로 근사되기 때문이다. 즉, (식 VI−4)에서 $\mathrm{H}(t_0)r(t_0)=0$이므로 $\frac{d(ct)}{dr}=\pm 1$인 것이다.

팽창하는 평탄한 유클리드 시공간 (2): 동행거리-정상시간 시공간도

이번에는 가로축을 동행거리, 세로축을 정상시간으로 하는 시공간도에서 이 문제를 살펴보자. 먼저 각 사건에서 광추면의 기울기를 구해보자. [부록 D]에 자세하게 설명했듯이, 균질하고 등방적인 팽창 우주를 나타내는 로버트슨-워커 메트릭을 초구면 좌표계에서 나타내면 (식 D−4)와 같다.

(식 D−4) $$ds^2=-(c\,dt)^2+a^2(t)\left[d\chi^2+\mathrm{R}_0^2\mathrm{S}_\kappa^2\left(\frac{\chi}{\mathrm{R}_0}\right)d\Omega^2\right]$$

앞에서도 간단히 살펴보았듯 이 식에서 $a(t)$는 우주축척이고, χ는 동행거리이고, R_0은 현재 우주의 시공간의 곡률이다. 또한 함수 $\mathrm{S}_\kappa\left(\frac{\chi}{\mathrm{R}_0}\right)$는 우주 공간의 기하학적 성질에 따라, 즉 κ값에 따라 다른 함수를 갖는다. 예를 들어, $\kappa=0$인 평탄한 유클리드 공간에서는 $S_{\kappa=0}=\frac{\chi}{R_0}$이다. 빛이 진행하는 측지선은 $ds=0$을 만족하고, 우리가 관측한 은하의 빛은 방향의 변화 없이 그 은하로부터 날아온 것이기 때문에 $d\Omega=0$이다. 그러므로 빛이 진행하는 측지선의 선소는 $0=-(c\,dt)^2+a^2(t)[d\chi^2+0]$이다. 이 식을 잘 정리하면, 앞에서 다루었던 (식 VI−2B)와 같이

(식 VI−11) $$\frac{d(ct)}{d\chi}=\pm a(t)$$

를 얻는다. 이것이 바로 우리가 구하려는 동행거리-정상시간 시공간도 상의 각 사건에서 빛의 세계선이 갖는 기울기 또는 광추면의 기울기이다. 그 특성을 살펴보면, 각 사건에서의 광추면은 그 기울기가 동행거리 χ에 무관하고 단지 시간 t에 따라 달라지되 기울기는 그 시각 t의 우주축척과 같다. 즉, 동일 시각의 사건들은 동행거리가 달라도 광추면의 기울기가 모두 같다. 여기서 ±부호는 빛의 진행 방향을 나타내며, +부호는 오른쪽으로 진행하는 빛의 광추면을 나타내고 −부호는 왼쪽으로 진행하는 빛의 광추면을 나타낸다. 또한 편의상 현재의 우주축척을 $a(t_0)=1$로 놓으므로 현재 광추면의 기울기는 ±45°이다. 또한 우주 초기로 갈수록 광추면의 기울기는 점점 0이 된다. 즉, 가로축에 나란하게 점차 눕는다. $t=0$(빅뱅)일 때는 광추면의 기울기가 마침내 0이 되므로 광추면이 가로축에 접한다. 또한 은하들의 동행거리는 외력이 없으면 우주가 팽창해도 변하지 않으므로 은하의 세계선은 세로축과 나란하게 나타난다. 이러한 특성들을 [그림 VI−4]의 동행거리-정상시간 시공간도에서 확인할 수 있다. 세계선 위의 각 사건에 작은 삼각형

으로 광추를 그렸다. 앞에서 설명했듯이 현재의 광추면은 그 기울기가 ±1, 즉 가로축과 이루는 각이 ±45°였다가 우주 초기로 갈수록 점차 완만해져서 우주 초기에는 가로축에 접한다.

'지금 여기'에서 우리가 관측한 천체의 빛은 [그림 VI-4]에서 작은 삼각형으로 나타낸 광추면을 따라 진행해온 것이다. 이것은 앞의 고유거리-정상시간 시공간도에서와 마찬가지로 현재의 광추를 과거로 확장한 것이다. 오른쪽에서 여기에 있는 관측자를 향해 진행해온 빛은 좌 광추면을 따라 진행해온 것이고, 왼쪽에서 관측자를 향해 진행해온 빛은 우 광추면을 따라 진행해온 것이다. 그림에서 붉은 곡선이 바로 이러한 현재의 광추를 나타낸다. '지금 여기'에서 우리가 관측한 어떤 천체의 빛은 그 천체의 세계선이 과거의 언젠가 이 붉은 곡선 어딘가에 있었을 때 방출된 것이다. 고유거리-정상시간 시공간도에서와 마찬가지로 이 붉은 곡선 바깥에 있는 사건은 우리가 미래에 관측할 사건이며, 그 곡선 안쪽에 있는 사건은 이미 과거에 관측한 사건이다.

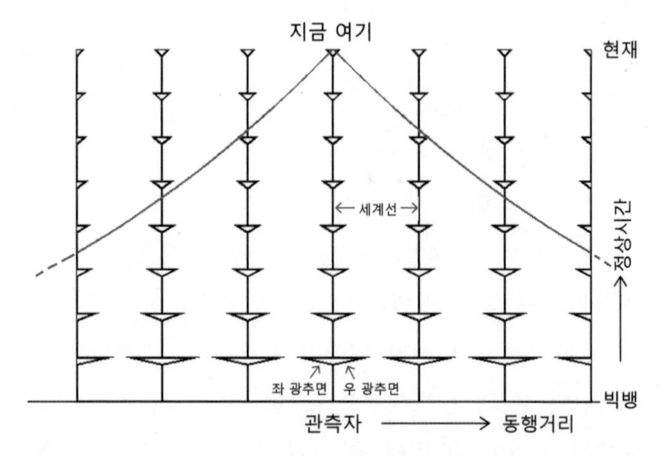

그림 VI-4 팽창하는 평탄한 유클리드 시공간에서의 동행거리-정상시간 시공간도

'지금 여기'의 광추를 우주 초기 빅뱅 때까지 연장한 것을 '현재의 광추'라고 하자. 현재의 광추는 $t=t_0$일 때 $\chi=0$이라는 조건을 주고 (식 VI−11)을 적분하여 구할 수 있다. 그 적분은, 앞에서 공부해본 고유거리-정상시간 시공간도에서와 마찬가지로, 구체적인 우주 모형을 주어야만 가능하다. 일반적인 우주 모형에서는 해석해를 구하기 어려우므로 컴퓨터 코드를 만들어 수치적분을 해야 하지만, 앞에서와 마찬가지로 이 계산을 손으로 할 수 있는 간단한 우주 모형에서는 해석해를 구하여 미분방정식 (식 VI−11)의 해를 구할 수 있다. 우리는 앞에서와 마찬가지로 $\Omega_K=\Omega_\Lambda=0$이고 $\Omega_M=1$인 물질 우세시기의 우주, 즉 아인슈타인-드시터 우주를 다루겠다. 이 경우에도 프리드만 방정식은 (식 VI−5)로 계산되고 그 해는 (식 VI−7)과 (식 VI−8)이 됨을 앞에서 계산해보았다. (식 VI−7)을 (식 VI−11)에 대입하면, 각 사건에서의 광추면 기울기는

(식 VI−12) $$\frac{d(ct)}{d\chi}=\pm\left(\frac{ct}{\tau}\right)^{\frac{2}{3}}$$

이다.

적합한 조건을 주고 이 미분방정식을 적분하면 우리가 찾는 빛의 경로를 얻을 수 있다. 같은 변수끼리 이항해서 정리하면

$$d\chi=\pm\left(\frac{ct}{\tau}\right)^{-\frac{2}{3}}d(ct)$$

가 된다. 양변을 적분하되, 좌변은 $\chi'\in[0,\chi]$ 구간에서 적분하고 우변

은 $t' \in [t_0, t]$ 구간에서 적분하면 된다.

$$\int_0^{\chi} d\chi' = \pm \int_{t_0}^{t} \left(\frac{ct'}{\tau}\right)^{-\frac{2}{3}} d(ct') = \pm\, \tau \int_{t_0}^{t} \left(\frac{ct'}{\tau}\right)^{-\frac{2}{3}} d\left(\frac{ct'}{\tau}\right) = \pm\, \tau \int_{\frac{ct_0}{\tau}}^{\frac{ct}{\tau}} x^{-\frac{2}{3}} dx$$

가 된다. 좌변은 χ가 되고, 우변은 앞에서와 마찬가지로 멱함수의 적분 $\int x^n dx = \frac{1}{1+n} x^{n+1}$을 이용하여

(식 VI−13) $$\chi = \pm\, 3\tau \left[\left(\frac{ct}{\tau}\right)^{\frac{1}{3}} - \left(\frac{ct_0}{\tau}\right)^{\frac{1}{3}} \right] = \pm\, 3\tau \left[\left(\frac{ct}{\tau}\right)^{\frac{1}{3}} - 1 \right]$$

이 된다.

여기서 '지금($t = t_0$) 여기'는 동행거리가 0이어야 하므로 $\chi = 0$이어야 하는데, (식 VI−13)의 해에 $t = t_0$을 대입하면 $\chi = 0$은 자동으로 만족된다. 사실 적분구간을 잡을 때 이미 이것을 고려해준 셈이다. 또한 앞에서 보았듯이 $\tau = ct_0$임을 적용하였다. 이 해답의 몇 가지 특징을 살펴보자. 첫째, $t = 0$(빅뱅)일 때 동행거리는 $\chi(t = 0) = \chi_0 = \mp 3\tau$임을 알 수 있다. (물론 이때의 고유거리는 $a(t = 0) = 0$이므로 $r(t = 0) = a(t = 0) \times \chi_0 = 0$이다.) 이 거리는 '지금 여기'에 있는 우리에게 영향을 미칠 수 있는 최대 거리이다. 왜냐하면 빛보다 빠른 것은 없는데, '지금 여기'에 있는 우리에게 빛이 도달할 수 있는 최대 거리가 $\chi(t = 0)$이기 때문이다. 이 거리를 우주론에서는 현재의 '입자 지평'이라고 한다.

둘째, (식 VI−12)에서 보면, 현재($t = t_0$)일 때 광추면의 기울기는

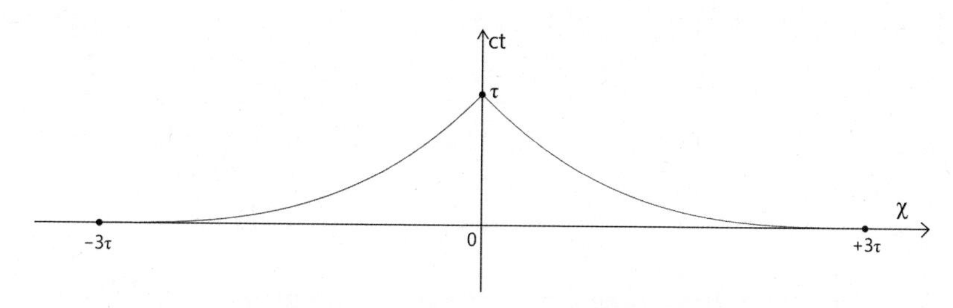

그림 VI-5 동행거리-정상시간 시공간도상의 광추 곡선 지금 관측되는 천체의 빛이 언제 어디에서 방출된 것인지를 나타낸다. $\Omega_K = \Omega_\Lambda = 0$이고 $\Omega_M = 1$인 우주 모형을 채택하였다. 현재 우주의 나이에 해당하는 광행거리는 τ이고, $t=0$일 때 $\chi = \pm 3\tau$는 현재 우리 우주의 '입자 지평'에 해당한다. 여기서 $\tau \equiv \frac{2c}{3H_0}$로 정의된 값이다.

$\frac{d(ct)}{d\chi} = \pm 1$이다. ($\tau = ct_0$이었음을 상기하라.) 이 가운데 기울기가 $+1$인 경우는, 음의 방향에서 진행해오다가 관측된 빛의 경로로서, [그림 VI-5]의 시공간도에서 보면 붉은 곡선의 왼쪽 부분에 해당한다. 그 빛이 빅뱅($t=0$) 때 방출된 것이었다면 그 은하의 동행거리는 $\chi = -3\tau$가 된다. 즉, 우주의 나이 전체에 걸쳐 날아온 빛으로 지금 우리가 볼 수 있는 최대 거리인 '입자 지평'이다. 마찬가지로 현재($t = t_0$)일 때, 이 가운데 기울기가 -1인 경우는, 양의 방향에서 진행해오다가 관측된 빛의 경로로서, [그림 VI-5]의 시공간도에서 보면 붉은 곡선의 오른쪽 부분에 해당한다. 그 빛이 빅뱅($t=0$) 때 방출된 것이었다면 그 은하의 동행거리는 $\chi = +3\tau$가 된다. 마찬가지로 이것도 '입자 지평'을 나타낸다.

이 빛의 경로를 그림으로 그린 것이 [그림 VI-5]이다. 또한 이것을 동행거리-정상시간 시공간도상에 여러 은하들의 세계선 및 광추와 함께 그린 것이 앞의 [그림 VI-4]이다. 어떤 은하에서 방출된 빛은 우리를 향해 진행하면서 동행거리가 지속적으로 짧아진다. 또한 빅뱅 때 동행거리가 $\pm 3\tau$보다 가까운 은하에서 나온 빛들만 우리에게 전달되어 영향을 끼칠 수 있다. 이것은 현재 우리 우주의 '입자 지평'에 해당한다.

시공간도에서 살펴본 동행거리, 고유거리, 광행거리

지금까지 시공간도에서의 빛의 경로에 대해 충분히 살펴보았다. 이제 고유거리-정상시간 시공간도상에서, 팽창하는 시공간에서 여러 가지로 정의되는 거리의 의미를 알아보자. 현재 우리가 어떤 은하에서 나온 빛을 관측했다고 하자. 그 빛은 시공간의 여러 지점을 거쳐온 것이다. 빛이 각 지점을 지날 때는 각 지점의 광추면을 따라 진행하므로, 고유거리-정상시간 시공간도에서 우리가 관측한 그 빛이 지나온 세계선이 무화과 모양을 그리는 것을 앞에서 살펴보았다. 우리가 현재 관측한 빛은 그 무화과 모양의 세계선 위의 한 점에서 언젠가 발사된 것이다. 그 은하의 적색이동을 측정하면 그 선 위의 어느 점이었는지를 알 수 있다.

먼저 우리가 관측한 어떤 은하의 적색이동이 $z=1$인 경우를 생각해 보자. 적색이동과 우주축척 사이의 관계식에 의해 $a=\frac{1}{1+z}=\frac{1}{2}$이므로, '지금 여기'에서 우리가 관측하는 그 은하의 모습은 우주의 크기가 지금의 절반이던 때의 모습인 것이다. 그러면 이 은하는 우리로부터 얼마만큼 떨어져 있을까? 이 은하는 특이운동(peculiar motion)이 없이 그냥 그 자리에 정지해 있다고 해도 (즉, 동행거리에 변화가 없다고 해도) 우주가 팽창하므로 시간이 지남에 따라 그 고유거리는 증가한다. 어떤 우주 모형이 주어지면 프리드만 방정식을 풀어서 $a(t)$를 구할 수 있고, 우리는 동행거리를 아는 어떤 은하의 세계선을 시공간도에 그릴 수 있

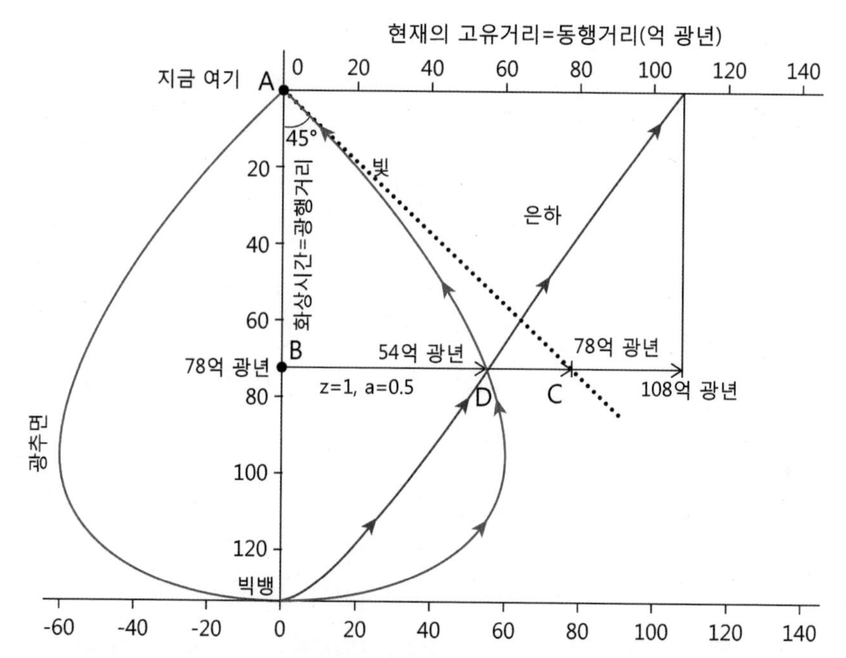

그림 VI–6 고유거리–정상시간 시공간도상에 나타낸 고유거리, 동행거리, 그리고 광행거리 적색이동 $z=1$인 은하가 사건 D에서 방출한 빛이, 광추(붉은 곡선)를 따라 '지금 여기'에 있는 관측자에게 도달하였다. 선분 AB는 그 은하의 회상시간에 해당하는 광행거리이다. 이 은하의 세계선, 즉 시간에 따른 고유거리 변화를 파란색 선으로 나타냈다. 이 은하의 동행거리는 지금 측정한 이 은하의 고유거리이다. 따라서 파란색 선이 지금을 나타내는 맨 위의 가로축 직선과 만나는 점의 고유거리 값이 동행거리가 된다.

다. 따라서 시공간도에 이 은하의 세계선을 그려보면 [그림 VI–6]에서 보듯이 파란색 선처럼 나타난다. 이 은하의 동행거리가 χ라면, 이 은하의 세계선은 $r(t)=a(t)\chi$가 된다. 동행거리 χ는 '지금($t=t_0$)' 그 은하의 고유거리와 같으므로, [그림 VI–6]에서 파란색 선(은하의 세계선)이 '지금'에 해당하는 등시간선과 만나는 점까지의 고유거리가 바로 동행거리 χ이다.

이 은하가 $z=1$일 때의 모습으로 우리에게 관측되었다는 것은, [그림 VI－6]에서 이 은하가 점 D에 있었을 때 빛을 방출했고 그 빛이 붉은 곡선으로 나타낸 빛의 세계선을 따라 우주 팽창을 거슬러 '지금 여기'에 도달하여 우리에게 관측되었다는 뜻이다.

이 은하까지의 거리는 앞에서 설명했듯이 세 가지로 나타낼 수 있다. 첫째는 그 빛이 방출되었을 때($t = t_e$) 우리와 그 은하의 고유거리 $r(t_e)$이고, 둘째는 그 은하가 지금 우리로부터 고유거리로 얼마만큼 떨어져 있는지를 나타내는 동행거리 χ이고, 셋째는 빛이 방출되어 지금까지 시간이 지나는 동안 날아온 광행거리 r_{LT}이다. 세 거리는 일반적으로 $r(t_e) < r_{LT} < \chi$가 됨을 앞에서 살펴보았다.

시공간도의 세로축은 '지금($t = t_0$) 여기'를 기준으로 한 회상시간이고, 여기에 광속을 곱한 값이 광행거리이다. [그림 VI－6]에서 보면, 선분 AB의 길이가 그 은하까지의 광행거리이다. 또한 이 광행거리는 '지금 여기'에서의 광추 곡선(붉은 곡선)에 접선(점선으로 표시함)을 그었을 때, 그 접선이 $z = 1$에 해당하는 등시간선과 만나는 점 C까지의 고유거리, 즉 선분 BC와 같다. 왜냐하면 '지금 여기'에서 광추면의 기울기가 45°이므로 [그림 VI－6]에서 삼각형 ABC는 $\overline{AB} = \overline{BC}$인 이등변삼각형이기 때문이다.

[그림 VI－7]에서, 적색이동이 $z = 1$인 '을' 은하의 경우, 은하까지의 거리들을 계산해보자. 예를 들어, 우리 우주가 $\Omega_M = 0.29$, $\Omega_\Lambda = 0.71$, $\Omega_K = 0$, $H_0 = 70\,km/s/Mpc$인 우주 모형을 따를 때, 동행거리는 $\chi =$ 108억 광년이고 광행거리는 $r_{LT} = 78$억 광년이며 빛을 방출했을 때의 고유거리는 $r(t_e) = 54$억 광년이다.* 적색이동 $z = 1$이므로 우주축척

* 그 계산은 http://www.astro.ucla.edu/~wright/CosmoCalc.html를 참고하였다.

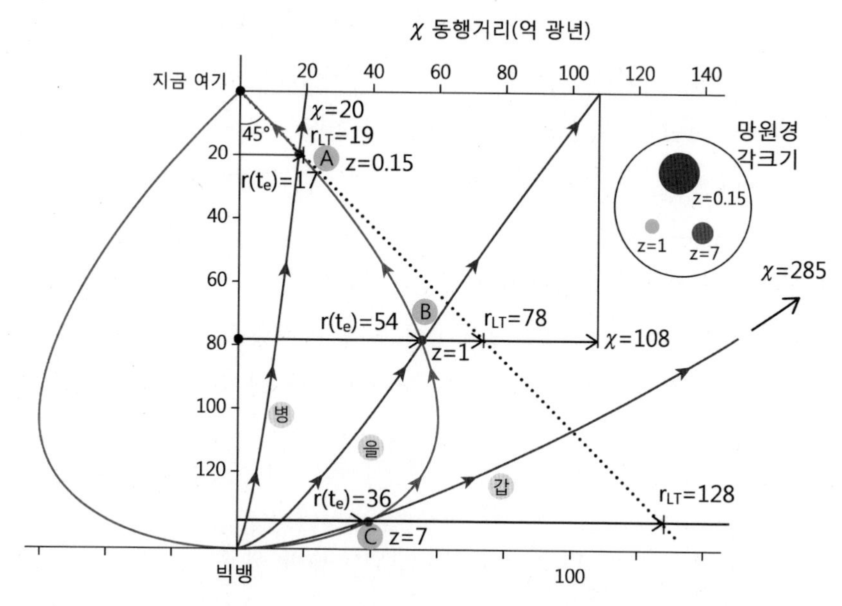

그림 VI-7 고유거리-정상시간 시공간도상에 나타낸 고유거리, 동행거리, 그리고 광행거리 적색이동이 각각 $z=0.15$, $z=1$, $z=7$인 은하의 빛을 '지금 여기'에서 관측했을 때 각 은하의 거리를 나타냈다. 각종 거리에 대한 설명은 [그림 VI-6]과 같다. 원 안에는 그 은하들의 원래 크기가 같을 때 적색이동에 따라 각크기가 다르게 관측됨을 보여준다. 같은 은하를 여기에서 점점 멀리 가져다 놓으면 처음에는 관측되는 각크기가 작아지다가 특정 적색이동에서 최소가 되고 그 너머로 점점 멀어지면 각크기가 다시 점점 커지게 된다.

은 $a(t_e)=\dfrac{1}{1+z}=\dfrac{1}{2}$이고, $r(t_e)=a(t_e)\chi$이므로

$$r(t_e)=\frac{1}{2}\times 108\text{억 광년}=54\text{억 광년}$$

임을 확인할 수 있다.

이제 아주 가까운 은하와 아주 먼 은하를 생각해보자. 이 경우도 앞과 똑같은 개념을 적용하여 거리를 정의할 수 있다. 예를 들어 적색이

동이 매우 커서 $z=7$인 '갑' 은하의 경우, [그림 VI-7]에서 보듯이 $r(t_e)$는 작고 r_{LT}와 χ는 매우 크다. 이 은하의 빛은 우주가 지금에 비해서 매우 작았을 때 우리를 향해 발사된 것이므로 $r(t_e)$값이 작다. 구체적인 예를 들어 우리 우주가 $\Omega_M = 0.29$, $\Omega_\Lambda = 0.71$, $\Omega_K = 0$, $H_0 = 70\,km/s/Mpc$인 우주 모형을 따를 때, $z=7$에 있는 것으로 관측된 은하까지의 거리들을 실제로 계산해보면, 동행거리는 $\chi = 285$억 광년이고 광행거리는 $r_{LT} = 128$억 광년이며 빛을 방출했을 때의 고유거리는 $r(t_e) = 36$억 광년이다. 적색이동 $z=7$이므로 우주축척은 $a(t_e) = \frac{1}{1+z} = \frac{1}{8}$이고, $r(t_e) = a(t_e)\chi$이므로

$$r(t_e) = \frac{1}{8} \times 285\text{억 광년} \simeq 36\text{억 광년}$$

임을 확인할 수 있다.

한편 적색이동이 매우 작은 $z=0.15$인 '병' 은하의 경우, [그림 VI-7]에서 확인할 수 있듯이, 세 가지 거리들의 차이가 작아진다. 구체적인 예를 들어 우리 우주가 $\Omega_M = 0.29$, $\Omega_\Lambda = 0.71$, $\Omega_K = 0$, $H_0 = 70\,km/s/Mpc$인 우주 모형을 따를 때, $z=0.15$에 있는 것으로 관측된 은하까지의 거리들을 실제로 계산해보면, 동행거리는 $\chi = 20$억 광년이고 광행거리는 $r_{LT} = 19$억 광년이며 빛을 방출했을 때의 고유거리는 $r(t_e) = 17$억 광년이다. 적색이동 $z=0.15$이므로 우주축적은 $a(t_e) = \frac{1}{1+z} \approx 0.87$이고, $r(t_e) = a(t_e)\chi$이므로

$$r(t_e) \approx 0.87 \times 20\text{억 광년} \simeq 17\text{억 광년}$$

임을 확인할 수 있다. 이를 통해 우리로부터 가까이 있는 은하는 그 적색이동이 작아질수록 여러 가지 거리 사이의 차이가 작아져서 적색이동이 0에 가까워질수록 그 차이가 0으로 수렴함을 알 수 있다.

동행거리, 고유거리, 광행거리의 계산

이제 우주론적인 거리에 대해 어느 정도 이해했을 것이다. 이제 그 우주론적 거리를 어떻게 계산하는지 간단하게 알아보고, 다음 절에서 천문 관측과 밀접한 관련이 있는 광도거리, 각지름거리, 고유운동거리에 대해 알아보자. 실제 계산은 어떻게 하는지에 관심이 없거나 너무 어렵게 느껴지는 독자는 건너뛰어도 좋다.

먼저 어떤 은하의 적색이동이 z로 관측되었을 때 그 은하의 동행거리가 얼마인지 계산해보자. 앞에서 살펴보았듯이, 동행거리란, 적색이동이 z인 곳에 있는 것으로 관측된 은하가 지금은 우리로부터 고유거리로 얼마나 떨어져 있는가를 나타낸다. 적색이동이 z인 곳에서 우리를 향해 방출된 빛을 생각해보자. 이 빛은 dt라는 짧은 시간 동안에 $c\,dt$ 만큼의 짧은 거리를 우리를 향해 진행한다. 이 거리는 고유거리이므로 우주 팽창을 제거하여 동행거리를 구하려면 그 당시의 우주축척으로 나누어줘야 한다. 그래서 이 짧은 거리는 동행거리로는 $c\,dt/a(t)$가 된다. 또한 그다음 dt라는 짧은 시간 동안에도 마찬가지로 그 빛은 $c\,dt$만큼의 짧은 거리를 우리를 향해 진행하는데, 이때는 우주축척이 $a(t+dt)$로 변해 있으므로 그 짧은 거리에 해당하는 동행거리는 $c\,dt/a(t+dt)$가 된다. 이런 식으로 적색이동이 z였을 때부터 지금까지의 이 짧은 길이들을 죽 더하면 전체 동행거리를 구할 수 있다. 이렇게 짧은 길이를 죽 더한다는 것은 다시 말해서 적분한다는 뜻이다. 우주축척은 우주의 기하학과 구성 성분비에 따라서 달라진다. 그것을 고려하여 우주축척의 시간적 진화를 기술한 방정식이 프리드만 방정식이다. [부록 D]에 소개하였듯이, 우리 우주의 물질 우세 시기에는 프리드만 방정식이

(식 VI-14) $$\mathrm{H} \equiv \frac{1}{a}\frac{da}{dt} = \mathrm{H}_0 \mathrm{E}(a)$$

이 된다. 여기서 $\mathrm{E}(a) \equiv \sqrt{\Omega_{\mathrm{M}} a^{-3} + \Omega_{\mathrm{K}} a^{-2} + \Omega_{\Lambda}}$ 로 정의된 함수이다. 따라서 $dt = da/\mathrm{H}_0 a\mathrm{E}(a)$이므로 이것을 $c\,dt/a(t)$에 대입하고 적분하되, $t = t_e$에 은하에서 빛이 방출되어 $t = t_o$에 그 빛이 관측되었으므로 시간에 대한 적분구간은 $t' = [t_e, t_o]$이다. 또한 $t = t_e$일 때 우주축척은 $a(t_e) = a$이고, $t = t_0$(현재)일 때 $a(t_0) = a_0 = 1$이므로 우주축척의 적분구간은 $a' = [a, 1]$이 된다. 따라서

(식 VI-15) $$\chi = r(t_0) = c\int_{t_e}^{t_0} \frac{dt}{a'} = \frac{c}{\mathrm{H}_0}\int_a^1 \frac{da'}{a'^2 \mathrm{E}(a')}$$

으로 동행거리 χ를 계산한다. 또한 적색이동과 우주축척은 $a = 1/(1+z)$의 관계가 있으므로 이 식의 양변을 미분하면 $da = -dz/(1+z)^2$가 된다. 이것을 적분식 (식 VI-15)에 대입하면

(식 VI-16) $$\chi = \frac{c}{\mathrm{H}_0}\int_0^z \frac{dz'}{\mathrm{E}(z')}$$

이 되어, 적분항을 우주축척의 함수에서 적색이동의 함수로 바꾸어 계

산할 수 있다. 여기서 $E(z) \equiv H_0\sqrt{\Omega_M(1+z)^3+\Omega_K(1+z)^2+\Omega_\Lambda}$ 로 정의되는 함수이다.

동행거리를 알면 그 빛이 방출되었을 때의 고유거리 $r(t_e)$는

$$r(t_e) = a(t_e)\chi = \frac{\chi}{1+z}$$

로 간단히 계산할 수 있다.

다음으로 광행거리 r_{LT}를 계산해보자. 광행거리는 흘러간 짧은 시간 dt 동안 빛이 광속 c로 진행한 짧은 거리를 시간 t_e에서 t_o까지 적분하면 된다. 일반적인 프리드만-로버트슨-워커 우주 모형에서 시간은 한 관측자의 시계로 잰 것으로 정의하기 때문이다.

$$r_{LT} = c\int_{t_e}^{t_o} dt = c(t_o - t_e)$$

그런데 (식 VI−14)에서 $dt = da/H_0 aE(a)$였으므로, 이 적분식을 우주축척의 함수로 고쳐 쓸 수 있다. 또는 적색이동과 우주축척 사이의 관계로부터 $da = -dz/(1+z)^2$이므로 적색이동의 함수로도 고쳐 쓸 수 있다. 시간에 대한 적분구간은 $t' = [t_e, t_0]$으로 하고, $t = t_0$(현재)일 때 $a(t_0) = a_0 = 1$이므로 우주축척의 적분구간은 $a' = [a, 1]$로 한다. 따라서

(식 VI−17) $$r_{\mathrm{LT}} = c\int_{t_e}^{t_o} dt = c(t_o - t_e) = \frac{c}{\mathrm{H}_0}\int_a^1 \frac{da'}{a'\mathrm{E}(a')}$$

$$= \frac{c}{\mathrm{H}_0}\int_0^z \frac{dz'}{(1+z')\mathrm{E}(z')}$$

으로 광행거리를 구할 수 있다. χ와 r_{LT}를 계산하기 위한 피적분함수에는 $\mathrm{E}(a)$가 들어 있는데, 이 $\mathrm{E}(a)$에는 우리 우주의 구성 함량인 Ω값들이 포함되어 있다. 이 값들이 특별한 값일 때만 손으로 적분을 계산할 수 있고, 일반적으로는 컴퓨터로 수치 적분을 해주어야 한다. 그 계산 결과는 광도거리와 각지름거리를 배운 후에 함께 살펴보자.

천문 관측적 거리: 광도거리, 각지름거리, 고유운동거리

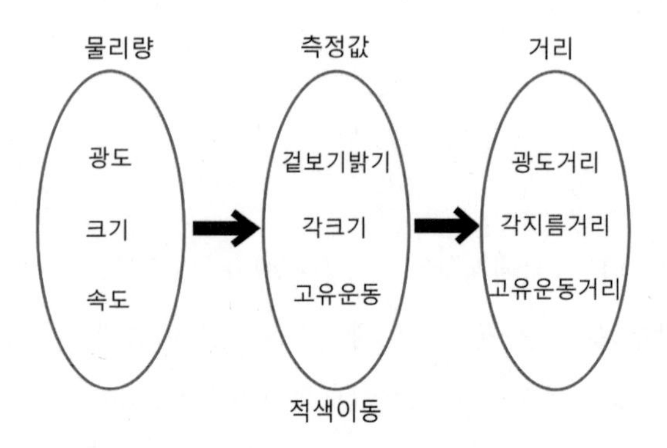

천문 관측과 관련된 우주론적 거리에 대해 알아보자. 천체는 광도, 크기, 속도와 같은 고유한 물리적 특성을 갖고 있다. 천문학자가 이러한 물리량을 직접 측정하는 경우는 드물다. 단지 그 천체의 겉보기밝기를 측정하거나, 각크기를 측정하거나, 고유운동에 의한 위치 변화를 각도로 측정함으로써 그 측정값을 이용하여 거리를 구한다. 정지해 있는 평탄한 시공간에서는 천체의 실제 물리량과 측정되는 물리량 사이의 관계가 단순하다. 천체의 광도와 겉보기밝기 사이의 관계는 세페이드 변광성이나 Ia형 초신성을 이용하는 경우에서 보듯이 거리지수로 표현되며, 천체의 실제 길이를 아는 경우 그 천체의 각크기를 측정하고 삼각측량을 통해 거리를 알아낼 수 있다. 또한 어떤 천체의 고유운동 속도를 알면, 그 천체가 상당히 긴 시간 동안 이동한 각거리를 측정함으로써 그 천체까지의 거리를 측량할 수 있다.

그러나 실제 천문 관측에서는 우주가 팽창하기 때문에 이러한 관계가 단순하지 않다. 게다가 우주의 시공간은 그 안에 들어 있는 물질과 에너지의 양에 따라 유클리드 공간이 아닐 수도 있다. 그래서 천문학에서는 겉보기밝기, 각크기, 고유운동을 관측하여 거리를 측량할 때, 평탄한 유클리드 시공간에서 정의되는 형태로 각각 광도거리, 각지름거리, 고유운동거리 등의 여러 거리를 정의하여 사용한다. 이러한 거리들은 고유거리나 동행거리에 비해 흔히 가짜 거리라고도 이야기한다. 아주 멀리 있는 천체의 고유운동은 아주 미세하기 때문에 측량에 사용하기 어렵다. 그래서 여기서는 일단 논외로 하고 광도거리와 각지름거리에 대해서만 알아보겠다.

광도거리

먼저 광도거리에 대해 알아보자. 유클리드 공간에서는 어떤 천체가 1초당 모든 방향으로 내뿜는 빛에너지를 광도라고 하고 보통 L로 표시한다. 광도를 뜻하는 영어 Luminosity의 머리글자를 딴 것이다. 이 빛은 그 천체와 관측자 사이의 거리 D_L을 반지름으로 하는 구면 위에 골고루 퍼진다. 유클리드 시공간에서는, 반지름이 D_L인 구의 표면적은 $4\pi D_L^2$이므로 관측자가 광원에 대해 수직인 단위 면적당 측정하는 그 천체의 밝기 f는

(식 VI-18) $$f = \frac{L}{4\pi D_L^2}$$

이 된다. 광도 L을 알고 있다면 겉보기밝기 f를 측정함으로써 거리 D_L을 알 수 있는 것이다. 이 거리를 '광도거리'라고 부른다.

팽창하는 우주에서는 다음과 같은 네 가지를 고려해야 올바른 광도거리를 구할 수 있다. 첫째, 천체의 빛이 구의 표면에 퍼지는 데 그 구의 반지름은 그 천체를 관측한 때의 고유거리를 써야 한다. 그 거리가 빛이 진행하는 실제 거리이기 때문이다. 둘째, 우주의 기하학에 따라서 빛이 퍼지는 표면적이 달라지는 것을 고려해야 한다. 셋째, 우주 팽창에 의한 적색이동으로 인해 빛(광자)의 에너지가 $(1+z)$배만큼 줄어드는 것을 고려해야 한다. 넷째, 우주 팽창으로 인한 시간 지연 효과에 의해 그 천체로부터 나온 빛이 관측자에게 1초당 도달하는 개수가 $(1+z)$배만큼 줄어드는 것을 고려해야 한다.

먼저 첫째 요소를 생각해보자. 현재 그 천체의 동행거리가 χ라면 그 천체를 관측했을 때의 고유거리는 $a_o\chi$이다. 그런데 일반적으로 그 천체는 지금 우리가 관측한 것이므로 우주축척 값은 현재값 a_0이고, 일반적으로 $a_0 = 1$로 둔다. 그러므로 천체의 빛이 퍼지는 구면의 반지름은 바로 동행거리 χ가 된다.

둘째 요소는 약간의 추가 설명이 필요하겠다. 만일 우리 우주의 시공

간이 평탄한 유클리드 시공간이라면 반지름이 D_L인 구의 표면적은 $4\pi D_L^2$과 같다. 그러나 만일 우리 우주의 공간이 양의 방향으로 굽어 있다면(곡률이 양수라면) 구의 표면적은 $4\pi D_L^2$보다 작게 된다. 반면에 우리 우주의 공간이 음의 방향으로 굽어 있다면(곡률이 음수라면) 구의 표면적은 $4\pi D_L^2$보다 커진다. 이것을 고려하여 문제를 풀어야 하지만 내용이 조금 어려우므로, 이 책에서는 '팽창하는 유클리드 공간'에서 문제를 풀기로 한다. 다만 우주배경복사나 Ia형 초신성 등을 관측한 결과, 우리 우주 공간은 평탄한 유클리드 공간일 가능성이 매우 높다는 사실을 알아두자.

이제 이러한 요소들을 고려하여 천체의 절대밝기와 겉보기밝기를 비교하여 거리를 정해보자. 어떤 천체에서 시간이 t_e일 때 빛이 방출되어, 시간이 t_o일 때 관측되었다고 하자. 이 천체의 동행거리가 χ이고 관측 시간 t_o일 때의 우주축척이 a_o라면, 관측 시 이 천체의 고유거리는 $r(t_o)=a_o\chi$이다. 또한 셋째와 넷째 요소에 의해 천체의 고유 광도 L은 $(1+z)^2$배 어두워져서 관측된다. 이를 종합하면, 그 천체의 겉보기밝기 f는 다음과 같다.

(식 VI－19) $$f=\frac{L/(1+z)^2}{4\pi(a_o\chi)^2}=\frac{L}{4\pi(a_o\chi)^2(1+z)^2}$$

이 식이 유클리드 공간에서 광도거리 D_L을 정의할 때의 관계식인 (식 VI－18)과 같다고 간주하면

(식 VI－20) $$D_L = a_o \chi (1+z)$$

이다. 일반적으로 관측 시간은 지금이므로 $a_o = a(t_0) = a_0$이다. 보통 $a_0 = 1$로 놓으므로 $D_L = \chi(1+z)$가 된다. 여기서 동행거리 χ는 우주 모형이 주어졌을 경우 앞의 (식 VI－15)나 (식 VI－16)으로 계산하면 된다.

각지름거리

'정지한' 유클리드 공간에서는 고유길이 δ를 미리 알고 있는 막대기의 각크기가 θ로 측정되었다면, 다음과 같이 그 막대기까지의 각지름거리 D_A를 측량할 수 있다.

(식 VI－21) $$\theta = \frac{\delta}{D_A}$$

이것은 앞에서 우리가 별까지의 거리나 은하수 중심까지의 거리를 구할 때 이미 익숙하게 다뤄왔던 개념이다.

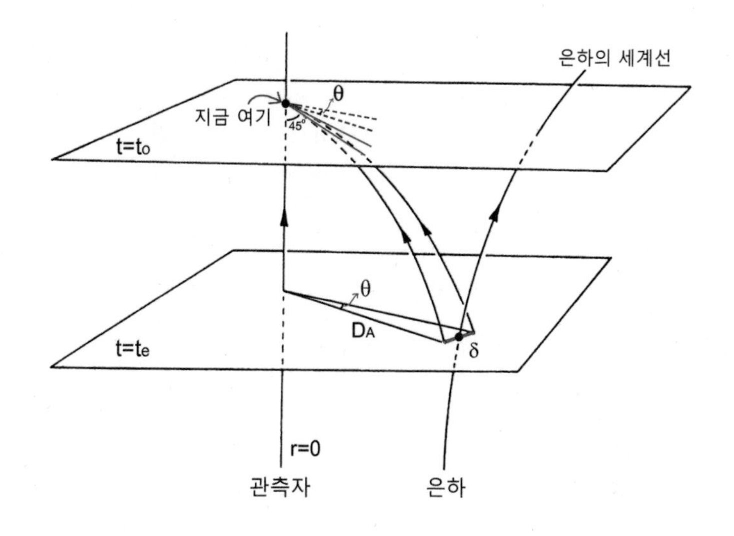

한편 '팽창하는' 유클리드 공간에서는 각지름거리를 어떤 식으로 정의할 수 있을까? 앞의 그림은 $t=t_e$일 때 은하(막대기)의 양 끝에서 방출된 빛이, 팽창하는 시공간을 진행하여, $t=t_o$에 있는 우리에게 관측될 때까지의 경로를 고유거리-정상시간 시공간도에 그린 것이다. 즉, '지금 여기'에서의 광추면 중에서 은하(막대기)의 양 끝에 닿는 두 광추를 그린 것이다. 앞의 [그림 VI-3]이나 [그림 VI-6]에서 살펴본 것과 같이, 은하(막대기)의 양 끝에서 나온 빛은 '지금 여기'의 광추면을 따라 시공간도에서 휘어진 경로를 그린다. 어떤 경로를 갖느냐는 우주축척 $a(t)$에 따라 변하는데, 우주축척은 우주 모형에 따라 달라진다. 즉, 우주가 열린 우주냐, 닫힌 우주냐, 아니면 평탄한 우주냐에 따라 달라지고, 또한 우주 안에 물질이 얼마나 들었는지 암흑에너지가 얼마나 들었는지에 따라 달라진다.

고유거리-정상시간 시공간도에서 '지금 여기'에 있는 관측자의 광추면은 빛의 세계선에 해당하는 기울기를 갖는다. 우리는 (식 VI-4)에서

$r(t)=0$이면 기울기가 ± 1임을 이미 공부했다. 그러므로 '지금 여기'에서 우리가 그 두 빛을 관측할 때, 그 두 빛의 광추면은 시간축과도 45°를 이루고 $t=t_o$ 평면과도 45°를 이루어야 한다. 왜냐하면 '지금 여기' 근방에서는 우주 팽창도 공간의 휘어짐도 없는 시공간으로 근사할 수 있기 때문이다. '지금 여기'에 있는 관측자는 두 광추 또는 그 접선(붉은 실선)을 $t=t_o$ 평면(공간)에 투영한 파란 점선이 나타내는 방향에서 빛이 날아온 것으로 관측한다. 그런데 은하의 양 끝에서 나온 빛이 진행하는 광추는 시선방향으로 날아온 것이므로 우리에게 날아오는 동안 방향각의 변화는 없다. 따라서 '지금 여기'의 관측자가 측정하는 은하(막대기)의 각크기는 $t=t_e$ 평면에서 정의되는 각크기 θ와 같다.

그러므로 은하(막대기)의 고유길이 δ와 각크기 θ 사이의 관계를, $t=t_e$ 평면에서 (식 VI－21)과 같이 정의할 수 있다. 은하(막대기)의 양 끝에서 빛이 방출될 때, 즉 $t=t_e$일 때의 관측자와 은하(막대기) 사이의 고유거리를 '각지름거리'라고 정의하는 것이다. 우리는 은하(막대기)의 길이를 알고 있고, 은하(막대기)의 각크기를 측정하므로 이렇게 각지름거리를 정의하는 편이 편리하다. 은하(막대기)까지의 동행거리가 χ이고 빛이 방출될 때의 우주축척을 a_e라고 하면 그때 관측자와 막대기 사이의 고유거리는 $a_e\chi$이다. 따라서 각지름거리 D_A는

(식 VI－22) $$D_A = a_e\chi$$

로 정의된다. 이렇게 정의하면 팽창하는 유클리드 공간에서도 정지해 있는 유클리드 시공간에서와 동일하게 (식 VI－21)과 같이 각크기를 측정하여 거리를 가늠할 수 있게 된다. 이것은 비유클리드 공간에서도

마찬가지다. 일반적인 시공간에서 각지름거리를 어떤 식으로 정의하며 어떻게 계산할 수 있는지는 [부록 E]를 참고하기 바란다.

이제 각지름거리를 정의한 (식 VI−22)를 가지고 광도거리를 정의한 (식 VI−20)을 다시 써보자. 분자와 분모에 각각 a_e를 곱해도 등식이 성립하며, $\mathrm{D_A} = a_e \chi$이고, 적색이동과 우주축척의 관계는 $a_o/a_e = (1+z_e)$인데 현재의 우리가 관측자이면 $a_o = a_0 = 1$이고 $z_e = z$이다. 따라서

$$\mathrm{D_L} = a_o \chi (1+z) = \frac{a_o}{a_e} a_e \chi (1+z) = a_e \chi (1+z)^2 = \mathrm{D_A}(1+z)^2$$

이 된다. 즉, $\mathrm{D_L} = \mathrm{D_A}(1+z)^2$이다.

지금까지 공부한 팽창하는 유클리드 시공간에서의 우주론적 거리를 요약해보자. 어떤 은하의 적색이동이 z이고 동행거리가 χ일 때, 그 은하의 광도거리는

(식 VI−23) $$\mathrm{D_L} = \chi (1+z)$$

이다. 또한 각지름거리는

(식 VI−24) $$\mathrm{D_A} = \frac{\chi}{1+z}$$

이다.* 따라서 이 두 식을 가지고 광도거리와 각지름거리의 관계를 구해보면

(식 VI-25) $$D_L = (1+z)^2 D_A$$

이다.

이상에서 알 수 있듯이, 어떤 천체의 적색이동을 측정한 다음, 여기에다 광도거리를 측정하면 (종축) 동행거리를 알 수 있고 각지름거리를 측정하면 (횡축) 동행거리를 알 수 있다.** 동행거리는 우주 모형이 주어지면 계산할 수 있다. 이와 반대로, 관측된 동행거리를 가장 잘 설명하는 우주 모형이 무엇인지도 찾을 수 있다. 이와 같이 천문 관측으로 어떤 우주 모형이 맞는지를 따지는 것을 '우주 모형 검증'이라고 한다. 특히 동행거리는 프리드만 방정식으로부터 다음과 같이 계산한다.

$$\chi = \frac{c}{H_0}\int_a^1 \frac{da'}{a'^2 E(a')}$$

* 여기의 동행거리 χ는 엄밀하게 말하자면 종축 동행거리이다. 각지름거리는 횡축 동행거리로 정의되어야 한다. 종축 동행거리와 횡축 동행거리는 일반적으로는 다르다. 하지만 평탄한 유클리드 공간에서는 두 동행거리가 같다. 그런데 천문학자들의 관측에 따르면 우리 우주가 평탄한 유클리드 공간인 것으로 밝혀져 있기 때문에, 여기서는 횡축 동행거리와 종축 동행거리를 구분하지 않고 그냥 합쳐서 동행거리라고 부르고 있다. 덕분에 각지름거리가 간단한 형태로 정의될 수 있었다. 이에 관한 자세한 내용은 [부록 D]와 [부록 E]에서 설명해두었으니 참고하기 바라며, 이 책을 읽어가는 데 결정적이지는 않으므로 내용이 어렵다고 판단되는 독자들은 건너뛰어도 좋다.

** 종축 동행거리와 횡축 동행거리에 대해서는 [부록 D]의 끝부분에 다루었으며, 각지름거리에 관해서는 [부록 E]에 자세히 설명해두었다.

여기서 $E(a) \equiv \sqrt{\Omega_M a^{-3} + \Omega_K a^{-2} + \Omega_\Lambda}$ 로 정의된 함수이고, Ω_M, Ω_K, Ω_Λ는 각각 물질(바리온+암흑물질), 시공간의 곡률에너지, 암흑에너지(우주상수)의 우주 임계 밀도*값에 대한 비이다. 이것들을 '우주 밀도 인수'라고 한다. 이 값들과 현재의 허블계수 값, 즉 허블상수 H_0값을 구체적으로 정해주는 것을 '우주 모형을 준다'라고 말한다.

현대 관측 우주론은 우주배경복사, 은하 분포, Ia형 초신성 관측 결과, 중력렌즈 시간 지연 등을 분석하여 우리 우주를 나타내는 가장 정밀한 우주 모형을 찾아냈다. 분석에 따르면, 우리 우주의 시공간은 평탄한 유클리드 시공간이다. 따라서 $\Omega_K = 0$ 또는 $\Omega_M + \Omega_K + \Omega_\Lambda = 1$이다. 즉, $\Omega_M + \Omega_\Lambda = 1$이다. 현대 천문 관측에 따르면, 그 대략적인 값은 $\Omega_M \approx 0.3$, $\Omega_\Lambda \approx 0.7$로 측정되었다. 허블상수는 그것을 구하는 방법들 사이에, 측정오차를 고려하더라도, 서로 큰 차이가 있어서 현대 우주론이 풀어야 할 숙제를 던져주고 있기는 하지만 대략 $H_0 = 70\,km/s/Mpc$(5%의 오차)으로 밝혀져 있다.[34] 따라서 우리는 이러한 최신 정밀 우주 모형에 대해, 천체의 적색이동에 따른 여러 가지 우주론적 거리들을 계산하여 그래프로 그려보겠다. 그 우주론적 거리들의 개념이나 계산 방법은 앞에 자세하게 다루었다. 그러나 개념도 어렵고 수학과 물리학의 수준이 높아서 아마 제대로 이해하지 못한 독자들도 있을 것이다. 그렇다고 하더라도 최소한 여기에 그려진 그래프는 충분히 이해해서 잘 사용할 수

---

* 우주 임계 밀도란 우주의 기하학이 평탄한 유클리드 공간으로 기술될 수 있을 때의 우주 밀도를 말한다. 우주의 밀도가 임계 밀도보다 크면 닫힌 우주라고 하고 양의 곡률을 갖는다. 우주의 밀도가 임계 밀도보다 작으면 열린 우주라고 하고 음의 곡률을 갖는다.

있도록 해보자. 앞으로 이 결과들을 계속 이용해서 우주 측량을 계속해 나갈 것이기 때문이다.

'지금 여기'에서 어떤 천체를 관측했더니 그 천체의 적색이동이 z였다고 하자. 앞에서 소개한 현대 천문학이 관측한 우주 모형 값들을 채택하여, 적색이동에 따른 동행거리 χ, 광도거리 D_L, 각지름거리 D_A를 계산하여 그래프로 그렸다. 여기서 모든 거리는 허블거리 $d_H \equiv c/H_0 = 4{,}286\,Mpc = 4.286\,Gpc$을 단위로 나타냈다.

[그림 VI-8]을 보면, 광도거리는 다른 거리들에 비해 적색이동이 커짐에 따라 급격하게 커진다. 이것은 적색이동이 커지면 천체의 겉보기

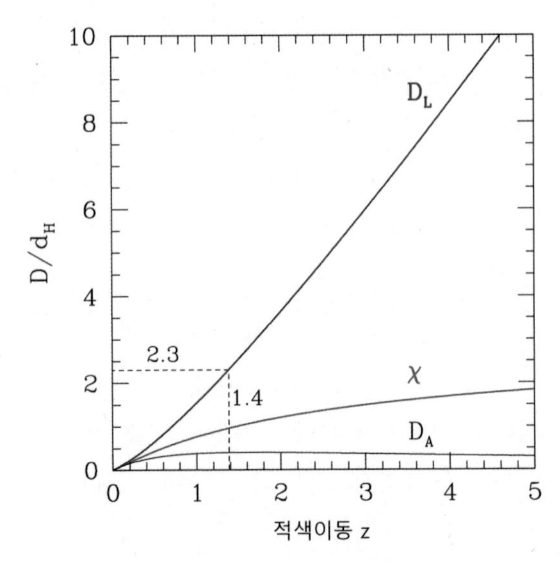

그림 VI-8 적색이동에 따른 우주론적 거리의 변화 $\Omega_M = 0.3$이고 $\Omega_\Lambda = 0.7$인 평탄한 유클리드 우주 모형에서 어떤 천체의 적색이동에 따른 동행거리 χ, 광도거리 D_L, 각지름거리 D_A를 그렸다. 거리의 단위는 허블거리 $d_H = c/H_0$로 나타냈다. 이 책에서는 허블상수를 $H_0 = 70\,km/s/Mpc$으로 하고 있으므로, $d_H = 4{,}286\,Mpc$으로 놓으면 된다.

밝기가 급격하게 어두워지기 때문이다. 어두운 천체일수록 멀리 있는 것으로 관측되는 것이다. 천문학자들은 절대밝기를 알고 있는 세페이드 변광성이나 Ia형 초신성의 겉보기밝기를 측정하여 광도거리를 구한다. 적색이동이 큰 경우 흔히 광도거리가 '허블 지평'이나 '입자 지평'보다 더 큰 값을 갖게 된다. 그러므로 이 광도거리를 실제 거리로 오인하면 안 된다. [그림 VI－8]에서 그 광도거리에 해당하는 적색이동을 찾아야 물리적 의미가 있는 동행거리나 고유거리 등을 가늠할 수 있다.

연습문제 1 연아가 켁 망원경으로 아주 멀리 있는 은하를 관측하다가 우연히 Ia형 초신성을 발견하였다. 그 초신성이 가장 밝아졌을 때 겉보기 밝기는 26등급에 달할 정도로 몹시 어두웠다. Ia형 초신성의 최대 밝기가 절대등급으로 －19등급이라면 이 초신성이 들어 있는 은하의 적색이동은 얼마인가? (적색이동에 따라 초신성의 스펙트럼이 전체적으로 긴 파장 쪽으로 옮겨감으로써 생기는 밝기 변화는 고려하지 말라.)

답 거리지수 공식 $m-M=5(\log_{10}D_L-1)$에서 $m=26$이고 $M=-19$인 경우다. 거리에 대해 풀면, $\log_{10}D_L=10$이다. 즉, $D_L=10{,}000\,Mpc$이다. $d_H=4{,}286\,Mpc$이므로, $D_L/d_H\simeq2.3$이다. [그림 VI－8]에 있는 광도거리의 그래프를 보면, 세로축이 2.3일 때 가로축의 적색이동은 약 1.4가 됨을 알 수 있다. 따라서 이 은하의 적색이동은 $z\simeq1.4$이다.

각지름거리는 천체의 적색이동이 커짐에 따라 특정 적색이동까지는 증가하다가 그 이상에서는 오히려 감소하는 것을 볼 수 있다. 우리가 택한 특정 우주 모형에서는 그 최댓값이 $z=1.63$ 정도에서 나타난다. 이 우주에서 길이가 일정한 막대기를 우리로부터 점점 멀리 가져가면서 그 막대기가 얼마만 한 각크기로 관측될지 생각해보자. 그 막대기가 길이는 δ이고 그 각지름거리가 D_A라면, 그 막대기의 각크기는 $\theta=\delta/D_A$

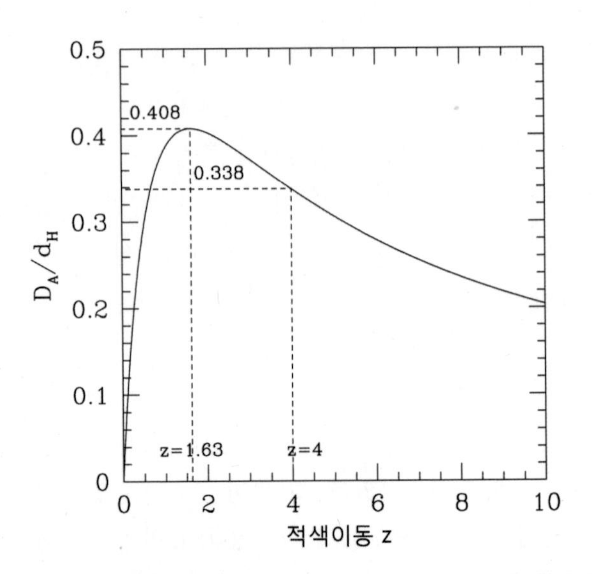

그림 VI−9 각지름거리의 적색이동에 따른 변화 $\Omega_M=0.3$이고 $\Omega_\Lambda=0.7$인 평탄한 유클리드 우주 모형에서 천체의 적색이동에 따른 각지름거리를 그렸다. 각지름거리는 적색이동 $z\approx1.63$에서 최댓값을 갖는다. 거리의 단위는 허블거리 $d_H=c/H_0$로 나타냈다. 이 책에서는 허블상수를 $H_0=70km/s/Mpc$으로 하고 있으므로, $d_H=4{,}286Mpc$으로 놓으면 된다.

이다. 즉, 각크기는 각지름거리에 반비례한다. 각지름거리는, [그림 VI−9]에서 보듯이, 적색이동이 커짐에 따라 처음에는 점점 증가하다가 $z\approx1.63$에서 최댓값을 갖고 그 너머에서는 점점 감소한다. 따라서 이 막대기의 각크기는, 적색이동이 커짐에 따라 막대기가 멀어질수록 처음에는 점점 줄어들다가 $z\approx1.63$에서 최솟값을 갖고 그 너머에서는 커지기 시작한다. 이러한 특성은 앞의 [그림 VI−7]에서 이미 설명한 적이 있다.

동행거리, 광도거리, 각지름거리의 적색이동에 따른 변화를 더욱 뚜렷하게 보여주기 위해 가로축과 세로축을 모두 로그 축척으로 그린 것

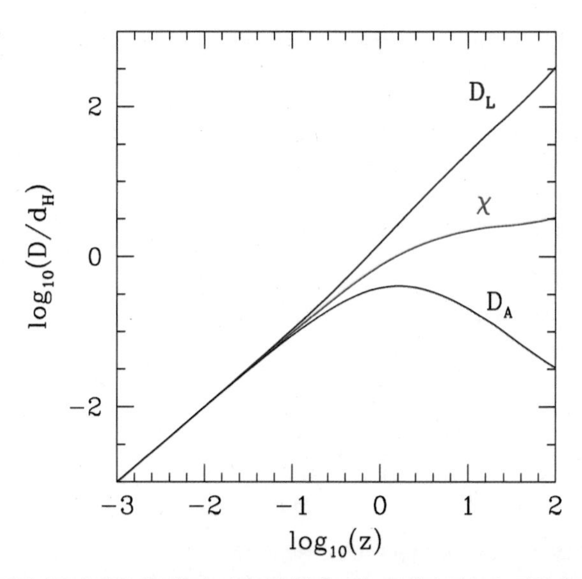

그림 VI-10 적색이동에 따른 우주론적 거리의 변화 [그림 VI-8]과 같으나, 적색이동이 클 경우 각각의 거리 차이를 뚜렷하게 보여주기 위해 가로축과 세로축을 모두 로그 축척으로 나타냈다. 여기서 χ는 동행거리, D_L은 광도거리, D_A는 각지름거리를 나타낸다. 거리의 단위는 허블거리 $d_H = c/H_0$로 나타냈다. 이 책에서는 허블상수를 $H_0 = 70\,km/s/Mpc$으로 하고 있으므로, $d_H = 4{,}286\,Mpc$으로 놓으면 된다.

이 [그림 VI−10]이다. 적색이동이 클 때는 이들 거리 사이의 차이가 더욱 뚜렷해지며, 적색이동이 작을 때는 그 차이가 거의 없는 것을 볼 수 있다. 수치계산 결과에 따르면, 적색이동이 $z = 100$(가로축의 2에 해당)인 경우에 광도거리는 $310\,d_H$인데 허블거리가 $d_H = 4.286\,Gpc$(기가파섹)이므로 이 광도거리는 $1{,}330\,Gpc$에 달하는 것이다. 그러나 동행거리는 $13\,Gpc$ 정도이다.

적색이동이 작을 때는 이들 동행거리, 광도거리, 각지름거리의 차이가 얼마나 작아지는지를 보기 위해 작은 구간을 확대해서 그린 것이 [그림 VI−11]이다. 적색이동이 $z \to 0$일수록 이들 거리의 차이가 줄어

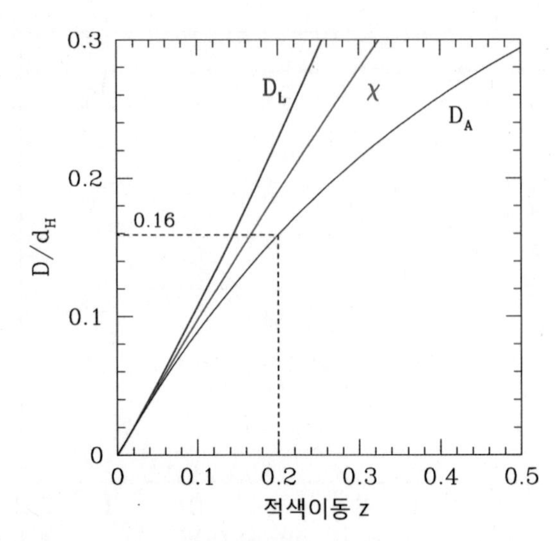

그림 VI-11 적색이동에 따른 우주론적 거리의 변화 [그림 VI-8]과 같으나, 적색이동이 작은 구간을 확대해서 그렸다. 적색이동이 작을 때는 우주론적 거리들 사이의 차이가 작아진다. 여기서 χ는 동행거리, D_L은 광도거리, D_A는 각지름거리를 나타낸다. 거리의 단위는 허블거리 $d_H = c/H_0$로 나타냈다. 이 책에서는 허블상수를 $H_0 = 70\,km/s/Mpc$으로 하고 있으므로, $d_H = 4{,}286\,Mpc$으로 놓으면 된다.

듦을 볼 수 있다. 특히 적색이동이 $z = 0.02$ 이하일 때는 차이가 거의 없다고 볼 수 있다. 대체로 우리로부터 $100\,Mpc$ 이내에서는 동행거리, 광도거리, 각지름거리가 모두 같다고 봐도 크게 틀리지 않다.

연습문제 2 우리로부터 가까이 있는 처녀자리 은하단의 고유거리는 약 $15\,Mpc$이다. 이 은하단의 적색이동은 얼마인가? (단, 허블상수 $H_0 = 70\,km/s/Mpc$으로 가정하라.)

답 우리 근방의 우주에서는 허블의 법칙에 따라 $cz = H_0 r$이므로

$$z = \frac{H_0 r}{c} = \frac{(70\,km/s/Mpc) \times 15\,Mpc}{300{,}000\,km/s} \simeq 0.0035$$

이다.

연습문제 3 머리털자리 은하단의 고유거리는 약 100 Mpc이다. 이 은하단의 적색이동은 얼마인가? (단, 허블상수 $H_0 = 70\,km/s/Mpc$으로 가정하라.)

답 (연습문제 2)와 마찬가지로 구하면, $z \approx 0.02$이다.

연습문제 4 은하단의 전형적인 크기는 약 1 Mpc이다. 이 은하단이 적색이동 $z = 0.2$, $z = 4$에 각각 있다면, 그 각크기는 얼마로 관측될까? 본문의 그래프를 사용하여 대략적인 값을 구해보라. (단, 허블상수 $H_0 = 70\,km/s/Mpc$으로 가정하라.)

답 [그림 VI-11]에서 $z = 0.2$일 때 $D_A/d_H \approx 0.16$임을 읽을 수 있다. 즉, $D_A \approx 0.16\,d_H = 0.16 \times 4{,}286\,Mpc \simeq 700\,Mpc$이다. 따라서 은하단의 각크기 θ는

$$\theta = \frac{1\,Mpc}{700\,Mpc} = \frac{1}{700} rad = \frac{1}{700} \times \frac{180°}{\pi} \simeq 0.082° = 0.082° \times 60 = 4.9'$$

이다. 또한 [그림 VI-9]에서 $z = 4$일 때 $D_A/d_H \approx 0.34$임을 읽을 수 있다. 즉, $D_A \approx 0.34\,d_H = 0.34 \times 4{,}286\,Mpc \simeq 1{,}500\,Mpc$이다. 따라서 은하단의 각크기 θ는

$$\theta = \frac{1\,Mpc}{1{,}500\,Mpc} = \frac{1}{1{,}500} rad = \frac{1}{1{,}500} \times \frac{180°}{\pi} \simeq 0.038° = 0.038° \times 60 = 2.3'$$

이다. 참고로 보름달의 각크기는 약 30′이다.

Chapter 07 거시적 우주

한때 나는 신에게 질문 하나만 할 수 있다면 우주가 어떻게 시작되었는지를 묻고 싶었다. 왜냐면 그 해답만 알 수 있다면 나머지는 모두 간단한 방정식에 불과할 것이기 때문이었다. 그러나 나이가 들면서 나는 우주의 시작에는 관심이 줄어들었다. 대신 나는 신에게 묻고 싶어졌다. 왜 우주를 시작하셨느냐고. 왜냐면 그 해답을 알 수 있다면, 내 인생의 목적을 알 수 있을 것이기 때문이다.

– 알베르트 아인슈타인

국부초은하단: 처녀자리 초은하단

우리의 시야를 국부은하군의 10배쯤으로 확대해보자. 다음 그림은 우리 은하수를 중심으로 반경이 약 30 Mpc(메가파섹)인 우주 공간에 흩어져 있는 은하들을 점으로 나타낸 것이다. 우리 은하수가 속한 국부은하군이 그림의 중앙부에 있다. 국부은하군보다 훨씬 더 많은 은하로 구성된 것도 볼 수 있다. 국부은하군의 오른쪽에 있는 큰 은하단은 처녀자리 은하단으로 은하수에서 약 15 Mpc 떨어져 있다. 그다음으로 큰 은하단은 화로자리 은하단인데 거리는 20 Mpc 정도다. 은하단은 수백 개에서 수천 개의 은하가 서로의 중력과 암흑물질의 중력에 의해 묶여서 모여 있으며, 은하군은 겨우 50~100개 정도의 은하들로 이루어져 있다. 은하단은 자체 중력에 의해 서로 묶여 있는 천체계 중에서 가장 큰 것이다.

처녀자리 초은하단

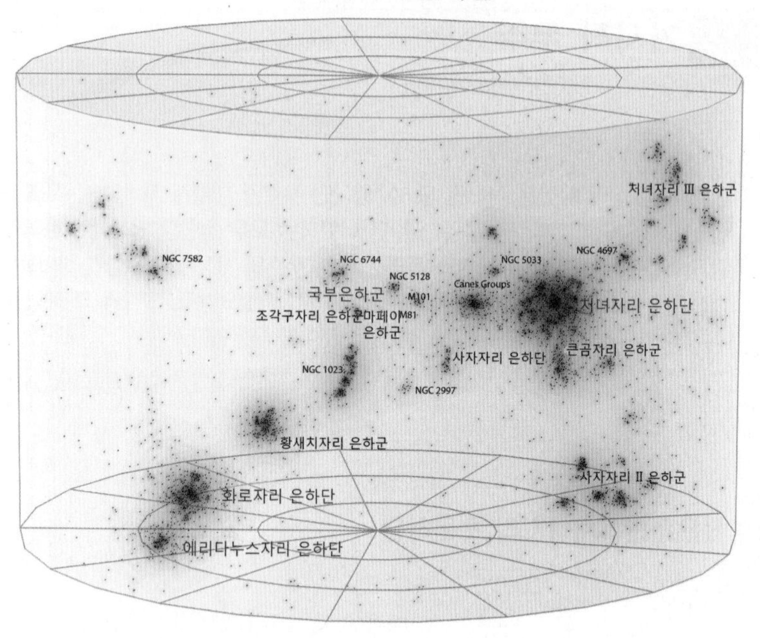

흥미로운 점은 은하단들도 제멋대로 흩어져 있는 것이 아니라 일렬로 늘어서 있는 듯하다는 것이다. 은하가 별로 없는 비어 있는 공간도 보인다. 은하들이 긴 사슬 모양으로 늘어서 있는 구조를 '우주그물구조(filament)'라고 하고, 은하가 별로 없는 빈터를 '우주공동(void)'이라고 한다. 흥미롭게도 우주그물구조가 맺어지는 곳에는 비교적 큰 은하단이 존재한다.

우리 은하수에서 가장 가까운 은하단은 약 15*Mpc* 떨어져 있는 처녀자리 은하단이다. 그 크기는 대략 2*Mpc*이고, 약 1,300개의 은하가 관측되었지만, 어두워서 관측이 안 된 작은 은하들까지 합치면 약 2,000개는 될 것으로 추정된다. 처녀자리 은하단의 은하들의 총질량은 $1.2 \times 10^{15} M_{\odot}$ 정

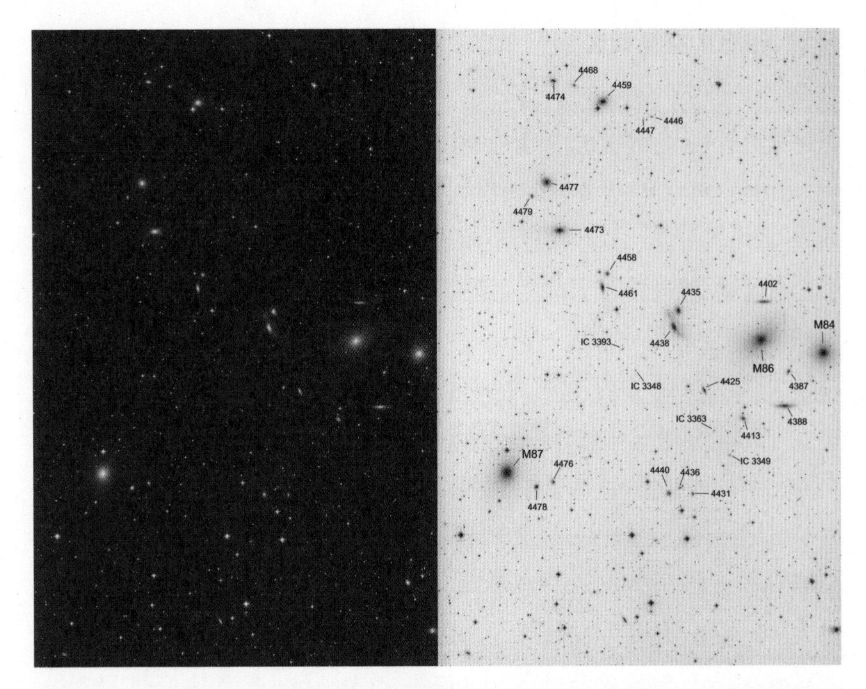

그림 VII-1 처녀자리 은하단의 일부 처녀자리 은하단은 우리 은하수에서 약 15메가파섹 떨어져 있고, 크기는 약 2메가파섹이다. 작은 은하까지 합치면 약 2,000개의 은하가 들어 있을 것으로 추정된다. M86부터 제법 큰 은하들이 사슬처럼 늘어서 있는 것을 마카리안 사슬이라고 부른다. 숫자는 엔지시 번호를 뜻한다. [2017년 5월 21~22일. 강원도 홍천. 신정욱. 망원경: FDK150(D 150mm fl 750mm F5.0). 카메라: Canon 6D(LPF제거). 적도의: CRUX 170HD. 오토가이드. ISO3200/240초 노출. 30장 합성. 총 노출 2시간.]

도이다. 은하단의 중심부에는 M86과 M84라는 거대한 타원은하가 자리하고 있다. 우리 은하수는 그림의 중앙에 놓여 있고 국부은하군에 포함되어 있다. 국부은하군은 이 처녀자리 은하단의 변두리에 자리잡은 셈이다. 이 영역에 모여 있는 전체적인 은하들을 '처녀자리 초은하단'이라고 부른다. 초은하단은 자체 중력으로 묶여 있지는 않다.

은하 서베이 프로젝트

천문학자들은 은하단을 어떻게 알게 되었으며, 은하단은 어떤 천문학적 의미를 지니고 있을까? 가장 먼저 은하단을 연구한 천문학자는 프리츠 츠비키이다. 그는 스위스 태생으로 평생 미국의 캘리포니아 과학기술원에서 일하였다. 그는 은하단을 구성하는 은하들이 중력으로 묶여 있다면 은하단 속에는 우리 눈에 보이는 은하뿐만이 아니라 보이지 않는 암흑물질이 훨씬 많이 있어야 한다고 처음으로 주장했다. 또한 아인슈타인의 일반상대성이론을 적용하면 은하단의 강한 중력에 의해 빛이 꺾이기 때문에 중력장이 마치 렌즈와 같은 역할을 해서 중력렌즈 현상이 일어날 수 있다고 주장했다. 츠비키는 1961년부터 1968년까지 모두 6권으로 이루어진 『은하와 은하단의 목록(CGCG)』을 출간하였다.* 이 은하 목록은 나중에 하버드-스미소니언 천체물리학 연구소의 천문학자들이 우리 우주의 은하지도를 작성하는 데 큰 도움을 주었다.

은하단 연구에 있어 빼놓을 수 없는 천문학자가 조지 아벨(1927~1983)이다. 그는 캘리포니아대학 로스앤젤레스캠퍼스에서 천문학자로 일했다. 그의 은하단 연구에 있어 최종판이라고 할 수 있는 『증보판 아벨 목록』은 적색이동 $z \approx 0.2$까지의 4,073개의 은하단을 확인하고 그것을 목록으로 작성한 것이다.[35] 요즘 멋진 은하단 사진을 보면, A2218과 같이 A로 시작하는 은하단 이름이 나온다. 여기의 A는 아벨(Abell)의 머리글자로, A2218은 아벨 은하단 목록의 2218번 은하단이라는 뜻이다.

---

* 2만 9,418개의 은하와 9,134개의 은하단을 수록하고 있다. ftp://cdsarc.u-strasbg.fr/cats/VII/190/에서 구할 수 있다.

츠비키와 아벨의 뒤를 이어 은하단과 초은하단, 그리고 그것보다 더 큰 우주의 구조를 알아낸 것이 바로 'CfA 우주 측량 사업'이다. 이 사업은 흔히 '시-에프-에이 서베이'라고 한다. CfA는 천체물리학 연구소(Center for Astrophysics)의 약자로, 미국의 하버드-스미소니언 천체물리학 연구소를 말한다. 이 연구소는 미국 하버드대학과 스미소니언 천문대가 합쳐서 만들어진 연구소이다. 천문학 및 천체물리학 박사 약 1,000명이 모여서 우주를 연구하는 연구소이다. 천문학 박사만 1,000명이라니! CfA 은하 측량 사업 전에 수행된 은하단 연구는 2차원 평면 우주지도를 눈으로 조사하여 한군데 모여 있는 은하들을 찾아서 그것을 은하단으로 정하는 식이었다. 그러나 CfA 서베이에서는, 매우 많은 은하들의 적색이동을 측정함으로써 은하의 가로, 세로 위치뿐만이 아니라 거리도 고려하여 우주의 3차원 은하지도를 만들었다. 1차 CfA 서베이는 마크 데이비스(1947~), 존 허크라(1948~2010), 데이비드 레이섬(1940~), 존 톤리(1951~) 등에 의해 1977년에 시작되어 1982년에 완성되었다. 이 우주지도를 작성하기 위해 은하수 북쪽에 있고 겉보기 등급이 14.5등급보다 밝은 외부은하들의 적색이동을 측정하였다. 1차 우주지도에서 이미 은하들은 제멋대로 흩어져 있는 것이 아니라 3차원 공간 안에서 무리를 지어 있음을 알 수 있었다. 이러한 발견에 고무되어 마거릿 겔러(1947~)와 존 허크라는 1차 서베이 사업을 확대하여 1984년과 1985년 사이 겨우내 2차 우주지도를 작성했다. 이 우주지도에는 북반구에 보이는 1만 8,000개의 밝은 은하들이 망라되었다. 이 3차원 지도를 바탕으로 마거릿 겔러와 존 허크라는 1989년에 드디어 '우주거대구조'를 발견했다고 발표하였다.

겔러와 허크라의 작품을 한번 감상해보자. [그림 VII-2]는 은하수 북쪽에 있는 외부은하들을 측량한 부채꼴 지도이다. 하늘의 좁고 긴 띠

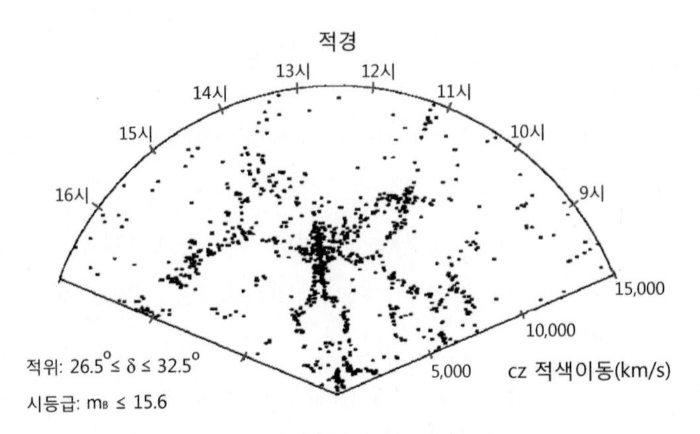

그림 VII-2 은하의 2차원 분포 1차 CfA 서베이 사업에서 관측된 은하들을 부채꼴 지도에 나타낸 것이다. 적위 $26.5° \leq \delta \leq 32.5°$에 있고 적경은 8~17시에 있는 은하 중에서 겉보기 B등급보다 밝은 은하들을 나타낸 것이다. 부채꼴의 꼭짓점에 관측자가 있고 반지름 방향으로 후퇴속도를 나타냈다. 중앙에 세로로 길쭉한 부분이 머리털자리 은하단이고, 부채꼴 꼭짓점 부근에 약간 모여 있는 점들은 처녀자리 은하단이다. [제공: 하버드-스미소니언 천체물리학 연구소.]

를 이루는 영역 안에 들어 있는 은하들을 대상으로 그 적색이동을 측정한 다음, 그 띠에서 은하가 보이는 방향과 그 은하의 후퇴속도를 극좌표계의 방위각과 거리로 삼아 부채꼴 지도를 그린 것이다. 점은 은하를 나타내고, 이 부채꼴 지도의 꼭짓점에 우리 은하수가 있다. 허블의 법칙에 따라, 후퇴속도 cz값이 바로 그 은하까지의 거리에 해당한다. 천문학자들은 처음 이 그림을 보고, 마치 사람이 긴 팔을 벌리고 있는 모양이 있는 듯하여 신기해하였다. 물론 그 모양에는 특별한 물리적 의미는 없으며 단지 우연의 결과일 뿐이다.

연습문제 1 [그림 VII－2]는 은하들을 부채꼴 우주지도에 나타낸 것이다.

(1) 부채꼴 우주지도의 가장자리에 있는 가장 먼 은하의 후퇴속도는 얼마 정도인가?

답 15,000 km/s

(2) 이 후퇴속도는 적색이동으로 얼마에 해당하는가?

답 $z = \frac{v_r}{c} = \frac{15,000\,km/s}{300,000\,km/s} = 0.05$

(3) 이 은하는 우리 은하수에서 얼마 떨어져 있는가? (단, 허블상수는 $H_0 = 70\,km/s/Mpc$으로 가정하라.)

답 $z = 0.05$에 불과하므로 비상대론적 허블의 법칙인 $r = v_r/H_0$을 적용하면 된다. 계산하면, 거리는 약 210 Mpc이다.

이 사람 모양에서 몸통을 이루는 부분을 잘 관찰해보면, 점들이 길쭉하게 줄지어 있는 게 보인다. 천문학자들은 이런 모양에 '신의 손가락'이라는 별명을 붙여주었다. 다음과 같은 까닭으로 신의 손가락이 나타난다. 은하단을 구성하는 은하들은 은하단의 자체 중력에 붙잡혀 있으면서 마구잡이 운동을 하고 있다. 은하단이 무거울수록 마구잡이 운동 속력은 커져서 1,000 km/s급에 이르기도 한다. 우리에게 다가오는 속도 성분은 도플러 효과를 일으켜 청색이동을 나타내고, 우리에게서 멀어지는 속도 성분은 적색이동을 나타낸다. 그 결과, 은하단의 허블 흐름에 의한 적색이동에 은하의 마구잡이 운동에 의한 적색이동이 더해져서 부채꼴 지도에는 길쭉한 '신의 손가락'이 나타나게 된다. 그래서, 신의 손가락이 길수록 그 은하단의 질량이 크고 중력장이 강하다.

부채꼴 그림에서 이 손가락이 보이는 방향을 읽어보면, 적경 13시쯤이 된다. 이 부근은 봄철 별자리인 처녀자리와 머리털자리가 있는 방향이다. 이 길쭉하게 늘어선 은하들은 바로 머리털자리 은하단이다. 아벨 1656(A1656 또는 Abell 1656이라고 표시함)이라고도 부르는 머리털자리 은하단 안에는 약 1,000개의 은하들이 있다. 머리털자리 은하단은 우리로부터 약 100 M*pc* 떨어져 있고, 그 폭은 약 5 M*pc*이다. 이 은하단에 들어 있는 은하들의 평균 거리는 약 0.4 M*pc* 즉 400 *kpc* 정도이다.

연습문제 2 [그림 VII-2]에서 사람 모양의 몸통에 해당하는 부분을 '신의 손가락'이라고 한다.

(1) '신의 손가락'의 후퇴속도가 얼마쯤인지 중간값을 읽어보라.

답 $cz = 7{,}000\, km/s$

(2) 적색이동은 얼마인가?

답 $z \approx 0.023$

(3) 이 은하단은 우리 은하수에서 얼마 떨어져 있는가? (단, 허블상수는 $H_0 = 70\, km/s/\mathrm{M}pc$으로 가정하라.)

답 100 M*pc*

연습문제 3 은하 간의 평균 거리는 은하의 개수밀도의 세제곱근의 역수이다.

(1) 머리털자리 은하단에 은하가 1,000개 정도 들어 있고 지름이 약 5 M*pc*인 공 모양이라고 가정할 때, 머리털자리 은하단에 들어 있는 은하들의 개수밀도를 구하라.

답 은하의 개수밀도 n은

$$n = \frac{\text{은하 개수}}{\text{은하단 부피}} = \frac{1{,}000\text{개}}{\dfrac{4\pi}{3} \times \left(\dfrac{5\,\mathrm{M}pc}{2}\right)^3} \simeq 15\text{개}/\mathrm{M}pc^3$$

이다.

(2) 머리털자리 은하단에 들어 있는 은하들 사이의 평균 거리는 얼마쯤 되는가?

답 은하단의 부피를 V라고 하고, 그 부피 안에 한 변이 d인 정사각형이 N개 들어갈 수 있다고 할 때, 은하와 은하 사이의 거리는 d가 된다고 볼 수 있다. 그 정사각형의 부피는 d^3이므로, $N = \frac{V}{d^3}$이다. 즉, $d^3 = \frac{V}{N} = \frac{1}{n}$이다. 따라서 $d = \frac{1}{\sqrt[3]{n}} = n^{-\frac{1}{3}} \simeq 0.4\mathrm{M}pc$이다.

연습문제 4 하늘의 별자리에서 머리털자리와 처녀자리는 이웃해 있다. 그래서 부채꼴 지도에 머리털자리 은하단이 있다면 그보다 더 가까운 처녀자리 은하단도 지도 안에 있을 것이다. 앞에서 처녀자리 은하단까지의 거리는 약 15Mpc임을 알았다. 허블상수가 $H_0 = 70km/s/\mathrm{M}pc$이라면, 처녀자리 은하단의 후퇴속도는 얼마인가? [그림 VII-2]의 부채꼴에서 어디쯤인지 짚어보시오.

답 약 1,000km/s, 부채꼴 꼭짓점 부근에 모여 있는 점들이 처녀자리 은하단이다.

천문학자들이 이 부채꼴 우주지도를 보고 놀란 까닭은, 은하들이 균일하게 퍼져 있는 것이 아니라 어떤 곳에는 은하들이 모여서 은하단을 이루고 있고, 그 은하단들이 길게 늘어서서 마치 거미줄 같은 모양을 이루기도 하고, 그 사이에 우주공동이 있기도 한 모습 때문이었다. 이러한 거대 규모의 물질 분포를 '우주거대구조'라고 한다.

중력렌즈

어릴 적 가지고 놀던 돋보기 안경알은 볼록렌즈이다. 볼록렌즈는 빛의 경로를 휘게 하여 빛을 모으는 역할을 한다. 1915년에 알베르트 아인슈타인은 일반상대성이론을 발표하였다. 이 이론에 따르면 태양과 같이 무거운 천체의 중력장은 빛의 경로를 휘게 만든다. 중력장이 일종의 렌즈 노릇을 하는 셈이므로 렌즈를 통해 보는 세상이 일그러지듯이 태양 근처에 보이는 별들의 위치가 조금씩 달라질 것이다. 이 예측을 증명하기 위해 영국 케임브리지대학의 아서 에딩턴 경의 주도로 케임브리지대학 천문대와 그리니치 천문대의 천문학자들이 1919년 5월 29일에 발생할 개기일식을 관측하기 위해 브라질과 서부 아프리카로 파견되었다. 일반상대성이론에 의하면, 태양 표면을 스쳐서 우리에게 관측

그림 VII-3 중력렌즈 아인슈타인 반지(왼쪽)와 아인슈타인 십자가(오른쪽)이다. 왼쪽 사진은 SDSS J0946+1006이라는 은하의 사진을 허블우주망원경으로 찍은 것이다. 가운데에 있는 흐릿한 천체는 타원은하이고, 그 둘레에 반지처럼 보이는 것은 그 타원은하의 강한 중력장에 의해 더 멀리에 있는 광원이 일그러져 마치 고리처럼 보이는 것이다. 오른쪽 사진에서 가운데에 있는 약간 퍼진 듯한 천체는 UZC J224030.2+032131이라는 이름의 은하이며, 주변에 있는 4개의 밝은 점은 그 은하보다 10배나 멀리 있는 퀘이사이다. 은하의 강력한 비대칭 중력장에 의해 퀘이사의 빛이 휘어서 4개의 이미지가 나타났다. [제공: (왼쪽) HST/NASA/ESA. (오른쪽) ESA/Hubble & NASA.]

되는 별빛은 원래의 위치보다 약 1.76″만큼 휘어지게 되며,* 태양의 표면에서 멀어질수록 그 휘는 각도는 거리에 반비례한다. 개기일식이 일어나는 동안에는 달에 의해 햇빛이 가려져서 태양 근처에 있는 별들을 볼 수 있다. 일식 때 별들의 사진을 찍은 다음, 그 사진과 몇 달 뒤에 그 별들이 밤에 보이게 될 때 찍은 사진을 비교하면 그 별빛이 얼마나 휘어졌는지를 관측할 수 있다. 에딩턴의 실험은 대성공이었고, 아인슈타인의 일반상대성이론은 큰 주목을 받게 되었다. 비슷한 실험을 1922년에 미국의 릭 천문대의 천문학자들이 반복했고, 1953년에 역시 미국의 여키스 천문대의 천문학자들이 재실험했으며, 심지어 1973년에도 텍사스대학의 천문학자들이 재실험했다. 천문학자들은 왜 에딩턴의 실험 결과에 의심의 눈길을 거두지 않았을까? 가시광선에서 시상에 의한 측정오차가 1″ 정도 생기게 되고 좋은 관측 환경을 갖는 관측소에서도 측정오차가 0.5″ 정도 생기게 된다. 따라서 태양에 의해 별빛이 휘어지는 각도도 이 정도이므로 확실하게 검증하기 어려웠던 것이다. 1960년대 이후 전파 천문학이 발전함에 따라 위치 측정오차가 훨씬 줄어들면서 논란의 여지 없이 아인슈타인의 일반상대성이론에 의해 별빛의 휘어지는 각도가 정확하게 측정되었다.[36]

그런데 태양보다 훨씬 무거운 은하나 은하단은 그 중력장이 더욱 강

* 태양의 반지름은 약 70만 킬로미터이고, 태양의 질량을 갖는 블랙홀의 반지름은 3킬로미터이다. 이 블랙홀의 반지름을 슈바르츠실트 반경이라고 한다. 빛은 들어올 때와 나갈 때 두 번 꺾이므로 태양의 표면에서 빛의 경로가 휘어지는 각도 α는

$$\alpha = 2 \times \frac{3km}{700{,}000\,km}(rad) = \frac{2 \times 3}{700{,}000} \times \frac{180°}{\pi} \times \frac{3600''}{1°} \simeq 1.76''$$

이다.

하므로 빛을 더 많이 휘게 하는 강한 렌즈 역할을 할 수 있을 것이다. 실제로 은하나 은하단의 강한 중력장에 의해 더 멀리 있는 은하나 퀘이사의 상이 변형되는 현상이 관측되었다. 이것을 '중력렌즈 현상'이라고 한다. 모양이 심하게 일그러지거나 심지어 여러 개로 나뉘어 보일 정도로 강한 중력렌즈도 있고, 멀리 있는 광원의 모양을 약간만 일그러뜨리는 약한 중력렌즈도 있다. 천문학자들은 약한 중력렌즈 효과를 분석하여 렌즈가 되는 은하나 은하단을 이루는 물질의 양과 분포를 알아내는 연구를 한다. 여기서는 강한 중력렌즈 효과 중의 하나인 아인슈타인의 반지 현상에 대해서 알아보자.

'아인슈타인 반지'라는 현상은, 관측자와 렌즈 은하와 광원이 모두 일직선상에 놓이는 경우, 광원에서 나온 빛이 반지 모양으로 관측되는 현상을 말한다. 관측자-렌즈-광원이 일직선에서 약간 벗어나면 말굽 모양으로 보이기도 하고, 2개의 광원으로 보이기도 한다. 또한 렌즈 역할을 하는 은하의 질량 분포가 찌그러져서 구형 대칭성이 깨진 경우는 아인슈타인 십자가가 나타나기도 한다.

먼저 팽창이나 수축을 하지 않는 고정 유클리드 시공간에서 중력렌즈 문제를 생각해보고, 나중에 팽창하고 굽어있는 시공간에서의 중력렌즈 문제를 생각해보자. 유클리드 시공간에서 아인슈타인 반지가 생기는 경우는 [그림 VII-4]와 같은 기하학 문제로 볼 수 있다. 광원 S에서 나온 빛은 중간에 낀 렌즈 역할을 하는 천체가 없다면 직선 $\overline{ES}$를 따라 지구의 관측자 E에 도달할 것이다. 그러나 L에 무거운 천체가 있으면, 그 천체의 강한 중력장에 의해 빛의 경로가 약간 휘게 되므로, 광원 S에서 나온 빛 중에는 L′을 지나면서 α만큼 진행 경로가 휘어져서 지구에 있는 관측자 E에게 관측될 것이다. 그러면 지구의 관측자는 그 광원이 S가 아니라 S′에 있는 것으로 관측하게 된다. 그 관측되는

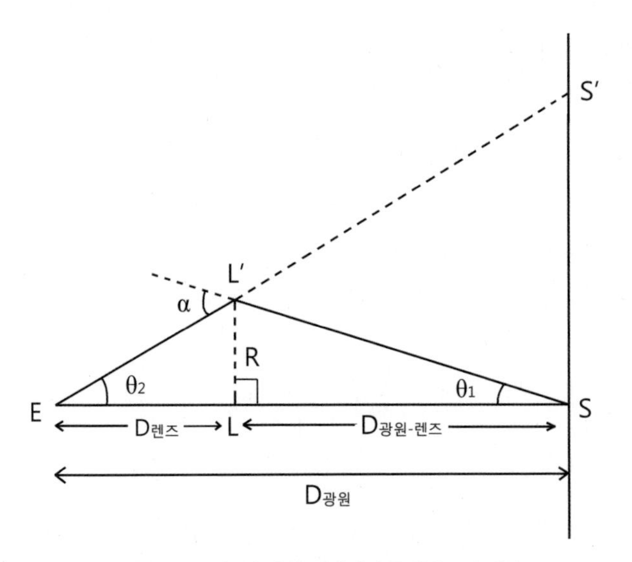

그림 VII-4 아인슈타인 반지에서 중력렌즈의 개념도

각도를 θ_2라고 하고, $\theta_1 \equiv \angle \mathrm{LSL'}$으로 정의하자. $\mathrm{R} \equiv \overline{\mathrm{LL'}}$, $\mathrm{D}_{렌즈} \equiv \overline{\mathrm{EL}}$, $\mathrm{D}_{광원} \equiv \overline{\mathrm{ES}}$, $\mathrm{D}_{광원-렌즈} \equiv \overline{\mathrm{LS}}$로 정의하자.

이러한 상황에서 광원에서 나온 빛이 어떤 조건을 만족해야 관측자에게 관측될지 계산해보자. 먼저 쉬운 중학교 수준의 수학으로 렌즈 방정식을 유도해보겠다. [그림 VII-4]를 보면, $\triangle \mathrm{ELL'}$과 $\triangle \mathrm{ESS'}$은, 모두 직각삼각형이고 $\angle \mathrm{SES'}$을 공유하므로 서로 닮은 삼각형이다. 닮은 삼각형은 서로 대응하는 변의 길이 비가 일정하므로

$$\mathrm{D}_{렌즈} : \mathrm{D}_{광원} = \mathrm{R} : \overline{\mathrm{SS'}}$$

의 관계가 있다. 또한 맞꼭지각이므로 $\angle \mathrm{SL'S'} = \alpha$이다. 일반적으로 빛이 꺾인 각도 α가 매우 작으므로 호도법에 의해 $\overline{\mathrm{SS'}} = \mathrm{D}_{광원-렌즈}\,\alpha$이다.

앞의 비례식에서 외항의 곱과 내항의 곱이 같으므로

(식 VII−1) $$\mathrm{R} \times \mathrm{D}_{\text{광원}} = \mathrm{D}_{\text{렌즈}} \times \mathrm{D}_{\text{광원}-\text{렌즈}}\,\alpha$$

이다. 한편 일반상대성이론에 따르면, 질량이 M인 구형 점 질량 천체와 R만큼 떨어진 곳에서 빛이 꺾이는 각도 α는

(식 VII−2) $$\alpha = \frac{4\mathrm{GM}}{c^2\mathrm{R}}$$

이다. 여기서 뉴턴 중력상수 $\mathrm{G} = 6.67 \times 10^{-11} m^3 kg^{-1} s^{-2}$이다. (식 VII−2)는 사실 슈바르츠실트 메트릭에 대해 일반상대성이론을 적용하여 유도되는 것이라 자세한 설명은 이 책의 범위를 넘는다. 그러나 빛의 굴절각 α는 슈바르츠실트 블랙홀의 반지름과 렌즈 은하 중심으로부터 떨어진 거리의 비의 두 배라는 점은 언급해둔다.

(식 VII−2)를 (식 VII−1)에 대입하여 얻은 방정식을 렌즈 방정식이라고 한다. 이 렌즈 방정식을 R에 대해 풀면

(식 VII−3) $$\mathrm{R} = \sqrt{\frac{4\mathrm{GM}}{c^2}\frac{\mathrm{D}_{\text{렌즈}}\mathrm{D}_{\text{광원}-\text{렌즈}}}{\mathrm{D}_{\text{광원}}}}$$

이 된다. 이것이 '아인슈타인 반지'의 반지름이다.

이제 약간 수준을 높여서 고등학교 수준의 수학인 삼각함수를 이용하여 렌즈 방정식을 유도해보자. 마찬가지로 [그림 VII−4]를 보자. 먼

저 중학교 때 배우는 유클리드 기하학에 따르면, 삼각형의 외각에 대한 정리에 의해 각 α는 $\triangle ESL'$의 외각이므로

(식 VII−4) $$\alpha = \theta_1 + \theta_2$$

가 성립한다. 또한 $\overline{ES} \perp \overline{LL'}$이므로, 탄젠트 함수의 정의에 따라

(식 VII−5A) $$\tan\theta_1 = \frac{R}{D_{광원-렌즈}},$$

(식 VII−5B) $$\tan\theta_2 = \frac{R}{D_{렌즈}}$$

이다. 앞에서 여러 번 다루었듯 일반적으로 각이 작을 때, 즉 $\theta \ll 1$일 때 $\tan\theta \approx \theta$로 근사할 수 있다. 여기서도 $R \ll D_{광원-렌즈}$이고 또한 $R \ll D_{렌즈}$이므로 앞의 두 식은 각각

(식 VII−6A) $$\theta_1 \approx \frac{R}{D_{광원-렌즈}},$$

(식 VII−6B) $$\theta_2 \approx \frac{R}{D_{렌즈}}$$

로 근사할 수 있다. (식 VII−6A)와 (식 VII−6B)를 (식 VII−4)의 우변에 대입하고, (식 VII−2)로 계산되는 중력장에 의해 빛이 꺾이는 각도를 (식 VII−4)의 좌변에 대입하여 얻은 방정식이 '렌즈 방정식'이다. 렌즈 방정식은 중력렌즈가 일어날 조건을 나타내는 방정식이다. 이렇게 얻은 방정식을 R에 대해 풀면

$$R = \sqrt{\frac{4GM}{c^2}\frac{D_{렌즈}D_{광원-렌즈}}{(D_{광원-렌즈}+D_{렌즈})}}$$

이다. 팽창하지 않는 유클리드 공간에서는 $D_{광원-렌즈} = (D_{광원} - D_{렌즈})$로 계산할 수 있으므로, 이 식은 (식 VII−3)과 같다. 이 조건을 만족하는 반경 R을 '아인슈타인 반지'의 반지름이라고 한다. 이 문제는 직선 $\overline{ES}$를 축으로 하고 선분 $\overline{LL'}$을 회전시켜도 마찬가지 상황이 된다. 따라서 이러한 해를 만족시키는 모든 점 L′들이 관측자 E가 보면 마치 반지 모양을 이루게 된다.

렌즈 역할을 하는 은하는 일반적으로 점질량으로 취급할 수 없다. 은하를 이루는 물질이 한 점에 모여 있는 것이 아니라 퍼져 있기 때문이다. 은하의 질량은 대부분 암흑물질이 차지하며, 그것은 대개 구대칭을 이루며 분포하고 있다. 이 경우, 어떤 반경 안에 들어 있는 질량이 빛의 경로를 휘게 하여 렌즈 역할을 하는 것으로 근사할 수 있다. 렌즈 방정식이나 렌즈 반지름 식에 나오는 질량 M을 반지름 R 안에 들어 있는 질량을 뜻하는 R의 함수 M(R)로 바꿔주어야 한다. 그러므로 은하의 물질 분포를 알아야 관측된 중력렌즈 모양을 정확하게 재구성할 수 있다. 거꾸로 관측된 중력렌즈의 모양으로부터 은하의 물질 분포를 추정할 수도 있다. 그러나 여기서는 M(R)을 일단 R과 상관없는 질점으로 다루겠다. 이렇게 근사하는 것이 문제를 이해하는데 편리하고 계산이 쉽기 때문일 뿐만이 아니라, 렌즈 반지름이 은하의 크기에 비해 작지 않은 경우가 많기 때문이다.

한편, 우리는 렌즈 반지름이 몇 미터인지 직접 재지 못하고 단지 렌즈 반지름에 해당하는 각크기를 측정한다. 즉, 삼각측량 문제이다. 길이가 R인 막대기가 거리 $D_{렌즈}$만큼 떨어진 곳에 있을 때 그 막대기의 각크기 θ는 얼마인가? 이 문제를 풀면 된다. 따라서 렌즈방정식에 들어 있는 거리는 모두 각크기로 정의된 각지름거리임을 알 수 있다. 그런데 렌즈의 크기가 광원, 렌즈, 관측자 사이의 거리에 비해서 훨씬 작으므로, 즉 $R \ll D_{렌즈}$이므로, 각지름거리의 정의에 (식 VII−3)을 대입하면

$$\text{(식 VII}-\text{7A)} \qquad \theta = \frac{R}{D_{렌즈}} = \sqrt{\frac{4GM}{c^2}\frac{(D_{광원}-D_{렌즈})}{D_{광원}\times D_{렌즈}}}$$

를 얻는다. 이 식을 렌즈의 질량 M에 대해 풀면

$$\text{(식 VII}-\text{8A)} \qquad M = \frac{c^2}{4G}\frac{D_{광원}\times D_{렌즈}}{(D_{광원}-D_{렌즈})}\times\theta^2$$

이다.

여기에 나오는 각지름거리는 모두 정지해 있는 평탄한 유클리드 공간에서 정의된 것이다. 팽창하는 굽은 시공간에서는 어떻게 될까? 관측자로부터 광원까지의 거리 $D_{광원}$이나 렌즈까지의 거리 $D_{렌즈}$는 모두 각지름거리이다. 그런데 렌즈에서 측량한 광원의 각지름거리인 $D_{광원-렌즈}$를 $D_{광원-렌즈} = (D_{광원} - D_{렌즈})$와 같이 계산할 수 있을까? 답은 그렇게 하면 안 된다는 것이다. 앞에서 공부하였듯이 각지름거리는 $D_A \equiv a_e \chi$로 정의되고, 우주축척 a_e는 '지금 여기'에서 우리가 적색이동 z를 측정하여 $a_e = a_0/(1+z)$으로 구하는 값이다. 그러므로 관측자가 달라지면

우주축척이 달라지므로 단순히 빼주면 안 되고 우주축척의 배율을 고려해서 빼줘야 한다. 적색이동이 z_1인 천체와 적색이동이 z_2인 천체 사이의 각지름거리는 팽창하지 않는 유클리드 공간에서처럼 단순히 적색이동 z_2에 해당하는 각지름거리에서 적색이동 z_1에 해당하는 각지름거리를 빼주면 되는 것이 아니라는 말이다. 이 계산을 정확하게 하기 위한 개념과 수식 유도 과정은 이 책의 범위를 넘으므로 생략하기로 하고, 다만 그 결과만을 설명한다. 적색이동 z_1인 렌즈와 적색이동 z_2인 광원 사이의 각지름거리 $D_{A,12}$는

$$D_{A,12} = \frac{1}{1+z_2}\left[\chi(z_2)\sqrt{1+\Omega_K\left(\frac{\chi(z_1)}{d_H}\right)^2} - \chi(z_1)\sqrt{1+\Omega_K\left(\frac{\chi(z_2)}{d_H}\right)^2}\right]$$

으로 계산한다. 여기서 Ω_K는 우주 곡률에너지에 대한 밀도인수이고, $\chi(z_1)$과 $\chi(z_2)$는 적색이동 z_1과 z_2인 천체까지의 동행거리이고, d_H는 허블거리이다.

최신 천문 관측에 따르면, 우리 우주는 $\Omega_K = 0$인 평탄한 유클리드 공간을 갖는다. 따라서 복잡해 보이는 앞의 식은 다음과 같이 간단해진다.

(식 VII−9)
$$\begin{aligned} D_{A,12} &= \frac{1}{1+z_2}\{\chi(z_2)-\chi(z_1)\} = \frac{\chi(z_2)}{1+z_2} - \frac{\chi(z_1)}{1+z_2} \\ &= \frac{\chi(z_2)}{1+z_2} - \frac{(1+z_1)}{(1+z_2)}\frac{\chi(z_1)}{(1+z_1)} \\ &= D_{A,2} - \frac{1+z_1}{1+z_2}D_{A,1} \end{aligned}$$

중간 계산 과정에서 $(1+z_1)$을 분모와 분자에 곱해준 부분에 유의하기를 바란다. 또한, 각지름거리가 동행거리 및 적색이동과 (식 VI－24)의 관계가 있음을 적용하였다.

그러므로 앞에서 유도한 렌즈 방정식은

(식 VII－7B) $$\theta = \frac{R}{D_{렌즈}} = \sqrt{\frac{4GM}{c^2}\frac{D_{광원-렌즈}}{D_{광원} \times D_{렌즈}}}$$

로 쓰고 바로 앞의 (식 VII－9)로 계산한 거리 $D_{광원-렌즈}$를 사용해야 한다. 이 식을 렌즈의 질량 M에 대해 풀면

(식 VII－8B) $$M = \frac{c^2}{4G}\frac{D_{광원} \times D_{렌즈}}{D_{광원-렌즈}} \times \theta^2$$

이 된다.

각지름거리가 낯선 독자는 각지름거리의 개념과 그 계산 방법에 대해 소개한 앞부분을 다시 살펴보자. 각지름거리를 모르더라도, 모든 거리를 정지해 있는 유클리드 공간에서 정의한 거리로 생각해도 중력렌즈 현상에 관한 개념을 이해하는 데는 무리가 없다. 단, 정확한 결과를 얻고자 한다면, 앞서 설명한 것과 같이, 적어도 팽창하는 유클리드 시공간에서의 각지름거리 계산을 따라야 한다.

중력렌즈 현상에서 일반적으로 렌즈와 광원의 적색이동은 상당히 크다. 따라서 일반상대성이론이 적용된 우주론적 거리로 계산해야 한다. 중력렌즈 현상에서는 이미지의 각크기를 측정하여 거리를 가늠하므로

이와 관련된 거리는 각지름거리이다. 따라서 우리는 어떤 우주 모형이 주어졌을 때 적색이동이 z인 천체까지의 각지름거리를 우주론적으로 계산해야 한다. 그 개념과 계산 방법은 6장에서 설명했다. 다만 일반적으로는 해석해를 구할 수 없으므로 컴퓨터 코드를 만들어 수치계산을 해야 한다. 6장에서는 매우 단순한 구분구적법으로 수치계산을 해서 구한 각지름거리를 그래프로 보여주었다. 그러나 이러한 수치계산을 독자들이 하기는 무리다. 그래서 우리는 그러한 계산을 할 수 있는 웹사이트를 활용하기로 하자.

웹 사이트 사용법 (1)

http://www.astro.ucla.edu/~wright/CosmoCalc.html

이 웹사이트는 우주 모형, 즉 허블상수 H_0과 밀도인수 Ω_M, Ω_K, Ω_Λ를 입력하면, 어떤 적색이동에 대해 각지름거리를 비롯한 각종 우주론적 거리를 계산해준다. 화면에서 왼쪽 창에 우주 모형을 나타내는 여러 수치를 입력한다. 그다음에, 계산하고자 하는 적색이동 z값을 빈칸에 입력하고, 그 아래에 있는 Flat 버튼을 클릭하면, 오른쪽 창에 계산 결과가 나온다. 'The angular size distance'라는 항목이 각지름거리이다. 여기서 Flat이라는 버튼은 우리 우주가 유클리드 기하학이 성립하는 평탄한 우주임을 뜻한다. 즉, 현재 우리 우주가 $\Omega_M + \Omega_K + \Omega_\Lambda = 1$을 만족한다는 뜻이다. 평탄한 우주에서는 $\Omega_K = 0$이므로 따로 넣어주지 않아도 된다. 여기서 앞 장에서 유도했던 (식 VI−24)를 기억하면 편리할 것이다. (식 VI− 24)는 어떤 천체의 적색이동이 z이고 동행거리가 χ이면 그 은하까지의 각지름거리 D_A는 $D_A = \chi/(1+z)$가 된다는 것이다. 동행거리와 각지름거리 값을 서로 환산해보는 데에도 도움이 된다.

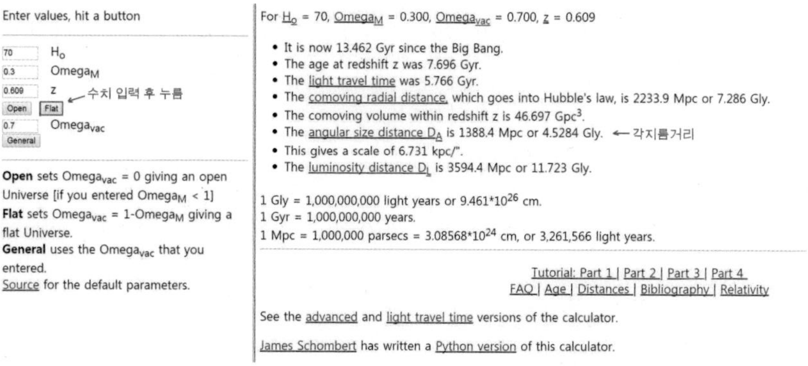

Enter values, hit a button

70 H_o
0.3 $Omega_M$
0.609 z ← 수치 입력 후 누름
Open Flat
0.7 $Omega_{vac}$
General

Open sets $Omega_{vac}$ = 0 giving an open Universe [if you entered $Omega_M$ < 1]
Flat sets $Omega_{vac}$ = 1-$Omega_M$ giving a flat Universe.
General uses the $Omega_{vac}$ that you entered.
Source for the default parameters.

For H_o = 70, $Omega_M$ = 0.300, $Omega_{vac}$ = 0.700, z = 0.609

- It is now 13.462 Gyr since the Big Bang.
- The age at redshift z was 7.696 Gyr.
- The light travel time was 5.766 Gyr.
- The comoving radial distance, which goes into Hubble's law, is 2233.9 Mpc or 7.286 Gly.
- The comoving volume within redshift z is 46.697 Gpc^3.
- The angular size distance D_A is 1388.4 Mpc or 4.5284 Gly. ← 각지름거리
- This gives a scale of 6.731 kpc/".
- The luminosity distance D_L is 3594.4 Mpc or 11.723 Gly.

1 Gly = 1,000,000,000 light years or $9.461*10^{26}$ cm.
1 Gyr = 1,000,000,000 years.
1 Mpc = 1,000,000 parsecs = $3.08568*10^{24}$ cm, or 3,261,566 light years.

Tutorial: Part 1 | Part 2 | Part 3 | Part 4
FAQ | Age | Distances | Bibliography | Relativity

See the advanced and light travel time versions of the calculator.

James Schombert has written a Python version of this calculator.

이제 각지름거리를 구할 수 있는 이러한 도구들을 사용해서 [그림 VII−3]의 아인슈타인 반지 현상을 분석해보자. 그 광원의 적색이동은 $z=0.609$로 측정되었고, 렌즈 은하의 적색이동은 $z=0.222$로 측정되었다. 앞에서 소개한 웹 사이트를 활용하여, 현재까지 여러 가지 관측 결과와 가장 잘 맞는 우주 모형으로 $H_0=70\,km/s/Mpc$, $\Omega_M=0.3$, $\Omega_\Lambda=0.7$로 하고 $\Omega_M+\Omega_K+\Omega_\Lambda=1$(또는 $\Omega_K=0$)인 평탄한 우주 모형이라고 할 때, 렌즈와 광원의 적색이동에 해당하는 각지름거리를 계산하면, $D_{광원}=1{,}388\,Mpc$이고, $D_{렌즈}=738\,Mpc$으로 계산된다. 또한 (식 VII−9)로 계산하면, $D_{광원-렌즈}=1{,}388\,Mpc-\dfrac{1+0.222}{1+0.609}\times 738\,Mpc \simeq 828\,Mpc$이다. (앞에서 설명한 사실, 즉 $D_{광원-렌즈}\neq D_{광원}-D_{렌즈}$임을 확인하시오.) 독자들도 웹 사이트와 전자계산기로 이 값들을 확인하기를 바란다.

한편, 이 아인슈타인 반지의 각반지름을 허블우주망원경으로 관측해보니 $\theta=1.275''\pm0.129''$였다. 이 각도는 라디안으로 고쳐서 사용해야 한다. 앞에서 많이 해보았으니 이젠 익숙할 것이다.

$$\theta = 1.275'' = 1.275'' \times \frac{\pi}{180°}\text{라디안} = 1.275'' \times \frac{\pi}{180 \times 3600''}\text{라디안}$$

$$= \frac{1.275 \times 3.14}{180 \times 3600}\text{라디안}$$

이 값과 광원까지의 거리와 렌즈까지의 거리를 모두 (식 VII−8B)에 대입하면 렌즈 은하의 질량 M을 구할 수 있다. (모든 물리량의 단위가 m, kg, s로 환산되었는지 반드시 확인해야 한다.)

$$M = \frac{(3 \times 10^{8}\, ms^{-1})^{2}}{4 \times (6.67 \times 10^{-11}\, m^{3}kg^{-1}s^{-2})} \frac{1{,}388\,\text{M}pc \times 738\,\text{M}pc}{828\,\text{M}pc}$$

$$\times \left(\frac{1.275 \times 3.14}{180 \times 3600}\right)^{2} \simeq (1.59 \times 10^{19}) \times (1\,\text{M}pc)\, kg\, m^{-1}$$

$$= (1.59 \times 10^{19}) \times (3.086 \times 10^{22}\, m)\, m^{-1}\, kg \simeq 4.91 \times 10^{41} kg$$

여기서 $1\,\text{M}pc = 10^{6}\,pc = 3.086 \times 10^{22}\,m$임을 적용하였다. 또한 해의 질량은 $1\,\text{M}_{\odot} = 2.0 \times 10^{30}\,kg$이므로

$$M = \frac{4.91 \times 10^{41}\,kg}{2.0 \times 10^{30}\,kg/\text{M}_{\odot}} \simeq 2.5 \times 10^{11}\,\text{M}_{\odot}$$

를 얻는다. 우리 은하수나 안드로메다은하의 질량을 기억한다면 이 값이 상당히 비슷하다는 것을 알 수 있다. 렌즈 현상을 일으키는 은하의 이미지를 분석해보면, 은하 중심에서 바깥으로 나감에 따라 은하 표면의 밝기가 드보쿨레르 윤곽을 보이므로 이 은하는 타원은하임을 확인되었다. (나선은하나 왜소 타원은하는 지수 윤곽을 나타낸다.)

빛이 렌즈에서 얼마나 먼 곳을 통과했는지, 즉 R을 계산해보자. 앞에서 렌즈의 질량을 구했으므로, (식 VII-3)에 대입하면 구할 수 있다. 또한 각도가 $\theta = 1.275''$로 측정되었고 $D_{렌즈} = 738\,Mpc$이므로 호도법을 적용하여 $R = \theta \times D_{렌즈}$로 계산해도 된다. 물론 여기서도 θ는 라디안으로 환산해야 한다. 수치들을 넣어서 계산해보면 $R \simeq 4.57\,kpc$을 얻는다. 이 렌즈 은하의 중심에서 약 $5\,kpc$ 안에 들어 있는 약 $2.5 \times 10^{11} M_{\odot}$의 질량이 이 아인슈타인 반지 현상을 일으킨 것이다. 나선은하인 우리 은하수의 태양이 있는 $8\,kpc$ 안쪽에는 약 $1 \times 10^{11} M_{\odot}$의 질량이 들어 있다. 일반적으로 타원은하가 나선은하보다 무겁다는 점을 고려하면 이해가 되는 수치들이다.

한편, 천문학자들은 은하나 은하단 등의 천체에서 질량에 비해 얼마만큼의 빛을 내는지를 나타내는 지표로 질량-광도비라는 양을 정의한다. 그 천체의 질량을 M이라 하고 그 밝기(광도)를 L이라고 할 때, 질량-광도비는 그리스 문자 입실론을 도입하여, $\Upsilon \equiv M/L$이라고 정의한다. 지금까지 우리가 분석해본 중력렌즈에서 그 렌즈 은하의 광도는 $L = 4.3 \times 10^{10} L_{\odot}$로 측정되었다. 따라서 이 렌즈 은하의 질량-광도비는

$$\Upsilon = \frac{2.5 \times 10^{11} M_{\odot}}{4.3 \times 10^{10} L_{\odot}} \simeq 5.8 \frac{M_{\odot}}{L_{\odot}} = 5.8\,\Upsilon_{\odot}$$

이다. 여기서 해의 질량-광도비를 $\Upsilon_{\odot}$로 표시하였다. 천문학자들이 관측한 결과에 의하면, 은하들의 질량-광도비는 $2 < \Upsilon < 10$ 정도의 값을 갖는데, 특히 타원은하는 $7 < \Upsilon < 10$ 정도의 값을 갖는다.[37] 우리는 앞에서 분석한 아인슈타인 반지 현상을 일으키는 은하 전체의 질량을 구

한 것이 아니므로 앞에서 구한 질량-광도비보다 실제로는 좀 더 큰 값을 가질 것으로 생각한다. 한편, 은하들이 100~1,000개 정도 모여 있는 은하단은 $100 < \Upsilon < 300$ 정도의 값을 갖는다. 규모가 큰 천체일수록 빛을 내지 않는 물질이 점점 더 많이 있다는 뜻이다. 이처럼 빛을 내지 않아서 우리에게 보이지 않는 물질을 암흑물질이라고 한다.

은하단 속의 암흑물질

1930년대에 츠비키는 머리털자리 은하단을 이루는 은하들의 운동을 연구하여 암흑물질의 존재를 예측하였다. 머리털자리 은하단을 이루고 있는 은하들은 그 은하단의 중력장에 매여 운동하고 있다. 이 은하들의 평균 속력은 무려 초속 1,000*km* 정도나 된다. 이렇게 빠르게 움직이는 은하를 도망가지 못하게 붙들어두고 있으려면 은하단의 중력이 매우 강해야 할 것이다. 그런데 머리털자리 은하단에 들어 있는 은하의 질량을 모두 더해봐도 은하들을 붙들어두기에는 턱없이 모자랐다. 그래서 츠비키는, "머리털자리 은하단에는, 우리에게 보이지 않지만, 중력의 원천이 되는 물질이 존재해야 하며, 더군다나 그것은 보이는 물질보다 훨씬 많아야 한다."라고 주장했다. 그는 이러한 보이지 않는 물질을 독일어로 '둔클 마터리' 즉 '암흑물질'이라고 불렀다.

츠비키는 비리얼 정리를 적용하여 암흑물질의 존재를 알아냈다. 천체들이 서로서로 자체 중력으로 묶여서 하나의 계를 이루고 있는 것을 자체중력계라고 한다. 태양계, 쌍성, 삼중성, 산개성단, 구상성단, 은하, 은하단 등이 그러한 자체중력계이다. 자체중력계의 구성원이 갖는 평균 운동에너지와 위치에너지(중력 퍼텐셜 에너지) 사이에 비리얼 정리가 성립한다. 츠비키가 적용했던 비리얼 정리는, 자체중력계의 천체 운동에너지(K)와 중력 퍼텐셜 에너지(Φ) 사이에

(식 VII－10) $$2K = |\Phi|$$

가 성립한다는 것이다.

비리얼 정리를 은하단에 적용해보자. 먼저 은하단의 총질량이 M_t이고 크기가 R이라고 하자. 이 은하단 안에 질량이 m이고 속력이 v인 은하가 N개 있다고 하자. 이 은하단에 들어 있는 은하의 총질량 $M_g = m \times N$이 된다. 먼저 한 은하가 갖는 평균 운동에너지는, $K_g = \frac{1}{2}m\langle v^2 \rangle$이다. (여기서 ⟨A⟩는 A의 평균을 뜻한다.) 이런 은하가 N개 있으므로 총 운동에너지는

$$K = K_g \times N = \frac{1}{2}m\langle v^2 \rangle \times N = \frac{1}{2}(m \times N)\langle v^2 \rangle = \frac{1}{2}M_g\langle v^2 \rangle$$

이다. 계산 결과만 다시 쓰면

(식 VII－11) $$K = \frac{1}{2}M_g\langle v^2 \rangle$$

이다. 또한 각 은하는 총질량이 M_t인 은하단 전체의 중력 퍼텐셜 속에 놓여 있다. 그러므로 각 은하가 갖는 위치에너지는 $\Phi_g = -\frac{GM_t \times m}{R}$이다. 은하단 속에 있는 모든 은하들의 중력 퍼텐셜 에너지를 합한 총 퍼텐셜 에너지는 이런 은하가 N개 있으므로

$$\Phi = \Phi_g \times \mathrm{N} = -\frac{\mathrm{GM_t} \times \mathrm{m}}{\mathrm{R}} \times \mathrm{N} = -\frac{\mathrm{GM_t} \times (\mathrm{m} \times \mathrm{N})}{\mathrm{R}} = -\frac{\mathrm{GM_t} \times \mathrm{M_g}}{\mathrm{R}}$$

이다. 계산 결과만 다시 쓰면

(식 VII−12) $$\Phi = -\frac{\mathrm{GM}_t \times \mathrm{M}_g}{\mathrm{R}}$$

이다. (식 VII−11)과 (식 VII−12)를 (식 VII−10)에 대입하면, M_g는 약분되어

(식 VII−13) $$\langle v^2 \rangle = \frac{\mathrm{GM}_t}{\mathrm{R}}$$

를 얻는다. 이 식을 M_t에 대해 풀면

(식 VII−14) $$\mathrm{M}_t = \frac{\mathrm{R}\langle v^2 \rangle}{\mathrm{G}}$$

이 된다. 즉, 은하단의 크기 R과 그 은하단에 들어 있는 은하들의 평균 운동속도의 분산 $\langle v^2 \rangle$을 측정하면 그 은하단의 총질량을 가늠해볼 수 있다.

연습문제 5 태양계에서 지구는 태양의 중력에 의해 묶여 있으므로 어디로 달아나지 못하고 태양 둘레를 공전한다. 지구의 경우 비리얼 정리 (식 VII−13)이 성립하는지 구체적인 물리량 값을 대입하여 확인해보시오.

(1) 지구의 공전속도를 구하시오.

답 지구의 공전궤도가 태양을 중심으로 한 원궤도라고 근사하자. 원궤도의 반지름을 R이라고 하면, 지구가 1바퀴 공전하는 동안 움직인 거리는 원의 둘레인 $2\pi R$이다. 1바퀴 공전하는 데 걸리는 시간인 공전주기를 P라고 하자. 그러면 공전속도 $v = 2\pi R/P$이 된다. 물론 지구의 경우, $R = 1au \simeq 1.5 \times 10^{11} m$이고 $P = 1$년$\simeq 3.2 \times 10^7 s$이다. 이 물리량을 공식에 대입하면 $v \simeq 3 \times 10^4 m/s$를 얻는다. 즉, 지구의 공전속도는 대략 $30 km/s$이다.

(2) (식 VII−13)의 좌변을 계산하시오.

답 (1)에서 $v = 3 \times 10^4 m/s$를 얻었으므로 $v^2 = 9 \times 10^8 m^2/s^2$이다.

(3) (식 VII−13)의 우변을 계산하시오.

답 $G = 6.67 \times 10^{-11} m^3 kg^{-1} s^{-2}$, $M = 1M_{\odot} = 2 \times 10^{30} kg$, $R = 1au = 1.5 \times 10^{11} m$ 등을 수식에 넣어 계산하면 다음과 같다.

$$\frac{GM}{R} = \frac{(6.67 \times 10^{-11} m^3 kg^{-1} s^{-2}) \times (2 \times 10^{30} kg)}{1.5 \times 10^{11} m} \simeq 9 \times 10^8 m^2/s^2$$

(2)와 (3)에서 (식 VII−13)이 성립함을 알 수 있다.

은하단은 우주의 자체중력계 중에서 규모가 가장 큰 것이다. 자체중력계에서는 앞에서 살펴본 비리얼 정리가 성립하므로 이것을 은하단에 적용하여 은하단의 질량을 구해보자. 이것은 이미 츠비키가 1930년대에 연구해본 문제이다. 우리는 츠비키의 발자취를 따라 머리털자리 은하단의 질량을 구해보기로 한다.

머리털자리 은하단의 크기는 $R \approx 2.5 Mpc$이고,[38] 은하들의 속도분산은 $\sqrt{\langle v^2 \rangle} \simeq 1{,}000 km/s$이다.[39] 여기서 뉴턴의 중력상수는 $G = 6.67 \times 10^{-11} m^3 kg^{-1} s^{-2}$이다. 이제 이런 계산에는 익숙해졌을 듯한데, Mpc을 m 단위로 고치고, km/s도 m/s 단위로 고쳐서, 앞의 공식에 대입해보

자. (M(메가)는 10^6을 뜻하고, $1pc = 3.086 \times 10^{16} m$임을 참고하라.) 수치들을 (식 VII−14)에 대입하여 계산하면, 머리털자리 은하단의 질량은 $M_t \simeq 1.2 \times 10^{45} kg$이 나온다. 엄청나게 큰 숫자다! 해의 질량이 $M_{\odot} = 2 \times 10^{30} kg$이므로, 머리털자리 은하단의 총질량은 $M_t \simeq 6 \times 10^{14} M_{\odot}$로 계산된다.[40]

천체역학적으로, 즉 비리얼 정리로 구한 머리털자리 은하단의 질량을 그 은하단 안에 들어 있는 은하들의 질량을 모두 더한 것과 비교해보자. 은하단을 구성하는 은하들의 절대밝기 분포는 '쉑터 광도함수'를 따른다.

(식 VII−15) $$\Phi(L)\Delta L = n_* \left(\frac{L}{L^*}\right)^{\alpha} e^{-\frac{L}{L^*}} \frac{\Delta L}{L^*}$$

여기서 L^*는 흔히 '엘-스타'라고 읽고, 이 정도의 밝기를 갖는 은하는 L^*-은하(엘-스타 은하)라고 부른다. 엘-스타의 의미와 쉑터 광도함수의 의미를 알아보자. $x \equiv L/L^*$로 정의하면 $\Phi(L)\Delta L = n_* x^{\alpha} e^{-x} \Delta x$의 모양이 된다. 이 함수는 은하의 밝기 L에 따른 분포함수이다. 즉, 밝기가 $[L, L+\Delta L]$ 사이에 드는 은하의 개수밀도가 $\Phi(L)$이라는 뜻이다. $L > L^*$ 또는 $x > 1$인 밝은 은하들은, 쉑터 광도함수가 지수함수 부분인 e^{-x}에 의해 좌우되므로 밝은 은하일수록 개수가 급격히 줄어든다. 한편, $L \ll L^*$ 또는 $x \ll 1$인 어두운 은하들은, 지수함수 부분은 테일러 근사에 의해 $e^{-x} \simeq 1$로 근사되므로 멱함수 x^{α} 부분에 의해 좌우된다. 그러므로 어두운 은하일수록 그 개수는 많아지지만 은하의 밝기가 더 급하게 어두워지므로 그 밝기의 합이 은하단 전체의 광도에 기여하는 양은 적다. 따라서 그 두 가지 극단의 중간에 해당하는 L^*는 대체로 그 은하단을 구성하는 은하의 평균적인 밝기라고 볼 수 있다.

실제 머리털자리 은하단에 대해 관측된 결과를 가지고 머리털자리 은하단에 무엇이 들어 있는지 추론해보자. B-파장대에서 머리털자리 은하단을 구성하는 은하들을 관측해보니, 쉑터 광도함수를 결정하는 두 값이 $\alpha = -0.46$이고 $L_B^* = 6.7 \times 10^9 L_\odot$로 측정되었다.[41] 여기서 L_B^*는 B-파장대에서 구한 엘-스타 값을 의미하고 '엘-스타 비'라고 읽는다. B-파장대에서 그 은하단에 속한 은하의 개수를 세어보니 $N_B^{\text{은하}} \simeq 820$개였다.[42] 따라서 머리털자리 은하단의 B-파장대 총합 밝기는 $L_B^{\text{총합}} = N_B^{\text{은하}} L_B^* \simeq 5.5 \times 10^{12} L_B^\odot$이다. 그러므로 머리털자리 은하단의 B-파장대 질량-광도비는

$$(\text{식 VII}-16) \quad r^B_{\text{은하단}} = \frac{M_t}{L_B^{\text{총합}}} = \frac{6 \times 10^{14} M_\odot}{5.5 \times 10^{12} L_B^\odot} \simeq 110 \frac{M_\odot}{L_B^\odot} = 110\, r_\odot^B$$

가 된다.[43] 은하의 종류에 따라 조금 다르지만 개별 은하의 질량-광도비는 $2r_\odot^B < r^B_{\text{은하}} < 10 r_\odot^B$ 정도이다. 그런데 은하들이 1,000개 정도 모인 은하단의 질량-광도비가 개별 은하의 질량-광도비보다 훨씬 크다. 따라서 '머리털자리 은하단 안에는 은하의 질량보다 훨씬 많은 물질이 은하들 사이에 더 있다'라고 결론 내릴 수 있다. 이러한 물질은 빛을 내지 않아서 우리 눈에 보이지 않으므로 암흑물질이라고 불렀던 것이다.

이 암흑물질은 도대체 어디에 있다는 말인가? 이 질문에 대한 답을

추론해보자. 머리털자리 은하단에 관한 연구로 네덜란드의 흐로닝언대학에서 박사학위를 받은 바이어스베르겐 박사의 연구에 따르면, 머리털자리 은하단을 이루는 은하들을 종류별로 나눠보면, 타원은하가 22퍼센트, 렌즈형은하가 42퍼센트, 나선은하가 32퍼센트, 충돌-병합하는 은하가 4퍼센트가 있다고 한다.[44] 타원은하와 렌즈형은하가 나선은하보다 질량이 훨씬 크므로 이것들만 고려하자. 타원은하와 렌즈형은하의 B-파장대에서의 질량-광도비는 대략 $\Upsilon^{B}_{은하} \simeq 10\Upsilon^{B}_{\odot}$의 값을 갖는 것으로 측정되었다.[45] 그러므로 머리털자리 은하단을 구성하는 모든 은하들이 내뿜는 빛으로부터 추정한 총질량은 은하단의 총합 밝기에 각 은하의 질량-광도비를 곱해주면 구할 수 있다. 즉,

(식 VII−17)
$$\begin{aligned} \mu_{B}^{총합} &= L_{B}^{총합}\,\Upsilon^{B}_{은하} \\ &= (5.5\times 10^{12} L_{B}^{\odot}) \times (10\Upsilon^{B}_{\odot}) \simeq 6\times 10^{13} \cancel{L_{B}^{\odot}}\,\frac{M_{\odot}}{\cancel{L_{B}^{\odot}}} \\ &= 6\times 10^{13} M_{\odot} \end{aligned}$$

이다. 앞에서 비리얼 정리를 적용하여 구한 머리털자리 은하단의 역학적 총질량이 $M_{t} \simeq 6\times 10^{14} M_{\odot}$였으므로, 머리털자리 은하단 전체 질량의 약 10퍼센트만이 은하 속에 들어 있고, 나머지 90퍼센트는 은하와 은하 사이에 존재한다는 말이다.

B-파장대의 별빛은 주로 무겁고 푸른 별이 낸다. 그러나 타원은하나 렌즈형은하에는 주로 가볍고 붉은 별이 많으므로 이런 별들이 내는 빛을 고려하려면 붉은 r-파장대에서 은하단의 구성원을 관측하여 질량-광도비를 구해볼 수 있을 것이다. r-파장대에서 머리털자리 은하단의

쉑터 광도함수를 구해보니, $\alpha = -1.02$이고 $L_r^* = 2.2 \times 10^{10} L_r^{\odot}$이었고, 머리털자리 은하단 안에 들어 있는 은하의 개수는 $N_r^{은하} = 1{,}250$개였다.[46] 따라서 총합 밝기는 $L_r^{총합} = N_r^{은하} L_r^* \simeq 2.8 \times 10^{13} L_r^{\odot}$이고, 질량-광도비는

$$\Upsilon_r^{은하단} = \frac{M_t}{L_r^{총합}} = \frac{6 \times 10^{14} M_{\odot}}{2.8 \times 10^{13} L_r^{\odot}} \simeq 20 \frac{M_{\odot}}{L_r^{\odot}} = 20\,\Upsilon_{\odot}^{r}$$

이다. 머리털자리를 구성하는 은하들의 총질량을 구해보자. 앞에서 살펴보았듯이 머리털자리 은하단에 들어 있는 은하의 약 70퍼센트가 비교적 무거운 타원은하나 렌즈형은하이다. 이런 은하들을 조기형은하라고 하는데, 이것들이 머리털자리 은하단 질량의 대부분을 차지할 것이라고 가정해도 무리가 없다. 조기형은하의 개별 질량-광도비를 r-파장대에서 구해보면 평균적으로 $\Upsilon_{은하}^{r} \simeq 3\Upsilon_{\odot}^{r}$의 값을 갖는 것으로 관측된다.[47] 그러므로 머리털자리 은하단을 구성하는 은하들의 총질량은

$$\begin{aligned}\mu_r^{총합} &= L_r^{총합}\,\Upsilon_{은하}^{r} = (2.8 \times 10^{13} L_r^{\odot}) \times (3\Upsilon_{\odot}^{r}) \\ &= 8.4 \times 10^{13} \cancel{L_r^{\odot}} \frac{M_{\odot}}{\cancel{L_r^{\odot}}} = 8.4 \times 10^{13} M_{\odot}\end{aligned}$$

이다. 비리얼 정리를 적용하여 구한 머리털자리 은하단의 역학적 총질량이 $M_t \simeq 6 \times 10^{14} M_{\odot}$이므로, 여전히 머리털자리 은하단 전체 질량의 14퍼센트만 은하속에 들어 있고 나머지 86퍼센트는 은하와 은하 사이에 존재함을 추론할 수 있다. 아무것도 보이지 않는 은하들 사이의 공

간에 훨씬 더 많은 뭔가가 들어 있어야 한다니! 뭔가 흥미로운 게 있을 것 같지 않은가!

슬론 디지털 우주 측량 사업

CfA 서베이 사업은 우리의 우주관을 확장시켰고 우주론 연구의 붐을 일으켰다. 천문학자들은 더 넓은 우주에 있는 더 많은 은하의 적색이동을 측정하여 더 정밀한 우주지도를 만들려고 하였다. 그중에서 대표적인 것이 미국 프린스턴대학의 천문학자들이 벌인 '슬론 디지털 우주 측량 사업'이다. 이것을 흔히 '슬론 서베이'라고 부른다. 여기에서 슬론은 미국의 유명한 자동차 회사인 제너럴 모터스의 회장이었던 알프레드 슬론을 말한다. 그는 자기 재산을 사회에 환원하기 위해 1934년에 자기 이름을 딴 슬론 재단을 설립하고 세상을 바꿀 과학 기술 연구에 돈을 기부해왔다. 이에 따라 슬론 재단은 인류의 우주관을 바꿀 우주지도 작성 사업에 돈을 투자한 것이다.

슬론 서베이 팀이 우주지도를 작성하는 데는 크게 두 가지 문제가 있었다. 하나는 CfA 서베이 사업 때보다 훨씬 더 어두운 은하들의 적색이동을 측정해야 했는데 그 은하들의 위치를 모른다는 점이었다. 즉, 그 전의 CfA 서베이 사업 때는 츠비키 박사 등이 작성해둔 은하 목록을 참고할 수 있었지만 더 어두운 은하들에 대한 목록은 없었던 것이다. 그래서 슬론 서베이 팀 천문학자들은 한 번에 넓은 영역을 사진으로 찍을 수 있는 새로운 기능을 갖춘 관측 장비를 개발하였다. 그리고 이 장비를 미국의 뉴멕시코 주에 있는 아파치 포인트 천문대에 있는 구경 2.5미터짜리 천체망원경에 설치하였다. 이 장비로 은하의 사진을 찍어서 은하들의 위치를 찾아냄으로써 문제를 해결했다.

또 다른 문제는 스펙트럼을 얻어서 적색이동을 측정해야 할 은하들이 너무 많다는 것이었다. CfA 서베이 사업에서는 2만 개의 은하를 관측했는데, 슬론 서베이 사업은 무려 100만 개나 되는 은하의 적색이동을 측정해야 했다! 100만 개의 은하들을 하나하나 관측하여 스펙트럼을 얻는다면, 스펙트럼 하나 얻는 데 10분씩 걸린다고 할 때, 하루에 꼬박 8시간씩 관측해서 60년이 걸린다. (계산해보시오.) 그래서 슬론 서베이 팀은 한꺼번에 640개 은하의 스펙트럼을 동시에 관측할 수 있는 장치를 개발했고, 나중에는 그 숫자를 1,000개로 늘렸다. 커다란 알루미늄 원판 위에 은하들의 영상이 맺히는 곳들마다 미리 구멍을 뚫고, 거기에 광섬유를 꽂아서, 그 광섬유 다발로 은하들의 빛을 유도하여 한꺼번에 스펙트럼을 얻는 장치였다.

슬론 서베이는 2000년에 시작되었고, 그 후 해마다 그해에 관측한 결과를 묶어서 발표했다. 전 세계에 흩어져 있는 많은 천문학자들이 그 자료를 분석하여 여러 가지 새로운 발견을 해왔다. 인터넷이 발달하여 이러한 국제 공동 연구가 가능했다. 또한 몇 가지 관측 목적이 추가되고 관측 장비가 바뀌면서 슬론 서베이는 다음과 같이 4기에 걸쳐 진행되어 오고 있다.

제1기 슬론 서베이(SDSS I) 2000~2005년
제2기 슬론 서베이(SDSS II) 2005~2008년
제3기 슬론 서베이(SDSS III) 2008~2014년
제4기 슬론 서베이(SDSS IV) 2014~2020년

제1기까지는 우주거대구조를 연구하기 위한 은하 적색이동 관측이

주목적이었다. 그래서 외부은하를 잘 볼 수 없는 은하수 평면은 피하여 관측을 수행하였다. 2005년부터 은하수 평면에 있는 천체를 포함하기 위한 세규(SEGUE) 프로젝트를 슬론 서베이 안에 추가하여 2014년까지 수행했다. 또한 2011년에는 이러한 별들의 근적외선 파장의 분광 스펙트럼을 얻기 위한 아포지(APOGEE, 아파치 포인트 천문대 은하 진화 실험)라는 장치를 추가하고 은하들의 공간 분포를 분석하여 바리온 진동을 연구할 목적으로 보스(BOSS, 바리온 진동 분광 서베이)라는 신형 관측 장치를 추가하는 등 연구 목적이 바뀜에 따라 조금씩 수정해서 관측을 수행해오고 있다.

제3기 슬론 서베이(SDSS III)는 2008년부터 2014년까지 수행되었다. 2011년 1월에 공개된 DR8이라는 8년 차 슬론 서베이 관측 자료는 전체 하늘의 35퍼센트에 대해서, 5억 개에 이르는 천체의 색깔별 이미지를 얻고, 100만 개의 은하에 대한 스펙트럼을 얻어서 적색이동을 측정한 것이다. 은하들의 적색이동은 평균 $z = 0.1$ 정도이고, 관측한 은하들 중에서 가장 멀리 있는 것들은 적색이동이 $z = 0.7$에 달한다. 은하보다 훨씬 밝은 퀘이사들은 적색이동이 $z = 5$에 이르며, 이 가운데 몇 개는 추가 관측을 통해 적색이동이 6보다도 큰 것으로 밝혀졌다. 또한 2012년 7월 31일에 공개된 DR9라는 9년 차 슬론 서베이 관측 자료는 보스로 관측한 80만 개의 은하 스펙트럼 관측 자료를 추가하였다. 이 80만 개 가운데 50만 개는 70억 년 전의 우주에 있는 은하들이다. 70억 년은 우리 우주 나이의 절반 정도에 해당하며, 적색이동으로는 $z = 1$ 정도에 해당하는 아주 멀리 있는 은하들이다. 제3기 슬론 서베이 관측 자료는 2013년 7월에 공개한 DR10부터 시작해서 DR12까지 공개되었다. 그 결과, 모두 합쳐서 은하 240만 개, 퀘이사 47.7만 개, 별 85만 개 등의 스펙트럼을 얻었다.

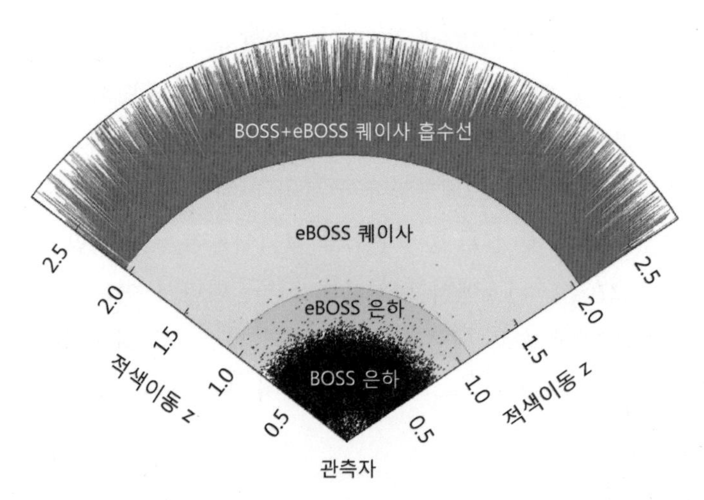

그림 VII-5 제4기 슬론 서베이 사업의 목표 은하는 적색이동 $z=1$까지, 퀘이사는 적색이동 $z=2$까지, 그리고 퀘이사 라이만-알파 숲은 적색이동 $2<z<3$까지 관측하려고 한다.

2014년부터 2020년까지 제4기 슬론 서베이 사업(SDSS IV)을 진행하고 있다. 이 사업에서는 기존의 보스 관측 사업을 확장한 이보스(eBOSS) 프로젝트를 중심으로 여러 가지 보조 관측 사업을 망라하여 우주지도 작성을 수행한다. 기존에 보스 사업에서는 적색이동 $z=0.7$까지 은하를 관측하였는데, 이보스에서는 이를 적색이동 $z=1$까지 확장하고, 또한 퀘이사는 적색이동 $z=2$까지 연구 데이터를 수집할 계획이다. 이렇게 멀리까지 퀘이사를 관측함으로써 은하 중심에 있는 초거대 블랙홀이 어떤 식으로 성장해왔는지 연구할 수 있는 귀중한 자료를 확보할 것으로 기대하고 있다. 한편, 적색이동이 $z>3$인 퀘이사까지도 관측하여 그 스펙트럼에 나타나는 퀘이사 라이만-알파 숲의 분포 지도를 작성하려고 한다. 라이만-알파 숲이란 퀘이사의 연속 스펙트럼에 라이만-알파 흡수선이 마치 숲의 나무처럼 빽빽하게 나타나는 것을 일컫는다. 우주의 90퍼센트를 이루는 수소는 $\lambda_0 = 1{,}216\,\text{Å}$(옹스트롬)에 해당하는 빛을 산란시키므로 그 파장에 해당하는 퀘이사의 빛을 산란시켜 흡수선이 나타나도록 만든다. 그런데 산란하는 중성수소 덩어리가 퀘이사에 대해 허블 팽창하므로 그 적색이동에 따라 흡수선의 위치가 달라진다. 결과적으로 퀘이사 스펙트럼에서 보면 라이만-알파 흡수선이 잇달아 나타나게 되는 것이다. 중성수소의 적색이동이 z이면 라이만-알파 흡수선은 $1{,}216(1+z)$Å에서 나타나게 된다. 따라서 이보스가 관측하게 될 라이만-알파 숲은 대부분 $2<z<3$의 파장대에 나타나게 되므로 라이만-알파 숲은 $3{,}600\text{Å}<\lambda<5{,}000\text{Å}$에서 관측된다. 이 파장대는 지상 관측이 가능한 파장대이다.

슬론 서베이 사업의 DR8로 공개된 100만 개의 은하들을 부채꼴 지도로 그린 것이 [그림 VII−6]이다. 이 그림의 중앙에 우리 은하수가 있고, 각 점은 은하 하나를 나타낸다. 하늘에서 폭이 약 2.5°되는 띠 안에 들어 있는 은하들을 부채꼴 지도에 나타냈다. 좌우에 은하가 아예 없는 부분은 우리 은하수에 가려서 그 너머에 있는 외부은하들이 관측되지 못한 영역이다. 이 부채꼴의 가장자리는 적색이동 $z=0.15$ 정도인데 이것은 지구에서 약 20억 광년에 해당한다. 그 전의 CfA 우주지도는 $z=0.05$, 즉 우리로부터 약 7억 광년 이내의 우주를 포괄하고 있다. 이 그림에서는 부채꼴의 중심에서 반지름 3분의 1 정도에 해당하는 영역까지이다.

가장 재미있는 모습은 은하들이 마치 그물망처럼 모여 있다는 것이다. 그물 모양으로 은하들이 늘어서 있는 우주그물구조가 나타나고, 그 그물의 실들이 만나는 곳에는 은하단이 있으며, 그물망을 피해서 은하가 별로 없는 빈 공간인 우주공동이 보인다. 이런 모습 전체를 우주거대구조라고 부른다. 물론 CfA 우주지도에서 보았던 '신의 손가락'도 더

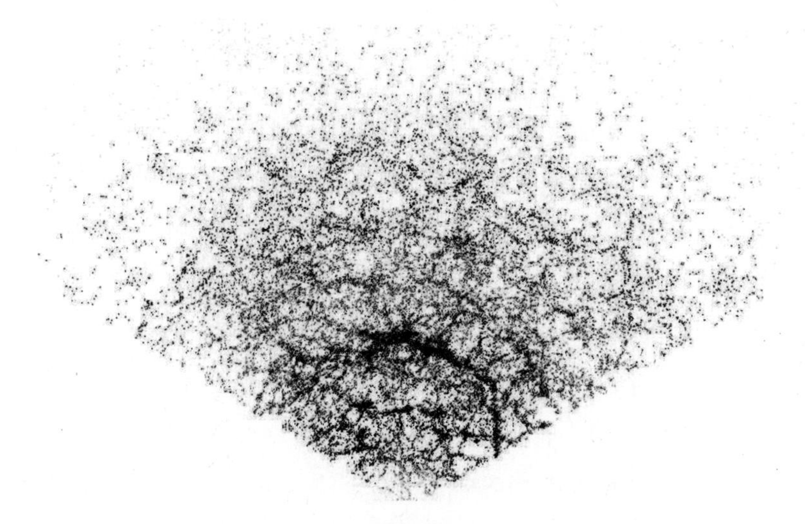

그림 VII-6 슬론 서베이 사업의 DR8로 공개된 은하 적색이동 관측 자료로 그린 슬론 우주지도 부채꼴 지도의 중심에 우리 은하수가 있고, 적색이동의 중간값은 0.1 정도이고 부채꼴의 가장자리는 적색이동 0.15 정도에 해당한다. 은하들이 그물망과 같은 모습을 나타내며 분포하고 있다. [제공: 슬론 서베이 사업.]

확실히 볼 수 있다.

'우리 우주는 모든 방향이 동일하고, 모든 위치에서 균질하다'라는 우주론의 원리가 있다. 기억을 되살리자면, 이 원리를 바탕으로 로버트슨-워커 메트릭을 생각했었다. 우주론의 원리를 좀 어려운 말로 표현하면, '우리 우주는 등방적이고 균질하다'라는 말이 된다. 그런데 지금까지 CfA 서베이나 슬론 서베이가 보여준 실제 우리 우주의 모습은, 앞에서 보다시피, 등방적이지도 않고 균질하지도 않다. 우리 우주를 기술하기 위한 공준인 우주론의 원리가 성립하지 않는 것인가? 우리가 가정한 우주론의 원리를 보다 정확하게 말하면, '충분히 넓은 규모에서 평균적으로 볼 때, 우리 우주는 등방성과 균질성을 보인다'라는 것이다.

회상시간과 은하의 나이

적색이동이 작은 가까운 은하들까지의 거리는 허블의 법칙을 사용하여 측량할 수 있다. 허블의 법칙을 수식으로 나타내면, $r = cz/\mathrm{H}_0 = \mathrm{d_H}z$ 이며 여기서 $\mathrm{d_H}$는 $\mathrm{d_H} \equiv c/\mathrm{H}_0$로 정의되는 허블거리이다. 여기에 나온 허블상수는 우리 근방에서 측정한 허블계수 값으로, 지금까지 관측 결과는 $\mathrm{H}_0 = 70\,km/s/\mathrm{M}pc$이다. 따라서 허블거리는 $\mathrm{d_H} = 4{,}286\,\mathrm{M}pc \approx 4.3\mathrm{G}pc$ 이다. 이것을 광년으로 고치면 대략 140억 광년이다. (70 $km/s/\mathrm{M}pc$, 4.3기가파섹, 140억 년이라는 숫자는 기억하고 있는 게 좋다.) 그런데 허블상수는 적색이동이 큰 은하에 대해서는 적용할 수 없다. 왜냐하면 허블계수가 시간에 따라 변하기 때문이다. 그렇다면 어느 정도까지 이러한 허블상수를 적용하여 거리를 정할 수 있을까?

가까운 은하에 대해 허블의 법칙을 적용해보려면, 적색이동을 측정하여 이를 후퇴속도로 하고, 거리는 다른 방식으로 따로 구해야 한다. 지금까지 알려진 방법 중에서 거리를 정확하게 측량하는 방법으로는 세페이드 변광성의 주기-광도 관계를 사용하는 방법과 Ia형 초신성의 최대 밝기가 일정하다는 사실을 사용하는 방법이 있다. 참고로, 세페이드 변광성의 경우 허블우주망원경으로 약 15 Mpc 떨어져 있는 처녀자리 은하단까지 거리를 측정하였고, Ia형 초신성의 경우 현재 가장 큰 천체망원경인 구경 10미터짜리 망원경을 사용하여 적색이동 $z = 0.1$ 정도, 즉 약 100 Mpc 떨어진 머리털자리 은하단까지 거리를 측정하였다. 세페이드 변광성이나 Ia형 초신성을 이용해서 측량한 거리는 바로 광도거리이다. 따라서 허블의 법칙으로 구한 거리가 얼마나 유효한지를 알아보려면 허블의 법칙으로 구한 거리와 광도거리를 비교해보면 될 것이다.

[표 VII−1]은 적색이동에 따른 허블의 법칙에 의한 거리와 광도거리를 현재 가장 정밀한 우주 모형에 대해서 계산한 것이다. 광도거리는 앞의 [그림 VI−8, 10, 11]에서 파란색 선에 해당한다. 광도거리와 허블의 법칙으로 구한 거리의 상대오차는 적색이동 $z \approx 0.1$일 때는 7퍼센트에 불과하지만 적색이동이 $z \approx 0.2$일 때는 13퍼센트나 된다. 현재까지 천문학자들이 측정한 가장 정밀한 허블상수는 그 오차가 ±5퍼센트이므로 적색이동이 $z > 0.1$인 은하에 대해서는 허블의 법칙으로 거리를

표 VII−1 허블의 법칙으로 구한 거리와 광도거리 단위는 허블거리 d_H이다.

허블의 법칙으로 구한 거리 $\frac{r}{d_H} = z$	광도거리 $\frac{D_L}{d_H}$	상대오차 $\left[\frac{r - D_L}{D_L}\right] \times 100\%$
0.01	0.01008	0.8%
0.02	0.02032	1.6%
0.05	0.05197	3.8%
0.1	0.10774	7.2%
0.2	0.23101	13%
0.4	0.51171	22%
0.7	1.00893	31%
1.0	1.57174	36%
1.1	1.77051	38%
1.2	1.97395	39%
1.5	2.60823	42%
2.0	3.72766	46%
3.0	6.12303	51%

구하는 것이 별로 의미가 없다고 볼 수 있다. 물론 10퍼센트 이내의 오차로 대략적인 거리를 원한다면 $z \approx 0.2$까지도 허블의 법칙으로 거리를 구해 볼 수도 있겠지만, 13퍼센트의 오차는 각오해야 한다.

가까운 은하들은 허블의 법칙을 사용해서 거리를 구할 수 있다. 그런데 광속은 유한하고 일정하므로 우리가 이런 은하를 보았을 때 그 빛은 이미 한참 전에 그 은하를 출발한 것이다. 그래서 그 은하가 얼마나 과거의 모습인지는 $t \equiv$거리/속력$= r/c$로 구할 수 있는데, 허블의 법칙 $r = cz/H_0$로부터 $t = r/c = z/H_0 = t_H z$로 구할 수 있다. 여기서 $t_H \equiv 1/H_0$로 정의되는 값으로 '허블시간'이라고 한다. 앞에서 정의한 허블거리를 광속으로 나눈 값이다. 허블거리가 약 140억 광년이었으므로 허블시간은 140억 년이 된다. 만일 어떤 은하의 적색이동이 $z = 0.1$로 측정되었다면, 이 은하까지의 거리는 140억 광년의 0.1배인 14억 광년이고 그 은하의 모습은 지금으로부터 14억 년 전의 모습인 것이다.

그러나 빛이 멀리 있는 은하에서 우리를 향해 날아오는 동안에도 우주는 계속 팽창하고 있다. 또한 빛이 날아오는 동안 우주축척 $a(t)$도 계속 변하고 또한 허블계수 $H \equiv \dot{a}/a$도 계속 변한다. 그러므로 현재의 허블계수인 허블상수를 적용해서는 은하의 빛이 우리에게까지 진행해 오는 데 걸린 시간을 정확하게 구할 수 없다. 우리는 순간마다 달라지는 허블계수를 고려하여 빛의 여행 시간을 모두 더해주어야 한다. 앞에서 공부했듯이 이렇게 구한 시간 t를 '회상시간'이라고 한다. 앞에서 우리는 시공간도에 그림을 그려가면서 회상시간이란 무엇인지 또 어떻게 계산하는지까지 모두 공부했었다. 여기서는 특정한 우주 모형이 주어졌을 때, 적색이동에 따른 회상시간 값을 구체적으로 구해본 결과를 소개하려고 한다.

현재의 허블계수인 허블상수 H_0, 우주 물질의 양 Ω_M, 우주 시공간의 곡률에너지 양 Ω_K, 암흑에너지의 양 Ω_Λ 등이 주어지면, 원칙적으로 회상시간을 계산할 수 있다. 그러나 적분식이 복잡해서 손으로는 계산하기 어렵기 때문에 컴퓨터를 사용하여 수치계산을 했다. 여기서는 최근의 정밀 우주 관측 결과 제시된 우주 모형값을 사용하도록 하자. 즉, $H_0 = 70\,km/s/Mpc$, $\Omega_M = 0.3$, $\Omega_K = 0$, $\Omega_\Lambda = 0.7$로 놓겠다.

계산 결과는 [표 VII-2]에 나타냈다. 이 표를 보면, 외우기 쉬운 값들이 있다. 적색이동 $z = 1$인 곳은 우주 나이의 절반쯤인 약 60억 년일 때이다. 그리고 적색이동 $z = 6$인 곳은 우주의 나이가 약 10억 년일 때이다. 또한 적색이동 $z = 5$인 곳은 우주의 나이가 약 12억 년일 때이고, 적색이동 $z = 10$인 곳은 우주의 나이가 약 5억 년일 때라고 기억해두면 좋다. 그리고 슬론 서베이에서 주로 관측한 은하는 적색이동 $z = 0.1$인 곳이니, 이곳에 있는 은하는 우주의 나이가 약 120억 년일 때의 모습이라는 것도 기억하면 좋겠다. 또한 $z = 1{,}100$은 8장에서 설명할 우주배경복사의 최종산란면에 해당하는 적색이동이고, 이때 우주의 나이는 약 36만 년이다. 또한 $z = \infty$인 경우는 우주축척 $a = 0$일 때, 즉 우주의 시작에 해당하므로 이때의 회상시간이 우주의 나이가 된다.

표 VII-2 우주의 나이와 회상시간

z(적색이동)	우주의 나이(억 년)	회상시간(억 년)
0	134.62	0
0.1	122	13
0.2	110	24
0.5	84	50
0.7	72	63
1	**57**	**77**
2	32	102
3	21	114
4	15	119
5	**12**	**123**
6	**9**	**125**
7	7	127
10	**5**	**130**
15	3	132
1,100	0.00363	134.61
∞ 무한대	0	134.62

웹 사이트 사용법 (2)

앞에서 살펴보았던 인터넷 웹 사이트를 다시 활용하여 각종 우주론적 거리를 비롯하여 회상시간, 광행거리 등을 계산해보자. http://www.astro.ucla.edu/~wright/CosmoCalc.html에 접속해서 우주 모형에 필요한 숫자를 입력하면, 여러 가지 적색이동이 회상시간으로 얼마에 해당하는

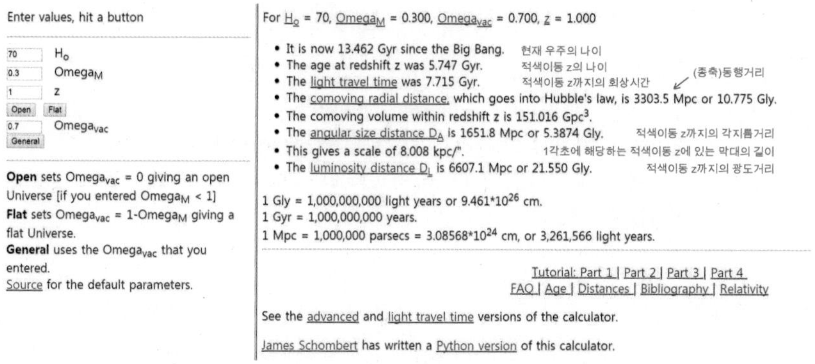

Enter values, hit a button

70 H_o
0.3 $Omega_M$
1 z
Open Flat
0.7 $Omega_{vac}$
General

Open sets $Omega_{vac}$ = 0 giving an open Universe [if you entered $Omega_M$ < 1]
Flat sets $Omega_{vac}$ = 1-$Omega_M$ giving a flat Universe.
General uses the $Omega_{vac}$ that you entered.
Source for the default parameters.

For H_o = 70, $Omega_M$ = 0.300, $Omega_{vac}$ = 0.700, z = 1.000

- It is now 13.462 Gyr since the Big Bang. 현재 우주의 나이
- The age at redshift z was 5.747 Gyr. 적색이동 z의 나이
- The light travel time was 7.715 Gyr. 적색이동 z까지의 회상시간
- The comoving radial distance, which goes into Hubble's law, is 3303.5 Mpc or 10.775 Gly. (종축)동행거리
- The comoving volume within redshift z is 151.016 Gpc^3.
- The angular size distance D_A is 1651.8 Mpc or 5.3874 Gly. 적색이동 z까지의 각지름거리
- This gives a scale of 8.008 kpc/". 1각초에 해당하는 적색이동 z에 있는 막대의 길이
- The luminosity distance D_L is 6607.1 Mpc or 21.550 Gly. 적색이동 z까지의 광도거리

1 Gly = 1,000,000,000 light years or $9.461*10^{26}$ cm.
1 Gyr = 1,000,000,000 years.
1 Mpc = 1,000,000 parsecs = $3.08568*10^{24}$ cm, or 3,261,566 light years.

Tutorial: Part 1 | Part 2 | Part 3 | Part 4
FAQ | Age | Distances | Bibliography | Relativity

See the advanced and light travel time versions of the calculator.

James Schombert has written a Python version of this calculator.

지 계산할 수 있다.

가령, 천문학자들이 발견한 매우 멀리 있는 퀘이사 중에는 ULAS J1120+0641이라는 것이 있다. 이것의 적색이동은 $z=7.085$로 측정되었다. [표 VII-2]에 따르면, 이 퀘이사는 우주의 나이가 약 7억 년일 때의 모습이며, 거기서 나온 빛이 127억 년 걸려서 지구에 도달한 것이다. 또한 천문학자들이 발견한 매우 멀리 있는 은하 중에는 허블우주망원경으로 관측된 UDFj-39546284라는 은하가 있는데, 이것의 적색이동은 $z=10.3$으로 측정되었다. 이것은 우주 탄생 후 4.45억 년일 때의 모습이며, 그 빛이 지구에 도착하기까지 130억 광년을 달려온 것이다. 현재 우주의 나이가 135억 년인데, 우주가 생긴 지 약 4.5억 년이 지났을 때 이미 은하, 즉 별들이 있다는 말이다. 이와 같이 회상시간은 우리가 보고 있는 은하가 얼마 전의 모습인지, 또한 우주의 나이가 얼마였을 때의 모습인지를 나타낸다.

연습문제 6 2017년 3월 현재까지 발견된 가장 먼 은하는 GN-Z11이고, 그 적색이동은 $z=11.09$이다. 앞에서 소개한 웹 사이트를 이용하여 이

은하까지의 회상시간을 구하시오. 이때는 우주 탄생 후 얼마가 지난 시점인가?

답 웹 사이트의 왼쪽 창에 해당 수치들을 모두 입력하고 Flat을 클릭하면, 광행거리는 130.59억 광년이다. 따라서 이 은하는 지금으로부터 130.59억 년 전의 모습이다. 이 우주 모형에서 현재 우주의 나이는 134.62억 년이다. 따라서 이 은하는 우주 탄생 후 약 4억 년이 지났을 때 존재하는 은하이다.

연습문제 7 2017년 3월 현재까지 발견된 가장 먼 은하단은 CL J1001+0220이고, 그 적색이동은 $z \approx 2.5$이다. 이 은하단까지의 회상시간은 얼마인가?

답 약 110억 년. 대략적인 값은 [표 VII-2]를 이용하고 정확한 값은 웹 사이트를 이용하라.

연습문제 8 2017년 3월 현재까지 발견된 가장 먼 핵붕괴 초신성은 SN 1000+0216이고, 그 적색이동은 $z = 3.8993$이다. 이 초신성은 얼마 전에 폭발한 것인가?

답 약 120억 년 전. 대략적인 값은 [표 VII-2]를 이용하고 정확한 값은 웹 사이트를 이용하라.

허블 울트라 딥 필드

최근에는 구경 10미터에 이르는 대형 망원경들이 전 세계에 10대가 넘는다. 지구 대기의 방해를 극복하고자 천문학자들은 1990년에 구경 2.5미터짜리 허블우주망원경을 우주에 띄워 올렸다. 게다가 가시광뿐만이 아니라 적외선, 자외선, 엑스선, 감마선, 초단파, 전파 등에서 우주를 관측하는 우주망원경들을 연이어 띄워 올렸다. 이러한 대형 관측 장비들 덕분에 지난 25년은 천문학의 혁명기였다고 할 만하다. 더군다나 몇 년 후에는 구경 20~30미터나 되는 초거대 지상망원경들이 완공될 것이고, 구경이 무려 6.5미터나 되는 제임스웹 우주망원경이 우주공간으로 띄워질 것이다. 천문학은 또 다른 황금기를 구가하게 될 것이다. 망원경의 구경이 커질수록 더 어두운 천체를 자세하게 볼 수 있기 때문에, 인류는 앞으로 더 먼 우주의 과거를 관측할 수 있게 되었다.

지금 인류가 본 가장 오래된 우주의 과거 모습은 언제일까? 현대 천문학은 무려 132억 년 전의 우주의 모습을 보여주었다. 우리 우주의 나이가 136억 년이므로 우주가 태어난 지 겨우(?) 4억 년밖에 안 된 시절이다! 허블우주망원경은 1995년 12월 18일부터 열흘간 북두칠성 근처의 하늘을 응시하여 사진을 찍었다. 이 사진을 허블 딥 필드(Hubble Deep Field), 줄여서 HDF라고 부른다. 그 굉장한 모습에 고무된 천문학자들은 2003년 9월 23일부터 10월 28일까지 그리고 2003년 12월 3일부터 2004년 1월 15일까지 장장 100만 초, 즉 280시간을 노출을 줘서 화로자리 근처의 밤하늘을 촬영하였다. 이 사진을 허블 울트라 딥 필드(Hubble Ultra Deep Field), 줄여서 HUDF라고 한다. 이 사진은 달 크기의 10분의 1, 면적으로는 100분의 1에 해당하는 아주 좁은 면적을 찍은 것인데, 그 좁은 영역에 은하들이 무려 1만 개나 들어 있었다!

그 후 허블우주망원경은 울트라 딥 필드의 중앙 부분만을 대상으로 무려 550시간의 노출을 더 주어 촬영하였다. 노출 시간을 늘리면 그만큼 더 많은 빛을 모을 수 있으므로 더 어둡고 먼 천체를 볼 수 있다. 이 사진이 2012년 9월 25일에 공개되었는데, 그 작은 영역에 은하가 무려 5,500개가 있었다. 이 사진을 허블 엑스트림 딥 필드(Hubble eXtreme Deep Field), 줄여서 HXDF라고 한다. [그림 VII-7]에서 위 사진은 허블 엑스트림 딥 필드 사진이고 아래 사진은 그 왼쪽 아랫부분을 확대

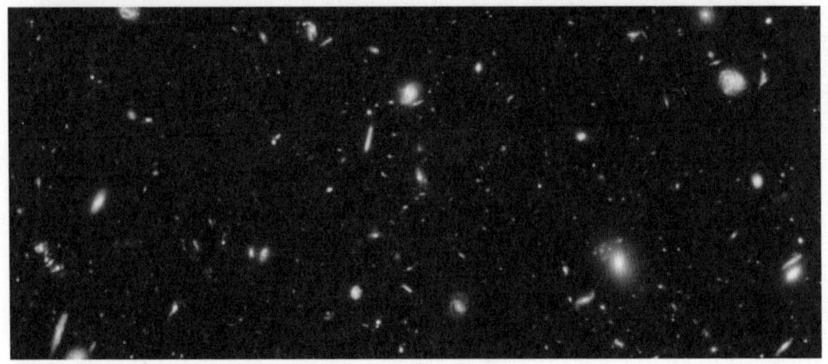

그림 VII-7 허블 엑스트림 딥 필드(HXDF) 허블우주망원경이 총 50일에 걸쳐 찍은 총 2,000장의 영상을 합쳐서 만든 사진이다. 적경 03:32:38.5, 적위 −27:47:0.0. 시야(FoV): $2.3' \times 2.3'$. 2002년 7월부터 2012년 3월 사이에 드문드문 모아온 총 노출 시간 약 200만 초, 날짜로는 22.5일이나 되는 엄청나게 긴 노출이었다. [제공: NASA, ESA, G. Illingworth, D. Magee, and P. Oesch(캘리포니아대학교 산타크루스캠퍼스), R. Bouwens(레이던 대학교), and the HUDF09 Team.]

한 것이다. 여기에 보이는 은하들 가운데 가장 멀리 있는 것은 약 132억 년 전의 우주에 있던 것이다!

Ia형 초신성과 암흑에너지

헨리에타 리빗이 세페이드 변광성의 주기-광도 관계를 발견하자, 천문학자들은 세페이드 변광성을 표준 촛불로 삼아 외부은하까지의 거리를 측정하기 시작했다. 외부은하에서 세페이드 변광성을 찾아서 그 주기만 측정하면 그 별의 절대밝기를 알 수 있다. 거기에다 그 변광성의 겉보기밝기를 측정하면 그 변광성까지 얼마나 떨어져 있는지 광도거리를 측량할 수 있는 것이다. 에드윈 허블은 안드로메다은하에 들어 있는 세페이드 변광성을 관측하여 그 은하가 우리 은하수의 구성원이 아니라 따로 떨어져 있는 새로운 외부의 은하임을 증명하였다. 또한 허블은 우주의 모든 방향에 대해 은하의 후퇴속도가 그 은하까지 떨어진 거리에 비례함을 발견하였다. 이 발견은 우주가 팽창한다는 사실을 증명해주었다. 1950년대에 들어 월터 바데는 세페이드 변광성에는 두 종류가 있어서 주기-광도 관계가 서로 약간 다름을 알아냈다.

제1형 세페이드 변광성에는 변광 주기가 100일 이상인 것도 있는데, 제2형 세페이드 변광성은 변광 주기가 약 50일 이하이다. 세페이드 변광성은 변광 주기가 길수록 최대 밝기가 커지는데, 가장 밝은 것들의 절대등급은 −6.5등급 정도이다. 구경 10미터인 켁 망원경은 한계등급이 25등급 정도이므로, 켁 망원경으로 세페이드 변광성을 관측하여 거리를 측정할 수 있는 한계는 20 Mpc 정도이다. 물론 그 은하의 스펙트럼을 관측하여 적색이동 값을 측정하려면 한계등급이 더 밝아야 하므로 허블의 법칙을 멀리까지 확장하는 데 한계가 있다. 그것보다 더 멀리 있는 은하들은 나선은하의 경우는 툴리-피셔 관계성, 타원은하의 경우는 페이버-잭슨 관계성 등을 적용하여 거리를 측량한다. 이러한 방법으로는 약 150 M*pc*까지의 거리를 측정할 수 있지만, 측량한 거리는 오차가 비교적 크므로 우주 모형을 또렷하게 분별하는 데 한계가 있다. 그래서 1990년에 발사된 허블우주망원경의 주요 연구 과제가, 약 15 M*pc* 떨어져 있는 처녀자리 은하단 정도까지 세페이드 변광성으로 정확하게 거리를 측량함으로써 허블상수를 측정하고 더 먼 우주를 측량하는 발판을 마련하는 것이었다.

연습문제 9 하와이 마우나케아 산 위에 있는 켁 망원경의 구경은 10미터이다. 이 망원경은 적응광학 기술을 적용하고 1시간 노출을 주었을 때 24~26등급인 별까지 관측할 수 있다. 즉, 한계등급이 24~26등급이다. 이 망원경을 사용하여 관측할 수 있는 세페이드 변광성의 최대 관측 거리는 얼마인가?

답 가장 밝은 세페이드 변광성의 한계등급을 대략 $M = -6.5$등급 정도로 보고, 켁 망원경의 한계등급을 $m = 25$등급 정도로 본다. 이것을 거리지수 공식 $m - M = 5(\log_{10} D_L - 1)$에 대입하면, $25 - (-6.5) = 5(\log_{10} D_L - 1)$, 즉 $\log_{10} D_L = 7.3$이다. 즉, $D_L =$ 20 M*pc* 정도이다. 현재 가동 중인 최대 구경의 천체망원경을 사용하면 처녀자리에 있는 세페이드 변광성이 최대 밝기가 되었을 때 관측할 수 있는 정도라는 뜻이다.

천문학자들은 더 멀리 있는 은하들도 허블의 법칙을 따르는지를 알고 싶었다. 적색이동이 클수록 여러 우주 모형들 사이의 차이가 더욱 뚜렷해지므로 어떤 우주 모형이 맞는지 명확하게 검증할 수 있기 때문이었다. 그러나 세페이드 변광성으로는 겨우 처녀자리은하단도 넘어서지 못하므로, 세페이드 변광성보다 훨씬 더 밝은 표준 촛불이 필요했다.

그러던 중에 발견한 표준 촛불이 바로 Ia형 초신성이었다.

초신성이란 별이 진화하다가 마지막에 강한 폭발을 일으키며 죽는 것이다. 초신성 하나의 밝기는 1,000억 개의 별이 모인 은하 전체의 밝기와 맞먹을 정도로 무척 밝다. 그래서 우리는 아주 멀리 있는 외부은하에서도 초신성을 발견할 수 있다. 앞에서 살펴보았듯이 초신성에는 몇 종류가 있다. 그중에서 그 스펙트럼에 수소선이 없는 I형 초신성 중에서 6,150옹스트롬에 규소 흡수선이 나타나는 것을 Ia형 초신성으로 분류한다. Ia형 초신성은, 백색왜성과 거성이 서로 쌍성을 이루고 있다가 거성의 물질이 백색왜성으로 흘러넘쳐 들어감으로써 백색왜성의 질량이 점점 커지다가 마침내 찬드라세카르 질량 한계를 넘게 되면 중심이 붕괴하여 초신성으로 폭발하는 것으로 짐작된다. [그림 VII-8]은 다양한 적색이동을 갖는 Ia형 초신성들의 광도곡선을 측정하여 적색이동 효과를 보정한 것이다. 거의 모두가 똑같은 밝기 변화를 보이며, 특히 가장 밝을 때의 절대밝기가 절대 B등급 $M_B = -19.46$ 및 절대 안

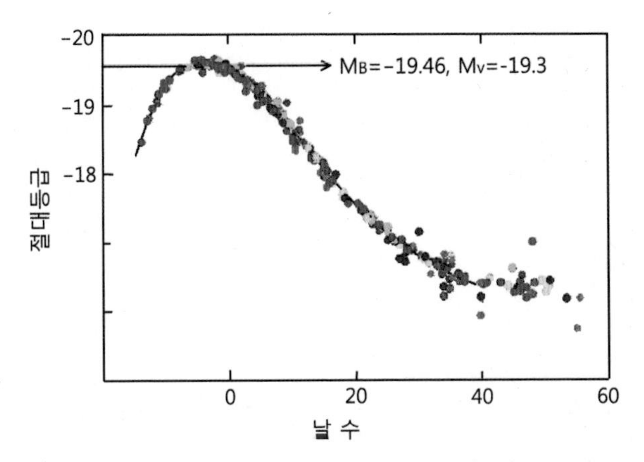

그림 VII-8 Ia형 초신성의 광도곡선 가로축은 초신성의 날 수를 나타내는데, 최대 밝기일 때를 0일로 하였다. 세로축은 초신성의 밝기를 10 pc에 있을 때의 밝기로 환산한 절대등급으로 나타냈다.

시등급 $M_V = -19.3$으로 거의 같았다. 그래서 이러한 Ia형 초신성은 표준 촛불로 사용할 수 있을 뿐만이 아니라 Ia형 초신성은 세페이드 변광성보다 약 13등급 또는 16만 배나 밝기 때문에, 훨씬 더 먼 은하들도 거리를 측정할 수 있게 되었다.

연습문제 10 (연습문제 9)의 켁 망원경으로 먼 은하에서 발생한 Ia형 초신성을 관측한다면, 얼마나 멀리까지 관측할 수 있는가?

답 Ia형 초신성이 최대 밝기일 때의 절대등급은 $M = -19.3$이고 켁 망원경은 약 $m = 25$인 천체까지 관측할 수 있으므로, 거리지수 공식 $m - M = 5(\log_{10} D_L - 1)$에 대입하면, $\log_{10} D_L = 9.86$, 즉 $D_L \simeq 7.2\,Gpc$이다. $d_H = 4.3\,Gpc$이므로, $D_L/d_H \simeq 1.7$이다. 여기서 구한 거리는 우주의 팽창을 고려한 광도거리 D_L이므로 앞의 [그림 VI-8]에 그린 그래프에서 $D_L/d_H \simeq 1.7$에 해당하는 적색이동을 찾아보면 $z \approx 1$이 된다.

앞으로 본문에서 설명하겠지만, 사울 펄머터 등의 천문학자들은 Ia형 초신성을 관측하여 허블도를 그림으로써 현재 우주도 가속 팽창하고 있음을 발견하였다. 그들은 이 연구로 노벨 물리학상을 수상하였는데, 그들이 관측한 Ia형 초신성의 최대 적색이동이 $z \approx 1$인 점에 유의하라. 이 정도가 현대 천문학의 관측 한계에 해당한다고 말할 수 있다.

연습문제 11 현재 한국천문연구원이 참여하여 건설하고 있는 거대 마젤란 망원경의 구경은 켁 망원경보다 2.5배 정도 크다. 빛을 얼마나 많이 모을 수 있느냐를 나타내는 것이 집광력이다. 집광력은 망원경 반사경의 넓이에 비례한다. 거대 마젤란 망원경으로 관측할 수 있는 Ia형 초신성의 최대 적색이동은 어느 정도인가? (멀리 있는 은하의 스펙트럼은 허블 팽창에 의한 적색이동 때문에 다른 파장대의 빛이 관측되어, 천체의 겉보기밝기가 가까운 데 있는 그 종류의 천체와 다른 양상으로 변하게 된다. 따라서 관측값에 이 효과를 보정해야 올바른 값을 구할 수 있는데, 이것을 K-보정이라고 한다. 여기서는 K-보정은 생각하지 않는다.)

답 반사경의 크기가 2.5배이면 집광력은 $2.5^2 = 6.25$배가 된다. 광도가 2.51배 커지면 1등급 밝아지므로 거대 마젤란 망원경의 한계등급은 켁 망원경보다 약 2등급 어두워진다.* 즉, 거대 마젤란 망원경의 한계등급은 켁 망원경의 한계등급보다 2등급 어두운 것까지 관측 가능하다. 따라서 거대 마젤란 망원경의 한계등급은 대략 $m = 27$이다. 앞의 (연습문제 10)과 똑같이 계산해서 이에 해당하는 Ia형 초신성의 광도거리를 구해보면, $D_L \simeq 18.2Gpc$이고, $D_L/d_H \simeq 4.2$이다. [그림 VI-8]의 그래프를 사용하여 이 값에 해당하는 적색이동 값을 찾아보면 $z \approx 2.3$ 정도가 된다.

연습문제 12 처녀자리 은하단은 약 15Mpc 떨어져 있다. 여기서 Ia형 초신성이 폭발한다면 그 겉보기등급은 얼마쯤이 될까?

답 Ia형 초신성의 최대 밝기일 때의 절대등급은 $M = -19.3$이고, 처녀자리 은하단까지의 거리는 $D_L = 15Mpc = 1.5 \times 10^7 pc$이다. 이 값들을 거리지수 공식 $m - M = 5(\log_{10} D_L - 1)$에 대입하면, $m = 11.6$등급이다. 이 정도의 천체는 구경 10센티미터 정도의 작은 망원경으로도 촬영할 수 있다. 그러나 이 한계등급은 최대 밝기일 때에 해당하므로 약 5등급, 즉 밝기로 100배 정도 어두워질 때까지 초신성을 관측할 수 있으려면, 망원경의 구경은 약 10배인 구경 1미터 정도가 되어야 한다. 또한 초신성이 얼마나 자주 발생하는지를 따져봐야 할 것이다. 한 은하에서 Ia형 초신성이 100년에 1개 생긴다면, 처녀자리 은하단에는 약 1,000개 정도의 은하가 있으므로 약 1/10년, 즉 약 1개월 동안 처녀자리 은하단 사진을 찍으면 초신성 하나쯤을 관측할 수 있을 것이다. 단, 하룻밤에 6시간만 관측할 수 있다는 사실, 초신성은 한 번 폭발하면 여러 날 동안 밝은 채로 유지된다는 사실, 또한 은하의 종류에 따라 초신성 발생률이 다르다는 사실 등을 고려해야 좀 더 정확한 추산을 할 수 있을 것이다.

Ia형 초신성을 활용하여 아주 멀리 있는 은하들까지도 거리를 측정할 수 있게 된 천문학자들은 적색이동이 $z \approx 1$ 정도인 은하들까지 허블의 법칙이 성립하는지 확인해보았다. [그림 VII-10]은 미국의 사울 펄머터 박사가 이끄는 초신성 우주론 프로젝트 팀이 관측한 아주 멀리

---

* 정확하게 계산하자면, $2.51^x = 6.25$를 만족하는 x를 찾으면 된다. 양변에 상용로그를 취하면, $x \mathrm{Log}_{10} 2.51 = \mathrm{Log}_{10} 6.25$이고, 전자계산기로 계산하면 $x \simeq 1.99$이다.

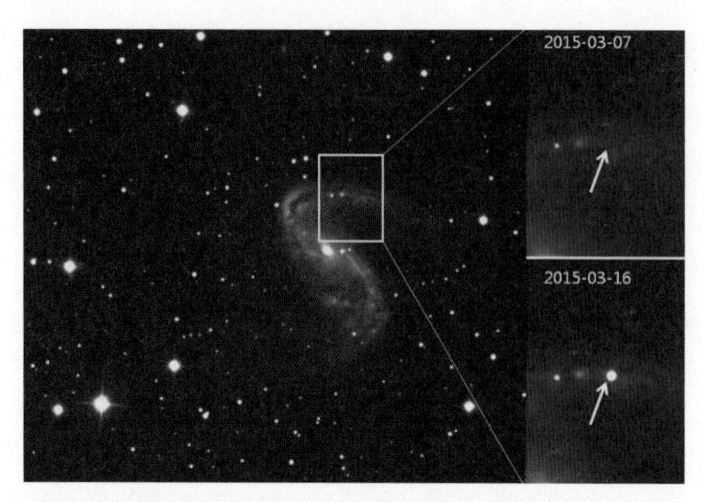

그림 VII-9 NGC 2442 은하에서 발견된 Ia형 초신성 SN 2015F 2015년 3월 8일 서울대학교 물리천문학부 임명신 교수가 이끄는 연구진이 남반구 오스트레일리아 사이딩스프링 천문대에 설치되어 있는 구경 43센티미터인 이상각 망원경으로 관측하였다. 초신성 폭발 직전에 섬광 현상을 검출함으로써 Ia형 초신성의 쌍성이 거성이 아니라 우리 태양 정도의 크기일 가능성을 제시하였다. 이상각 망원경은 서울대학교 물리천문학부 명예교수인 이상각 교수가 기증한 망원경이다. [제공: 서울대학교 물리천문학부 임명신 교수.]

있는 은하들에 대한 허블도이다. 가로축은 적색이동이고 세로축은 그 은하의 겉보기등급이다. Ia형 초신성은 최대 밝기가 일정하므로 겉보기등급이 그 초신성까지의 광도거리와 마찬가지이다. 즉, 이 그래프에서 가로축은 은하의 후퇴속도이고 세로축은 그 은하까지의 광도거리이다. 일반적인 허블도와는 가로축과 세로축이 바뀐 셈이다. 여기서 붉은 점은 각 은하들의 적색이동과 겉보기등급을 그린 것이다. 각 점에 아래위로 달려 있는 선은 측정오차를 나타낸다. 점선, 파선, 실선으로 표시한 곡선은 암흑물질과 암흑에너지의 양에 따라 광도거리가 어떻게 달라지는지를 계산하고 이를 거리지수로 환산하여 그린 것이다. 초신성 관측 결과인 붉은 점들이 오차를 나타내는 세로선 안에서 어떤 곡선을 따르는지를 보고 우리 우주가 무엇으로 구성되어 있고 허블상수 값은 얼마인지를 알아 낸다. 관측 결과, 우리 우주는 물질이 약 30퍼센트를 차지하고 암흑에너지가 약 70퍼센트로 구성되어 있는 우주 모형과 잘 일치함을 알게 되었다. 또한 다음에 소개할 우주배경복사 연구 결과 등과 함께 우주 모형을 더욱 정확하게 추정할 수 있었다.

천문학자들은 초신성 관측을 통해 우리 우주에 암흑에너지가 있음을 알게 되었다. 게다가 그 양이 우주의 약 70퍼센트나 차지한다. 우리 우주에 물질만 존재한다면 서로 중력을 작용하므로 우주 공간의 팽창은

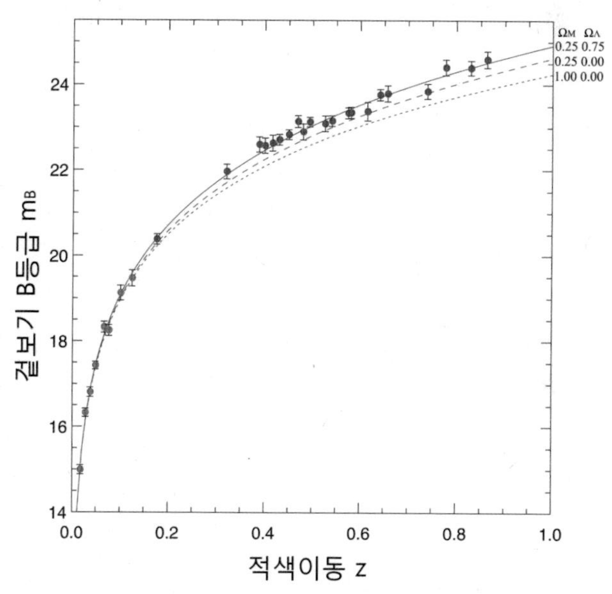

그림 VII-10 Ia형 초신성으로 매우 먼 은하까지 관측한 허블도 일반적인 허블도와는 반대로 가로축을 적색이동으로 하고 세로축을 거리로 하였다. 또한 거리에 해당하는 세로축은 겉보기 B등급인데, 거리지수 $(m-M)$에서 Ia형 초신성의 최대 밝기 M이 일정하므로 겉보기 B등급 m_B만으로 거리를 나타냈다. 여러 우주 모형이 예측하는 허블의 법칙을 곡선으로 나타냈다. 이 곡선들은 우주론을 완전히 고려하여 계산한 광도거리로 그린 것이다. 여기 그려진 우주 모형 중에는 $\Omega_M = 0.25$이고 $\Omega_\Lambda = 0.75$인 우주 모형이 관측점들을 잘 설명한다.

점점 감속되어야 한다. 그러나 우리 우주의 약 70퍼센트를 차지하는 암흑에너지가 우주 공간의 팽창을 가속시키고 있다. 이 사실은 나중에, 우주배경복사 관측과 우주의 은하지도 연구를 통해서도 검증되었다. 이러한 발견을 한 공로로, 미국의 사울 펄머터, 아담 리스, 그리고 오스트레일리아의 브라이언 슈밋이 2011년도 노벨 물리학상을 받았다. 허블은 우주 팽창을 발견했어도 노벨 물리학상을 받지 못하였는데, 그 후배 천문학자들이 노벨상을 받은 것이다.

Chapter 08 우주배경복사

우주를 이해하려면 우주의 언어를 배우고 그것이 적혀진 글자에 익숙해져야 한다. 우주는 수학이라는 언어로 적혀 있다.

– 갈릴레오 갈릴레이

지구에서 우주거대구조까지 정말 긴 여행이었다. 이제 우리의 우주여행도 막바지에 이르렀다. 우리는 지구의 크기를 측정해보았고, 태양계 행성들까지의 거리를 측정해보았으며, 별까지의 거리와 우리 은하수 중심까지의 거리, 그리고 마젤란은하와 안드로메다은하와 같은 가까운 은하까지의 거리를 실제로 측정해보았다. 우리는 은하의 회전속도 곡선, 중력렌즈 현상, 은하단을 이루는 은하들의 운동을 분석하여 그 질량을 구해보았다. 암흑물질이 우리 우주의 약 25퍼센트나 차지함을 알게 되었다. 세페이드 변광성과 Ia형 초신성을 표준 촛불로 사용하여 우주의 절반 정도까지 탐험해보았다. 그 결과, 우리 우주는 약 140억 년에 걸쳐 팽창해왔고, 현재 우주는 그 팽창속도가 점점 느려지기는커녕 가속 팽창을 하고 있음을 알게 되었다. 그 가속 팽창의 원인은 현재 우리 우주의 약 70퍼센트를 차지하고 있는 정체불명의 암흑에너지였다. 우리 우주의 기껏해야 5퍼센트만이 우리에게 익숙한 바리온 물질이었던 것이다.

우리 우주의 시간을 거꾸로 돌려서 옛날로 돌아가면 우리 우주는 어떤 상태였을까? 현재 은하와 은하 사이의 평균 거리는 1 Mpc이고, 우리 은하수의 가장자리는 은하수 중심에서 약 50 kpc 떨어져 있다. 그러면 우주가 지금보다 약 20배 작았던 적색이동 $z=19$일 때는 은하들이 사실상 서로서로 모두 달라붙어서, 만일 그때도 별들이 존재했다면 은하 형체를 이루지 못하고 모두 흩어져 있었다는 말이 된다.

시간을 훨씬 더 거슬러 올라가면, 즉 적색이동이 더 큰 곳에서는 어떤 일이 벌어지고 있을까? 더 과거로 거슬러 올라가면 바리온 물질은 아직 뭉치지 못해 천체를 이루지 못하고 기체 상태로 되어 있었을 것이다. 시간을 더 거슬러 올라가면 물질 사이의 공간이 좁아져서 엄청나게 뜨겁고 압력이 큰 상태였을 것이다. 우주의 아주 초기에는 공간이 거의 한 점으로 모이고 물질의 밀도도 엄청났을 것이다. 우주의 처음은 이런 상태였다가 어느 순간 공간이 팽창하기 시작하면서 우주가 탄생했다. 그것을 천문학자들은 빅뱅이라고 부른다.

빅뱅은 왜 시작되었는가? 이런 형이상학적인 질문들은 과학의 연구 대상이 아니다. 뉴턴이 역설했듯이 과학은 '왜'로 시작하는 질문이 아니라 '어떻게'로 시작하는 질문에 답을 추구한다. 우리 우주의 구성 요소들과 시공간이 어떻게 진화해왔는지 탐구하는 학문이 천문학, 천체물리학, 우주론이다. 현대 우주론은 우주가 탄생한 지 약 1분 이후부터는 어떻게 진화해왔는지를 잘 이해하고 있다. 우주 탄생 후 첫 3분 동안에는, 우리 우주의 양성자와 중성자와 전자 등이 만들어지고, 양성자와 중성자가 결합하여 원자핵을 이루는 초기 핵합성이 일어났다. 천체물리학자들이 계산한 바에 따르면, 이 핵합성 시기에 수소 9개당 헬륨 1개꼴로 원자핵들이 만들어졌다. 양성자 1개와 중성자 1개로 이루어진 중수소(D)*가 아주 조금 생성되었고, 리튬(Li)보다 무거운 원소들은 거의 생기지 않았다. 수소의 핵은 양성자 1개로 되어 있고, 헬륨의 원자핵은 양성자 2개와 중성자 2개로 되어 있으므로, 수소와 헬륨의 개수비는 n(수소):n(헬륨)=9:1이지만 질량비로 보면 m(수소):m(헬륨)=7:3이다. 결국 우주 초기에 만들어진 원소들은 대부분이 수소와 헬륨이었는데, 수소가 압도적으로 많았다. 그러므로 앞으로는 우주는 수소로만 이루어졌다고 근사하고자 한다.

양성자(p^+)와 전자(e^-)가 묶여 있는 중성수소 원자(H)가 빛(γ)을 흡수하거나 다른 입자들과 충돌함으로써 양성자와 전자로 분리되는 것을 이온화라고 한다. 또한 돌아다니던 양성자와 전자가 다시 결합하여 전기를 띠지 않는 중성수소가 되면서 광자(빛)를 내놓는 것을 재결합이라고 한다. 우주 초기에 수소는 이온화와 재결합을 거듭하면서 우주에는 수소, 양성자, 전자, 광자 등이 뒤섞여 있었다. 이러한 상태를 플라스마라고 한다. 우주 초기에는 온도가 높았으므로 이온화가 지배적이었다가 우주가 팽창함에 따라 물질과 빛의 온도가 점점 낮아져서 재결합이 점차 많아지고 있었다. 그런데 전자가 양성자보다 1,800배나 가볍기때문에 40배 정도 빠르게 운동한다. 전자가 이렇게 부산하게 돌아다니기 때문에 빛은 주로 전자와 산란을 하게 된다. 이것을 전자를 발견한 J. J. 톰슨(1856~1940)의 이름을 따서 톰슨산란이라고 한다. 톰슨산란을 통해 광자와 전자는 한데 어울려 돌아다니게 된다. 그런데 전자는 음(−)의 전하를 띠고 있으므로 전자가 움직이면 양(+)의 전하를 띠고 있는 양성자가 쿨롱의 전기력에 의해 끌려가게 된다.** 결과적으로 우주 초

---

* 영어로 deuterium의 머리글자를 따 D를 원소 기호로 쓴다.

** 전하를 띤 두 물체 사이에는, 마치 뉴턴의 중력 법칙과 비슷하게, 두 전하 사이의 거리의 제곱에 반비례하고 전하량의 곱에 비례하는 힘이 작용한다는 것을 쿨롱의 법칙이라고 한다.

기의 플라스마는 광자, 전자, 양성자가 서로 엉켜서 함께 행동한다. 이러한 상태를 '바리온의 죽'이라고도 한다. (바리온이란 양성자와 중성자를 말한다.)

$$\mathrm{H} + \gamma \rightarrow p^{+} + e^{-} \text{(이온화)}$$
$$p^{+} + e^{-} \rightarrow \mathrm{H} + \gamma \text{(재결합)}$$

바리온의 죽 속에서, 광자들은 전자들과 톰슨산란을 겪거나 수소 원자를 만나 그것을 이온화시키고 사라지기도 하면서 퍼져나가는 데 방해를 받았다. 그런데 시간이 지나면서 우주가 계속 팽창함에 따라 광자가 적색이동이 되어 파장이 길어지므로 에너지가 작아진다.* 수소를 이온화시키려면 광자가 13.6전자볼트의 특정 에너지보다는 높은 에너지를 가져야 하는데, 우주가 팽창함에 따라 대부분의 광자가 그 특정 에너지보다 작은 에너지를 갖게 되면, 수소는 더이상 이온화하지 못하게 되고, 양성자와 전자가 결합하여 중성수소로 남게 된다. 이러한 현상이 발생하는 시기를 '우주의 재결합시기'라고 한다.

전자가 모두 중성수소로 잡혀 들어갔으니 이제 광자(빛)들은 전자와 톰슨산란을 겪지 않아도 되고, 우주 팽창 때문에 광자의 에너지도 작아져서 수소 원자도 이온화하지 못한다. 이제 빛은 자유롭게 공간을 곧바로 나아갈 수 있게 된 것이다. 광자에게 우주가 투명해진 것이다. 그러한 광자가 약 138억 광년의 거리를 날아와서 우리에게 관측되는 것을 '우주배경복사'라고 부른다.** 그러나 우주배경복사는 우리에게 날아오

---

* 우주가 팽창함에 따라 광자의 파장 λ는 우주축척 a에 비례하여 커진다. 광자의 에너지는 $E=hc/\lambda$이므로 우주가 팽창함에 따라 광자의 에너지는 작아진다.

** 복사는 빛이 뿜어져 나온다는 뜻이다.

는 동안 우주 공간이 팽창하기 때문에 적색이동을 겪어서 그 파장은 원래의 파장보다 훨씬 길어진다.

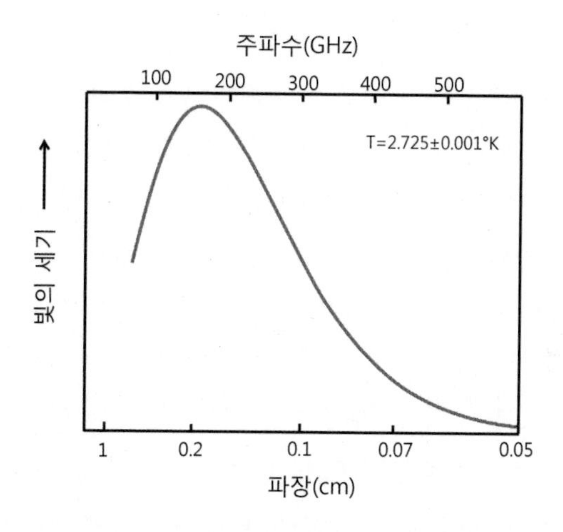

그림 VIII-1 코비 위성이 측정한 우주배경복사의 스펙트럼 온도가 T = 2.725°K인 흑체복사의 스펙트럼과 일치한다.

양성자, 전자, 광자로 이루어진 우주 초기 플라스마는 빛과 물질이 서로 충분히 상호작용 하여, 빛과 물질은 서로 열적 평형을 이루고 있다. 물질이 흡수하는 빛과 물질이 내뿜는 빛이 서로 평형을 이루고 있고, 물질의 온도와 빛의 온도가 같다는 말이다. 이러한 상태에서 빛은 흑체복사 스펙트럼을 나타낸다. 흑체복사 스펙트럼은 1860년에 물리학자인 구스타프 키르히호프가 용광로 속의 쇳물의 온도를 측정하기 위해 고안했다. 그 스펙트럼의 모양은 양자역학의 아버지인 독일의 물리학자 막스 플랑크(1858~1947)가 빛의 양자화를 도입하여 유도해냈다. 그래서 흑체복사 스펙트럼을 플랑크 곡선이라고 부른다. 에너지 양자를 발견한 공로로 플랑크는 1918년 노벨 물리학상을 받았다.

최종산란 이전에, 우주배경복사는 물질에 대해 불투명하고 서로 열적평형을 이루고 있었다. 이럴 때 우주배경복사는 흑체복사로 볼 수 있고, 그 스펙트럼은 플랑크 곡선을 따른다. 그 후 우주배경복사는 최종산란을 마치고 우주 공간을 자유롭게 날아와 우리에게 관측된다. 그러는 동안 우주배경복사는 우주론적 적색편이는 겪지만 생겨나거나 사라지지 않는다면, 그 스펙트럼은 여전히 플랑크 곡선을 유지하되 단지 그 온도만 우주척도에 반비례하여 낮아진다. 즉, 우주배경복사의 온도 T와 우주축척 a 사이에는 $T \propto 1/a$의 관계가 성립한다.

천체물리학자들의 계산에 따르면, 우주의 재결합시기에는 우주의 온도가 약 3,000°K이었다.* 이 빛이 우리에게 도달하는 동안 우주는 계속해서 팽창하므로 그 빛은 우주론적 적색이동을 겪는다. 1989년 11월에 발사된 우주배경복사 관측위성인 코비가 우주배경복사의 스펙트럼을 매우 정밀하게 측정하였다. 코비가 관측한 우주배경복사의 스펙트럼은 거의 완벽하게 플랑크 곡선을 따르는 흑체복사의 스펙트럼과 일치하며, 그 온도는 $T \simeq 2.725$°K이다.

연습문제 1 우주배경복사의 적색이동 값은 얼마인가?

답 우주 팽창에 의해 우주배경복사의 온도 T와 우주축척 a 사이에는 $T \propto 1/a$의 관계가 있으므로, 'aT=일정'이 성립한다. 따라서 $a_{obs}T_{obs} = a_{\rm rec}T_{rec}$이다. 여기서 아래첨자의 obs는 관측(observation) 시점을 말하고 rec는 재결합(recombination)시기를 말한다. 우주배경복사는 지금 관측되므로 $a_{obs} = a_0$이고, 따라서 $a_0T_{obs} = a_{rec}T_{rec}$, 즉 $T_{rec} = (a_0/a_{rec})T_{obs}$이다. 우주축척 a는 적색이동 z와 $a = a_0/(1+z)$의 관계가 있으

---

* 3,000°K은 절대온도라는 것으로 '삼천 도 켈빈'이라고 읽는다. 절대온도 0°K은 섭씨 -273.15도 (−273.15℃)에 해당한다.

므로, $a_{rec} = a_0/(1+z_{rec})$, 즉 $a_0/a_{rec} = (1+z_{rec})$이다. 따라서 $T_{rec} = T_{obs}(1+z_{rec})$이다. 이론 계산에 따르면 재결합시기 우주의 온도는 $T_{rec} = 3{,}000°K$이고, 코비의 관측 결과는 $T_{obs} = 2.725°K$이다. 따라서 우주배경복사의 적색이동은 $z_{rec} \simeq 1{,}100$이다. 지금까지 가장 정밀한 관측 결과와 일치하는 우주 모형을 가정하고 $z_{rec} \simeq 1{,}100$에 해당하는 회상시간을 계산해보면, 재결합시기의 끝인 최종산란면은 우리 우주의 나이가 약 36만 년이 되었을 때이다.

지금까지 우주배경복사 연구에 여러 노벨상이 수여되었다. 1964년에 처음으로 우주배경복사의 존재를 발견한 아노 펜지어스(1933~)와 로버트 윌슨(1936~)이 1978년에 노벨 물리학상을 함께 받았다. 또한 코비 위성으로 전 하늘의 우주배경복사 지도를 작성한 공로로 2006년도 노벨 물리학상은 존 매더(1946~)와 조지 스무트(1945~)에게 수여되었다. 우주배경복사의 스펙트럼은 흑체복사의 스펙트럼이며 우주배경복사에는 비등방성이 존재한다는 사실을 발견한 공로가 인정되었다.

코비 위성은 하늘의 모든 방향에 대해서 우주배경복사의 온도를 측정하여 하늘 전체의 우주배경복사 지도를 만들었다. 그러나 코비는 시력(각 분해능)이 나빠서 각도로 7°보다 자세한 우주배경복사의 모습은 관측할 수 없었다. 그래서 천문학자들은 좀 더 자세한 우주배경복사 지도를 만들 수 있는 더블유맵(WMAP)이라는 관측위성을 쏘아 올렸다. 더블유맵은 윌킨슨 마이크로파 비등방성 탐사선(Wilkinson Microwave Anisotropy Probe)의 약자로, 여기의 더블유(W)는 미국 프린스턴대학의 교수이며 우주배경복사 연구에 공을 세운 데이비드 윌킨슨(1935~2002)의 머리글자를 딴 것이다. 더블유맵의 시력은 0.2°로 코비보다 30배 이상 좋다.

코비가 촬영한 우주배경복사 지도와 더블유맵이 5년 동안 촬영한 우주배경복사 지도는 아래와 같다. 이 우주배경복사의 평균 온도는 2.725°K

이고, 붉은 점은 그것보다 0.0002°K 높은 곳, 푸른 점은 0.0002°K 낮은 곳이다. 코비는 온도가 높은 곳과 낮은 곳의 전체적인 경향을 보여주고, 더블유맵은 온도 점들의 자세한 모습을 준다. 더블유맵은 총 9년 동안 우주배경복사를 정밀하게 관측했다.

우주배경복사는 큰 규모에서는 온도가 등방적이지만 작은 규모에서는 미세한 차이가 있다. 이것을 '우주배경복사의 비등방성'이라고 한다. 앞에서 우리는 우주론의 원리를 바탕으로 우주 모형을 만들었었다. 우주론의 원리란 우리 우주는 공간적으로 균질하고 어느 방향을 봐도 차이가 없이 등방적이라는 것이다. 그렇다면 우주는 어느 방향으로 보나 똑같다는 공준이 성립하지 않는 것인가? 그렇지는 않다. 비등방성

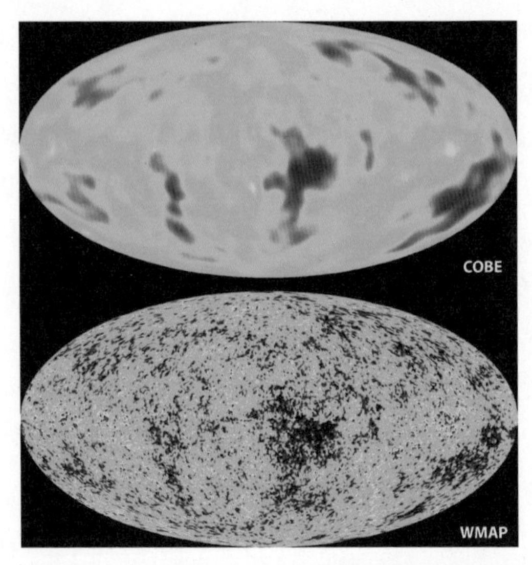

그림 VIII-2 우주배경복사 비등방성 지도 위는 코비 위성이 관측한 것이고, 아래는 더블유맵 위성이 관측한 것이다. 코비는 각 분해능이 7°에 불과하지만, 더블유맵은 0.2°라서 아래 그림이 더욱 자세한 모습을 보여준다. [제공: (위) NASA/COBE Science Team. (아래) NASA/WMAP Science Team.]

을 나타내는 지표인 온도 요동의 상대 편차, 즉

$$\frac{\Delta T}{T} \simeq \frac{0.0002°K}{2.725°K} \simeq 7 \times 10^{-5}$$

가 워낙 작아서 약 1만 분의 1에 불과하므로, 그 정도의 비등방성 안에서는 우주가 등방적이라고 볼 수 있는 것이다. 천체물리학자들의 연구에 따르면, 온도의 비등방성은 곧 우주를 이루는 물질의 비등방성을 보여준다. 즉, 우주의 재결합시기에 우리 우주에는 평균 밀도에 비해 약 1만 분의 1배만큼 밀도가 높은 곳과 낮은 곳이 있었다는 이야기다. 이러한 물질의 불균질성이 자체 중력에 의해 진화하여 밀도가 높은 곳은 점점 모여서 은하단이나 우주그물구조가 생기고, 밀도가 낮은 곳에서는 우주 공동이 생긴다고 본다. 우주배경복사의 비등방성은 우주거대구조의 씨앗이라고 말할 수 있다.

우주배경복사에 숨어 있는 우주 탄생의 비밀

우주배경복사의 비등방성을 분석하면 우주 공간의 기하학적 성질을 알아낼 수 있다. 우주 공간의 기하학적 성질이라는 개념을 설명해보자. 아주 강력한 2개의 레이저 빔을 평행하게 쏘았다고 하자. 만일 우주 공간이 평탄하다면 그 두 레이저 빔은 계속 같은 간격을 두고 무한히 나아갈 것이다. 그런데 만일 우주 공간이 지구의 표면과 같이 볼록하게 굽어 있다면 어떻게 될까? 지구의 적도에서 북극 방향으로 평행하게 쏜 레이저 빔이 지구 표면 위를 따라서 진행하는 경우를 생각해보면, 두 빛은 각자 최단 경로를 따라 진행하게 되는데, 구면 위에서는 그 가장 빠른 길이 대원(great circle)이다. 대원이란 구면 위의 두 점과 구의 중심을 지나는 평면이 구면과 만나서 이루는 원을 말한다. 구면의 경우, 적도에서 북극 방향의 대원은 바로 경도선이다. 그러므로, 두 레이저 빔은 북쪽으로 각자의 경도선을 따라가므로 점점 가까워지다가 마침내 북극에서 만나게 된다. 한편 오목하게 굽은 공간에서는 어떨까? 두 레이저 빔은 볼록할 때와 반대로 서로 멀어지게 된다. 같은 빛을 쏘았는데, 공간의 기하학적 성질, 즉 오목하게 굽어 있는지 볼록하게 굽어 있는지 아니면 평탄한지에 따라 빛의 진행 경로가 완전히 달라짐을 알 수 있다. 이것을 우주 시공간의 기하학적 성질이라고 한다.

우주의 기하학적 성질을 어떻게 알아낼 수 있을까? 앞으로 보겠지만, 우주의 기하학적 성질은 우주의 구성 성분과 시공간의 성질에 따라 달라진다. 그 기하학적 성질에 따라 우주배경복사에 나타난 온도 요동의 각크기가 달라지므로 우리는 우주배경복사를 관측하여 우주 시공간의 기하학적 성질을 알아낼 수 있다. 우주가 무엇으로 구성되어 있으며 시공간은 어때야 하는지 알 수 있는 것이다.

이제 우주배경복사가 간직하고 있는 정보를 가지고 우리 우주가 무엇으로 구성되어 있는지 함께 알아보자. 개념과 계산이 모두 어려운 편이지만, 본문과 부록에서 설명한 우주론적 거리와 프리드만 방정식 등을 바탕으로 계산 과정을 차근차근 따라가다 보면 마지막 순간에 엄청난 우주의 비밀을 알아내게 될 것이다.

먼저 우주배경복사는 어떻게 생기는가? 우주배경복사가 최종산란면을 출발하기 전, 즉 '재결합시기' 이전의 우주를 생각해보자. 앞에서 설명했듯이, 그때 우주는 전자, 양성자, 빛이 소위 '바리온의 죽'이라고 부르는 플라스마 상태를 이루고 있었다. 그런데, 우주에는 '바리온 죽' 만 있는 게 아니다. 그보다 훨씬 많은 것이 암흑물질이다. 우주 초기에 인플레이션*을 겪으면서 물질이 생겨났는데, 그 물질은 대부분이 암흑물질이었고 이미 약간의 비균질성을 갖고 있었다. 이러한 밀도의 비균질성을 '밀도 요동'이라고 한다. 우주 초기에 암흑물질의 밀도 요동은 다양한 파장을 가진 요동 성분이 합쳐진 것으로 볼 수 있다. 그 암흑물질의 밀도 요동은 마루도 있고 골도 있다. 마루에는 물질이 평균보다 많아서 중력이 강하고 골에는 물질이 평균보다 적어서 중력이 약하다. 물리학에서는 이것을 중력 퍼텐셜로 나타내는데, 물질이 많은 곳은 오목한 우물과 같다고 머릿속에 그림을 그리면 된다.

'바리온의 죽'에서 가장 무거운 성분은 양성자이다. 전자보다 약 2천 배나 무겁다. 그래서 암흑물질은 주로 양성자와 중력을 서로 작용하게 된다. 밀도 요동의 마루에는 물질이 많다. 그 중력 퍼텐셜의 우물이 속으로 양성자가 떨어져 들어가면, 쿨롱 전기력에 의해 전자도 끌려오고 그 전자와 산란하는 빛도 함께 끌려오게 된다. 즉, '바리온 죽' 플라스마가 중력 퍼텐셜의 우물 속으로 떨어져 들어가게 되는 것이다.

이 플라스마는 압축 가능한 유체이므로 우물 속에 떨어지면 압축된다. 플라스마가 압축되면 온도가 높아진다. 플라스마가 온도가 높아지면 더 많은 광자를 방출하므로 우물 바깥쪽으로 복사압을 만들어낸다. 이 복사압이 플라스마의 수축을 멈추게 하고, 마침내 플라스마를 팽창시켜 희박해지고 식게 만든다. 플라스마가 식으면 빛의 복사압이 줄어

---

* 이 책에서는 지면에 제한이 있고, 또한 내용이 어려운 편이어서 급팽창(인플레이션)에 대해 자세히 다루지 않았다. 급팽창으로 인해 우리 우주는 평탄한 우주가 되었고, 그 과정에서 바리온과 전자 등의 물질도 생겨났으며, 우주 구조의 씨앗이 되는 밀도 요동도 생겨났다는 정도만 알아두자.

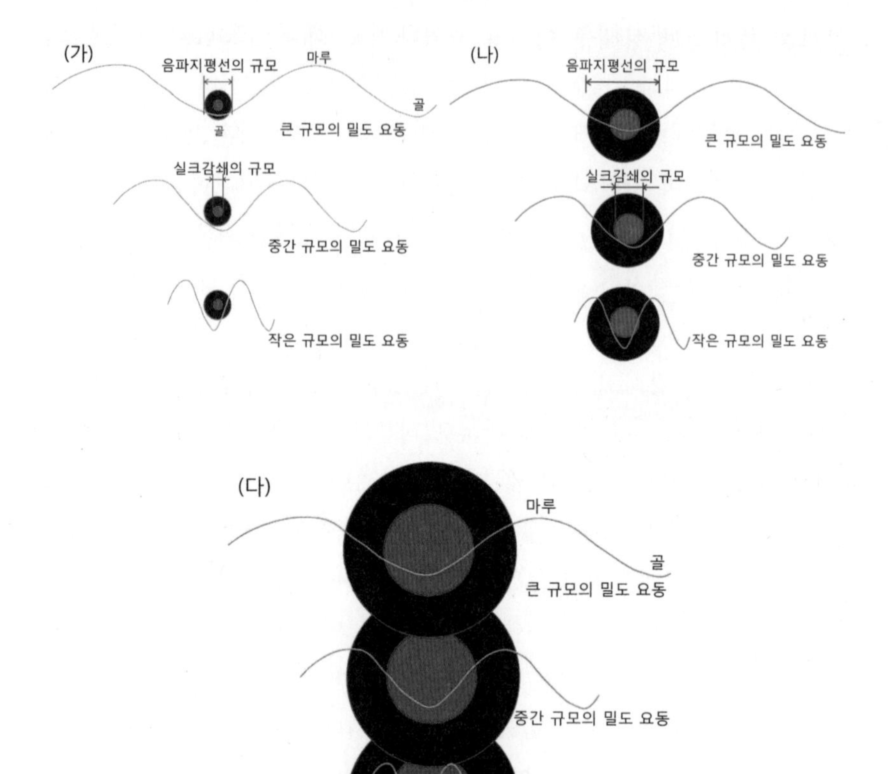

그림 VIII-3 우주 팽창에 따른 암흑물질 요동과 바리온 물질의 진화 세 가지 사인파 곡선은 규모가 다른 암흑물질 요동들을 나타내고, 검은 동그라미는 음파지평의 규모를 나타내며, 붉은 동그라미는 실크 감쇄가 일어나는 규모를 나타낸다. 마루는 밀도가 높은 곳이고 골은 밀도가 낮은 곳이다. 시간은 왼쪽에서 오른쪽으로 흘러간다. 시간이 흘러감에 따라 음파지평이 커지면서 서로 압력이나 중력을 주고받을 수 있는 규모도 점점 커진다. (가) 우주 초기: 음파지평과 실크 감쇄가 모든 규모에서의 밀도 요동보다 작으므로, 모든 규모에서 밀도 요동이 초기 우주에서 주어진 값을 그대로 유지한다. (나) 시간이 지남에 따라: 음파지평과 실크 감쇄의 규모가 커지면서 작은 규모의 밀도 요동이 음파지평 안을 들어와서 중력진화를 시작한다. (다) 재결합시기: 작은 규모의 밀도 요동이 실크 감쇄를 겪기 시작한다. 중간 규모의 밀도 요동은 중력진화를 시작하지만 실크 감쇄는 없다. 큰 규모의 밀도 요동은 우주 초기의 상태를 유지한다.

들면서 다시 암흑물질의 중력이 우세해지게 되어 다시 수축이 일어난다. 이처럼 중력과 복사압이 서로 경쟁하면서 압축과 팽창을 반복하므로 '바리온 죽'에는 음파가 만들어진다.

우주가 팽창하면서 빛과 물질의 온도가 충분히 낮아지면 양성자는 전자와 재결합하여 중성수소가 되고 빛은 속박이 풀려 자유롭게 우주 공간으로 퍼져나간다. 이 빛을 오늘날 우리가 관측하는 것이 바로 우주배경복사이다.

이것이 우주배경복사가 생기는 메카니즘인데, 천문학자들은 여기서 우주의 기하학적 성질을 알아낼 수 있는 결정적인 단서를 찾아냈다. 즉, 우주배경복사에는 '표준 막대'가 존재하며, 그 '표준 막대'가 몇 미터인지(고유거리)는 물리학 이론으로 계산할 수 있으므로, 그 막대의 각크기를 측정하면 그 막대까지의 각지름거리를 구할 수 있다. 그 각지름 거리를 우주 모형이 제시하는 것과 비교하여 우주의 기하학적 성질을 규명해내는 것이다. 이제 그 '표준 막대' 구실을 하는 것이 무엇인지 알아보자.

앞에서 '바리온의 죽'이 암흑물질 요동과 상호작용하여 그 여파가 음파로 퍼져나간다는 것을 설명했다. 이 과정을 좀더 자세히 설명해보자. '바리온 죽'이 암흑 물질이 모여 있는 중력 퍼텐셜 우물로 떨어지면 압축과 팽창을 거듭하면서 그 진동은 사방으로 퍼져나간다. 이것은 대기 중에서 소리가 퍼져나가는 것과 원리가 같으며, 그 진동이 퍼져나가는 속도는 '음속'이 된다. 그런데 우주는 시작이 있으므로, 우주의 나이 t에 음파가 음속 c_s로 퍼져나갈 수 있는, 또한 그래서 영향을 미칠 수 있는 최대 범위는 $c_s \times t$가 된다. 바리온 죽의 한 부분이 다른 부분과 서로 영향을 주고 받을 수 있는 최대 속도는 음속이다. 그러므로 어떤 우주 나이에 바리온 물질이 서로 영향을 주고받을 수 있는 최대 거리는 $c_s \times t$가 되고, 우리는 이 거리를 '음파지평'이라고 한다.

암흑물질은 비균질하게 분포한다. 이것을 암흑물질의 밀도 요동이라고 한다. 암흑물질의 밀도 요동은 다양한 파장을 가진 요동이 합쳐진 것으로 볼 수 있다. [그림 VIII－3]에서 파란색 사인 곡선으로 그런 것이 바로 이러한 다양한 규모(파장)의 밀도 요동이다. 편의상 작은 규모, 중간 규모, 큰 규모의 밀도 요동 성분만 그렸다.

그런데 '음파지평'이 암흑물질 요동의 규모(파장)보다 훨씬 작은 경우는 암흑물질의 중력이, 음파지평 안에 들어 있는 '바리온 죽'에 중력 효과를 미치지 못한다. 암흑물질 요동의 골이나 마루가 '음파지평'과 비슷한 규모가 되어야만 '바리온 죽'은 암흑물질의 밀도 요동에 의한 중력의 변화를 느낄 수 있다.

그런데 시간이 흐르면서 '음파지평'이 점점 커지므로, 처음에는 작은 규모의 암흑물질 요동이 '바리온 죽'에 영향을 끼치고, 시간이 흐를수록 점점 더 큰 규모의 암흑물질 요동이 '바리온 죽'에 영향을 끼치게 된다. '바리온의 죽'은 '음파지평'과 비슷한 규모의 암흑물질 요동과 상호작용하여 압축과 팽창을 일으키며 요동이 성장하게 되는 것이다.

한편, '바리온 죽' 플라스마가 압축되어 밀도가 높아지면 온도가 올라간다. 온도가 올라가면 더 많은 광자를 내면서 식는다. 그 광자는 전자들과 톰슨산란을 하면서 주변으로 퍼져나가고 주변의 온도를 높인다. 결과적으로 바리온 밀도 요동이 감쇄되는데, 이것을 '실크 감쇄'라고 한다. 영국 옥스퍼드대학의 천체물리학자 조지프 실크(1942~) 박사의 이름을 딴 것이다. 광자가 톰슨산란을 여러 번 하면서 주변으로 퍼져나가기 때문에 실크 감쇄가 퍼지는 속도는 빛의 속도나 음속보다도 느리다. [그림 VIII－3]에서 붉은색 동그라미가 실크 감쇄가 일어나는 규모를 나타낸다.

우주가 점점 커지면서 이러한 과정이 잇달아 일어난다. 그러다가 우주가 충분히 팽창하여 바리온 플라스마가 식고 광자들이 적색이동을 충분히 하게 되어 평균 에너지가 13.6전자볼트 이하로 되면, 마침내 우주가 맑아져서 광자는 최종산란을 한 다음, 약 138억 년 동안 우주 공간을 날아서 우리에게 우주배경복사로 관측된다. 이렇게 최종산란을 마치고 우리의 망막에 도달한 우주배경복사에는 최종산란면에서의 암흑물질 분포, 음파지평의 규모, 실크 감쇄의 규모 등에 관한 정보가 마치 스냅 사진처럼 찍혀 있게 된다!

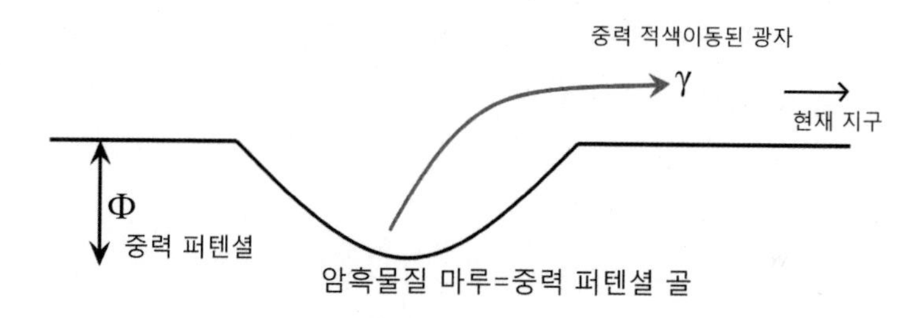

그림 VIII-4 작스-울피 효과의 개념도 우주배경복사의 광자가 중력 퍼텐셜에서 빠져나올 때 그 광자는 중력 적색이동을 겪는다. 따라서 밀도가 높은 부분에서 나온 우주배경복사의 온도가 낮게 관측된다.

왜냐하면, 우주배경복사 광자가 최종산란을 하고 바리온 플라스마를 빠져나올 때 크게 두 가지 현상을 겪게 되기 때문이다. 첫째로 광자는 암흑물질의 중력 퍼텐셜 우물에서 빠져나오면서 에너지를 잃으므로 '중력 적색이동'을 겪는다. 이것을 '작스-울피 효과(Sachs-Wolfe effect)'라고 한다. 암흑물질이 많은 곳에서 빠져나온 광자일수록 더 큰 중력 적색이동을 겪어서 파장이 길어진다. 파장이 길어진다는 것은 그만큼 우주배경복사의 온도가 낮아진다는 뜻이다. 코비, 더블유맵, 플랑크 위성이 촬영한 우주배경복사 지도에서 볼 수 있는 큼지막한 얼룩은 바로 이러한 암흑물질에 의한 작스-울피 효과에 의한 것이다.

둘째로 바리온 플라스마가 압축과 팽창 운동을 하는 와중에 광자가 빠져나오기 때문에 도플러 효과에 의해 적색이동 또는 청색이동을 하게 된다. 즉, 압축되고 있는 바리온 플라스마에서 빠져나온 광자는 우리에게서 멀어지면서 광자를 내놓으므로 적색이동을 겪고, 반대로 팽창하는 바리온 플라스마에서 빠져나온 광자는 청색이동을 하게 된다. 청색이동은 우주배경복사를 뜨겁게 보이게 하고, 적색이동은 우주배경복사를 차갑게 보이게 만든다. 물론 그 양은 약 1만 분의 2도에 불과하다. 이 효과에 의한 온도 요동의 규모는 재결합시기의 음파지평의 크기와 관련이 있으며, 작스-울피 효과에 의한 온도 요동의 규모보다는 작다.

[그림 VIII−5]는 2013년에 공개된 유럽우주기구의 플랑크 우주배경복사 관측위성이 촬영한 우주배경복사 지도를 분석한 결과이다. 우주배경복사 지도에, 각크기에 따라 온도 요동의 성분이 얼마씩이나 들어있는지를 나타냈다. 전문적인 용어로는 천구면에 분포한 온도 비등방성을 구면조화함수로 푸리에 분석을 하여 각 모드가 얼마만큼씩 기여하고 있는지를 그린 것이다. 이런 그림을 '파워스펙트럼'이라고 한다. 가로축은 각크기를, 세로축은 각각의 각크기에 해당하는 성분이 얼마나 많이 들어 있는가를 나타낸다.

우주배경복사의 파워스펙트럼에서 1°보다 훨씬 큰 각크기는 작스-울피 효과를 담고 있다. 왜냐하면, 우주배경복사가 만들어지던 재결합시

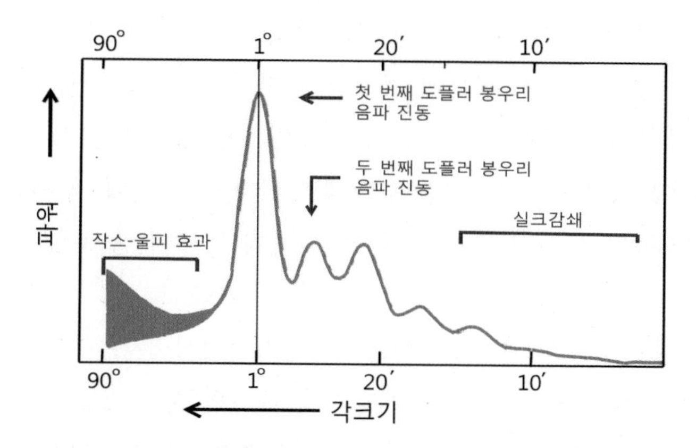

그림 VIII-5 우주배경복사의 파워스펙트럼 유럽우주기구에서 발사한 플랑크 우주배경복사 관측위성의 결과를 분석한 것이다. 각크기가 큰 부분은 작스-울피 효과가 그대로 나타나고, 첫 번째 도플러 봉우리가 각크기 1° 부근에 나타난다. 각크기가 작은 온도/밀도 요동은 실크 감쇄를 겪으므로 파워가 낮게 관측된다.

기에는 우주의 크기가 아직 작아서 서로 멀리 떨어진 우주는 서로 상호작용을 못했기 때문에 이 각규모의 우주배경복사에는 우주 초기 인플레이션 때에 생성된 암흑물질의 밀도 요동이 남긴 흔적이 고스란히 남아있기 때문이다. 가장 높은 봉우리와 그 오른쪽에 보이는 낮은 봉우리들은 앞에서 설명했던 음파지평의 크기와 관련이 있다. 최종산란면 또는 재결합시기의 우주의 나이를 $t_{\rm LS}$라고 하고* 그때의 음속을 c_s라고 하면, 그 당시의 음파지평 크기는 $D_S = c_s t_{\rm LS}$이다. 앞에서 살펴보았듯이, 그 당시 밀도 요동의 구성 성분 중에서 파장 λ가 $\lambda_n = c_s t_{\rm LS}/n(n=1, 2, 3, 4, \cdots)$의 조건을 만족하는 파장을 갖는 성분은 이미 중력진화를 시작하였으므로 파워스펙트럼에서 뚜렷한 봉우리로 나타난다. 그중에

* 여기서 LS는 최종산란(last scattering)을 뜻한다.

서 $n=1$을 '첫 번째 도플러 봉우리' 또는 '첫 번째 음파 봉우리'라고 부른다. 또한 $n=2$인 성분에 해당하는 파워스펙트럼의 봉우리는 '두 번째 봉우리'라고 한다. 이처럼 음파지평 크기의 1배, 1/2배, 1/3배, 1/4배 등에 해당하는 봉우리들이 차례로 나타난다. 이때 차수가 상당히 큰 봉우리들은 실크 감쇄 효과에 의해 파워가 많이 줄어든다.

우주에 무엇이 얼마나 들어 있는지, 즉 빛, 중성미자, 암흑물질, 바리온이 얼마만큼씩 들어 있으며, 시공간이 굽어 있는지 평탄한지, 암흑에너지 값은 얼마인지, 또한 허블상수 값이 얼마인지 등에 의해 이 파워스펙트럼의 모양이 달라진다. 예를 들어, 암흑에너지의 양 Ω_Λ나 재결합시기의 우주 밀도 Ω 등은 중력 진화를 겪지 않은 큰 각크기에서 뚜렷하게 나타난다. 그러므로 파워스펙트럼에서 각크기가 큰 부분을 분석하면 그 물리량들을 정확하게 구할 수 있다. 한편, 바리온의 함량 Ω_B, 빛의 함량 Ω_γ, 물질의 양 Ω_M 등에 따라 음파지평의 규모가 달라진다. 따라서 이러한 물리량을 구하려면 음파지평과 관련 있는 첫 번째 봉우리, 두 번째 봉우리 등을 분석해야 한다. 또한 재결합시기에 플라스마가 음파 진동을 하는데, 우주에 바리온이 많이 들어 있으면 음파가 무거운 바리온을 압축 팽창시켜야 하므로 진폭이 작아져서 첫 번째 봉우리에 비해 두 번째 봉우리가 낮아진다. 이러한 효과를 '바리온 짐되기(baryon loading)'라고 한다. 따라서 첫 번째 봉우리와 두 번째 봉우리의 높이 비는 바리온 밀도 Ω_B에 따라 민감하게 달라진다. 그리고 작은 각크기에서 나타나는 실크 감쇄 효과는 물질과 바리온의 양과 비에 따라 양상이 변한다.

현재 가장 최신 우주배경복사 관측 결과는 유럽우주기구에서 발사한 플랑크 위성이 관측한 것이다. 이와 같은 아이디어를 종합하여 플랑크 위성이 관측한 우주배경복사 비등방성 지도를 분석함으로써 우리 우주의 특성을 나타내는 여러 물리량을 정밀하게 결정할 수 있었다. 그 결과에 따르면, 우리 우주는 평탄한 우주, 즉 $\Omega = \Omega_M + \Omega_K + \Omega_\Lambda = 1$이다. 물질(M)에는 바리온(B)과 암흑물질(DM)이 있어서 $\Omega_M = \Omega_B + \Omega_{DM}$이다. 우리 우주는 바리온 $\Omega_B = 0.046$, 암흑물질 $\Omega_{DM} = 0.24$, 암흑에너지 $\Omega_\Lambda = 0.714$로 구성되어 있으며, 시공간의 곡률에너지는 없음($\Omega_K = 0$)을 알게 되었다.[48] 또한 허블상수는 $H_0 = (67.4 \pm 1.4)\, km/s/Mpc$이고, 재결합시기에 해당하는 적색이동은 $z_{rec} = 1{,}100$이고 물질에너지와 빛에너지가 같았던 시기는 $z_{eq} = 3{,}400$ 정도로 추산되었다. 또한 우리 우주의 나이는 약 137.7억 년으로 추산되었다.* 이 물리량들은 Ia형 초신성 관측, 은하 분포 지도, 중력렌즈, 우주의 원소 함량 비 등의 측정 자료와 함께 분석되어 더욱 정밀한 값으로 결정되었다.

궁극의 우주 측량

이제 우주배경복사 관측 자료로부터 우리 우주 전체를 측량해보려고 한다. 앞에서 우리는 도플러 봉우리가 음파지평의 크기와 관계가 있음을 알았다. 그중에서 최종산란면 또는 재결합시기의 우주의 나이를 t_{LS}라고 하고 그때의 음속이 c_s일 때 음파지평 크기는 대략 $D_s = c_s t_{LS}$이

---

* 지금까지는 편의상 Ω_M=0.3, Ω_Λ=0.7, $H_0 = 70\, km/s/Mpc$으로 간단히 놓고 계산하여 우주 나이가 136억 년인 것으로 계산하였으나, 여기에 소개한 정밀한 관측치에 따라 우주의 나이를 계산하면 137.7억 년이 나온다.

다. 이 값은 우주의 구성 성분과 시공간의 기하학적 성질이 주어지면, 물리 법칙에 의해 몇 미터인지가 계산되는 물리량, 즉 '고유길이'이다. 이 고유길이는 우주배경복사 비등방성 지도의 파워스펙트럼에서 첫 번째 도플러 봉우리의 각크기로 관측된다. 앞에서 공부한 내용을 잘 기억한다면, 우리는 우주 재결합시기에 음파지평의 크기를 표준 잣대로 사용하여 우주배경복사까지의 각지름거리를 측량할 수 있음을 이해할 수 있다.

정지해 있는 유클리드 시공간에서와는 달리 실제 우리 우주에서는, 각지름거리를 생각할 때 시공간의 곡률과 우주 팽창을 고려해주어야 한다. 시공간의 곡률과 우주 팽창은 우리 우주에 무슨 물질과 에너지가 얼마만큼 존재하는지에 따라 달라진다. 그러므로 우리는 첫 번째 도플러 봉우리가 나타나는 각크기를 측정하여 이로부터 각지름거리를 측량함으로써 우주의 곡률과 팽창률을 추론하고 또한 우리 우주가 무엇으로 이루어져 있는지를 알아낼 수 있는 것이다.

앞에서 공부했듯이, 우리 우주는 균질하고 등방적이다. 이 사실을 공준으로 한 것이 '우주론의 원리'이다. 이러한 공준을 만족하는 우주 시공간은 '로버트슨-워커 메트릭'으로 기술된다. 또한 우주를 이루고 있는 물질도 이러한 균질성과 등방성을 만족해야 하며, 더군다나 우주를 구성하는 물질들이 탄성충돌만 하고 다른 상호작용이 없는 '이상기체'라고 가정한다. 이러한 가정하에 아인슈타인 장-방정식을 풀면, 좌변의 아인슈타인 텐서는 우주축척 $a(t)$만의 함수가 되고, 우변의 스트레스-에너지-모멘텀 텐서는 물질과 에너지의 밀도와 압력만이 남게 된다. 즉, 장-방정식의 해는 2계 미분방정식 2개가 연립된 연립미분방정식이 된다. 그 가운데 한 방정식인 시간-시간 성분에 해당하는 프리드만 방

정식은 [부록 D]의 (식 D−9)과 같이

(식 VIII−1A) $$H \equiv \frac{\dot{a}}{a} = \frac{1}{a}\frac{da}{dt} = H_0\sqrt{\Omega_R a^{-4} + \Omega_M a^{-3} + \Omega_K a^{-2} + \Omega_\Lambda}$$

또는 $E(a) \equiv \sqrt{\Omega_R a^{-4} + \Omega_M a^{-3} + \Omega_K a^{-2} + \Omega_\Lambda}$ 로 정의하고 다시 써주면

(식 VIII−1B) $$dt = \frac{da}{H_0 a E(a)}$$

이다. 여기서 Ω값들은 현재 우리 우주를 구성하는 성분들의 에너지 밀도를 평탄한 우주일 때의 우주 에너지 밀도(임계 밀도)로 나눈 것이다. 즉, 렙톤(빛+중성미자+반중성미자)의 에너지 밀도는 Ω_R, 물질(바리온+암흑물질)의 밀도는 Ω_M, 우주 시공간의 곡률이 갖고 있는 에너지는 Ω_K, 우주상수의 에너지는 Ω_Λ로 나타낸다. 또한 '지금 여기'의 우주 팽창률을 나타내는 허블상수는 H_0으로 나타냈다. (식 VIII−1A)의 뜻을 살펴보면, 좌변은 우리 우주 크기의 시간 변화율, 즉 어떤 시점의 허블계수를 나타내고, 그 변화율이 우변에 있는 우리 우주의 구성 성분 함량을 나타내는 Ω값들에 의해 결정된다는 것이다. 우변의 근호 안에 있는 우주 구성 성분에 대한 값들을 살펴보자. 광자나 중성미자와 반중성미자와 같은 렙톤은 개수가 보존되나 우주 팽창에 의해 각각의 에너지가 a배만큼씩 작아지므로, 에너지 밀도는 $\Omega_R(a) = \Omega_R/a^4 = \Omega_R a^{-4}$이 된다. 한편 물질의 밀도는 부피에 반비례하는데, 우리 우주의 크기가

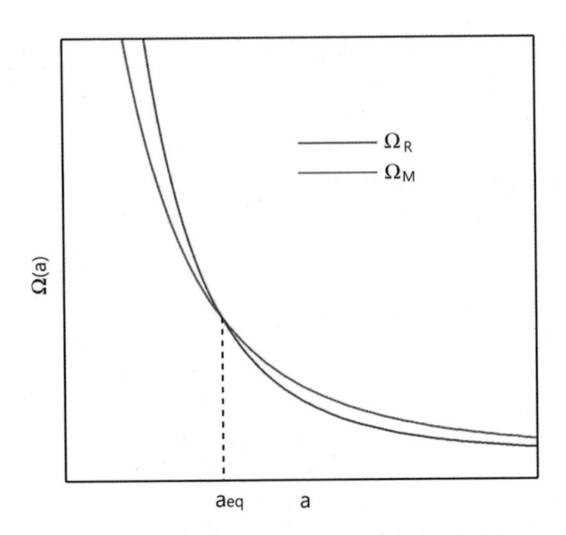

그림 VIII-6 우주축척에 따른 물질의 밀도인수 Ω_M**과 렙톤(빛+중성미자+반중성미자)의 밀도인수** Ω_R **의 변화** 두 밀도인수가 같아질 때의 우주축척을 a_{eq}라고 하였다. a_{eq} 이전을 빛 우세시기라고 하고, 그 이후를 물질 우세시기라고 한다. 현재 가장 최신 관측 자료에 따르면 $a_{eq} = 1/3{,}446$이다.

우주축척 a배만큼 커지면 우리 우주의 부피는 a^3배 커지므로, 우리 우주의 물질이 보존된다면 우주축척이 a일 때의 물질 밀도는 $\Omega_M(a) = \Omega_M/a^3 = \Omega_M a^{-3}$이 된다. Ω_M은 현재값이다. 한편 우주 곡률에너지의 밀도는, 그 물리적 특성을 따져보면, $\Omega_K(a) = \Omega_K/a^2 = \Omega_K a^{-2}$이다. 우주상수항의 에너지 밀도는 이상한 특성을 갖는데, 우주의 크기와 무관하게 항상 일정한 상수이다. 즉, $\Omega_\Lambda(a) = \Omega_\Lambda$이다. 예를 들어 우주가 지금보다 훨씬 커지면 우변에 있는 앞의 세 항들은 몹시 작아지고 이 우주상수항만 살아남는다. 그러면 우리 우주의 크기는 기하급수적으로 커지게 된다.

우주축척 a는 적색이동 z와 다음과 같은 관계가 있다.

$$a = \frac{a_0}{1+z}$$

여기서 a_0은 현재 즉, $z=0$일 때의 우주축척인데, 일반적으로 편의상 $a_0 = 1$로 둔다. 우리 우주의 과거로 갈수록, 즉 적색이동 z가 커질수록 a값은 작아진다. 따라서 우주 초기에 a가 매우 작을 때는 Ω_R/a^4이 제일 크고, 그다음으로 큰 값이 Ω_M/a^3이다. 그러나 현재는 반대로 Ω_M이 Ω_R의 약 3,446배인 것으로 측정된다. 따라서 중간에 어디엔가는 이 두 항의 크기가 역전되는 순간이 존재해야 한다. 그래서 두 항의 크기가 같을 때, 즉

$$\frac{\Omega_R}{a^4} = \frac{\Omega_M}{a^3}$$

일 때를 질량-빛 동일시기라고 하고 그때의 우주축척 a값을 a_{eq}로 표시하겠다. (여기서 eq는 서로 같다는 뜻의 영어 equal을 뜻한다.) 그러면

$$a_{eq} = \frac{\Omega_R}{\Omega_M}$$

이 된다.

즉, $a < a_{eq}$일 때는 빛에너지가 물질에너지보다 크므로 '빛 우세시기'라고 하고, 반대로 $a > a_{eq}$일 때는 물질에너지가 빛에너지보다 크므로 '물질 우세시기'라고 한다. 플랑크 우주배경복사 관측위성의 측정 결과를 분석하여 $\Omega_R = 4.15 \times 10^{-5} h^{-2}$이고 $\Omega_M = 0.143 \times 10^{-2} h^{-2}$임을

알게 되었다. 이 값을 대입하면

(식 VIII−2)
$$a_{eq} = \frac{\Omega_{\mathrm{R}}}{\Omega_{\mathrm{M}}} = \frac{1}{3,446}$$

이다. 앞에서 현재는 Ω_{M}이 Ω_{R}의 약 3,446배인 것으로 측정되었다는 말이 이것이다. 그러면 질량-빛 동일시기에 해당하는 적색이동은 $z_{eq} \simeq$ 3,450임을 알 수 있다.

우주배경복사 음파지평의 각지름거리

다시 음파지평 문제로 돌아가서, 음파지평 또는 우주배경복사의 첫 번째 도플러 봉우리의 각크기로부터 우주배경복사까지의 각지름거리를 구하려면, 재결합시기에 음파지평의 고유길이가 얼마인지와, '지금 여기'의 관측자를 기준으로 재결합시기까지의 동행거리를 구해야 한다. 각지름거리가 동행거리로 정의되기 때문이다. 각지름거리의 정의에 따라

$$\text{음파지평의 각크기} \equiv \frac{\text{재결합시기에 측정한 음파지평의 고유길이}}{\text{재결합시기까지의 각지름거리}}$$

이고, 각지름거리와 동행거리의 관계식 (식 VI−22) 및 고유거리-동행거리의 관계식 (식 V−5)에 따라

$$= \frac{\text{재결합시기 음파지평의 횡축 동행거리} \times \cancel{\text{재결합시기의 우주축척}}}{\text{'지금 여기'부터 재결합시기까지의 종축 동행거리} \times \cancel{\text{재결합시기의 우주축척}}}$$

이다. 여기서 열린 우주나 닫힌 우주에서는, [부록 D]의 (식 D−12)와 (식 D−13)에서 보듯이, 횡축 동행거리가 사인 함수나 쌍곡사인 함수 꼴로 주어진다. 반면 열린 우주와 닫힌 우주의 경계에 해당하는 평탄한 우주에서는 횡축 동행거리가 종축 동행거리와 같다. 그런데 최신 천문 관측에 따르면, 우리 우주 공간은 평탄한 우주로서 유클리드 공간의 기하학적 특성을 보인다. 평탄한 유클리드 공간이라 함은 $\Omega_K = 0$임을 뜻하며 이것은 곧 $\Omega_M + \Omega_\Lambda = 1$임을 뜻한다. 우주가 평탄하므로 유클리드 기하학이 적용된다. 이 경우, 횡축 동행거리와 종축 동행거리는 같다. 따라서

$$\text{음파지평의 각크기} = \frac{\text{재결합시기 음파지평에 해당하는 종축 동행거리}}{\text{'지금 여기'부터 재결합시기까지의 종축 동행거리}}$$

가 된다.

이제 앞에서 설명한 내용을 수식으로 쓰면 간단히 표현된다. 관측되는 음파지평의 각크기를 θ라고 하자. 또한 재결합시기 음파지평의 동행거리를 $\chi_s(c_s)$라고 표시하자. 첨자 s는 음파(sound)를 뜻하고, 괄호 안은 음파지평의 크기가 음속(c_s)에 달려 있음을 나타낸 것이다. 또한 '지금 여기'부터 재결합시기까지의 동행거리를 $\chi_{rec}(c)$라고 표시하자. 괄호 안의 c는 그 거리가 광속과 관계됨을 나타낸다. 아래 첨자 rec는 재결합을 뜻하는 영어 recombination의 첫 세 문자를 나타낸다. 또한 재결합시기($t = t_{rec}$)의 우주축척을 $a(t_{rec})$라고 표시하자. 그러면 앞의 식은

(식 VIII-3) $$\theta = \frac{\chi_s(c_s) \times \cancel{a(t_{rec})}}{\chi_{rec}(c) \times \cancel{a(t_{rec})}} = \frac{\chi_s(c_s)}{\chi_{rec}(c)}$$

가 된다. 여기서 $\chi_{rec}(c) \times a(t_{rec})$는 바로 각지름거리로, 앞에서 우주론적 거리를 공부할 때 이미 다루었다. 따라서 우리가 할 일은 주어진 우주 모형에 대해서 $\chi_s(c_s)$와 $\chi_{rec}(c)$를 계산하고, 그 값으로부터 구한 각크기 θ를 우주배경복사 관측에서 구한 관측값과 비교하는 것이다.

음파지평의 동행거리

먼저 음파지평의 종축 동행거리 $\chi_s(c_s)$를 계산해보자. 시간에 따라 변하는 우주의 팽창을 고려하여 음파지평의 동행거리를 구하려면, 음파가 아주 짧은 시간 동안 진행한 거리를 그 당시의 우주축척으로 나누어 동행거리 미분량을 계산하고 그 값들을 연속적으로 적분해나가면 된다. 즉, 음파가 짧은 시간 간격 $[t, t+dt]$ 동안 음속 $c_s(t)$로 움직인 거리는 속력 곱하기 시간이므로 $c_s(t) \times dt$가 되는데 이것이 고유거리가 되고, 그 고유거리를 그 시간 t에서의 우주축척 $a(t)$로 나눠주면 동행거리의 증가량 $d\chi$가 된다. 이것을 수식으로 나타내면

(식 VIII-4) $$d\chi = \frac{c_s(t)dt}{a(t)}$$

이다. 여기서 주의해야 할 점은 우주가 팽창하면서 그 안에 들어 있는 바리온과 광자의 밀도와 압력이 변하기 때문에 음파의 속도(음속)도 시간에 따라 변하는 함수라는 점이다. 우주 탄생 시각($t=0$)부터 재결합 시기($t=t_{rec}$)까지 음파가 진행한 동행거리는, $t \in [0, t_{rec}]$ 사이의 시간

을 적분구간으로 하여 미분방정식 (식 VIII－4)를 적분하면 구할 수 있다. 좌우변으로 같은 변수끼리 분리가 되어 있으므로 단순히 적분하면 된다.

(식 VIII－5) $$\int_0^{\chi_s} d\chi = \int_0^{t_{rec}} \frac{c_s(t)dt}{a(t)}$$

좌변은 우리가 구하고자 하는 음파지평의 동행거리가 되고, 우변은 프리드만 방정식인 (식 VIII－1B)를 이용해서 dt를 우주축척 a의 함수로 바꾼다. 적분구간도 $a \in [0, a_{rec}]$로 바꿔줘야 한다. 그러면 음파지평의 동행거리는

(식 VIII－6) $$\chi_s = \int_0^{a_{rec}} \frac{c_s(a)da}{H_0 a^2 E(a)}$$

가 된다.

음속의 계산

이 적분을 계산하려면 시간(또는 우주축척)의 함수인 음속 $c_s(a)$를 구해야 한다. 팽창하는 우주에서의 음속은 직관적으로 이해하기 힘들다. 독자들에겐 좀 어려울 수도 있겠지만, 정확하게 개념을 따져서 계산해야 한다. 우선 음속은 다음과 같이 정의된다.

(식 VIII－7) $$c_s = \sqrt{\frac{dp_\gamma}{d\rho}}$$

분자에 있는 p_γ는 빛의 압력이다.* 빛의 압력만 따지는 까닭은 바리온은 정지질량이 커서 우주 팽창에 따라 빛의 에너지가 충분히 작아지기 전까지는 전체 압력에 기여하는 양이 적기 때문이다.

팽창하고 있는 우주에 빛과 바리온으로 이루어진 플라스마가 차 있을 경우에 대해 이 값을 구해보자. 흑체복사의 에너지 밀도는 $u_\gamma = a_B T^4$임이 잘 알려져 있다.** 여기서 a_B는 우주축척이 아니라 복사상수이다. 양변을 미분하면 $du_\gamma = 4a_B T^3 dT$이다. 빛의 압력은 $p_\gamma = \frac{1}{3}u_\gamma$이므로***

(식 VIII−8) $$dp_\gamma = \frac{1}{3}du_\gamma = \frac{4}{3}a_B T^3 dT$$

이다. 한편 우주의 부피를 V라고 하면 우주의 빛에너지 $E = u_\gamma V$이다. 이것을 미분하면, $dE = d(u_\gamma V) = V du_\gamma + u_\gamma dV$이다. 그런데 우주에는 들어오는 열도 빠져나가는 열도 없으므로, 우주의 내부 에너지 변화량(dE)은 단지 팽창하는 우주의 부피가 변하면서 하는 일(work)만이 존재한다. 따라서 $dE = -p_\gamma dV$이다. 따라서 $V du_\gamma + u_\gamma dV = -p_\gamma dV$이고, 잘 정리하면 $V du_\gamma = -(u_\gamma + p_\gamma)dV$이다. 여기에 빛의 압력과 에너지 사이의 관계식과 흑체복사의 에너지 밀도에 대한 관계식을 대입하

* 천체물리학에서 γ는 광자, 즉 빛을 나타낸다.

** 이것을 열역학의 흑체복사 이론에서 스테판-볼츠만의 법칙이라고 부른다. 여기서 흑체복사 이론을 자세히 설명하기는 무리이니 받아들이도록 하자.

*** 이것도 빛의 특성이라고 그냥 받아들이면 된다. 광자의 에너지가 E일 때, 광자의 압력은 $P = E/c$이지만, 여기서는 편의상 광속 $c \equiv 1$로 정의하겠다.

고 잘 정리하면

(식 VIII−9) $$3\frac{dT}{T} = -\frac{dV}{V}$$

가 된다. 물질에는 암흑물질도 있으나 이것은 압력을 작용하지 않으므로 음파와 관련된 것은 빛과 바리온뿐이다. 따라서 에너지 밀도는 $\rho = \rho_\gamma + \rho_B$로 놓으면 된다. 이것을 미분하면

(식 VIII−10) $$d\rho = d\rho_\gamma + d\rho_B$$

이다. 먼저, 빛의 질량-에너지 등가의 원리에 의해 빛의 에너지 밀도 $\rho_\gamma = u_\gamma$이다.** 따라서

(식 VIII−11) $$d\rho_\gamma = 4a_B T^3 dT$$

이다. 또한 우주 재결합시기에는 온도가 충분히 낮아진 상태이므로 바리온의 개수는 보존된다. 즉, '$\rho_B V$ =일정'이 성립한다. 이것을 미분하면 $\rho_B dV + V d\rho_B = 0$이다. 이 식의 양변을 $\rho_B V$로 나누면

$$-\frac{dV}{V} = \frac{d\rho_B}{\rho_B}$$

** 여기서도 $\rho_\gamma = u_\gamma / c^2$ 이지만 광속을 $c \equiv 1$로 정의한 것이다.

이다. 이것을 (식 VIII−9)에 대입하면

$$\frac{d\rho_B}{\rho_B} = 3\frac{dT}{T}$$

이다.* 이 식으로 알 수 있는 사실 하나는 우주배경복사의 온도 변화비를 3배를 하면 바리온의 밀도 변화비가 된다는 것이다. 이 식의 양변에 ρ_B를 곱하면

(식 VIII−12) $$d\rho_B = \frac{3\rho_B dT}{T}$$

이다. (식 VIII−11)과 (식 VIII−12)를 (식 VIII−10)에 대입하면

(식 VIII−13) $$d\rho = d\rho_\gamma + d\rho_B = 4a_B T^3 dT + 3\rho_B \frac{dT}{T}$$

이다.

이제 재결합시기 이전 우주축척이 a일 때 존재하던 빛-바리온 플라스마의 음속을 구해보자. (식 VIII−8)과 (식 VIII−13)을 (식 VIII−7)에 대입하면, 우리가 구하고자 하는 음속은

---

* 천문학자들이 측정한 우주배경복사의 온도 비등방성이 $\Delta T/T \approx 7\times10^{-5}$이므로 바리온의 밀도 비등방성은 그 3배 정도인 $\Delta\rho_B/\rho_B \approx 2\times10^{-4}$임을 알 수 있다. 여기서 미분에 나오는 dT나 $d\rho_B$는 극한적으로 작은 변화량을 뜻하는데, 실제 측정치는 그러한 극한값은 아니므로 과학자들은 보통 ΔT나 $\Delta\rho_B$로 표시한다.

(식 VIII-14) $$c_s = \sqrt{\frac{dp_\gamma}{d\rho}} = \sqrt{\frac{\frac{4}{3}a_B T^3 dT}{4a_B T^3 dT + 3\rho_B \frac{dT}{T}}}$$

$$= \frac{1}{\sqrt{3\left(1+\frac{3}{4}\frac{\rho_B}{u_\gamma}\right)}} = \frac{1}{\sqrt{3(1+R)}}$$

이 된다. 여기서

$$R \equiv \frac{3}{4}\frac{\rho_B}{u_\gamma}$$

로 정의하였다. 여기서 ρ_B는 우주축척 a일 때의 바리온의 에너지 밀도를 나타내고 u_γ는 우주축척 a일 때의 광자의 에너지 밀도를 나타낸다. 앞에서 $\Omega_M(a)$와 $\Omega_R(a)$에 관해 설명한 것과 같은 이유로, 물질인 바리온은 $\rho_B \propto a^{-3}$이므로 $\rho_B = \rho_{B,0} a^{-3}$이고 빛은 $u_\gamma \propto a^{-4}$이므로 $u_\gamma = u_{\gamma,0} a^{-4}$이다. 여기서 $\rho_{B,0}$와 $u_{\gamma,0}$는 모두 $a=1$인 현재의 값을 말한다. ρ_B를 우주의 임계 밀도인 ρ_c로 나누면, 바리온 밀도인수는 $\Omega_B(a) \equiv \rho_B(a)/\rho_c = (\rho_{B,0}/\rho_c)a^{-3}$이다. 현재의 바리온 물질 밀도인수를 $\Omega_B = \rho_{B,0}/\rho_c$로 정의하자. $\Omega_B(a)$와 Ω_B는 표기가 조금 헷갈릴 수도 있지만, $\Omega_B(a)$는 우주축척이 a일 때를 말하고 Ω_B는 현재의 값을 뜻함에 유의하라. 또한 u_γ, 즉 ρ_γ를 우주의 임계 밀도인 ρ_c로 나누면, $\Omega_\gamma(a) \equiv u_\gamma(a)/\rho_c = (u_{\gamma,0}/\rho_c)a^{-4}$이다. 바리온의 경우와 마찬가지로, 현재의 빛에너지 밀도인수를 $\Omega_\gamma = u_{\gamma,0}/\rho_c$로 정의하면

$$R = \frac{3}{4}\frac{\rho_B(a)}{u_\gamma(a)} = \frac{3}{4}\frac{\rho_{B,0}a^{-3}}{u_{\gamma,0}a^{-4}} = \frac{3}{4}\frac{\Omega_B}{\Omega_\gamma}a$$

가 된다. $a = 1/(1+z)$의 관계가 있으므로, 우주배경복사가 물질과 최종산란(last scattering)할 때, 즉 재결합시기의 R값을 R_{LS}라고 하면

(식 VIII−15) $$R_{LS} = \frac{3}{4}\frac{\Omega_B}{\Omega_\gamma}a_{rec} = \frac{3}{4}\frac{\Omega_B}{\Omega_\gamma}(1+z_{rec})^{-1}$$

이다. 또한 앞에서 빛-물질 우세시기의 우주축척은 $a_{eq} = \Omega_R/\Omega_M$임을 알았다. 따라서

(식 VIII−16) $$R_{EQ} = \frac{3}{4}\frac{\Omega_B}{\Omega_\gamma}a_{eq} = \frac{3}{4}\frac{\Omega_R\Omega_B}{\Omega_M\Omega_\gamma}$$

가 성립한다. R이 우주축척 a의 함수이므로 음속도 우주축척 a의 함수, 즉 $c_s(a)$가 된다. 우주축척 a가 커지면, 즉 우주 초기로 갈수록 음속 c_s는 커진다. 음속이 시간의 함수라는 말의 뜻을 알 수 있다.

음파지평의 크기 계산

음파지평의 동행거리는 (식 VIII−14)를 (식 VIII−6)에 대입하여 우변의 적분을 계산하면 구할 수 있다. 다만, 우주초기에는 $a \ll 1$이므로 (식 VIII−6)에서 앞의 두 항만이 지배적이다. 따라서

$$\begin{aligned}\mathrm{E}(a) &\equiv \sqrt{\Omega_{\mathrm{R}}a^{-4}+\Omega_{\mathrm{M}}a^{-3}+\Omega_{\mathrm{K}}a^{-2}+\Omega_{\Lambda}} \approx \sqrt{\Omega_{\mathrm{R}}a^{-4}+\Omega_{\mathrm{M}}a^{-3}} \\ &= a^{-2}\sqrt{\Omega_{\mathrm{R}}+\Omega_{\mathrm{M}}a}\end{aligned}$$

로 근사할 수 있으므로 분모의 a^2이 소거되어 피적분함수가 간단해진다. 앞에서 $\mathrm{R}=\frac{3}{4}\frac{\Omega_{\mathrm{B}}}{\Omega_{\gamma}}a$이므로 $da=\frac{4}{3}\frac{\Omega_{\gamma}}{\Omega_{\mathrm{B}}}d\mathrm{R}$이고, (식 VIII−15)와 (식 VIII−16) 등을 이용하면 (식 VIII−6)은 다음과 같아진다.

$$\chi_s = \frac{1}{\mathrm{H}_0}\frac{\sqrt{a_{rec}}}{\sqrt{3\Omega_{\mathrm{R}}\mathrm{R}_{\mathrm{LS}}}}\int_0^{\mathrm{R}_{\mathrm{LS}}}\frac{d\mathrm{R}}{\sqrt{1+\mathrm{R}}\sqrt{\mathrm{R}_{\mathrm{EQ}}+\mathrm{R}}}$$

이 수식의 적분항을 부분분수를 사용하여 간단하게 만들면

$$\chi_s = \frac{1}{\mathrm{H}_0}\frac{\sqrt{a_{rec}}}{\sqrt{3\Omega_{\mathrm{M}}\mathrm{R}_{\mathrm{LS}}}(\mathrm{R}_{\mathrm{EQ}}-1)}\int_0^{\mathrm{R}_{\mathrm{LS}}}\left(\frac{\sqrt{\mathrm{R}_{\mathrm{EQ}}+\mathrm{R}}}{\sqrt{1+\mathrm{R}}}-\frac{\sqrt{1+\mathrm{R}}}{\sqrt{\mathrm{R}_{\mathrm{EQ}}+\mathrm{R}}}\right)d\mathrm{R}$$

이 된다. 적분 부분만 떼어서 보면

$$\mathrm{A} \equiv \int_0^{\mathrm{R}_{\mathrm{LS}}}\frac{\sqrt{\mathrm{R}_{\mathrm{EQ}}+\mathrm{R}}}{\sqrt{1+\mathrm{R}}}d\mathrm{R},\ \ \mathrm{B} \equiv \int_0^{\mathrm{R}_{\mathrm{LS}}}\frac{\sqrt{1+\mathrm{R}}}{\sqrt{\mathrm{R}_{\mathrm{EQ}}+\mathrm{R}}}d\mathrm{R}$$

이 두 적분식은 손으로 간단히 풀기는 쉽지 않다. 그래서 과학자들은 $\int\sqrt{\frac{x}{x+a}}\,dx$ 꼴의 부정적분을 미리 해서 적분표로 만들어두고 쓴다. 적분표에 따르면 $\int\sqrt{\frac{x}{x+a}}\,dx=\sqrt{x(a+x)}-a\ln(\sqrt{x}+\sqrt{a+x})$이다. 여기에 대입하려면, 우리가 하려는 적분식의 모양을 적분표에 나온 식

과 같은 꼴로 바꿔야 한다. 물론 어떤 때는 적분이 유효한 조건이 있으므로 주의해야 한다. 먼저 A식을 $x \equiv R_{EQ} + R$로 치환하면, $dx = dR$이 되고 적분구간도 치환에 따라 달라진다. 그러면 우리가 구하고자 하는 적분값은

$$A \equiv \int_0^{R_{LS}} \frac{\sqrt{R_{EQ} + R}}{\sqrt{1+R}} dR = \int_{R_{EQ}}^{R_{EQ}+R_{LS}} \frac{\sqrt{x}}{\sqrt{1 - R_{EQ} + x}} dx$$

가 되고, 위의 적분표에 나오는 $a = 1 - R_{EQ}$가 됨을 알 수 있다. 위의 적분표에 찾은 부정적분 식에 주어진 적분구간을 대입하면

$$A = \sqrt{(R_{LS} + R_{EQ})(1 + R_{LS})} - (1 - R_{EQ}) \ln(\sqrt{R_{LS} + R_{EQ}} + \sqrt{1 + R_{LS}})$$
$$- \sqrt{R_{EQ}} + (1 - R_{EQ}) \ln(\sqrt{R_{EQ}} + 1)$$

을 얻는다. 마찬가지로 계산하면

$$B = \sqrt{(R_{LS} + R_{EQ})(1 + R_{LS})} - (R_{EQ} - 1) \ln(\sqrt{R_{LS} + R_{EQ}} + \sqrt{1 + R_{LS}})$$
$$- \sqrt{R_{EQ}} + (R_{EQ} - 1) \ln(\sqrt{R_{EQ}} + 1)$$

이다. 우리가 구하고자 하는 적분값은

$$A - B = 2(R_{EQ} - 1) \ln \frac{\sqrt{R_{LS} + R_{EQ}} + \sqrt{1 + R_{LS}}}{\sqrt{R_{EQ}} + 1}$$

이다. 따라서 재결합시기 또는 최종산란 때의 음파지평의 동행거리는

$$\chi_s = \frac{2}{H_0} \frac{\sqrt{a_{rec}}}{\sqrt{3\Omega_M R_{LS}}} \ln \frac{\sqrt{R_{LS} + R_{EQ}} + \sqrt{1 + R_{LS}}}{\sqrt{R_{EQ}} + 1}$$

이다. 재결합시기의 우주축척은 적색이동과 $a_{rec} = (1 + z_{rec})^{-1}$의 관계가 있으므로, 결론적으로 우주배경복사가 최종산란을 겪던 재결합시기의 음파지평의 동행거리는 다음과 같다.*

(식 VIII−17)

$$\chi_s = \frac{2/H_0}{\sqrt{3\Omega_M R_{LS}}(1 + z_{rec})^{1/2}} \ln\left(\frac{\sqrt{1 + R_{LS}} + \sqrt{R_{EQ} + R_{LS}}}{1 + \sqrt{R_{EQ}}}\right)$$

여기서 ln은 자연로그를 뜻한다.** (식 VIII−17)에 들어 있는 우주 구성 성분의 밀도인수 Ω값들은 [표 VIII−1]과 같이 플랑크 위성의 관측결과에서 얻은 값을 채택하고, 최종산란 또는 재결합시기의 적색이동값 z_{rec}는 앞에서 구했듯이 $z_{rec} = 1{,}100$을 사용하였다. 또한 허블상수는 $H_0 = (67.3 \pm 1.2)\, km/s/Mpc$을 채택하였으므로 [표 VIII−1]에서 $h = 0.673$이 된다. 그러나 우리가 구할 음파지평의 각크기는 허블상수가 분자와 분모에서 약분되므로 영향이 없다.

이 음파지평의 지름에 해당하는 동행거리인 $\chi_s(c_s)$를 재결합시기 당시의 고유거리 $r(t_{rec})$로 환산하려면 그 당시의 우주축척 $a(z_{rec})$를 곱

---

* 스티븐 와인버그 선생(1933~2021)의 책에는 고유거리를 계산하였다(Steven Weinberg, 2008년, 『Cosmology(우주론)』 (Oxford University Press), 144~145쪽).

** 밑을 10으로 하는 상용로그가 $y = \log_{10} x$이면 $x = 10^y$을 뜻하는 것과 마찬가지로, 자연로그는 숫자 e를 밑으로 하여 $y = \ln x$이면, $x = e^y$을 뜻한다.

표 VIII-1 우주론적 상수들의 관측값[49]

기호	뜻	플랑크 관측치	계산
H_0	허블상수	$(67.3 \pm 1.2)\ km/s/Mpc$	$h = 0.673$
Ω_M	지금 우주의 물질 밀도인수 (암흑물질+바리온= $\Omega_{DM} + \Omega_B$)	$0.1426 \pm 0.0025h^{-2}$ $0.315^{+0.016}_{-0.018}$	여기서는 변수로 두고 이 값을 정함 ($h = 0.673$일 때).
Ω_B	지금 우주의 바리온 밀도인수	$0.02205 \pm 0.00028h^{-2}$	플랑크 관측치
Ω_γ	지금 우주의 빛에너지의 밀도인수	$2.47 \times 10^{-5}h^{-2}$	플랑크 관측치
Ω_R	지금 우주의 렙톤의 밀도인수(렙톤 =빛+중성미자+반중성미자)	$4.15 \times 10^{-5}h^{-2}$	플랑크 관측치
z_{rec}	재결합시기 최종산란 때의 적색이동	1090.43 ± 0.54	
θ	첫 번째 도플러 봉우리의 각크기	$0.596719° \pm 0.000355°$	

해주면 된다.

$$r_s(t_{rec}) = a(z_{rec}) \times \chi_s(c_s) \qquad \text{(식 VIII}-18\text{)}$$

이 고유거리는 음속 계산에서 보았듯이 물리학 법칙을 바탕으로 계산된 것이다. 우리는 그 물리적 길이를 아는 잣대를 하나 가진 셈인 것이다. 팽창하지 않는 유클리드 공간에서라면, 그 잣대의 양 끝으로 벌어져 있는 각크기를 측정함으로써 그 잣대까지의 각지름거리를 구할 수 있다. 고유거리가 $r_s(t_{rec})$인 잣대가 각크기 θ로 관측될 때의 각지름거리 D_A는

(식 VIII−19) $$\theta \equiv \frac{r_s(t_{rec})}{D_A}$$

로 정의한다. 여기의 '팽창하는 공간에서의 각지름거리'는, 앞에서 우주론적 거리를 공부할 때 살펴본 것처럼, '지금 여기'에서 잣대가 있는 그때 거기까지의 동행거리 $\chi_{rec}(c)$와 다음과 같은 관계가 성립한다.

(식 VIII−20) $$D_A = a(z_{rec}) \times \chi_{rec}(c)$$

이 식에 나온 동행거리 $\chi_{rec}(c)$는 앞에서 보았듯이 $\int \frac{c\,dt}{a(t)}$로 계산하는데, 적분구간은 지금에서 재결합시기까지, 즉 $t \in [t_0, t_{rec}]$이다. 우주축척으로는 $a \in [1, a_{rec}]$를 적분구간으로 한다. 이에 비해 앞에서 구한 음파지평의 동행거리 χ_s는 우주 시작부터 재결합시기까지, 즉 $t \in [0, t_{rec}]$이고 우주축척으로는 $a \in [0, a_{rec}]$를 적분구간으로 함에 주의하라. 또한 $\chi_{rec}(c)$는 음파의 속도가 아니라 잣대에서 나온 빛의 진행경로를 따지므로 $\chi_s(c_s)$와는 달리 음파의 속도 c_s 대신 광속 c를 넣어야 한다.

(식 VIII−21) $$\chi_{rec}(c) = d_H \int_1^{a_{rec}} \frac{da}{a^2 E(a)}$$

로 구한다. 여기서 적분구간인 재결합시기 이후의 우주 시간 동안, 빛은 우주 팽창에 의해 충분히 적색이동 되어 에너지 밀도가 낮아졌기 때문에 $\Omega_R a^{-4}$항을 무시하고 단지 $E(a) \simeq \sqrt{\Omega_M a^{-3} + \Omega_K a^{-2} + \Omega_\Lambda}$로 계산하면 된다. 또한 앞의 음파지평에 대한 동행거리를 구할 때는 $a \ll 1$ (또는 $z \gg 1$)이 성립하기 때문에 $\mathrm{E}(a) \simeq \sqrt{\Omega_{\mathrm{R}} a^{-4} + \Omega_{\mathrm{M}} a^{-3}}$ 으로 근사해도 되지만, (식 VIII－21)의 경우는 이 근사가 성립하지 않는 구간에서도 적분을 계산해야 하므로 이런 근사를 적용할 수 없다. 또한 적분이 손으로 쉽게 계산되지 않으므로 컴퓨터로 수치적분을 해야 한다. 여기서는 간단히 구분구적법*으로 수치적분을 해보았다.

따라서 (식 VIII－18)과 (식 VIII－20)을 (식 VIII－19)에 대입하면, 다음과 같이 아주 간단한 식을 구할 수 있다.

(식 VIII－22) $$\theta = \frac{r_s(t_{rec})}{\mathrm{D_A}} = \frac{\cancel{a(z_{rec})} \times \chi_s(c_s)}{\cancel{a(z_{rec})} \times \chi_{rec}(c)} = \frac{\chi_s(c_s)}{\chi_{rec}(c)}$$

이것은 처음에 각지름거리 관계식을 이야기할 때 유도한 (식 VIII－3)과 같다. 여기서 $\chi_s(c_s)$와 $\chi_{rec}(c)$는 각각 (식 VIII－17)과 (식 VIII－21)로 계산한다. 바리온의 밀도, 빛의 에너지 밀도 등을 앞의 [표 VIII－1]에 주어진 값으로 고정하고, 단지 $\Omega_{\mathrm{M}} + \Omega_{\Lambda} = 1$을 만족하는 여러 ($\Omega_{\mathrm{M}}$, Ω_{Λ})값들에 대해 첫 번째 도플러 봉우리의 각크기 규모를 계산한 결과가 [그림 VIII－7] 그래프와 같다.

이제 이 계산 결과를 우주배경복사 관측 결과와 비교해보자. 지금까지 가장 좋은 우주배경복사 비등방성 지도는 플랑크 위성이 관측한 결과이다. 그 분석 결과, 첫 번째 도플러 봉우리는 $\theta = 0.596719° \pm 0.000355°$에서 관측되었다.[50] 또한 각 분해능이 조금 떨어지는 더블유맵 위성의

* 적분구간을 잘게 나누는, 즉 피적분 함수를 작은 사각형으로 나누어 그 면적을 모두 더해주는 적분 계산법이다.

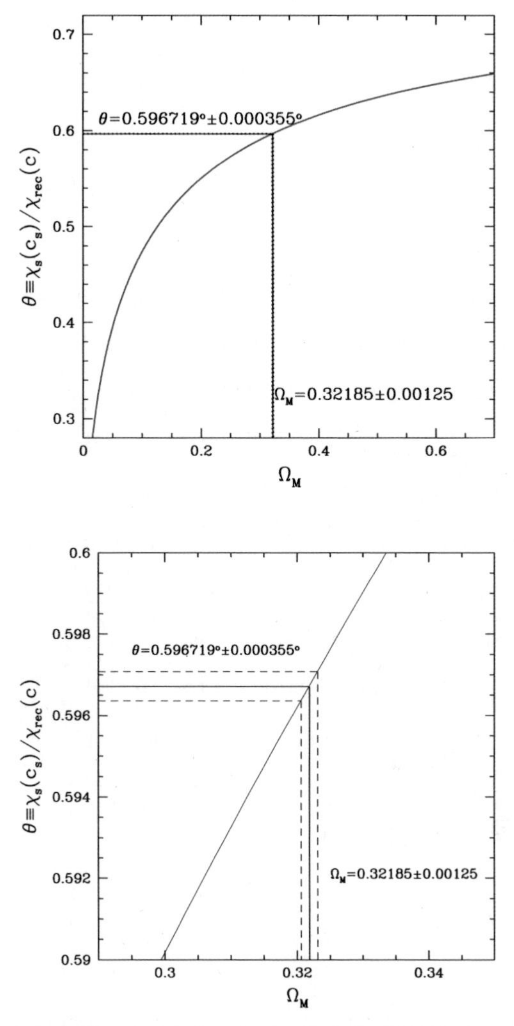

그림 VIII-7 우주배경복사 파워스펙트럼에 나타난 첫 번째 도플러 봉우리의 각크기 계산 결과 플랑크 우주배경복사 관측위성으로부터 얻은 최신 결과를 도입하여 $\Omega_K = 0$인 평탄한 우주에서 허블상수는 $H_0 = 67.3\,km/s/Mpc$으로 주고 계산한 것이다. 평탄한 우주는 $\Omega_M + \Omega_\Lambda = 1$이 성립하므로 Ω_M에 따른 첫 번째 도플러 봉우리의 각크기를 계산하였다. 관측된 각크기 $\theta = 0.596719° \pm 0.000355°$를 만족하려면 $\Omega_M = 0.32185 \pm 0.00125$이어야 한다. 이 값은 플랑크 관측 자료로부터 구한 $\Omega_M = 0.315^{+0.016}_{-0.018}$, 즉 $\Omega_M = 0.297 \sim 0.331$과 일치한다. 아래 그림은 관측과 계산이 일치하는 부분을 확대한 것이다.

관측 결과, $\Omega_M = 0.22 \sim 0.36$이었다.[51] [그림 VIII-7]에서 보듯이, 우리의 계산 결과에서 이 각도를 만족할 때의 물질 밀도인수 값은 $\Omega_M = 0.32185 \pm 0.00125$이다. 플랭크 위성의 관측 결과는 $\Omega_M = 0.315^{+0.016}_{-0.018}$, 즉 $\Omega_M = 0.297 \sim 0.331$이므로 우리의 계산값은 오차 범위 안에서 일치한다!

조금 복잡하고 길고 어렵기는 했지만, 우리는 현대 우주론과 물리 법칙으로 계산한 재결합시기의 음파지평의 각크기와 우주배경복사 탐사선이 관측한 우주배경복사 비등방성의 첫 번째 도플러 봉우리의 각크기를 비교해보았다. 그 결과, 우리는 우리 우주가 무엇으로 이루어져 있으며, 나이는 얼마이고, 시공간의 특성은 무엇인지에 대한 중요한 정보들을 알아낼 수 있었다. 이처럼 이론 계산과 관측치가 꼭 맞아떨어질 때 천체물리학자들은 기쁘기 그지없다. 고대 그리스의 자연철학자들이, 어떤 현상을 이론으로 설명할 수 있을 때 그 현상은 구원되었다고 말했다고 한다. 현대의 천체물리학자나 다른 과학자들도 마찬가지 기분을 느낀다. 우주는 우리가 측량할 수 있는 대상이다. 우주는 우리가 이해할 수 있는 대상이다!

부록 A　원운동을 하는 쌍성에 대해 케플러의 '조화의 법칙' 유도하기

두 별이 중력으로 묶여서 서로 공전하는 천체를 쌍성 또는 짝별이라고 한다. 예를 들어 시리우스는 시리우스 A와 시리우스 B가 서로 쌍성을 이루고 있다. 본문에서 다루었던 [그림 III−7]을 다시 살펴보자. 왼쪽 그림은 시리우스 A를 기준으로 시리우스 B의 위치를 그린 것이다. 오른쪽 그림은 두 별의 질량 중심을 중심으로 하여 두 별의 위치를 그린 것이다. 두 별의 궤도가 타원처럼 보이지만, 실제로 타원궤도인지 아니면 궤도가 기울어져서 그렇게 보이는 것인지는 따져봐야 알 수 있다. 여기서는 뉴턴의 만유인력의 법칙을 적용하여 쌍성의 궤도 운동을 한 번 계산해보도록 하자. 다만, 편의상 두 별이 모두 원궤도를 돈다고 가

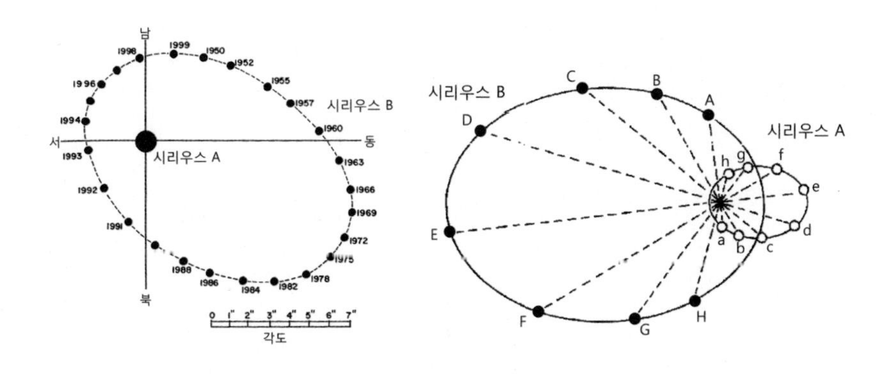

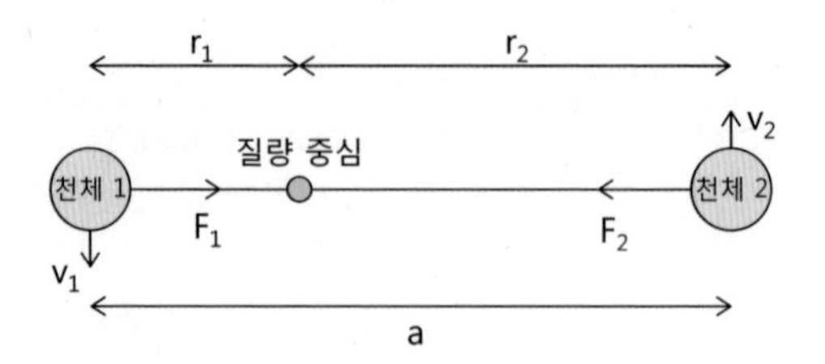

정하겠다.

천체 1과 천체 2가 서로 중력으로 묶여서 공전하는 경우를 생각해보자. 천체의 질량은 각각 m_1과 m_2이다. 이런 경우, 두 천체는, 시소의 경우와 마찬가지로, 공통의 질량 중심을 축으로 공전한다. 천체 1은 질량 중심에서 r_1만큼 떨어진 원궤도를 속력 v_1로 공전하고, 천체 2는 질량 중심에서 r_2만큼 떨어진 원궤도를 속력 v_2로 공전한다. 일반적으로는 원궤도가 아니라 타원궤도를 돌지만, 타원궤도의 특수한 경우가 원궤도이므로, 계산의 편의상 원궤도로 가정하겠다. 두 천체가 질량 중심을 가운데 두고 서로 마주보고 공전해야 하므로 두 천체의 공전주기는 같을 수밖에 없다. 그 공전주기 값을 P라고 하자. 그러면 천체 1은 반지름이 r_1인 원둘레를 주기 P마다 1바퀴씩 공전하는 셈이므로 그 공전속도는

(식 A−1) $$v_1 = \frac{\text{거리}}{\text{시간}} = \frac{2\pi r_1}{\mathrm{P}}$$

이고, 마찬가지로 천체 2의 공전속도는

(식 A−2) $$v_2 = \frac{\text{거리}}{\text{시간}} = \frac{2\pi r_2}{\mathrm{P}}$$

이다. 또한 각 천체는 공전 원운동을 하므로 각자 원심력이 작용한다. 천체 1에 작용하는 원심력은

$$F_1^{원심력} = -\frac{m_1 v_1^2}{r_1}$$

인데, 앞의 (식 A-1)을 대입하면

(식 A-3) $$F_1^{원심력} = -\frac{m_1}{r_1}\left(\frac{2\pi r_1}{P}\right)^2 = -\frac{4\pi^2 m_1 r_1}{P^2}$$

이 된다. 오른쪽을 양의 방향으로 잡았으므로 -부호를 붙였다. 마찬가지로 천체 2에 작용하는 원심력은

(식 A-4) $$F_2^{원심력} = \frac{m_2}{r_2}\left(\frac{2\pi r_2}{P}\right)^2 = \frac{4\pi^2 m_2 r_2}{P^2}$$

가 된다. 뉴턴의 운동 법칙 중에서 제3법칙인 '작용 반작용의 법칙'에 따르면, 천체 1의 경우, 천체 2가 천체 1에 작용하는 중력이 구심력 역할을 하며 그 구심력이 천체 1의 원심력과 크기는 같고 방향은 반대이어야 하고, 반대로 천체 2의 경우, 천체 1이 천체 2에 작용하는 중력이 구심력 역할을 하며 그 구심력이 천체 2의 원심력과 크기는 같고 방향은 반대이어야 한다. 그러므로, 천체 2가 천체 1에 작용하는 중력과 천체 1이 천체 2에 작용하는 중력은 그 크기는 같고 방향은 반대이어야 하므로

$$F_1^{원심력} = -F_2^{원심력}$$

이 성립한다. 여기에 (식 A-3)과 (식 A-4)를 대입하면

(식 A-5)
$$m_1 r_1 = m_2 r_2$$

를 얻는다. 이 식은 본문에서 시소의 균형을 맞추는 원리에서 알아본 질량 중심 문제와 같은 것이다. 천체 1과 천체 2는 공통의 질량 중심을 축으로 각자 원운동을 하는 것이다.

여기서 두 천체가 떨어진 거리를 a라고 하면

(식 A-6)
$$a = r_1 + r_2$$

이다. (식 A-5)를 r_1에 대해서 풀면

$$r_1 = \frac{m_2}{m_1} r_2$$

이고, (식 A-6)을 r_2에 대해서 풀면 $r_2 = a - r_1$이므로, 이것을 바로 앞의 식에 대입하여 r_1에 대해 풀면

(식 A-7)
$$r_1 = \frac{m_2}{m_1 + m_2} a$$

가 된다.

천체 1과 천체 2는 중력에 의해 묶여 있다. 뉴턴의 만유인력의 법칙에 따르면 두 물체가 서로 작용하는 중력은 두 물체의 질량의 곱에 비례하고 서로 떨어져 있는 거리의 제곱에 반비례한다. 그러므로 천체 1이 받는 중력은, 질량이 m_1인 천체 1과 질량이 m_2인 천체 2가 거리 a 만큼 떨어져 있으므로

(식 A−8) $$F_1^{\text{중력}} = +\frac{G m_1 m_2}{a^2}$$

가 된다. 여기서 천체 1이 받는 중력은 오른쪽 방향이므로 양수가 되었다.

천체 1은 (식 A−8)로 표현되는 중력과 (식 A−3)으로 표현되는 원심력이 서로 평형을 이루고 있어야 한다. 만일, 중력이 원심력보다 더 세면 천체 1은 질량 중심 쪽으로 끌려갈 것이고, 중력보다 원심력이 더 세면 멀리 달아나 버릴 것이다. 그러므로 원심력 (식 A−3)과 중력 (식 A−8)은 크기는 같고 방향은 서로 반대이어야 한다. 다시 말해서 $F_1^{\text{원심력}} = -F_1^{\text{중력}}$이므로

$$\frac{4\pi^2 \cancel{m_1} r_1}{P^2} = \frac{G \cancel{m_1} m_2}{a^2}$$

가 된다. 이 식의 r_1에 (식 A−7)을 대입하여 정리하면

(식 A−9) $$G(m_1 + m_2)P^2 = 4\pi^2 a^3$$

이다. 여기서 $4\pi^2$은 숫자이고, G는 뉴턴의 중력상수이고, m_1과 m_2는 천체의 질량이므로 주어진 양이다. 따라서 이 식은, 주기의 제곱(P^2)이 두 천체가 떨어진 최대 거리의 세제곱(a^3)에 비례한다는 것, 즉 '케플러의 행성 운동에 관한 제3 법칙'을 의미한다.

태양계의 경우는 이 식을 조금 더 간단하게 나타낼 수 있다. 이 경우, 천체 1은 질량이 $M_\odot$인 해이고, 천체 2는 질량이 m_p인 어떤 행성이라고 하자. 그러면 (식 A−9)에서 $m_1 = M_\odot$이고 $m_2 = m_p$이므로 $G(M_\odot + m_p)P^2 = 4\pi^2 a^3$이 성립한다. 그 행성이 지구인 경우라면 $m_p = m_\oplus$, 즉 지구의 질량이 되며, 지구의 공전주기를 $P_\oplus$로 표시하고 지구와 해 사이의 거리는 $a_\oplus$라고 쓰자. 그러면 $G(M_\odot + m_\oplus)P_\oplus^2 = 4\pi^2 a_\oplus^3$이 성립한다. 그런데 $M_\odot \gg m_\oplus$이므로 $M_\odot + m_\oplus \approx M_\odot$이라고 근사하면 이 식은

(식 A−10) $$GM_\odot P_\oplus^2 = 4\pi^2 a_\oplus^3$$

이 된다. (식 A−9)를 (식 A−10)으로 양변을 각각 나눠주면

(식 A−11) $$\left(\frac{m_1}{M_\odot} + \frac{m_2}{M_\odot}\right)\left(\frac{P}{P_\oplus}\right)^2 = \left(\frac{a}{a_\oplus}\right)^3$$

이다. 여기서 $\frac{m_1}{M_\odot}$은 천체 1의 질량을 해의 질량 단위로 나타낸 것이고, $\frac{m_2}{M_\odot}$는 천체 2의 질량을 해의 질량 단위로 나타낸 것이다. 또한 앞

에서와 마찬가지로 $\left(\frac{\mathrm{P}}{\mathrm{P}_{\oplus}}\right)$는 지구의 공전주기인 1년 단위로 나타낸 두 천체의 공전주기이고, $\left(\frac{a}{a_{\oplus}}\right)$는 지구와 해 사이의 거리, 즉 1천문단위로 나타낸 두 천체 사이의 궤도 장반경이다. 서로 공전하는 두 천체의 케플러의 제3법칙을 표현할 때, 질량은 해의 질량, 주기는 1년, 궤도 장반경은 1천문단위로 나타내면 (식 A−11)과 같이 간단한 형태로 사용할 수 있다.

태양계의 경우는 $\mathrm{m}_1 = \mathrm{M}_{\odot}$이고 $\mathrm{m}_2 = \mathrm{m}_{\mathrm{p}}$이므로

(식 A−12) $$\left(1+\frac{m_p}{\mathrm{M}_{\odot}}\right)\left(\frac{\mathrm{P}}{\mathrm{P}_{\oplus}}\right)^2=\left(\frac{a}{a_{\oplus}}\right)^3$$

이 된다. 태양계에서 가장 무거운 목성도 해 질량의 1,000분의 1, 즉 0.1퍼센트에 불과하다. 더군다나 목성보다도 질량이 작은 다른 행성들은 $\mathrm{M}_{\odot} \gg \mathrm{m}_{\mathrm{p}}$이다. 따라서 $\frac{\mathrm{m}_{\mathrm{p}}}{\mathrm{M}_{\odot}} \approx 0$이라고 근사해도 크게 틀리지 않는다. 따라서 (식 A−12)는

$$\left(\frac{\mathrm{P}}{\mathrm{P}_{\oplus}}\right)^2=\left(\frac{a}{a_{\oplus}}\right)^3$$

과 같이 간단해진다. 여기서 $\left(\frac{\mathrm{P}}{\mathrm{P}_{\oplus}}\right)$는 지구의 공전주기, 즉 1년 단위로 나타낸 행성의 주기이고, $\left(\frac{a}{a_{\oplus}}\right)$는 지구와 해 사이의 거리, 즉 1천문단위로 나타낸 행성과 해 사이의 거리이다.

연습문제 1 목성의 공전주기 $P = 11.86$년이다. 궤도 장반경 a를 구하시오.

답 $5.201\,au$

연습문제 2 천왕성의 공전주기 $P = 84.07$년이다. 궤도 장반경 a를 구하시오.

답 $19.19\,au$

부록 B 거듭제곱

천문학에서는 매우 큰 숫자를 다루어야 한다. 우주가 매우 넓기 때문이다. 그래서 큰 숫자를 흔히 천문학적 숫자라고 한다. 예를 들어 우리 은하수에는 별이 2,000억 개가 있다고들 한다. 2,000억을 숫자로 쓰면 200000000000이다. 0이 몇 개나 있는지 세기조차 어려운 큰 숫자이다. 0의 개수를 쉽게 세기 위해 찍는 것은 아니지만 보통 큰 숫자를 나타낼 때는 오른쪽 자리부터 세 자리마다 콤마(,)를 찍어서 읽기 편리하게 한다. 즉, 2,000억 개는 200,000,000,000개라고 쓴다.

이렇게 큰 수를 나타내는 데 편리한 개념이 거듭제곱(지수)이다. 거듭제곱은 같은 숫자를 여러 번 곱한 것이다. a라는 숫자를 n번 곱한 숫자를 a^n이라고 쓰고 a의 n제곱이라고 읽는다. 그리고 여기서 a를 밑이라 하고 n을 지수라고 한다. 특히 큰 수를 나타낼 때 밑이 10인 거듭제곱을 사용한다. 우리가 10진법을 사용하기 때문이다. 즉, 10을 n번 곱한 숫자를 10^n이라고 쓰면, 100은 10을 2번 곱한 숫자이므로 10^2이라고 쓸 수 있고 1,000은 10을 3번 곱하는 것이므로 10^3이 된다. 2^5이라는 숫자는 2를 5번 거듭제곱한 것이며, 2의 5승 또는 2의 5제곱이라고 읽는다. 10의 거듭제곱으로 다음 표와 같이 숫자들을 나타낼 수 있다.

숫자	곱	거듭제곱	뜻
1	1	10^0	1에 10을 0번 곱한 수
10	1×10	10^1	1에 10을 1번 곱한 수
100	1×10×10	10^2	1에 10을 2번 곱한 수
1,000	1×10×10×10	10^3	1에 10을 3번 곱한 수
10,000	1×10×10×10×10	10^4	1에 10을 4번 곱한 수
100,000	1×10×10×10×10×10	10^5	1에 10을 5번 곱한 수
1,000,000	1×10×10×10×10×10×10	10^6	1에 10을 6번 곱한 수
…	…	…	…

여기서 10^0에 대해서는 따로 설명이 필요하다. 10^1이라면 10을 1번 곱한 수라고 말할 수 있는데, 사실 곱셈이라는 것은 항상 2개의 숫자가 필요한 연산이다. 그러면 무엇에다 10을 곱한 것일까? 10을 1번 곱한다는 말은 1에다 10을 1번 곱한다고 해야 말이 된다. 그러면 10^2은 1×10×10, 즉 1에다 10을 2번 곱한 숫자가 된다. 따라서, 10을 0번 곱한다는 것은 1에다 10을 곱하지 않는다는 말이 되며, 그러면 1만 남으니까 $10^0=1$이라고 할 수 있다.

거듭제곱, 특히 밑이 10인 거듭제곱을 사용하면 큰 수를 아주 편리하게 나타낼 수 있다. 우리 은하수에 들어 있는 별의 개수가 2,000억 개가 있다고 하였다. 2,000억이라는 숫자는 200,000,000,000이라고 쓸 수도 있지만, 1,000억이 2개 있는 것이므로 2×100,000,000,000이라고 나타낼 수 있다. 뒷부분의 100,000,000,000이라는 숫자를 밑을 10으로 하는 거듭제곱으로 나타내려면 어떻게 하면 될까? 앞에서 설명했듯이, 0의

$56,000,000$ 5.6×10^{7}

왼쪽으로 7자리

0.0003099 3.099×10^{-4}

오른쪽으로 4자리

개수를 세면 된다. 세어 보면 0이 11개가 있다. 그러면 100,000,000,000은 10^{11}이라고 표시된다. 그러면 2,000억은 2×10^{11}으로 쓸 수 있다.

또 다른 예를 들어 56,000,000이라는 숫자를 거듭제곱 형태로 나타내보자. 이 경우는 맨 오른쪽의 1단위부터 시작해서 왼쪽으로 자릿수를 세어서 맨 왼쪽의 숫자 바로 전까지 몇 자리인지 센다. 56,000,000에 대해 자릿수를 세어보면 7자리이다. 그리고 소수점은 바로 맨 왼쪽 숫자 다음에다 찍어서 소수 5.6을 얻고 뒤에는 10^{7}을 곱한다. 따라서 $56,000,000 = 5.6 \times 10^{7}$이 된다. 물론 이 숫자가 측정된 물리량이면 앞에 붙어 있는 소수는 유효숫자 자릿수를 고려하여 쓴다. 즉, 유효숫자가 2개이면 5.6이고, 유효숫자가 3개이면 5.60이라고 적는다. 또한 예를 들어 0.0003099와 같은 숫자는 소수점으로부터 오른쪽으로 자릿수를 세어서 맨 왼쪽에 숫자 하나가 오게 되는 위치까지 몇 자리인지를 세고 그 자릿수에 음수를 붙여서 지수로 삼는다.

거듭제곱을 연산할 때는 다음과 같은 성질을 사용한다.

$$a^{m} \times a^{n} = a^{m+n}$$

$$\frac{a^{m}}{a^{n}} = a^{m-n}$$

$$(a^m)^n = a^{mn} = (a^n)^m$$

$$(a \times b)^m = a^m \times b^m$$

$$\left(\frac{b}{a}\right)^m = \frac{b^m}{a^m}$$

앞에서 배운 큰 숫자를 거듭제곱으로 나타내는 방법과 거듭제곱의 연산 규칙을 활용하여 간단한 곱셈을 해보자. 연산에서 곱셈끼리는 서로 곱하는 순서를 바꾸어도 된다는 점을 염두에 두고 다음 계산을 살펴보자.

$$\begin{aligned} 2{,}000 \times 300 &= (2 \times 1{,}000) \times (3 \times 100) \\ &= (2 \times 10^3) \times (3 \times 10^2) \\ &= 2 \times 3 \times 10^3 \times 10^2 \\ &= (2 \times 3) \times (10^3 \times 10^2) \\ &= 6 \times 10^{3+2} \\ &= 6 \times 10^5 \end{aligned}$$

즉, 2,000은 밑이 10인 거듭제곱 꼴로 나타내면 2×10^3이고, 300은 밑이 10인 거듭제곱 꼴로 나타내면 3×10^2이다. 곱셈은 순서를 바꾸어도 되므로 $(2 \times 3) \times (10^3 \times 10^2)$으로 쓸 수 있고, 앞에서 배운 거듭제곱의 연산 규칙에 따라 $10^3 \times 10^2 = 10^{3+2} = 10^5$이 된다.

한편 밑이 10인 거듭제곱의 지수가 음수일 때는 다음과 같은 의미가 있다.

$$10^{-m} = \frac{1}{10^m}$$

이것을 받아들이면, 거듭제곱의 지수를 0과 양수는 물론 음수까지 확장할 수 있다. 즉, 정수 전체가 거듭제곱의 지수가 될 수 있다. 또한 다음과 같은 계산을 쉽게 할 수 있다.

$$\frac{3{,}000}{200} = \frac{3\times10^3}{2\times10^2} = \frac{3}{2}\times\frac{10^3}{10^2} = 1.5\times\left(10^3\times\frac{1}{10^2}\right)$$
$$= 1.5\times(10^3\times10^{-2}) = 1.5\times10^{3+(-2)} = 1.5\times10^1 = 15$$

연습문제 1 다음 수를 지수를 사용하여 나타내시오.

(1) $320{,}000 =$

(2) $206{,}265 =$

(3) $150{,}000{,}000 =$

(4) $0.4959 =$

(5) $0.00089 =$

답 (1) 3.2×10^5, (2) 2.06265×10^5, (3) 1.5×10^8, (4) 4.959×10^{-1}, (5) 8.9×10^{-4}

연습문제 2 다음을 지수를 사용해서 계산하시오. (일부 과정에서 전자계산기를 사용하자.)

(1) $2\times3.14\times6{,}400{,}000 =$

(2) $4\times3.14\times2{,}000{,}000{,}000{,}000 =$

(3) $4{,}500{,}000\times2{,}000{,}000{,}000 =$

답 (1) $2 \times 3.14 \times 6.4 \times 10^6 = 4.0192 \times 10^1 \times 10^6 = 4.0192 \times 10^{1+6} = 4.0192 \times 10^7$,
(2) $4 \times 3.14 \times (2 \times 10^{12}) = 2.512 \times 10^1 \times 10^{12} = 2.512 \times 10^{1+12} = 2.512 \times 10^{13}$,
(3) $(4.5 \times 10^6) \times (2 \times 10^9) = (4.5 \times 2) \times (10^6 \times 10^9) = 9 \times 10^{6+9} = 9 \times 10^{15}$

또한 다음과 같은 규칙을 받아들이면 거듭제곱의 지수를 유리수까지 확장할 수 있다.

$$a^{\frac{1}{n}} = \sqrt[n]{a}$$

즉, $a^{\frac{1}{2}} = \sqrt{a}$ 이고 $a^{\frac{1}{3}} = \sqrt[3]{a}$ 등이다. 단, 여기서 밑 a는 양수만 가능하다. 사실 원주율 π와 같은 무리수도 지수가 될 수 있어서 모든 실수가 지수가 될 수 있다. 여기서 자세한 설명은 생략하기로 한다. 단, 이 책에서는 개념만 이해하고 실제 계산은 전자계산기로 하자.

부록 C 상용로그

상용로그함수는 $y = \log_{10} x$ 형태로 표현하며, 10을 y번 곱하면 x가 된다는 것을 의미한다. 다시 말하면, 주어진 숫자 x에 대해서, $x = 10^y$이 되는 숫자 y를 나타낸다. 예를 들어 100이라는 숫자를 밑이 10인 거듭제곱 꼴로 표현하면, $100 = 10 \times 10 = 10^2$이므로 10을 2번 거듭제곱한 수이다. 상용로그에 대한 정의를 잘 생각해보면, $\log_{10} 100 = \log_{10} 10^2 = 2$가 됨을 알 수 있다. 이와 같이 $\log_{10} 10^n = n$이 된다.

일반적으로 로그의 정의는 $a^x = b$이면 $x = \log_a b$로 쓴 것이다. 여기서 a를 밑이라고 하고 b를 진수라고 한다. 특히 밑이 10인 로그를 상용로그라고 한다. 여기서 밑은 1이 아닌 양수이어야 한다. 즉, $a \neq 1$이고 $a > 0$이어야 한다. 또한 진수는 양수이어야 한다. 즉, $b > 0$이어야 한다.

이 책에서는 상용로그를 주로 다루었으므로 상용로그의 중요한 성질을 알아보자.

$$\log_{10} 1 = 0$$

$$\log_{10} 10 = 1$$

$$\log_{10}(x \times y) = \log_{10} xy = \log_{10} x + \log_{10} y$$

$$\log_{10}(x/y) = \log_{10} \frac{x}{y} = \log_{10} x - \log_{10} y$$

$$\log_{10} a^x = x \times \log_{10} a$$

$$\log_{10} a = \frac{1}{\log_a 10}$$

다음 숫자는 암기하고 있으면 편리하다.

$$\log_{10} 2 \simeq 0.3010$$

$$\log_{10} 3 \simeq 0.4771$$

연습문제 1 전자계산기로 다음 문제를 풀어보시오. 유효 숫자는 3자리이다.

(1) $\log_{10} 74 =$ (2) $\log_{10} 5.4 =$

(3) $\log_{10} 3.141592 =$ (4) $\log_{10} 1 =$

(5) $\log_{10} 0.001 =$ (6) $\log_{10} 0.2 =$

답 (1) 1.87, (2) 0.732, (3) 0.497, (4) $\log_{10} 10^0 = 0 \times \log_{10} 10 = 0 \times 1 = 0$,

(5) $\log_{10} 10^{-3} = -3 \times \log_{10} 10 = -3 \times 1 = -3$,

(6) $\log_{10} \frac{2}{10} = \log_{10} 2 - \log_{10} 10 = \log_{10} 2 - 1 \simeq 0.301 - 1 = -0.699$

지수와 로그(상용로그)는 큰 숫자를 계산해야 하는 천문학자들에게는

---

* 앞에서 지수를 공부할 때 배웠듯이 1은 1에다 10을 0번 곱하면 나오는 숫자이기 때문이다.

아주 편리한 계산 도구였다. 한때 많은 자릿수의 곱셈과 나눗셈을 하기 위해 삼각함수를 사용하기도 했다. 그러나 그 편리함은 로그에 비할 바가 아니다. 그래서 유명한 프랑스의 수학자 겸 천문학자인 피에르시몽 드 라플라스(Pierre-Simon de Laplace, 1749~1827)는 로그가 천문학자들의 수명을 2배로 늘려주었다는 말을 할 정도였다.

부록 D　우리 우주의 시공간

로버트슨-워커 메트릭

우리 우주는 어느 방향으로 봐도 성질이 같다. 이것을 '우주의 등방성'이라고 한다. 우리 우주는 작은 규모에서는 균질하지 않아서, 태양계도 은하수도 은하단 규모에서도 균질하지 않지만 약 100 Mpc(메가파섹) 보다 큰 규모에서는 거시적으로 균질하다고 볼 수 있다. 이것을 '우주의 균질성'이라고 한다. 그리고 우주는 모든 시간에 모든 곳에서 동일한 물리 법칙과 물리상수가 적용된다. 이것을 '우주의 보편성'이라고 한다. 우리 우주가 등방적, 균질적, 보편적이라는 원리(공준)를 '우주론의 원리'라고 한다. 우주론의 원리가 성립할 경우, 우주 시공간의 기하학적 특성은 다음과 같은 선소(line element)로 기술할 수 있다. 선소는 시공간상의 두 점 사이의 거리에 대한 정보를 주는 수학적 표현이며 메트릭이라고도 한다.

(식 D-1)
$$ds^2 = -(c\,dt)^2 + d\Sigma^2$$
$$= -(c\,dt)^2 + a^2(t)\left[\frac{dr^2}{1-kr^2} + r^2(d\theta^2 + \sin^2\theta\, d\phi^2)\right]$$

$$= -(시간)^2 + 축척^2 \times [공간거리]^2$$

이 메트릭을 연구한 사람들을 기념하여 프리드만-르메트르-로버트슨-워커 메트릭이라고 부르며, 보통 로버트슨-워커 메트릭이라고 한다. 여기서 c는 광속이며, 각도 성분의 기여분을 보통

$$d\Omega^2 \equiv d\theta^2 + \sin^2\theta\, d\phi^2$$

이라고 정의하여 식을 간단하게 표현한다. 우주론의 원리가 성립하는 경우, 우리가 사는 우주의 공간은 k값에 따라 단 세 가지 기하학적 특성을 갖는다. k가 양수이면 닫힌 공간, 음수이면 열린 공간, 그리고 0이면 평탄한 유클리드 공간이다. 열렸다느니 닫혔다느니 하는 이름을 왜 붙였는지는 조금 뒤에 자연스럽게 알게 될 것이다.

복잡하고 낯선 수식이 나와서 당황스럽겠지만, 메트릭이라는 것은 사실 4차원 시공간에서 정의된 피타고라스의 정리라고 이해하면 편리하다. 중학교 때 배운 피타고라스의 정리를 떠올려보자. 평면상에서 가로로 Δx, 세로로 Δy만큼 떨어진 두 점 사이의 거리 Δr은 피타고라스의 정리에 의해

$$\Delta r^2 = \Delta x^2 + \Delta y^2$$

으로 계산된다. 마찬가지로 4차원 시공간의 가까운 두 점 사이의 거리 ds는, 4차원 시공간상에서 시간 거리와 공간 거리만큼 떨어진 두 점 사이의 거리를 피타고라스의 정리를 적용하여 구한 것에 비유할 수 있다.

로버트슨-워커 메트릭을 조금 자세히 들여다보자. 먼저 이 메트릭에서는 시간의 흐름에 의한 거리와 공간 자체의 거리가 서로 분리되어 있다. 시간은 우주의 한 관측자, 즉 우리가 관측하는 시간 t에 따라 흐른다고 놓고, 공간 거리는 시간에 무관한 공간 선소가 우주축척 $a(t)$배만큼 변한다고 놓았다. 우주의 크기를 좌우하는 우주축척 a는 시간 t의 함수이므로 $a(t)$라고 적었다. 이와 같이 메트릭을 정의하면 우주론의 원리를 만족하게 된다. 그런데 우리 우주는 균질하고 등방적이므로, 특정 시각의 우주 공간은 기하학적 특징이 모든 곳에서 일정하다. 즉, 특정 시각에서 시공간을 자르면 그 공간의 곡률은 일정하고 하나로 정의될 수 있다. 그런데 앞에서 이야기했듯이 우주론의 원리가 성립하면 공간은 단 세 가지의 기하학을 가질 수 있다. 그러한 공간을 나타내는 것이 앞의 (식 D−1)에서 [⋯]에 들어 있는 선소이며, k의 부호에 따라 세 가지 종류의 공간이 가능하다.

앞의 로버트슨-워커 메트릭에서 모든 항의 물리량은 거리가 되어야 한다. 괄호 [⋯] 안의 첫째 항은 분모가 이미 거리의 차원인데, 분모의 첫째 항이 숫자 1이기 때문에 분모의 둘째 항 kr^2도 무차원 숫자가 되어야 한다. 따라서 k는 길이의 제곱의 역수 차원을 가져야 한다. 어떤 길이 R_0을 도입하여 k를 다음과 같이 정의하자.

(식 D−2) $$k \equiv \frac{\kappa}{R_0^2}$$

여기서 κ(카파)는 k(케이)의 부호를 나타낸다. k가 음수이면 $\kappa=-1$이고, k가 양수이면 $\kappa=+1$이며, $k=0$이면 $\kappa=0$이다. 이렇게 정의하

고 (식 D−1)의 로버트슨-워커 메트릭을 잘 정리해주면

(식 D−3) $$ds^2 = -(cdt)^2 + a^2(t)\left[\frac{dr^2}{1-\kappa\left(\frac{r}{R_0}\right)^2} + r^2 d\Omega^2\right]$$

이 된다. 그러면 이 형태의 로버트슨-워커 메트릭은 κ의 값에 따라 다음과 같이 바꿔 쓸 수 있다.

(1) $\kappa = +1$인 경우는, $r = R_0 \sin\xi$로 치환하면 $dr = R_0 \cos\xi \, d\xi$이고 $1 - \sin^2\xi = \cos^2\xi$이므로, 앞의 로버트슨-워커 메트릭은

$$ds^2 = -(cdt)^2 + a^2(t)R_0^2[d\xi^2 + \sin^2\xi \, d\Omega^2]$$

이 된다. 이 식에서 [⋯] 안의 선소는 $d\xi^2 + \sin^2\xi \, d\Omega^2 = d\xi^2 + \sin^2\xi(d\theta^2 + \sin^2\theta \, d\phi^2)$이다. 여기서 괄호 안의 $d\theta^2 + \sin^2\theta \, d\phi^2$은 3차원 구의 표면에서의 선소이다. 수학자들은 이것을 S^3이라고 표현한다. $d\xi^2 + \sin^2\xi \, d\Omega^2$도 똑같은 형태이므로 이것은 4차원 구의 표면에서의 선소가 된다. 수학자들은 이것을 S^4이라고 표현한다.

(2) $\kappa = 0$인 경우는, $r = R_0\xi$로 치환하면 $dr = R_0 d\xi$이므로, 앞의 로버트슨-워커 메트릭은

$$ds^2 = -(cdt)^2 + a^2(t)R_0^2[d\xi^2 + \xi^2 d\Omega^2]$$

이 된다.

(3) $\kappa = -1$인 경우는, $r = R_0 \sinh\xi$로 치환하면 $dr = R_0 \cosh\xi\, d\xi$이고 $1 + \sinh^2\xi = \cosh^2\xi$이므로, 앞의 로버트슨-워커 메트릭은

$$ds^2 = -(cdt)^2 + a^2(t) R_0^2 [d\xi^2 + \sinh^2\xi\, d\Omega^2]$$

이 된다.

각도에 관련된 항인 $d\Omega^2$의 앞에 붙은 ξ의 함수들을 $S_\kappa(\xi)$라는 함수로 표시하여 이 식들을 하나로 합쳐보면

$$ds^2 = -(cdt)^2 + a^2(t) R_0^2 [d\xi^2 + S_\kappa^2(\xi)\, d\Omega^2]$$

이다. $S_\kappa^2(\xi) = \{S_\kappa(\xi)\}^2$이므로 착각하지 말기 바란다. 여기서 $\chi \equiv R_0 \xi$로 정의하면

(식 D−4) $$ds^2 = -(cdt)^2 + a^2(t)\left[d\chi^2 + R_0^2 S_\kappa^2\left(\frac{\chi}{R_0}\right) d\Omega^2\right]$$

이 된다. 여기서 $d\Omega^2 = d\theta^2 + \sin^2\theta\, d\phi^2$이고

$$\begin{cases} S_\kappa\left(\frac{\chi}{R_0}\right) = \sin\left(\frac{\chi}{R_0}\right) & (\kappa = +1\text{일 때}) \\ S_\kappa\left(\frac{\chi}{R_0}\right) = \frac{\chi}{R_0} & (\kappa = 0\text{일 때}) \\ S_\kappa\left(\frac{\chi}{R_0}\right) = \sinh\left(\frac{\chi}{R_0}\right) & (\kappa = -1\text{일 때}) \end{cases}$$

이다. 이것이 초구면 좌표계에서 표현된 로버트슨-워커 메트릭이다.

(식 D-1)과 (식 D-4)는 같은 로버트슨-워커 메트릭을 변수를 변환하여 다르게 표현한 것이다. 두 메트릭 표현식을 비교해보면 쉽게 알 수 있는데, (식 D-1)에서는, 고유거리 r이 일정한 경우 $dr=0$이므로, 복잡한 $\frac{dr^2}{1-kr^2}$항이 그 메트릭에서 사라지고 메트릭의 공간거리 항이 반지름이 $a(t)r$인 구면 위의 선소와 같은 형태가 된다. 반면 (식 D-4)로 표현된 메트릭에서는, 시선방향을 생각할 경우 $d\theta=0$이고 $d\phi=0$이므로 $d\Omega=0$이고, 따라서 $dr \equiv a(t)d\chi$만이 공간거리 항에 남게 된다.

우주 공간이 균질하고 등방적이라는 우주론의 원리를 따른다면, 우주 공간의 기하학적 성질은 이 메트릭 하나로 표현된다. 우주 공간의 기하학이라는 말의 뜻을 이해하기 위해 지구 표면에 사는 인간이 이 지구가 구형이라는 사실을 어떻게 알 수 있는지를 생각해보자. 지구 표면에 붙어사는 우리가 좁은 부분만 보면, 지구 표면에는 산도 있고 강도 있고 바다도 있어서 울퉁불퉁하다. 그렇지만 우주선을 타고 나가서 지구를 멀리에서 보면 그러한 작은 규모의 울퉁불퉁함은 사라지고 지구는 거의 매끈한 공 모양으로 보인다. 땅 위에서 사는 사람은 자기가 사는 땅이 평탄한지 아니면 구의 표면인지를 알기 어렵다. 이와 같이 지구 표면이 평탄한지 아니면 둥근지를 기하학적 성질이라고 한다. 지구 표면에 붙어사는 사람도 그가 사는 지구 표면이 어떤 기하학적 성질을 갖는지를 알아낼 수 있다. 우리가 어릴 때 부른 동요에도 나오듯이, 지구가 만일 둥글다면 한 어린이가 자꾸자꾸 나아가면 온 세상 사람들을 다 만나고 다시 제자리로 오기 때문이다. 실제로 마젤란이라는 탐험가가 세계 일주를 함으로써 지구가 둥글다는 사실은 증명되었다.

이와 마찬가지로 우주 공간의 기하학도 생각해보자. 지구의 표면은 적경과 적위의 두 좌표 성분만 있는 2차원의 면이지만, 우주 공간은 가로와 세로와 높이가 있는, 즉 (x, y, z) 좌표가 있는 3차원의 공간이다. 지구 표면이 굽어 있는 것처럼 3차원 공간도 굽어 있을 수 있다. 3차원 공간이 굽어 있다니? 이것은 우리에게 전혀 익숙하지 않다. 일상적 경험을 초월하는 한 차원 높은 세상을 이해하기란 여간 어려운 게 아니다. 수학은 일상에 매몰된 우리의 사고력을 확장시켜줌으로써 이러한 초현실적 대상을 이해할 수 있게 해준다. 그러므로 지금부터 수학의 도움을 받아 우주 공간을 이해해보자.

지구의 표면, 즉 구의 표면은 (x, y, z) 좌표가 있는 3차원의 공간 안에서 원점을 중심으로 하여 거리가 $x^2+y^2+z^2=\mathrm{R}^2$을 만족하는 점들의 집합으로 표현할 수 있다. 이 방정식에 의해 (x, y, z)의 세 가지 자유도가 있던 공간에서 자유도가 하나 줄어서 적경과 적위의 (θ, ϕ) 두 가지 좌표 성분만 존재하는 2차원 면이 되는 것이다. 마찬가지로 (x, y, z, w) 좌표가 있는 4차원의 공간 안에서 $x^2+y^2+z^2+w^2=\mathrm{R}^2$을 만족하는 3차원 공간을 정의할 수 있다. 이에 대해 수학자들은 앞의 것은 3차원 공간에 박혀 있는 2차원 구면이고, 뒤의 것은 4차원 공간 안에 박혀 있는 3차원 초구면(hypersphere)이라고 한다.* 앞의 구면은 S^2이라고 쓰고, 뒤의 3차원 초구면은 S^3이라고 쓴다. 일반적으로는 $(n+1)$차원에 박혀 있는 n차원 초구면을 S^n이라고 쓴다. 여기서 S는 구를 뜻하는 영어 sphere의 머리글자를 딴 것이다.

한편 (x, y, z, w) 좌표가 있는 4차원의 공간 안에서 $x^2+y^2+z^2+w^2=-\mathrm{R}^2$을 만족하는 3차원 공간이라면, 이 공간은 쌍곡면 공간

* 박혀 있다는 표현은 영어 수학용어 imbedded를 번역한 것이다.

(hyperbolic space)이라고 하고 H^3이라고 쓴다. 또한 만일 박혀 있는 공간이 유클리드 공간(Euclidean space)이면 E^3이라고 쓴다. 마찬가지로 $(n+1)$차원에 박혀 있는 n차원 유클리드 공간은 E^n이라고 쓰고, 쌍곡면 공간은 H^n이라고 쓴다.

(식 D−4)의 시공간은 κ값에 따라 기하학적 특성이 다르지만, 편의상 $\kappa=+1$인 구면의 경우를 가지고 이야기하기로 한다. ($\kappa=0$이나 $\kappa=-1$인 경우도 성립한다.) 우리는 보통, 2차원인 구면 위에 그려진 선이나 도형 등의 기하학을 따질 때, 그 구면이 3차원에 박혀 있는 것으로 간주하여 생각하고 계산하는 것에 익숙하다. 그러나 19세기에 베른하르트 리만(1826~1866)이라는 수학자는 n차원 기하학은 그보다 높은 차원의 공간에서 다룰 필요가 없이 n차원 자체에서 따질 수 있음을 보였다. 이러한 것을 그의 이름을 따서 '리만 기하학'이라고 한다. 리만 기하학의 방법에 따라 2차원 구면 기하학을 따져보자면, 2차원 평면 위에서 두 점을 잇는 직선은 최단 거리를 이루듯이, 2차원 구면 위에서도 두 점을 잇는 최단선을 직선이라고 정의한다. 그러면 그 직선은 그 구면 위의 두 점을 잇는 대원(great circle)을 따름을 증명할 수 있다. 대원이란 구면 위의 두 점과 구의 중심을 지나는 한 평면과 구면이 만나는 선을 뜻한다. 이때 구면 위의 두 점을 지나는 직선(대원)은, 그 두 점이 구의 중심에 대해 서로 정반대 쪽에 위치하지 않는 한, 단 하나만이 존재한다. 또한, 두 대원이 만나 이루는 각도를 두 직선의 사잇각이라고 정의한다. 그러면, 구면 위에서 정의된 삼각형의 내각의 합은 180°보다 크고 540°보다 작다 등의 성질을 발견할 수 있다.

이와 같이, 2차원 구면인 S^2에서 기하학을 정의하듯이 3차원 초구면인 S^3에서도 기하학을 따져볼 수 있다. 2차원 구면은 구체적인 모습이

머릿속에 떠오르지만, 3차원 초구면은 잘 떠오르지 않을 것이다. 리만 기하학의 방법으로 2차원 구면에서 직선과 사잇각 등을 정의하듯이, 3차원 초구면에서도 마찬가지로 기하학을 구성할 수 있다.

우리 우주의 공간이 어떤 기하학적 특성을 갖는지 설명해보기 위해 다음과 같이 고유거리 r을 반지름으로 하는 원의 둘레와 구의 표면적 및 체적 등을 구해보자.

먼저 고유거리를 $r \equiv \int a(t) d\chi$라고 정의하자. 여기서 $a(t)$는 우주축척이고 χ는 동행거리이다. 어떤 시각에 3차원 우주 공간에 대해 반지름이 r인 대원의 원주는 다음과 같이 구할 수 있다. 어떤 시각으로 시간을 고정하면 우주축척 $a(t)$가 그 시각의 공간상에서는 상수이기 때문에

$$r \equiv \int a(t) d\chi = a(t)\chi = \text{일정}$$

이다. 메트릭 (식 D−4)에서 보면, 어떤 주어진 시각에서 생각하므로 $dt = 0$이고, r이 일정한 거리로 주어졌으므로 $dr = 0$ 또는 $d\chi = 0$이다. 따라서 (식 D−4)는

(식 D−5A) $$ds^2 = 0 + a^2(t)\left[0 + R_0^2 S_\kappa^2\left(\frac{\chi}{R_0}\right)(d\theta^2 + \sin^2\theta\, d\phi^2)\right]$$

$$= \left[a(t) R_0 S_\kappa\left(\frac{\chi}{R_0}\right)\right]^2 (d\theta^2 + \sin^2\theta\, d\phi^2)$$

이 된다. 여기서 선소(메트릭)의 형태를 보면, ds는 반지름이 $a(t)\mathrm{R}_0\mathrm{S}_\kappa\left(\frac{\chi}{\mathrm{R}_0}\right)$ 인 구면 위에 있는 가까운 두 점 사이의 거리가 됨을 알 수 있다. 여기서 R_0은 현재 우주 공간의 곡률이다. 시간이 흐름에 따라 우주가 팽창하므로 우주 공간의 곡률도 변하는데 그것을 $\mathrm{R} \equiv a(t)\mathrm{R}_0$으로 쓸 수 있다. 그러면

$$\frac{\chi}{\mathrm{R}_0} = \frac{a\chi}{a\mathrm{R}_0} = \frac{r}{\mathrm{R}}$$

이라고 쓸 수 있다. 편의상 현재$(t = t_0)$의 우주축척을 $a_0 \equiv a(t_0) = 1$이라고 놓으므로 $\mathrm{R}(t = t_0) = a(t_0)\mathrm{R}_0 = \mathrm{R}_0$이다. 즉, R_0은 현재 우주 공간의 곡률반경이다. 이와 같이 정의하면 (식 D−5A)는

(식 D−5A′) $$ds^2 = \left[\mathrm{R}\mathrm{S}_\kappa\left(\frac{r}{\mathrm{R}}\right)\right]^2 (d\theta^2 + \sin^2\theta\, d\phi^2)$$

이 된다. 또한 (식 D−5A)를 다르게 써보면

(식 D−5B) $$\begin{aligned} ds^2 &= \left[a(t)\mathrm{R}_0\mathrm{S}_\kappa\left(\frac{\chi}{\mathrm{R}_0}\right)\right]^2 (d\theta^2 + \sin^2\theta\, d\phi^2) \\ &= \left[a(t)\mathrm{R}_0\mathrm{S}_\kappa\left(\frac{\chi}{\mathrm{R}_0}\right)d\theta\right]^2 + \left[a(t)\mathrm{R}_0\mathrm{S}_\kappa\left(\frac{\chi}{\mathrm{R}_0}\right)\sin\theta\, d\phi\right]^2 \end{aligned}$$

과 같이 완전제곱 꼴로 쓸 수 있는데, r과 R에 대한 앞의 정의를 참고하면

(식 D−5B′) $$ds^2 = \left[\mathrm{RS}_\kappa\left(\frac{r}{\mathrm{R}}\right) d\theta \right]^2 + \left[\mathrm{RS}_\kappa\left(\frac{r}{\mathrm{R}}\right) \sin\theta\, d\phi \right]^2$$

으로 표현된다. 이런 식으로 선소(메트릭)를 고유거리 r과 곡률 R로 표현하면, 이 선소로 표현되는 공간(초구면) 위에서 어떤 고유거리 r을 반지름으로 하는 원의 둘레, 구의 표면적과 부피 등을 계산할 때 편리하다.

원둘레

우주 공간에서 우리를 중심으로 고유거리 r을 반지름으로 하는 원을 그렸을 때, 그 원의 둘레는 얼마일까? 만일 우리 우주 공간이 평탄한 유클리드 공간이라면 중학교 수학 시간에 배웠듯이 원둘레는 $2\pi r$이 된다. 그러나 유클리드 공간이 아닌 굽은 공간에서 고유거리 r을 반지름으로 하는 원을 그리면 원둘레가 달라진다. 예를 들어, 그 굽은 공간이 구의 표면, 즉 구면 S^2이라고 하자. 구면 위에서 두 점 사이의 거리가 가장 가까운 경로는 대원을 따르는 경우이다. 평탄한 유클리드 공간에서는 두 점을 잇는 가장 짧은 거리가 직선이 되듯이 구면 위에서는 대원을 따라 측정한 거리가 가장 짧으므로 그 대원을 따르는 경로를 직선으로 정의한다. 여기서 대원이란, [그림 D−1]의 왼쪽 그림에서 보듯이, 구면 위의 두 점을 지나는 무한히 많은 원들 가운데 그 원의 중심이 구의 중심과 일치하는 것을 말한다. 오른쪽 그림처럼 그 중심이 구의 중심이 아닌 원은 대원이 아니다.

이제 구면 위의 한 점을 중심으로 하고 구면상의 거리가 r인 모든

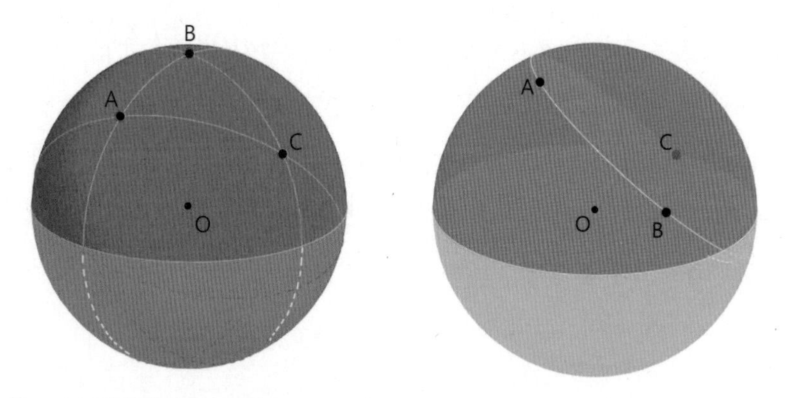

그림 D-1 구면 위의 대원과 대원이 아닌 원 (왼쪽) 구면 위에 있는 점 A, 점 B, 점 C로 이루어진 구면 삼각형을 보면, 각 점을 지나는 대원의 중심은 구의 중심과 일치한다. (오른쪽) 구면 위에 있는 점 A와 점 B를 지나는 임의의 원들 중에서, 특히 두 점이 이루는 평면이 구의 중심을 포함하지 않을 때는 대원이 아니다.

점들로 이루어진 원을 그려보자. 그러면 그 원의 둘레는 대원을 따라 메트릭 (식 D−5A)를 적분하면 얻을 수 있다. 이 메트릭은 반지름이 $r_{\mathrm{A}} \equiv a(t)\mathrm{R}_0\mathrm{S}_\kappa\left(\frac{\chi}{\mathrm{R}_0}\right)$인 구면을 뜻하므로, 대원의 둘레는

(식 D−5C) $$\mathrm{C} = 2\pi r_{\mathrm{A}} = 2\pi a(t)\mathrm{R}_0\mathrm{S}_\kappa\left(\frac{\chi}{\mathrm{R}_0}\right) = 2\pi \mathrm{R}\mathrm{S}_\kappa\left(\frac{r}{\mathrm{R}}\right)$$

이다. 이것을 다른 방식으로도 계산할 수 있다. 구의 표면은 균질하고 등방적이므로 각도 좌표인 $(\theta,\ \phi)$를 선택할 때, 회전에 대해서 선소 $d\theta^2 + \sin^2\theta\, d\phi^2$이 달라지지만 않으면 각도 기준은 마음대로 선택해도 된다. 따라서 만일 그 대원이 지구의 경도선과 일치하도록 좌표계를 잡으면, $d\phi = 0$이고 적분 범위는 $\theta \in [0,\ 2\pi]$가 된다. 그러면 (식 D−5A)에서

$$C = \oint ds = a(t) R_0 S_\kappa\left(\frac{\chi}{R_0}\right) \int_0^{2\pi} d\theta = 2\pi a(t) R_0 S_\kappa\left(\frac{\chi}{R_0}\right)$$

이다. 여기서 $\oint ds$는 ds가 폐곡선을 이룰 때 그 선소를 적분하여 그 폐곡선의 길이를 구한다는 뜻이다. 또한 만일 그 대원이 적도선과 일치하도록 좌표계를 잡으면, $d\theta = 0$이고 $\theta = \frac{\pi}{2}$이므로 $\sin\theta = 1$이 되며, $\phi \in [0, 2\pi]$가 된다. 그러면

$$C = \oint ds = a(t) R_0 S_\kappa\left(\frac{\chi}{R_0}\right) \sin\theta \int_0^{2\pi} d\phi$$

$$= 2\pi a(t) R_0 S_\kappa\left(\frac{\chi}{R_0}\right) \sin\frac{\pi}{2} = 2\pi a(t) R_0 S_\kappa\left(\frac{\chi}{R_0}\right)$$

로 계산된다. 좌표계를 어떻게 잡아도 그 대원의 둘레는 (식 D−5C)와 같다.

(식 D−5C)가 무슨 뜻인지 살펴보기 위해 구면의 경우를 예로 들어 보자. 다음 그림처럼 반지름이 aR_0인 구면 위의 한 점 O에서 구면을 따라 고유거리 r만큼 떨어진 모든 점들의 집합은 원이 된다. 고유거리를 $r = a\chi$로 정의하므로 호도법에 의해 $\angle ACO = \frac{\chi}{R_0}$이다. 그러면 이 원 D의 반지름은 $r_A = aR_0 \sin\left(\frac{\chi}{R_0}\right)$가 되고, 따라서 원둘레는 $C = 2\pi r_A = 2\pi a R_0 \sin\left(\frac{\chi}{R_0}\right)$가 된다. 구면일 때는 $\kappa = +1$이고 이때 $S_\kappa\left(\frac{\chi}{R_0}\right) = \sin\left(\frac{\chi}{R_0}\right)$가 되듯이, κ의 값에 따라, $S_\kappa\left(\frac{\chi}{R_0}\right)$는 (식 D−4)에서 정의한 함수가 된다. 그 각 경우에 대한 증명은 싣지 않는다. 다만, $r \ll R$인 경우에, 즉 점 O 근처에서는 구면이 국지적으로 평면으로 근사되므로 원

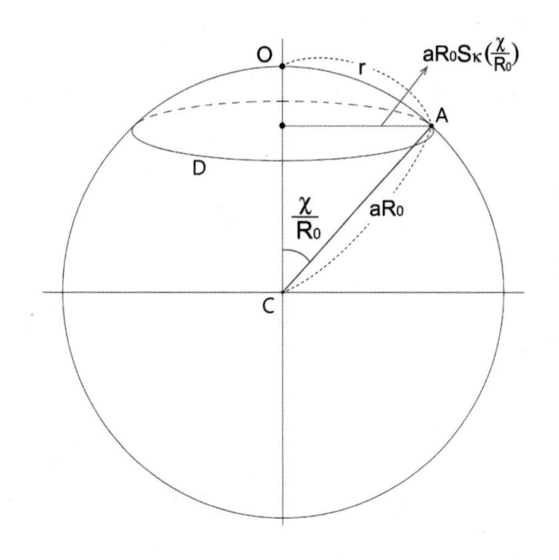

둘레가 $C=2\pi r$이 됨을 확인할 수 있다. 즉, $r \ll R$인 경우 테일러 근사에 의해 $\sin\left(\frac{r}{R}\right) \simeq \frac{r}{R}$이므로 $C=2\pi R\sin\left(\frac{r}{R}\right) \simeq 2\pi R\left(\frac{r}{R}\right)=2\pi r$로 근사된다. $2\pi r$은 우리에게 익숙한 원둘레 공식이다.

이 기하학 문제를 실제로 응용해보자. 연아는 땅 위에 살고 있었다. 그런데 연아는 땅이 평탄한 평면이라고 느끼고 있었다. 어느 날 어떤 천문학자가 연아에게 땅은 구면이라고 말해주었다. 그래서 연아는 과연 땅이 구면인지 증명하고 싶었다. 그녀는 자기를 중심으로 반지름이 $r=10\,km$인 원을 그린 다음, 그 원둘레를 측정하였다. 만일 지구가 평면이라면 그 원의 둘레는 $2\pi \times 10\,km$가 되어야 했다. 연아는 과연 자기가 발을 딛고 사는 땅이 평탄한지 아니면 구면인지 알아낼 수 있을까? 만일 그녀가 사는 땅이 구면이라면, (식 D−5C)에서 $\kappa=+1$이고 $S_{\kappa=+1}\left(\frac{r}{R}\right)=\sin\left(\frac{r}{R}\right)$이어야 하므로, 원둘레는 $C=2\pi R\sin\left(\frac{r}{R}\right)$이 되어야 한다. 여기서 R은 지구면의 곡률반경, 즉 지구의 반지름이 되어야 한다. 우리는 지구의 반지름이 $R \approx 6{,}400\ km$ 임을 알고 있다. 연아가 땅 위에 그린 원의 반지름이 겨우 $r = 10\ km$ 이므로 $r \ll R$ 이다. 그러므로 $\sin\left(\frac{r}{R}\right)$ 은 테일러 근사를 할 수 있으며, 그 첫 두 항만으로 근사를 해보자. $\sin\left(\frac{r}{R}\right) \simeq \frac{r}{R} - \frac{1}{3!}\left(\frac{r}{R}\right)^3$ 이다. 따라서 연아가 그린 원의 둘레는 $C = 2\pi R \sin\left(\frac{r}{R}\right) \simeq 2\pi R\left[\frac{r}{R} - \frac{1}{3!}\left(\frac{r}{R}\right)^3\right] = 2\pi r - \frac{1}{3}\pi\frac{r^3}{R^2}$ 이다. 결론적으로 연아가 사는 땅이 구면이라면 평면일 때에 비해서 원둘레가 $\frac{1}{3}\pi\frac{r^3}{R^2}$ 만큼 작게 측정될 것이다. 실제값을 대입해보면 그 차이는

$$\frac{1}{3} \times 3.14 \times \frac{(10\,km)^3}{(6{,}400\,km)^2} \approx 0.000026\,km \simeq 2.6\,cm$$

가 된다. 지구 위의 한 점에서 반지름 $10\,km$ 인 원을 그리고 그 둘레를 측정하되 $2.6\,cm$ 의 차이를 분간해낼 수 있을 정도로 정밀하게 측정해야 지구가 구면인지 평면인지를 분간할 수 있다는 말이다. 연아는 과연 자기가 사는 지구가 구인지 알 수 있을까? 만일 반지름이 $100\,km$ 인 원을 그린다면? 이 방법으로 연아가 땅이 구면이라는 것을 증명하려면 얼마나 큰 원을 그려야 할까?

구의 표면적과 부피

다시 우주 공간의 기하학에 대한 이야기로 돌아와서, 우리 우주에서 반지름이 r 인 구의 표면적을 구해보자. 앞에서와 마찬가지로 $r = a\chi$ 로

고정하였다. (식 D−5B)나 (식 D−5B′)과 같이 메트릭에 $d\theta \cdot d\phi$와 같은 항이 없이 완전제곱 꼴로 된 경우, 각각의 제곱에 들어 있는 항을 곱하여 면적소로 삼은 다음 전체 표면에 걸쳐 적분하면 표면적을 구할 수 있다. 여기서 $a(t)$도 R_0도 $S_\kappa\left(\frac{\chi}{R_0}\right)$도 모두 각도 θ, ϕ와는 상관이 없으므로 적분 바깥으로 나오고, 구면 전체에 대한 면적분이므로 각도 성분의 적분구간은 $\theta \in [0, \pi]$이고 $\phi \in [0, 2\pi]$이다. 따라서 반지름이 r인 구의 표면적은

(식 D−5D)
$$A = \iint a(t)R_0 S_\kappa\left(\frac{\chi}{R_0}\right) d\theta \cdot a(t)R_0 S_\kappa\left(\frac{\chi}{R_0}\right)\sin\theta\, d\phi$$
$$= a^2(t)R_0^2 S_\kappa^2\left(\frac{\chi}{R_0}\right)\int_0^\pi \sin\theta\, d\theta \int_0^{2\pi} d\phi$$
$$= 4\pi\left[a(t)R_0 S_\kappa\left(\frac{\chi}{R_0}\right)\right]^2$$

이다. 앞에서와 마찬가지로 $R \equiv a(t)R_0$으로 정의하자. 또한 $r = a\chi$이므로 이 식을 다시 쓰면

$$A(r) = 4\pi\left[RS_\kappa\left(\frac{r}{R}\right)\right]^2$$

이 된다.

또한 이 원을 대원으로 하는 구의 부피는 표면적을 반지름에 대해 적분하여 구할 수 있다.

(식 D－5E) $$V=\int_0^r A(r')\,dr'=\int_0^\chi 4\pi\left[a(t)R_0S_\kappa\left(\frac{\chi'}{R_0}\right)\right]^2 a(t)\,d\chi'$$

$$=4\pi a^3R_0^3\int_0^\chi S_\kappa^2\left(\frac{\chi'}{R_0}\right)d\left(\frac{\chi'}{R_0}\right)$$

이 식을 세 가지 우주 공간의 기하학에 따라 더 구체적으로 계산해 보자. 먼저 $\kappa=+1$인 경우, $S_\kappa\left(\frac{\chi}{R_0}\right)=\sin\left(\frac{\chi}{R_0}\right)$이므로

$$\int_0^\chi S_\kappa^2\left(\frac{\chi}{R_0}\right)d\left(\frac{\chi}{R_0}\right)=\int_0^\chi \sin^2\left(\frac{\chi}{R_0}\right)d\left(\frac{\chi}{R_0}\right)$$

이다. 계산을 편리하게 하기 위해, $t\equiv\frac{\chi}{R_0}$으로 치환하고, 삼각함수의 배각공식 $\sin^2 t=\frac{1-\cos 2t}{2}$를 적용하면

$$=\int_0^{\frac{\chi}{R_0}}\sin^2 t\,dt=\int_0^{\frac{\chi}{R_0}}\frac{1-\cos 2t}{2}\,dt$$

이다. 이것은 다음과 같이 쉽게 적분할 수 있다.

$$=\frac{1}{2}\left[t-\frac{1}{2}\sin 2t\right]_0^{\frac{\chi}{R_0}}=\frac{1}{2}\left[\frac{\chi}{R_0}-\frac{1}{2}\sin\left(\frac{2\chi}{R_0}\right)\right]$$

따라서

$$V_{\kappa=+1} = 2\pi a^3 R_0^3 \left[\frac{\chi}{R_0} - \frac{1}{2}\sin\left(\frac{2\chi}{R_0}\right)\right]$$

이다.

한편 $\kappa = -1$인 경우는 $S_\kappa\left(\frac{\chi}{R_0}\right) = \sinh\left(\frac{\chi}{R_0}\right)$이므로, $\sinh^2 t$를 적분해야 하는데, 쌍곡사인 함수가

$$\sinh t \equiv \frac{e^t - e^{-t}}{2} \text{와 } \cosh t \equiv \frac{e^t + e^{-t}}{2}$$

으로 정의되므로 양변을 제곱하면

$$\sinh^2 t \equiv \left(\frac{e^t - e^{-t}}{2}\right)^2 = \frac{e^{2t} - 2 + e^{-2t}}{4} = \frac{e^{2t} + e^{-2t}}{4} - \frac{1}{2}$$
$$= \frac{1}{2}\cosh 2t - \frac{1}{2}$$

이다. 이를 이용하여 앞의 $\kappa = +1$인 경우와 마찬가지로 적분하면, 부피는

$$V_{\kappa=-1} = 2\pi a^3 R_0^3 \left[\frac{1}{2}\sinh\left(\frac{2\chi}{R_0}\right) - \frac{\chi}{R_0}\right]$$

로 계산된다.

마지막으로 $\kappa = 0$인 경우는 $S_\kappa\left(\frac{\chi}{R_0}\right) = \frac{\chi}{R_0}$이므로

$$V_{\kappa=0} = 4\pi a^3 R_0^3 \int_0^{\chi} \left(\frac{\chi}{R_0}\right)^2 d\left(\frac{\chi}{R_0}\right) = \frac{4\pi}{3} a^3 R_0^3 \left(\frac{\chi}{R_0}\right)^3$$

$$= \frac{4\pi}{3} a^3 \chi^3 = \frac{4\pi}{3} (a\chi)^3 = \frac{4\pi}{3} r^3$$

으로 계산된다. 우리가 익숙하게 알고 있는 유클리드 공간에서 구의 부피이다.

지금까지 계산해본 우주 공간의 세 가지 기하학적 모형에 따른 원둘레, 표면적, 부피를 정리하면 다음 표와 같다.

	$\kappa=+1$	$\kappa=0$	$\kappa=-1$
원둘레 C	$2\pi a R_0 \sin\left(\frac{\chi}{R_0}\right)$ $= 2\pi R \sin\left(\frac{r}{R}\right)$	$2\pi a R_0 \left(\frac{\chi}{R_0}\right)$ $= 2\pi r$	$2\pi a R_0 \sinh\left(\frac{\chi}{R_0}\right)$ $= 2\pi R \sinh\left(\frac{r}{R}\right)$
표면적 A	$4\pi \left[a R_0 \sin\left(\frac{\chi}{R_0}\right)\right]^2$ $= 4\pi \left[R \sin\left(\frac{r}{R}\right)\right]^2$	$4\pi \left[a R_0 \left(\frac{\chi}{R_0}\right)\right]^2$ $= 4\pi r^2$	$4\pi \left[a R_0 \sinh\left(\frac{\chi}{R_0}\right)\right]^2$ $= 4\pi \left[R \sinh\left(\frac{r}{R}\right)\right]^2$
부피 V	$2\pi a^3 R_0^3 \left[\frac{\chi}{R_0} - \frac{1}{2}\sin\left(\frac{2\chi}{R_0}\right)\right]$ $= 2\pi R^3 \left[\frac{r}{R} - \frac{1}{2}\sin\left(\frac{2r}{R}\right)\right]$	$\frac{4\pi}{3} a^3 R_0^3 \left(\frac{\chi}{R_0}\right)^3$ $= \frac{4\pi}{3} r^3$	$2\pi a^3 R_0^3 \left[\frac{1}{2}\sinh\left(\frac{2\chi}{R_0}\right) - \frac{\chi}{R_0}\right]$ $= 2\pi R^3 \left[\frac{1}{2}\sinh\left(\frac{2r}{R}\right) - \frac{r}{R}\right]$

우리 우주 공간은 공간적으로 균질하고 방향에 대해 등방적이므로, 모든 점에서 성립하는 국부적인 기하학적 성질이 모든 공간에 동일하

게 적용된다. 그래서 우주 공간의 기하학적 성질은 우주 공간 전체의 모양과 관계가 있다. 공간의 전체적인 모양을 다루는 수학 분야를 '위상수학' 또는 '토폴로지'라고 하는데, 우주론에서는 대개 우주 공간 전체의 모양과 연결 상태를 말할 때 그냥 토폴로지라고 일컫는다. 다시 말해서 우주의 기하학과 우주의 토폴로지는 직접적인 관련을 갖고 있는 것이다. 토폴로지에서는 어떤 공간의 표면적이 유한하고 모서리가 없이 매끈하면 그러한 공간의 토폴로지는 닫혀 있다고 말한다. 반면에 공간이 무한하게 펼쳐져 있어서 표면적이 무한대가 되는 공간의 토폴로지는 열려 있다고 한다. $\kappa = +1$인 우주 공간은 원둘레나 표면적이 음수가 될 수 없으므로 유한하다. 즉, 원둘레가 음수가 될 수 없으므로 $0 \le \frac{r}{R} \le \pi$만 가능하고, 따라서 부피도 유한하다. 그래서 $\kappa = +1$인 우주 공간을 '닫힌 우주'라고 한다. 반면에 $\kappa = 0$ 또는 $\kappa = -1$인 공간은 구의 반지름 r을 크게 잡을수록 원둘레나 구의 표면적이 무한히 커진다. 또한 부피도 무한히 커지게 된다. 그래서 $\kappa = 0$인 우주 공간과 $\kappa = -1$인 우주 공간을 '열린 우주'라고 부르며, 특히 $\kappa = 0$인 우주 공간을 '평탄한 우주'라고 부른다. 닫힌 우주에서는 한 방향으로 계속 나아가면 결국 처음에 출발한 곳으로 되돌아오게 된다. 마젤란이 지구 표면을 항해하여 제자리로 돌아온 것과 비슷하다. 단, 우리 우주가 S^3이라면 지구 표면은 S^2이라는 점만이 다르다.

마지막으로 닫힌 우주와 열린 우주를 국부적으로는 평탄한 우주로 근사할 수 있음을 알아보자. 닫힌 우주($\kappa = +1$)의 경우, $\chi \ll R_0$ 또는 $r \ll R$이면 테일러 근사에 의해 $S_\kappa\left(\frac{\chi}{R_0}\right) = \sin\left(\frac{\chi}{R_0}\right) \simeq \frac{\chi}{R_0}$가 되어 원둘레 C와 표면적 A의 값이 평탄한 우주($\kappa = 0$)일 때와 근사적으로 일치한

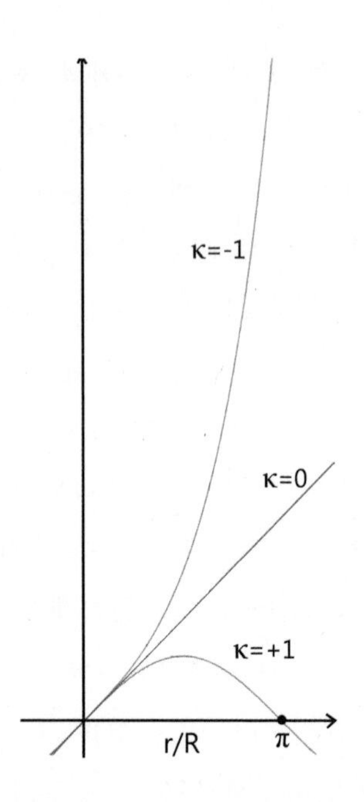

그림 D-2 우주 공간의 세 가지 기하학에 따른 원둘레 공간의 한 점을 중심으로 반지름 r을 갖는 원의 둘레를 그린 것이다. $\kappa=0$인 공간이나 $\kappa=-1$인 공간은 반지름이 커짐에 따라 원둘레가 계속 커질 수 있다. 그러나 $\kappa=+1$인 공간에서는 $r/\mathrm{R}=\pi/2$일 때 원둘레가 가장 길어지며, $r/\mathrm{R}=\pi$일 때 원둘레가 다시 0이 된다. 이러한 특성은 구면의 한 점을 중심으로 원을 그릴 때와 똑같은 성질이다.

다. 마찬가지로 열린 우주($\kappa=-1$)에서도 $\chi \ll \mathrm{R}_0$ 또는 $r \ll \mathrm{R}$이면 $S_\kappa\left(\frac{\chi}{\mathrm{R}_0}\right)=\sinh\left(\frac{\chi}{\mathrm{R}_0}\right)\simeq\frac{\chi}{\mathrm{R}_0}$가 되어 평탄한 우주($\kappa=0$)로 근사된다. (이 [부록 D]의 맨 뒤에 왜 이런 근사가 가능한지 수학적인 설명을 하였으니 참고하기 바란다.) 이러한 특성은 R_0이 현재 우주 공간의 곡률반경을 나타내고, R은 어떤 시각에 우주축척이 $a(t)$일 때의 우주 곡률반경을 나타냄을 알게 되면 자연스럽게 이해된다. 유클리드 공간에서는 평면 위의 한 점에서는 곡률반경이 무한대, 즉 $\mathrm{R}_0=\infty$이기 때문이다. 그래서 R_0이 매우 커질수록 공간은 평면에 가까워지는 것이다.

부피의 경우는 사인 함수와 쌍곡사인 함수의 테일러 급수를 둘째 항까지 사용해야 한다. 즉, $x \ll 1$인 경우 $\sin x \approx x - \frac{1}{6}x^3$이고 $\sinh x \approx x + \frac{1}{6}x^3$임을 이용한다. (다음 절의 끝부분에 쌍곡사인 함수에서 이러한 근사가 가능한 까닭을 설명해놓았다.) 그러면 $\chi \ll R_0$인 경우, $\kappa = +1$이거나 $\kappa = -1$일 때 모두 $\kappa = 0$인 유클리드 공간과 같아짐을 보일 수 있다. 계산은 독자들에게 맏긴다.

아인슈타인 장-방정식과 프리드만 방정식

우리 우주의 시공간이 갖는 메트릭이 주어지면, 우주의 어떤 점에서 시공간의 곡률이 얼마인지 구할 수 있다. 그 곡률을 나타내는 것이 다음 식이다.

$$R_{\mu\nu} - \frac{1}{2}g_{\mu\nu}R + \Lambda g_{\mu\nu} = \frac{8\pi G}{c^4}T_{\mu\nu}$$

이 식이 바로 그 유명한 아인슈타인 장-방정식이다. 여기서 좌변을 $G_{\mu\nu} \equiv R_{\mu\nu} - \frac{1}{2}g_{\mu\nu}R + \Lambda g_{\mu\nu}$와 같이 정의하고, $G_{\mu\nu}$를 아인슈타인 텐서라고 부른다. 여기서 $R_{\mu\nu}$는 리치 텐서, R은 리치 스칼라, Λ는 우주상수라고 한다. 또한 $g_{\mu\nu}$는 메트릭, 즉 앞에서 배운 (식 D−1)에서 dt^2, dr^2 등의 앞에 붙어 있는 계수를 말한다. 리치 텐서와 리치 스칼라는 시공간의 곡률에 해당하므로 이것들로 이루어진 아인슈타인 텐서는 시공간의 곡률이라고 볼 수 있다. 우주의 기하학을 기술하는 메트릭이 주어지면, 장-방정식의 좌변은 원칙적으로 계산할 수 있다. 로버트슨-워커 메트릭이 갖는 대칭성을 고려하면, 결국 장-방정식의 좌변은 단지 우주축척 $a(t)$에만 관계가 있어서 $a(t)$의 시간에 대한 2계 미분방정식이 된다.

우변 $T_{\mu\nu}$는 스트레스-에너지-모멘텀 텐서라는 것인데, 우주 시공간을 휘게 만드는 물질과 에너지 성분을 나타낸다. G는 뉴턴의 중력상수이다. 아인슈타인 장-방정식은 우변이 나타내는 물질의 양과 종류와 성질에 의해 좌변이 나타내는 시공간의 곡률이 달라진다는 사실을 표현하고 있다. 우변의 스트레스-에너지-모멘텀 텐서도 우주론의 원리와 물질의 물리적 특성을 가정하면 구할 수 있다. 즉, 우주 물질과 에너지가 균질성과 등방성을 갖고 있고, 그 구성 물질이 무엇인지 또한 그 성질이 어떤지가 주어지면 스트레스-에너지-모멘텀 텐서 $T_{\mu\nu}$도 구할 수 있다. 일반적으로 우리는 우리 우주가 빛과 중성미자와 반중성미자의 렙톤, 중성자와 양성자 등의 바리온, 그리고 암흑물질과 암흑에너지 등으로 이루어져 있다고 보고, 또한 우주의 물질은 에너지를 잃지 않는 탄성충돌만을 하는 이상기체라고 가정한다. 그러면 $T_{\mu\nu}$의 성분은 물질의 밀도(ρ)와 압력(p)만으로 주어진다. 또한 밀도와 압력 사이의 관계식인 상태방정식이 주어지면 방정식은 더 간단해진다.

이렇게 구한 좌변과 우변의 양들을 아인슈타인 장-방정식에 넣으면, 결국 우리는 시간의 함수인 2계 미분방정식 2개를 얻는다. 그것이 바로 프리드만 방정식이다. 프리드만 방정식의 해를 구하면 그 해가 바로 우리 우주의 크기가 시간에 따라 어떻게 진화하는지를 나타내게 된다.

로버트슨-워커 메트릭에서 아인슈타인 장-방정식을 유도하는 과정은 이 책의 수준을 훨씬 넘는다. 여기서는 단지 그 계산 결과인 프리드만 방정식을 적어보자. $G_{\mu\nu}=\frac{8\pi G}{c^4}T_{\mu\nu}$에서, $\mu=0$, $\nu=0$인 시간-시간 항은

(식 D−6A) $$\left(\frac{\dot{a}}{a}\right)^2=\frac{8\pi G\rho}{3}-\frac{kc^2}{a^2}+\frac{\Lambda c^2}{3}$$

이다. 여기서 $\dot{a}$는 우주축척 a를 시간으로 한 번 미분한 값, 즉 $\dot{a}\equiv\frac{da}{dt}$이다. ρ는 우주의 에너지 밀도로서 시간(또는 우주축척)의 함수이며, Λ는 우주상수이다. 또한 공간-공간 성분에서 유도되는 항은

(식 D−6B) $$\frac{\ddot{a}}{a}=-\frac{4\pi G}{3}\left(\rho+\frac{3p}{c^2}\right)+\frac{\Lambda c^2}{3}$$

이다. 여기서 $\ddot{a}$는 우주축척 a를 시간으로 두 번 미분한 값이다. p는 우주의 압력으로서 시간(또는 우주축척)의 함수이다. 이와 같은 로버트슨-워커 메트릭과 이상기체 등을 가정하면 아인슈타인 장-방정식은 간단한 2개의 2계 연립미분방정식이 된다.

그런데 (식 D−6A)의 양변에 a^2을 곱한 다음, 시간으로 미분하면

$$2\dot{a}\ddot{a}=\frac{8\pi G}{3}(a^2\dot{\rho}+2\rho a\dot{a})+2a\dot{a}\frac{\Lambda c^2}{3}$$

이다. 여기서 $\dot{\rho}\equiv\frac{d\rho}{dt}$를 뜻하는 것이며, $\frac{da^2}{dt}=2a\frac{da}{dt}=2a\dot{a}$가 됨에 유의하라. 이 식의 양변을 $2a\dot{a}$로 나누면

$$\frac{\ddot{a}}{a} = \frac{4\pi G}{3}\left(\frac{a}{\dot{a}}\dot{\rho} + 2\rho\right) + \frac{\Lambda c^2}{3}$$

이다. 이것을 (식 D−6B)와 연립해서 풀면

$$\frac{a}{\dot{a}}\dot{\rho} + 3\left(\rho + \frac{p}{c^2}\right) = 0$$

이다. 이 식의 양변에 $a^2\dot{a}$를 곱한 다음, 밀도(ρ) 항과 압력(p) 항을 분리하면

$$a^3\dot{\rho} + 3\rho a^2\dot{a} + \frac{3p}{c^2}a^2\dot{a} = 0$$

을 얻는다. 우리는 멱함수의 미분에서 $\frac{da^3}{dt} = 3a^2\frac{da}{dt} = 3a^2\dot{a}$임을 안다면, 이를 거꾸로 이용해서 앞의 식을 다음과 같이 쓸 수 있다.

(식 D−7) $$\frac{d}{dt}(\rho c^2 \times a^3) + p\frac{d}{dt}(a^3) = 0$$

이 식에서 a^3을 부피 V라고 보고, 아인슈타인의 유명한 공식 $E = mc^2$을 생각하면 $E \equiv \rho(a)c^2 \times a^3$은 에너지 밀도이므로, 좌변은 열역학 제1법칙(에너지 보존 법칙)을 나타내는 방정식 $dQ = dE + p\,dV$의 우변과 같다. 여기서 dQ는 그 계에 드나드는 열이다. 그러므로 (식 D−7)의 우변은, 우주 팽창은 열이 드나들지 않는 단열과정($dQ = 0$)이라는

뜻이다. (식 D−7)의 좌변은, 우주가 단열 팽창하면서 일(pdV)을 하는 만큼 우주의 내부 에너지(dE)가 줄어든다는 말이다.

(식 D−7)을 적분하면 밀도와 압력의 관계를 나타내는 방정식이 된다. 우리는 그 방정식을 '상태방정식'이라고 한다. 그러므로 흔히 (식 D−6A)와 (식 D−6B)의 두 미분방정식을 연립해서 풀지 않고, (식 D−6A)와 상태방정식을 연립해서 풀고 대신 (식 D−6B)는 쓰지 않는다.

(식 D−6A)의 우변에서 ρ는 우주에 들어 있는 빛, 중성미자, 반중성미자, 바리온, 암흑물질 등의 에너지의 밀도이다. 우주론에서 빛, 중성미자, 반중성미자는 렙톤(lepton, 경입자)이라고 하고, 바리온(baryon, 중입자)과 암흑물질을 흔히 물질이라고 한다. 먼저 우주축척이 a일 때의 우주의 물질 밀도를 $\rho_M(a)$라고 하자. 물질에는 바리온과 암흑물질이 있으므로 보통은 $\rho_M = \rho_B + \rho_{DM}$으로 표시한다. 물질 밀도는 질량을 부피로 나눈 것이다. 따라서 물질이 생성되거나 소멸되지 않는다면

$$밀도 \times 부피 = \rho_M(a) \times a^3 = 상수$$

가 된다. 이 식은 현재($a = a_0$)일 때도 성립한다. 따라서 현재의 물질 밀도를 $\rho_M \equiv \rho_M(a_0)$이라고 정의하면, $\rho_M(a)a^3 = \rho_M(a_0)\,a_0^3$이다. 따라서 $\rho_M(a) = \rho_M a_0^3 a^{-3}$이다. 일반적으로 현재의 우주축척은 $a_0 = 1$로 놓으므로 $\rho_M(a) = \rho_M a^{-3}$이 된다. 한편, 우리 우주의 렙톤도 그 개수는 변하지 않으나 각각의 에너지는 우주 팽창에 의한 우주론적 적색이동 때문에, a배만큼 작아지므로, 물질과 마찬가지 추론 과정을 거쳐 $\rho_R(a) = \rho_R a^{-4}$임을 알 수 있다. 여기서 ρ_R은 표기법이 조금 헷갈릴 수도 있지만, 현재 밀도 값, 즉 $\rho_R \equiv \rho_R(a_0)$이다. 지금까지 생각해본 것을 정리하

면, (식 D－6A)의 우변에 있는 첫째 항에서 $\rho(a) = \rho_R(a) + \rho_M(a)$이며, 렙톤과 물질의 밀도는 그 현재값을 각각 ρ_R과 ρ_M이라고 할 때, 우주 팽창에 따라 $\rho_R(a) = \rho_R a^{-4}$과 $\rho_M(a) = \rho_M a^{-3}$으로 변한다.

우주의 물질과 시공간과 우주상수 등의 에너지에 의해 우주의 기하학은 열린 우주에서 닫힌 우주까지 변할 수 있다. 그 경계에 해당하는 것이 유클리드 기하학을 따르는 평탄한 우주이다. 그 평탄한 우주의 밀도를 임계 밀도라고 한다. 우주의 임계 밀도를 다음과 같이 정의하자.

$$\rho_c \equiv \frac{3H_0^2}{8\pi G}$$

(식 D－6A)의 좌변에 있는 $\frac{\dot{a}}{a}$는 본문에서 공부했듯이 허블계수이다. 이것은 시간의 함수이다. 따라서 우변도 허블계수에 무차원 항을 곱한 형태로 만들기 위해, 우변에서 현재의 허블계수 H_0의 제곱을 끄집어내면, 우변의 첫째 항은

$$\frac{8\pi G\rho(a)}{3} = H_0^2 \frac{8\pi G}{3H_0^2}\rho(a) = H_0^2 \times \frac{\rho(a)}{\rho_c}$$

가 된다. 앞에서 렙톤과 물질의 밀도를 $\rho(a) = \rho_R(a) + \rho_M(a) = \rho_R a^{-4} + \rho_M a^{-3}$으로 정의하였음을 기억하자. 이제 렙톤의 에너지 밀도와 물질 밀도를 임계 밀도와의 비로 표현하자. 우리는 이것을 밀도인수(density parameters)라고 한다. 그러면

(식 D−8A)
$$\frac{\rho(a)}{\rho_c}=\frac{\rho_{\mathrm{R}}(a)+\rho_{\mathrm{M}}(a)}{\rho_c}=\frac{\rho_{\mathrm{R}}a^{-4}+\rho_{\mathrm{M}}a^{-3}}{\rho_c}$$
$$=\frac{\rho_{\mathrm{R}}}{\rho_c}a^{-4}+\frac{\rho_{\mathrm{M}}}{\rho_c}a^{-3}=\Omega_{\mathrm{R}}a^{-4}+\Omega_{\mathrm{M}}a^{-3}$$

이다. 여기서 각 밀도인수의 현재값을 $\Omega_{\mathrm{R}}\equiv\frac{\rho_{\mathrm{R}}}{\rho_c}$과 $\Omega_{\mathrm{M}}\equiv\frac{\rho_{\mathrm{M}}}{\rho_c}$으로 정의하였다. 현재에 측정된 값임을 명심하기 바란다. 또한 우주 곡률에너지와 우주상수의 에너지 밀도 등도 모두 이 임계 밀도와의 비로 표현해 보자. 그러기 위해서는 다음과 같이 정의하면 된다.

(식 D−8B)
$$\Omega_{\mathrm{K}}\equiv-\frac{kc^2}{\mathrm{H}_0^2}$$

(식 D−8C)
$$\Omega_{\Lambda}\equiv\frac{\Lambda c^2}{3\mathrm{H}_0^2}$$

(식 D−8A), (식 D−8B), (식 D−8C)를 모두 프리드만 방정식 (식 D−6A)에 적용하여 다시 쓰면

(식 D−9)
$$[\mathrm{H}(a)]^2=\mathrm{H}_0^2\left(\frac{\Omega_{\mathrm{R}}}{a^4}+\frac{\Omega_{\mathrm{M}}}{a^3}+\frac{\Omega_{\mathrm{K}}}{a^2}+\Omega_{\Lambda}\right)$$

가 된나. 한편 우주축척은 $a=a_0/(1+z)$인데 현재의 우주축척을 편의상 $a_0=1$로 놓으면

(식 D−10) $[\mathrm{H}(z)]^2 = \mathrm{H}_0^2[\Omega_\mathrm{R}(1+z)^4 + \Omega_\mathrm{M}(1+z)^3 + \Omega_\mathrm{K}(1+z)^2 + \Omega_\Lambda]$

가 된다. (식 D−9)나 (식 D−10)을 보면, 우주축척의 시간에 대한 변화율을 나타내는 허블계수 $\mathrm{H}(t)$가, 우주의 구성 요소인 빛, 중성미자, 반중성미자, 암흑물질, 바리온, 우주 곡률에너지, 우주상수 등이 얼마만큼 들어 있느냐와 허블상수 H_0이 몇이냐에 의해 결정됨을 알 수 있다. 그러므로 Ω_R, Ω_M, Ω_K, Ω_Λ 그리고 H_0이 주어지면 우주 모형이 정해진다.

사인 함수와 지수함수의 테일러 전개

$x \ll 1$로 매우 작을 때, 사인 함수 $\sin x$의 테일러 전개는

$$\sin x = x - \frac{1}{3!}x^3 + \frac{1}{5!}x^5 - \frac{1}{7!}x^7 + \cdots$$

이다. 따라서 높은 차수의 항을 무시하면, $\sin x \approx x$로 근사된다.

한편 쌍곡사인 함수 $\sinh x$는

$$\sinh x \equiv \frac{e^x - e^{-x}}{2}$$

으로 정의된다. $x \ll 1$로 매우 작을 때, 지수함수 e^x의 테일러 전개는

$$e^x = 1 + x + \frac{1}{2!}x^2 + \frac{1}{3!}x^3 + \cdots$$

이다. 이것을 쌍곡사인 함수의 정의에 대입하고 높은 차수의 항을 무시하면

$$\sinh x \equiv \frac{e^x - e^{-x}}{2} = \frac{\left(1 + x + \frac{1}{2}x^2 + \cdots\right) - \left(1 - x + \frac{1}{2}x^2 - \cdots\right)}{2}$$

$$= \frac{2x + \frac{2}{3!}x^3 + \cdots}{2} = x + \frac{1}{3!}x^3 + \cdots$$

이다. 따라서 높은 차수의 항을 무시하면, $\sinh x \approx x$로 근사된다. 둘째 항까지 고려하면 $\sinh x \approx x + \frac{1}{6}x^3$이다.

동행거리 좌표계에서의 메트릭

앞의 (식 D−4)에서 우리는 로버트슨-워커 메트릭을 다음과 같은 형태로 나타냈다.

$$ds^2 = -(c\,dt)^2 + a^2(t)\left[d\chi^2 + \mathrm{R}_0^2 \mathrm{S}_\kappa^2\left(\frac{\chi}{\mathrm{R}_0}\right) \mathrm{d}\Omega^2\right]$$

여기서 함수 S_κ는 우리 우주의 시공간이 갖는 기하학적 특성에 따라

$$\begin{cases} S_\kappa\left(\dfrac{\chi}{R_0}\right) = \sin\left(\dfrac{\chi}{R_0}\right) & \kappa = +1\text{(닫힌 우주)일 때} \\ S_\kappa\left(\dfrac{\chi}{R_0}\right) = \dfrac{\chi}{R_0} & \kappa = 0\text{(평탄한 우주)일 때} \\ S_\kappa\left(\dfrac{\chi}{R_0}\right) = \sinh\left(\dfrac{\chi}{R_0}\right) & \kappa = -1\text{(열린 우주)일 때} \end{cases}$$

의 함수로 표현된다. 여기서 χ는 동행거리이고, R_0은 현재 우주의 곡률반경이다. 본문에서 다루었던 어떤 은하까지의 거리 중에서 현재 그 은하의 고유거리를 뜻하는 종축 동행거리와 각지름거리에 사용하는 횡축 동행거리에 대해 알아보자.

종축 동행거리

어떤 은하에서 우리의 시선방향으로 날아온 빛을 생각해보자. 이 빛은 로버트슨-워커 메트릭으로 기술되는 시공간을 따라 진행하여 우리 눈에 도달하였다. 그러므로 이 메트릭을 적분하여 거리를 정의할 수 있다. 그런데 빛은 $ds = 0$인 측지선을 따라 진행한다. 또한 시선방향으로 방향이 고정되었으므로 방향 성분을 나타내는 $d\Omega = 0$이다. 그러면 앞의 메트릭 (식 D−4)는

$$0 = -(cdt)^2 + a^2(t)[d\chi^2 + 0]$$

이 된다. 변수별로 이항하고 양변의 제곱근을 구하면

(식 D−11) $$\frac{cdt}{a(t)} = d\chi$$

이다. 좌변은 빛이 dt시간 간격 동안에 진행한 고유거리를 그때의 우주축척 $a(t)$로 나눈 값이다. 이것은 동행거리의 증가분이다. 그러므로 우변의 $d\chi$도 동행거리의 증가분이어야 하며, 결론적으로 우리가 도입한 변수 χ는 바로 동행거리임을 알 수 있다. 미분방정식 (식 D−11)을 합당한 시간과 공간 구간에 대해 적분하면 우리는 거리 χ를 구할 수 있는데, 이러한 시선방향의 동행거리를 '종축 동행거리'라고 부른다.

횡축 동행거리

이번에는 시선방향과 수직인 방향으로 진행하는 빛의 동행거리를 구해보자. 일정한 크기를 가진 은하(막대기)가 우리 시선방향과 수직한 방향으로 놓여 있을 때 그 은하의 길이 방향으로 적분한 거리를 구하는 경우를 생각해보자. 앞의 로버트슨-워커 메트릭 (식 D−4)에서 생각해보자. 우리가 관찰할 때 그 은하(막대기)의 모든 부분까지의 종축 동행거리는 $\chi = \chi_e$로 일정하므로 $d\chi = 0$이고, 우주축척 또는 시간도 모두 같으므로 $a(t) = a(t_e) = a_e =$상수이고 $dt = 0$이다. 또한 은하의 길이 방향을 천구 좌표계에서 ϕ가 일정하도록 고정하면(우리는 그런 좌표를 선택할 자유가 있다!) $d\phi = 0$이 된다. 그러므로 로버트슨-워커 메트릭 (식 D−4)에서 $d\Omega^2 = d\theta^2 + \sin^2\theta\, d\phi^2 = d\theta^2$이 되어, (식 D−4)는

(식 D−12) $$ds = a_e \mathrm{R}_0 \mathrm{S}_\kappa\left(\frac{\chi}{\mathrm{R}_0}\right) d\theta$$

가 된다.* 유클리드 평면의 극좌표계를 생각해보면, 극좌표계에서 선

* 은하(막대기)를 따라 빛이 진행하므로 $ds = 0$이라고 착각할 수도 있으나, 빛이 은하(막대기)를 따라가는 경로가 빛의 측지선, 즉 null geodesic을 따른다는 보장이 없다.

분은 원의 지름의 변화율 dr과 원둘레를 따른 변화율 $rd\theta$로 나눌 수 있다. 이것에 비추어보면, 따라서 $R_0 S_\kappa\left(\frac{\chi}{R_0}\right)$를 시선방향에 수직한 방향으로의 동행거리라고 정의할 수 있다. 우리는 이것을 '횡축 동행거리'라고 한다.

(식 D−11)과 (식 D−12)를 비교해보면, 일반적으로 횡축 동행거리는 종축 동행거리와 다른 값을 갖는다는 사실을 알 수 있다. 또한 종축 동행거리 χ가 우주축척(또는 적색이동)의 함수라는 점을 유의하기 바란다. 또한 횡축 동행거리는 현재 공간의 곡률 R_0에 의존한다. 우주 공간의 기하학에 달려 있다는 말이다. 그러나 $R_0 \gg \chi$를 만족하는 국부적인 영역이거나 공간 자체의 곡률 R_0이 상당히 큰 경우, 테일러 근사를 적용하면 $R_0 S_\kappa\left(\frac{\chi}{R_0}\right) \approx \chi$가 되므로 종축 동행거리와 횡축 동행거리가 같게 된다. 또한 시공간이 평탄한 유클리드 공간이면 $S_\kappa\left(\frac{\chi}{R_0}\right) = \frac{\chi}{R_0}$이므로 횡축 동행거리와 종축 동행거리는 같다. 지금까지 천문 관측에 의하면 우리 우주는 평탄한 유클리드 시공간인 것으로 밝혀졌다. 그러므로 우리 우주에서는 종축 동행거리와 횡축 동행거리가 같은 값을 갖는다고 해도 좋다. 횡축 동행거리는 각지름거리를 정의할 때 사용되는 거리임을 밝혀둔다.

부록 E 일반적인 시공간에서의 각지름거리

본문에서는 독자들의 이해를 돕기 위해 비교적 이해하기 쉬운 팽창하는 유클리드 공간의 경우를 생각해보았다. 여기서는 난이도를 조금 높여서 일반적인 굽은 공간에서 각지름거리를 정의해보자. 이 부분을 이해하기 위한 사전 지식은 [부록 D]에 설명한 내용이다. 그것에 따르면, 일반적인 시공간에서 동행거리 χ를 매개변수로 한 로버트슨-워커 메트릭은 다음과 같이 주어진다.

(식 E−1) $$ds^2 = -(c\,dt)^2 + a^2(t)\left[d\chi^2 + R_0^2 S_\kappa^2\left(\frac{\chi}{R_0}\right)(d\theta^2 + \sin^2\theta\, d\phi^2)\right]$$

여기서 χ는 시선방향의 동행거리, 즉 종축 동행거리이고, $a(t)$는 어떤 시각 t일 때의 우주축척이다. 우주 시공간이 오목한가 볼록한가 아니면 평탄한가 하는 기하학적 특성은 κ의 값에 따라 결정되며 거기에 따라 함수 S_κ가 달라지며, 얼마나 급하게 굽어 있느냐 하는 것을 곡률 R_0이 나타낸다.

우리는 시선방향에 수직으로 놓인 은하(막대기)를 따라 이 메트릭을 적분해보자. 그 적분의 결괏값은 막대기의 고유길이가 될 것이며, 각도

부분의 적분값이 우리가 관측하는 막대기의 각크기가 된다. 따라서 막대기의 고유길이와 막대기의 각크기 사이의 관계식을 얻을 수 있고, 두 양의 비를 각지름거리로 정의할 수 있다. 이제 이 설명에 따라 실제 계산을 해보자. 막대기의 모든 부분은 우리로부터 같은 시간에 위치하고 있으며 그 종축 동행거리도 같다. 즉, $d\chi = 0$이다. 따라서 $t = t_e$로 상수이고 우주축척도 $a(t) = a_e$로 상수이다. 즉, $dt = 0$이다. 또한 은하(막대기)를 따라 ϕ가 일정하도록 좌표계를 잡는다. 그러면 $d\phi = 0$이다. 따라서 앞의 메트릭 (식 E−1)은

(식 E−2) $$ds^2 = 0 + a_e^2\left[0 + \mathrm{R}_0^2 \mathrm{S}_\kappa^2\left(\frac{\chi}{\mathrm{R}_0}\right)(d\theta^2 + 0)\right]$$

이 된다. 제곱근을 구하되, 음의 길이는 없으므로 양수만 취하면

(식 E−3) $$ds = a_e \mathrm{R}_0 \mathrm{S}_\kappa\left(\frac{\chi}{\mathrm{R}_0}\right) d\theta$$

이다. 양변을 막대기를 따라 적분하면, 좌변은 막대기의 길이인 $\delta = \int ds$가 되고, 우변에서는 상수들을 모두 적분기호 밖으로 끌어내면 막대기의 각크기 $\int d\theta = \theta$가 된다. 즉,

(식 E−4) $$\delta = a_e \mathrm{R}_0 \mathrm{S}_\kappa\left(\frac{\chi}{\mathrm{R}_0}\right) \theta$$

이다. [부록 D]에서 $\mathrm{R}_0 \mathrm{S}_\kappa\left(\frac{\chi}{\mathrm{R}_0}\right)$를 횡축 동행거리로 정의했던 것을 기억하

기 바란다. 정지 유클리드 시공간에서 각지름거리를 정의한 (식 VI−21)을 생각해보면, 각지름거리를

(식 E−5) $$D_A = a_e R_0 S_\kappa\left(\frac{\chi}{R_0}\right)$$

로 정의하면 편리하다. 앞에서도 여러 번 설명했지만, 여기서 함수 $S_\kappa\left(\frac{\chi}{R_0}\right)$는 우주의 기하학에 따라 달라지는 함수이다. 즉,

(식 E−6)
$$\begin{cases} S_\kappa\left(\frac{\chi}{R_0}\right) = \sin\left(\frac{\chi}{R_0}\right) & \kappa = +1\text{(닫힌 우주)일 때} \\ S_\kappa\left(\frac{\chi}{R_0}\right) = \frac{\chi}{R_0} & \kappa = 0\text{(평탄한 우주)일 때} \\ S_\kappa\left(\frac{\chi}{R_0}\right) = \sinh\left(\frac{\chi}{R_0}\right) & \kappa = -1\text{(열린 우주)일 때} \end{cases}$$

이다. 여기서 R_0은 현재 우주의 곡률이다. 은하의 종축 동행거리가 $\chi \ll R_0$을 만족하는 경우, 즉 우주 곡률반경에 비해 가까운 곳에 있는 경우는 테일러 근사에 의해 $S_\kappa\left(\frac{\chi}{R_0}\right) \approx \frac{\chi}{R_0}$로 근사할 수 있으므로 $D_A \approx a_e\chi$가 된다. 우주의 곡률이 $R_0 = \infty$인 평탄한 유클리드 공간에서는 $S_\kappa\left(\frac{\chi}{R_0}\right) = \frac{\chi}{R_0}$이므로 $D_A = a_e\chi$가 된다. 이것은 본문에서 공부했던 팽창하는 유클리드 공간에서 각지름거리를 정의하는 (식 VI−22)이다.

다시 (식 E−1)을 생각해보사.

(식 E−1) $ds^2 = -(cdt)^2 + a^2(t)\left[d\chi^2 + R_0^2 S_\kappa^2\left(\frac{\chi}{R_0}\right)(d\theta^2 + \sin^2\theta\, d\phi^2)\right]$

여기서 막대기까지의 종축 동행거리 χ는 막대기가 있던 때의 우주축척의 함수이다. (식 E−1)에서 시선방향으로 날아오는 빛은 $ds=0$인 측지선을 따르고, 시선방향이므로 $d\theta=0$, $d\phi=0$이다. 따라서 남은 항은

$$0 = -(cdt)^2 + a^2(t)[d\chi^2 + 0]$$

이므로, $cdt = a(t)d\chi$를 빛이 방출된 시점에서 빛을 관측한 시점(지금)까지를 적분구간으로 하여 적분하면 종축 동행거리 χ를 구할 수 있다. 이제 종축 동행거리를 계산해보자. 먼저 dt 대신에 프리드만 방정식 (식 D−9)를 사용하여 계산한다. 즉, 프리드만 방정식인 (식 D−9)는

$$\begin{aligned}[H(a)]^2 &= H_0^2\left(\frac{\Omega_R}{a^4} + \frac{\Omega_M}{a^3} + \frac{\Omega_K}{a^2} + \Omega_\Lambda\right)\\ &= H_0^2(\Omega_R a^{-4} + \Omega_M a^{-3} + \Omega_K a^{-2} + \Omega_\Lambda)\end{aligned}$$

이므로, 양변에 제곱근을 취하면

(식 E−7) $H(a) = H_0\sqrt{\Omega_R a^{-4} + \Omega_M a^{-3} + \Omega_K a^{-2} + \Omega_\Lambda}$

이다. 여기서 $E(a) \equiv \sqrt{\Omega_R a^{-4} + \Omega_M a^{-3} + \Omega_K a^{-2} + \Omega_\Lambda}$로 정의하면

$$H(a) = H_0 E(a)$$

이다. 임의의 시간에서의 허블계수는

$$\mathrm{H}(a) \equiv \frac{\dot{a}}{a} = \frac{1}{a}\frac{da}{dt}$$

이므로

$$dt = \frac{da}{a\mathrm{H}(a)} = \frac{da}{\mathrm{H}_0 a\mathrm{E}(a)}$$

이다. 따라서 종축 동행거리는 $t = t_e$일 때 방출된 빛이 $t = t_o$에 관측되었다면

(식 E-8) $$\chi = \int_{t_e}^{t_o} \frac{c\,dt}{a} = \frac{c}{\mathrm{H}_0}\int_{a_e}^{a_o} \frac{da}{a^2\mathrm{E}(a)} = \frac{c}{\mathrm{H}_0}\int_{a_e}^{1} \frac{da}{a^2\mathrm{E}(a)}$$

와 같이 계산된다. 여기서 관측할 때의 우주축척은 '지금 여기'에서 관측하므로 $a_o = a_0$이고 보통 $a_0 = 1$로 놓는다. $a < a_{eq}$인 빛 우세시기에는 (식 E-7)에서 맨 앞의 두 항만 남겨서 계산해도 좋은 근사가 되고, $a > a_{eq}$인 물질 우세시기에는 맨 앞의 $\Omega_\mathrm{R} a^{-4}$항은 무시할 수 있다. 원칙적으로는 렙톤의 에너지 밀도, 물질 밀도, 곡률에너지 밀도, 암흑에너지 밀도 등과 허블상수가 주어지면 종축 동행거리를 계산할 수 있다. 물론 일반적인 경우에는 컴퓨터로 수치계산을 해주어야 한다. 그렇지만 본문에서도 예를 들었듯이 몇몇 특수한 경우는 손으로 계산이 가능하며 해석해를 구할 수 있다.

여기서는 예를 들기 위해 물질 우세시기에 $\Omega_\mathrm{R} = 0$이고, $\Omega_\mathrm{K} = \Omega_\Lambda = 0$

이고, $\Omega_M = 1$인 매우 특수한 우주 모형에 대해서 각지름거리를 계산해 보기로 한다. 이러한 우주 모형을 아인슈타인-드시터 우주라고 부른다.

아인슈타인-드시터 우주의 경우, 프리드만 방정식 (식 E−7)은

$$H(t) \equiv \frac{1}{a}\frac{da}{dt} = H_0 a^{-\frac{3}{2}}$$

의 간단한 미분방정식이 된다. 이 방정식은 변수 분리에 의해 간단히 적분된다. 그 해는 본문에서 (식 VI−7)과 (식 VI−8)이 됨을 계산해보았다. 그 해를 다시 써보면

(식 VI−7) $$a(t) = \left(\frac{ct}{\tau}\right)^{\frac{2}{3}}$$

이고, 여기서

(식 VI−8) $$\tau \equiv \frac{2c}{3H_0}$$

로 정의한 값이며 광행거리에 해당함을 살펴보았다.

이 해를 종축 동행거리를 나타내는 (식 E−8)에 대입하면

(식 E−9) $$\chi = \int_{t_e}^{t_o} \frac{c\,dt}{a} = \tau^{\frac{2}{3}} \int_{t_e}^{t_o} \frac{d(ct)}{(ct)^{\frac{2}{3}}} = 3\tau^{\frac{2}{3}}\left[(ct_o)^{\frac{1}{3}} - (ct_e)^{\frac{1}{3}}\right]$$

이다. (식 VI−7)을 약간 고쳐 쓰면 $(ct)^{\frac{1}{3}} = \tau^{\frac{1}{3}} a^{\frac{1}{2}}$이므로

(식 E−10) $\chi = 3\tau^{\frac{2}{3}} \times \tau^{\frac{1}{3}} (a_o^{\frac{1}{2}} - a_e^{\frac{1}{2}}) = 3\tau (a_o^{\frac{1}{2}} - a_e^{\frac{1}{2}}) = 3\tau (1 - a_e^{\frac{1}{2}})$

이다. 여기서 $a_o = 1$을 적용하였다. $\Omega_K = 0$인 평탄한 우주의 각지름거리는 (식 E−5)와 (식 E−6)에서 $S_\kappa\left(\frac{\chi}{R_0}\right) = \frac{\chi}{R_0}$인 경우이다. 따라서 각지름거리 $D_A = a_e \chi$이다. 그러므로 고유길이가 δ인 은하(막대기)의 각크기는 (식 E−10)에서

(식 E−11) $\theta = \frac{\delta}{D_A} = \frac{\delta}{a_e \chi} = \frac{\delta}{3\tau a_e (1 - a_e^{\frac{1}{2}})} = \frac{\delta}{3\tau} \frac{1}{a_e (1 - a_e^{\frac{1}{2}})}$

이다. 각크기 θ를 은하(막대기)의 우주축척의 함수로 나타낸 (식 E−11)을 그래프로 그려보면 다음과 같다.*

* 함수의 그래프를 그릴 수 있는 웹 사이트 중에서 https://www.desmos.com/calculator 를 사용하였다.

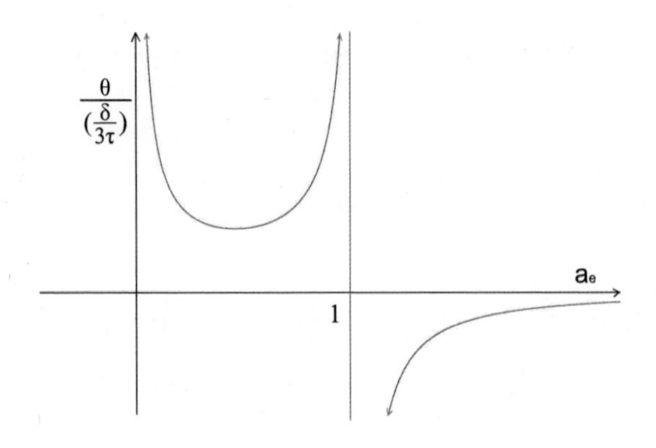

여기서 우주축척 a_e는 $0 \le a_e \le a_0$의 범위를 갖는데, $a_e = a_0 = 1$일 때가 '지금 여기'이고 $a_e = 0$일 때가 우주 초기의 빅뱅에 해당한다. 은하(막대기)의 각크기는 '지금 여기'에서 멀어질수록 각크기가 작아지다가 $a = a_{최소}$일 때 가장 작은 값을 갖다가 그보다 멀어지면 다시 각크기가 커져서 빅뱅 때 그 은하(막대기)가 있었다면 무한대의 각크기가 된다.

여기서 각크기가 가장 작은 값을 가질 때는 (식 E−11)의 분모가 최댓값을 가질 때이다. 그때의 우주축척 $a_{최소}$값을 구해보자. 함수 $f(a_e) \equiv a_e(1 - a_e^{\frac{1}{2}})$이라고 정의할 때, 그 도함수는

$$\frac{df}{da_e} = (1 - a_e^{\frac{1}{2}}) + a_e\left(-\frac{1}{2}a_e^{-\frac{1}{2}}\right) = 1 - a_e^{\frac{1}{2}} - \frac{1}{2}a_e^{\frac{1}{2}} = 1 - \frac{3}{2}a_e^{\frac{1}{2}}$$

이다. 그 최댓값은, 고등학교 수학 시간에 배우듯이, $\frac{df}{da_e} = 0$을 만족하는 a_e값이 $\frac{d^2f}{da_e^2} < 0$을 만족하면 된다. $\frac{df}{da_e} = 0$을 만족하는 $a_e = \left(\frac{2}{3}\right)^2$

이다. $\dfrac{d^2f}{da_e^2} = -\dfrac{3}{4}a_e^{-\frac{1}{2}}$ 이므로, $a_e = \left(\dfrac{2}{3}\right)^2$ 일 때 $\dfrac{d^2f}{da_e^2} = -\dfrac{3}{4} \times \dfrac{3}{2} = -\dfrac{9}{8} < 0$ 이다. 따라서 함수 $f(a_e)$는 $a_e = \left(\dfrac{2}{3}\right)^2$ 에서 위로 볼록이며 이 함수는 이 점에서 최댓값을 갖는다. 그런데 우주축척 a_e는 적색이동 z와

$$a_e = \frac{a_0}{1+z_e} = \frac{1}{1+z_e}$$

의 관계가 있으므로, 각크기가 최소가 되는 우주축척 $a_e = \left(\dfrac{2}{3}\right)^2 = \dfrac{4}{9}$ 에 해당하는 적색이동은

$$z_e = \frac{1}{a_e} - 1 = \frac{9}{4} - 1 = \frac{5}{4} = 1.25$$

이다.

앞의 (식 E−5)와 (식 E−6)에서 종축 동행거리 χ는 우주 모형이 주어지면 a_e의 함수로 계산할 수 있다. 우주 시공간의 곡률 R_0은 어떻게 구할 수 있을까? 프리드만 방정식에서 우주 곡률의 에너지 밀도인수는, 앞에서 공부한 (식 D−8B)에 따라

(식 D−8B) $$\Omega_K \equiv -\frac{kc^2}{H_0^2}$$

으로 정의한다. [부록 D]에서 로버트슨-워커 메트릭을 동행거리를 매

개변수로 한 형태, 즉 (식 D−4)로 고칠 때, k를 차원에 맞추어 (식 D−2)로

(식 D−2) $$k \equiv \frac{\kappa}{R_0^2}$$

로 정의했다. 여기서 R_0은 현재 우주 공간의 굽은 정도를 나타내는 곡률이다. (식 D−2)를 가지고 (식 D−8B)를 다시 써보면

(식 E−12) $$\Omega_K = -\frac{kc^2}{H_0^2} = -\frac{\kappa c^2}{H_0^2 R_0^2} = -\kappa\left(\frac{c}{H_0}\right)^2\left(\frac{1}{R_0}\right)^2 = -\kappa\left(\frac{d_H}{R_0}\right)^2$$

이 된다. 여기서 κ는 k의 부호를 뜻하며, $\kappa = +1$이면 닫힌 우주, $\kappa = -1$이면 열린 우주, $\kappa = 0$이면 평탄한 우주이다. 또한 허블거리 $d_H \equiv c/H_0$로 정의하였다. (식 E−12)가 뜻하는 바는, 우주 시공간의 곡률이 갖는 에너지 밀도 Ω_K는 허블거리 d_H와 현재 우주의 곡률반경 R_0의 비로 나타낼 수 있다는 것이다. 우주 공간이 급하게 휘어 있을수록 $R_0 \to 0$이 되고, 휘지 않은 평탄한 유클리드 공간은 $R_0 = \infty$가 된다. 급하게 휘어 있는 시공간일수록 더 많은 에너지를 보유하고 있는 것이다.

우리는 우주배경복사의 비등방성을 측정하여 이를 분석하거나 또는 은하의 분포를 분석하거나 또는 Ia형 초신성 등으로 허블의 법칙을 관측함으로써 Ω_M과 Ω_Λ는 물론 Ω_K값과 H_0값을 측정한다. 측정된 Ω_K값과 H_0값을 (식 E−12)에 대입하면 우주의 곡률 R_0값을 구할 수 있다. 최신 천문학 관측에 따르면 $\Omega_K \approx 0$이다. (식 E−12)에서 $\Omega_K \approx 0$이 되려면, $\kappa \neq 0$인 경우라면 우리 우주 공간은 굽어 있으나 그 곡률 반경이

무지하게 커서($R_0 \to \infty$) 평탄한 유클리드 공간으로 근사되어야 하고, $\kappa = 0$인 경우라면 (식 E-1)의 [……] 부분이 평면에 해당하는 $d\chi^2 + \chi^2 (d\theta^2 + \sin^2\theta \, d\phi^2)$이 되어 우리 우주 공간은 평탄한 유클리드 공간이어야 한다. 어느 경우라도 우리 우주 공간은 평탄한 유클리드 공간으로 볼 수 있는 것이다.

에필로그

지금까지 우리는 지구의 크기를 비롯하여 태양계의 규모, 별, 은하수, 외부은하까지의 거리, 은하단의 크기와 질량, 우주거대구조의 규모, 그리고 우주배경복사까지 점점 큰 규모의 우주를 살펴보았다. 가까운 별까지의 거리는, 연주시차와 고유운동을 측정하거나 쌍성의 궤도를 관측하거나 은하수 중심에 있는 초거대 블랙홀 둘레를 공전하는 별의 궤도를 관측하여 측량하였다. 여기서 소개하지는 않았지만, 가까운 천체까지 거리를 측량하는 기하학적 방법에는 운동성단법도 있다. 이와 같은 방법으로 거리를 직접적으로 측량할 수 있는 천체들은 대략 1 *kpc* (킬로파섹)보다 가까운 것들이다.

거리가 측정된 쌍성, 다중성, 산개성단 등을 이루는 별들에 대해서, 그 색깔(색지수)을 가로축으로 하고 그 절대밝기(절대등급)를 세로축으로 하여 점을 찍어 그래프를 그려보면, 그 그래프상에 별들이 제멋대로 흩어져 있는 게 아니라 일정한 형태로 나열된다. 이러한 그래프를 그 고안자들의 이름을 따서 헤르츠스프룽-러셀-도 또는 그 영문 머리글자를 따서 H-R도(에이치-알 도)라고 부른다. H-R도에서 가장 많은 별들이 늘어서 있는 것을 주계열이라고 한다. 이제 더 멀리 있는 다중성계나 성단의 H-R도를 얻어서, 그 주계열별들의 겉보기밝기가 앞에서 구한 주계열별들의 절대등급과 얼마나 차이가 나는지 구하면, 그것이 바로 그 성단의 거리지수가 된다. 이와 같은 식으로 쌍성이나 성단의 거리를 구하는 방법을 주계열 맞추기라고 한다.

더 멀리 있는 천체의 거리를 측량하기 위해 천문학자들은 세페이드 변광성의 거리-광도 관계성을 이용한다. 즉, 앞에서 소개한 측량 방법으로 거리가 잘 측정된 다중성이나 성단 등에 있는 세페이드 변광성들을 찾아낸 다음, 그것들의 주기-광도 관계성을 잘 수립해둔다. 세페이드 변광성은 비교적 밝으므로 우리 은하수를 넘어 외부은하에서도 관측된다. 그래서 어느 은하에 속해 있는 세페이드 변광성의 주기를 관측한 다음, 세페이드 변광성의 주기-광도 관계성으로부터 그 별의 절대밝기를 알아내고 또한 그 별의 겉보기밝기를 측정함으로써 그 외부은하까지의 거리를 측량한다.

세페이드 변광성으로는, 현재 최대 구경의 지상망원경 또는 허블우주망원경을 사용하여, 약 30 M*pc*까지의 거리를 측정할 수 있다. 그보다 더 멀리 있는 외부은하들의 거리는, 나선은하는 툴리-피셔 관계성을 이용하고 타원은하는 페이버-잭슨 관계성을 이용하여 측정한다. 이것은 은하들의 내부 운동 크기와 그 은하의 밝기가 매우 강하고 확실한 관계성을 갖는다는 경험법칙이다. 이 방법으로는 약 100 M*pc*까지의 거리를 측정할 수 있다.

이와 같이, 어떤 종류의 천체는 그 고유 밝기를 알고 있어서 거리를 측량하는 데 사용할 수 있는데, 이런 천체를 '표준 촛불'이라고 한다. 그 후에 천문학자들이 찾아낸 표준 촛불이 바로 Ia형 초신성이다. 이것은 세페이드 변광성보다 훨씬 밝으므로, 우리가 본문에서 계산해보았듯이, 적색이동 1 정도까지 측량할 수 있다.

한편, 각지름거리로 거리를 측량하기도 한다. $D_n - \sigma$(디엔-시그마)

관계성은 타원은하의 크기(D_n)와 그 구성 별들의 운동속도분산(σ)이 관계성을 보인다는 경험적 법칙이다. 가까운 곳에서 이 관계성을 잘 수립해놓은 다음, 멀리 있는 천체에다 적용하여 그 은하의 크기를 알아낸다. 은하의 물리적 크기를 알면 그 은하가 얼마만 한 각크기로 보이는지를 측정하여 그 은하의 각지름거리를 구할 수 있다. 또한, 본문에서 알아본 중력렌즈 현상을 이용해 측정한 거리도 각지름거리이다. 이처럼 자체의 물리적 크기를 알 수 있어서 거리를 측량하는 데 사용될 수 있는 천체들을 천문학자들은 '표준 잣대(standard ruler)'라고 부른다.

요즘에는 두 블랙홀이 병합하거나 두 중성자별이 병합할 때 발생하는 중력파가 관측되고 있다. 이러한 중력파의 모양, 즉 주파수와 진폭을 분석하면 그 중력파를 발생시킨 천체까지의 거리와 적색이동 값을 구할 수 있다. 이와 같은 방식의 거리 측량에 사용되는 천체 현상을 '표준 사이렌(standard siren)'이라고 부른다.

이와 같이 천문학자들은 표준 잣대, 표준 촛불, 표준 사이렌 등을 활용하여 우주 끝에 있는 천체까지, 심지어 우주배경복사까지도 측량한다. 그것은 바로 우리 우주를 측량하는 것이다. 우주를 측량함으로써 우리는 우리 우주의 기하학적 특성과 토폴로지를 이해하고, 또한 우리 우주가 어떤 것들로 구성되어 있으며 어떤 물리 법칙에 의해 진화해왔는지, 또한 앞으로 어떤 운명을 걸어가게 될 것인지 등을 과학적으로 추론해볼 수 있다.

가까운 곳에서 표준 잣대나 표준 촛불을 찾아내서 더 멀리 떨어진 천체까지를 측량해나가는 그런 측량 체계를, 천문학자들은 '우주론적 거리 사다리'라고 한다. 그러나 이 책은 '우주론적 거리 사다리'를 소개하기 위해 쓴 것은 아니다. 우리가 아는 우주가 얼마나 큰지 느끼게 해주고, 우주엔 어떤 천체들이 있는지 보여주고, 그런 우주를 우리가 수학이나 물리학 법칙으로 이해할 수 있음을 알려주고 싶었다. 또한, 인류 역사가 시작된 이래로 우주를 측량하고 우주를 이해하기 위한 과학자들의 위대한 여정과 반짝이는 아이디어들을 독자들과 함께 나누고 싶었다. 조금은 낯설고 어려운 내용이 많겠지만 천문학이나 차분하게 직접 계산해보고 생각을 많이 해보면 따라갈 수 있을 것이다.

더 읽어보기

2장

1. http://eclipse.gsfc.nasa.gov/transit/catalog/VenusCatalog.html
2. http://www.astrode.de/nordkap/venustr2012.htm

3장

3. Anglada-Escudé 등, 2016년, "A Terrestrial Planet Candidate in a Temperate Orbit Around Proxima Centauri(프록시마 센타우리 주변의 온대 궤도를 도는 지구형 행성의 후보)", *Nature*, 536권, 437~440쪽.
4. Hoang 등, 2017년, "The Interaction of Relativistic Spacecrafts with the Interstellar Medium(상대론적 우주 탐사선과 성간물질의 상호작용)", *Astrophysical Journal*, 837권, 제2호, article id. 5, 총 16쪽.
5. 1990년대에 천문학과 학부 1학년 때 배우는 일반 천문학 교재에는 밤하늘에 보이는 별의 절반이 쌍성 또는 다중성이라고 적혀 있었다. 천문학자들은 작은 별들까지 포함하면 쌍성이 훨씬 더 많을 것이라고 예상하고 있었다. 한편 2006년에 천문학자 찰스 라다(Charles Lada)는, 최근의 관측 자료를 종합한 결과, 오히려 쌍성보다 홑별이 더 많다고 주장하였다(Lada, 2006년, "Stellar Multiplicity and the Initial Mass Function: Most Stars are Single(별의 다중성과 초기 질량함수: 대부분의 별들은 홑별이다)", *Astrophysical Journal Letters*, 640권, L63~66쪽.).

4장

6. Ghez 등, 2008년, "Measuring Distance and Properties of the Milky Way's

Central Supermassive Black Hole with Stellar Orbits(항성들의 궤도를 통한 은하수 중심 초거대 블랙홀까지의 거리 측정과 특성)", *Astrophysical Journal*, 689권, 1044~1062쪽.

7. Karachentsev, 2005년, "The Local Group and Other Neighboring Galaxy Groups(국부은하군과 다른 이웃 은하군들)", *Astronomical Journal*, 129권, 178~188쪽.
8. Drlica-Wagner 등, 2015년, "Eight Ultra-faint Galaxy Candidates Discovered in Year Two of the Dark Energy Survey(암흑에너지 서베이 2차년도 결과에서 발견된 8개의 극히 어두운 은하 후보들)", *Astrophysical Journal*, 813권, article id. 109, 총 20쪽.
9. 세페이드 변광성 발견의 역사는 퍼니의 1969년 논문에 잘 서술되어 있다(Fernie, 1969년, "The Period-Luminosity Relation: A Historical Review(주기-광도 관계의 역사적 회고)", *Publications of the Astronomical Society of the Pacific*, 81권, 707~731쪽.).
10. Leavitt, 1908년, "1,777 Variables in the Magellanic Clouds(두 마젤란성운에 속한 1,777개의 변광성들)", *Annals of Harvard College Observatory*, 60권, 87~108쪽.
11. Leavitt & Pickering, 1912년, "Periods of 25 Variable Stars in the Small Magellanic Cloud(소마젤란성운에 있는 변광성 25개의 변광 주기)", *Harvard College Observatory Circular*, 173권, 1~3쪽.
12. Hubble, 1925년, "Cepheids in Spiral Nebulae(나선성운에 있는 세페이드 변광성들)", *The Observatory*, 48권, 139~142쪽.
13. Vilardell, Jordi, & Ribas, 2007년, "A Comprehensive Study of Cepheid Variables in the Andromeda Galaxy(안드로메다은하에 있는 세페이드 변광성들에 대한 포괄적 연구)", *Astronomy & Astrophysics*, 473권, 847~855쪽.
14. Fausnaugh 등, 2015년, "The Cepheid Distance to the Maser-host Galaxy NGC 4258: Studying Systematics with the Large Binocular Telescope(세페이드 변광성을 활용한 메이저 원을 갖고 있는 은하 NGC 4258까지의 거리 측량: 거대 쌍안 망원경을 사용한 체계적 분석 연구)", *Monthly Notices of the Royal Astronomical Society*, 450권, 3597~3619쪽.

15. Harris, Rejkuba, & Harris, 2010년, "The Distance to NGC 5128[Centaurus A](NGC 5128[센타우루스 A]까지의 거리)", *Publications of the Astronomical Society of Australia*, 27권, 457~462쪽.
16. $H_0 = 72 \pm 7\, km/s/Mpc$(10퍼센트의 오차)(Freedman 등, 2001년, "Final Results from the Hubble Space Telescope Key Project to Measure the Hubble Constant(허블상수를 측정하기 위한 허블우주망원경 중점 과제 최종 결과)", *Astrophysical Journal*, 553권, 47~72쪽.); $H_0 = 74.3 \pm 2.1\, km/s/Mpc$(2.6퍼센트의 오차)(Freedman 등, 2012년, "Carnegie Hubble Program: A mid-Infrared Calibration of the Hubble Constant(카네기 허블 프로그램: 허블상수의 중적외선 눈금 조정)", *Astrophysical Journal,* 758권, 24~33쪽.)
17. Wallerstein, 2002년, "The Cepheids of Population II and Related Stars(Pop II 세페이드 변광성과 관련된 별들)", *Publications of the Astronomical Society of the Pacific*, 114권, 제797호, 689~699쪽.
18. Osterbrock, 1998년, "Walter Baade, Observational Astrophysicist (3): Palomar and Göttingen 1948~1960(Part B)(월터 바데, 관측 천체물리학자 (3): 팔로마와 괴팅겐 시대 1948~1960)", *Journal for the History of Astronomy*, 29권, 345~377쪽. 이 논문은 나중에 Osterbrock, 2001년, 『Walter Baade: A Life in Astrophysics(월터 바데: 천체물리학의 인생)』(Princeton University Press)로 정리되어 출간되었다.
19. Stephenson & Green, 2002년, 『Historical Supernovae and Their Remnants(역사 초신성과 그 잔해)』(Clarendon Press).; Green & Stephenson, 2003년, "The Historical Supernova(역사 초신성)" in 『Supernovae and Gamma Ray Bursters(초신성과 감마선 폭발체들)』, ed. K. W. Weiler, Lecture Notes in Physics(Springer-Verlag).
20. Reynolds 등, 2007년, "A Deep Chandra Observation of Kepler's Supernova Remnant: A Type Ia Event with Circumstellar Interaction(케플러 초신성 잔해의 장시간 챈드라 관측: 항성 주변과 상호작용 하는 Ia형 초신성 사건)", *Astrophysical Journal*, 668권, L135~138쪽.
21. Panagia 등, 1991년, "Properties of the SN 1987A circumstellar ring and the Distance to the Large Magellanic Cloud(초신성 1987A를 둘러싼 고리의

특성과 대마젤란은하까지의 거리)”, *Astrophysical Journal*, 380권, L23~26쪽.

22. Gould, 1995년, “The Supernova Ring Revisited. II. Distance to the Large Magellanic Cloud(초신성 고리에 대한 재고찰. II. 대마젤란은하까지의 거리)”, *Astrophysical Journal*, 452권, 189~194쪽.; Gould & Uza, 1998년, “Upper Limit to the Distance to the Large Magellanic Cloud(대마젤란은하의 거리에 대한 상한)”, *Astrophysical Journal*, 494권, 118~124쪽.; Panagia, 2003년, “A Geometric Determination of the Distance to SN 1987A and the LMC(초신성 1987A와 대마젤란은하 거리의 기하학적 결정)” in 『Cosmic Explosions(우주의 폭발)』 Springer Proceedings in Physics, vol. 99. (Berlin: Springer, 2005), the 10th Anniversary of SN1993J, IAU Colloquium 192, ed. J. M. Marcaide, K. W. Weiler.
23. http://dtm.carnegiescience.edu/remembering-vera

5장

24. Kirshner, 2004년, “Hubble’s Diagram and Cosmic Expansion(허블도와 우주의 팽창)”, *Proceedings of the National Academy of Sciences*, 101권, 제1호, 8~13쪽.
25. COSMICFLOWS-2 목록은 Brent Tully 박사가 우리 근처에 있는 은하들의 특이운동을 연구하기 위해 8,188개 이상의 은하들에 대해 그 거리와 특이운동을 편찬한 것이다. 그는 이 목록에 수록된 은하들의 거리가 허블상수 $H_0 = 74.4 \pm 3.0 km/s/Mpc$과 일치함을 보였다. 단, 이러한 관측 자료는 은하들의 속도장을 연구하는 데 무척 유용하다. 그는 논문을 발표하였으며(Tully 등, 2013년, “COSMICFLOWS-2: THE DATA(코즈믹플로우즈-2: 자료)”, *Astronomical Journal*, 146권, Article id. 86, 총 25쪽.), 은하 목록은 컴퓨터로 읽을 수 있는 형태로 인터넷에 제공되고 있다(웹 사이트 http://iopscience.iop.org/1538-3881/146/4/86/suppdata/aj482482t2_mrt.txt). 그는 또한 2016년에 이 목록을 확장하여 총 1만 7,669개의 은하 목록을 발표하였다(Tully 등, 2016년, “COSMICFLOWS-3(코즈믹플로우즈-3)”, *Astronomical Journal*, 152권, Article id. 50, 총 21쪽.).
26. Hubble, 1929년, “A Relation between Distance and Radial Velocity among Extragalactic Nebulae(은하 외부성운들 사이의 거리와 시선속도와의 관계)”,

Proceedings of the National Academy of Sciences, 15권, 제3호, 168~173쪽.
27. Krauss & Chaboyer, 2003년, "Age Estimates of Globular Clusters in the Milky Way: Constraints on Cosmology(우리 은하수 안에 있는 구상성단들의 나이 추정: 우주론에 주는 제약 조건)", *Science*, 299권, 65~69쪽.
28. Freedman 등, 2001년, "Final Results from the Hubble Space Telescope Key Project to Measure the Hubble Constant(허블상수를 측정하기 위한 허블우주망원경 중점 과제 최종 결과)", *Astrophysical Journal*, 553권, 47~72쪽.
29. Riess 등, 2016년, "A 2.4% Determination of the Local Value of the Hubble Constant(2.4퍼센트의 오차로 측정한 허블상수의 국부적인 값)", *Astrophysical Journal*, 826권, 56~86쪽.
30. Planck Collaboration, 2016년, "Planck 2015 Results. XIII. Cosmological Parameters(플랑크 2015년 관측 결과 XIII. 우주론적 인수들)", *Astronomy & Astrophysics*, 594권, A13쪽.
31. Aubourg 등, 2015년, "Cosmological Implications of Baryon Acoustic Oscillation (BAO) Measurements(바리온 음파 진동의 우주론적 의미)", *Physical Review D*, 92권, 제12호, id. 123516.
32. Bonvin 등, 2017년, "H0LiCOW-V. New COSMOGRAIL Time Delays of HE 0435-1223: H_0 to 3.8 Percent Precision from Strong Lensing in a Flat Λ CDM Model(H0LiCOW 프로젝트-V. HE 0435-1223의 시간 지연에 대한 COSMOGRAIL 관측: 평탄한 Λ CDM 모형에서의 강한 중력렌즈 현상으로부터 허블상수 H_0을 3.8퍼센트의 정밀도로 측정함)", *Monthly Notices of the Royal Astronomical Society*, 465권, 제4호, 4914~4930쪽.
33. Freedman, 2017년, "Cosmology at a Crossroad(기로에 선 우주론)", *Nature Astronomy*, 1권, Article number: 0169.

6장

34. 현재 허블상수를 측정하는 방법은 크게 두 가지가 있다. 하나는 가까운 은하들을 가지고 구하는 것으로, 광도거리를 측정해서 구하거나(Benedict 등, 2007년, "Hubble Space Telescope Fine Guidance Sensor Parallaxes of Galactic Cepheid Variable Stars: Period-Luminosity Relations(허블우주망원

경의 미세 가이드 센서를 사용한 우리 은하수 세페이드 변광성의 시차 측정: 주기-광도 관계)", *Astronomical Journal*, 133권, 1810~1827쪽.; Freedman 등, 2012년, "Carnegie Hubble Program: A Mid-infrared Calibration of the Hubble Constant(카네기 허블 프로그램: 허블상수의 중적외선 눈금조정)", *Astrophysical Journal*, 758권, 제1호, article id. 24, 총 10쪽.; Riess 등, 2016년, "A 2.4% Determination of the Local Value of the Hubble Constant (우리 주변의 허블상수 값을 2.4퍼센트의 오차로 결정함)", *Astrophysical Journal*, 826권, 제1호, article id. 56, 총 31쪽.; Humphreys 등, 2013년, "Toward a New Geometric Distance to the Active Galaxy NGC 4258. III. Final Results and the Hubble Constant(활동성 은하 NGC 4285까지의 기하하적 거리를 새로이 결정하기 위하여 III. 최종 결론 및 허블상수)", *Astrophysical Journal*, 775권, 제1호, article id. 13, 총 10쪽.) 은하들의 분포(바리온 음파 진동) 등으로부터 직접 측정하는 방법이 있다(Aubourg 등, 2015년, "Cosmological Implications of Baryon Acoustic Oscillation Measurements (바리온 음파 진동 측정의 우주론적 의미)", *Physical Rreview D*, 92권, 제12호, id.123516.). 나머지 하나는 우주배경복사에 들어 있는 정보를 분석하여 허블상수 값을 정하는 방법이다(Planck collaboration, 2016년, "Planck 2015 results. XIII. Cosmological parameters(플랑크 2015년 관측 결과 XIII. 우주론적 인수들)", *Astronomy & Astrophysics*, 594권, id. A13, 63쪽.). 세페이드나 초신성으로 구한 우리 주변의 허블상수는 $H_0 = 73\,km/s/Mpc$ 정도이고 그 측정오차는 2.4퍼센트에 불과하다. 우주배경복사나 은하 분포에 의한 우주 초기의 허블상수 값은 $H_0 = (67.8 \pm 0.9)\,km/s/Mpc$이고 그 측정오차는 1.3퍼센트에 불과하다. 두 값의 중간 구역에 해당한다고 볼 수 있는 방법도 있다. 바로 아인슈타인 십자가 또는 클로버 현상을 일으키는 강한 중력렌즈의 시간에 따른 광도 변화를 측정하여 그 시간 차를 측정함으로써 허블상수를 구하는 방법이다. 이 방법으로 구한 허블상수는 $H_0 = (71.9 \pm 2.7)\,km/s/Mpc$이고, 측정오차는 3.8퍼센트이다(Bonvin 등, 2017년, "H0LiCOW-V. New COSMOGRAIL Time Delays of HE 0435-1223: H_0 to 3.8 Percent Precision from Strong Lensing in a Flat Λ CDM Model(H0LiCOW 프로젝트-V. HE 0435-1223의 시간 지연에 대한 COSMOGRAIL 관측: 평탄한 Λ CDM 모형에서

의 강한 중력렌즈 현상으로부터 허블상수 H_0을 3.8퍼센트의 정밀도로 측정함)", *Monthly Notices of the Royal Astronomical Society*, 465권, 제4호, 4914~4930쪽.). 이처럼 가까운 은하들로 측정한 허블상수와 우주 초기의 우주배경복사에서 측정한 허블상수는 측정오차를 고려하더라도 서로 다른 값을 갖는다. 그 원인이 무엇인지는 아직도 흥미로운 연구 주제 가운데 하나이다.

7장

35. 조지 아벨은 2,712개의 부자 은하단 목록을 만들고 그 분포를 연구하여 『The Distribution of Rich Clusters of Galaxies(부자 은하단의 분포)』라는 제목의 논문으로 1957년에 캘리포니아 과학기술원(칼텍)에서 박사학위를 받았다. 이때 그의 지도교수는 지금도 천문학자들에게는 (AGN)^{2}이라는 교과서로 유명한 도널드 오스터브록 교수였다. 그의 은하단 목록은 아벨 목록이라고 부르며, 1557년에 시카고대학 출판부(University of Chicago Press)에서 『The Distribution of Rich Clusters of Galaxies. A Catalogue of 2,712 Rich Clusters Found on the National Geographic Society Palomar Observatory Sky Survey(부자 은하단의 분포. 내셔널지오그래픽협회의 팔로마 천문대 서베이에서 발견한 2,712개의 부자 은하단 목록)』라는 제목의 책으로 출간되었으며, 그중에서 북반구에 있는 은하단 2,712개의 목록이 1958년에 출간되었고(Abell, 1958년, "The Distribution of Rich Clusters of Galaxeis(부자 은하단의 분포)", *Astrophysical Journal Supplement Series*, 3권, 211~288쪽.), 남반구의 은하단 1,361개를 추가한 증보판은 아벨이 죽은 뒤인 1989년에 출간되었다(Abell, Corwin, & Olowin, 1989년, "A Catalog of Rich Clusters of Galaxies(부자 은하단 목록)", *Astrophysical Journal Supplement Series*, 70권, 1~138쪽.).
36. Kennefick, 2009년 3월호, "Testing Relativity from the 1919 Eclipse-a Question of Bias(1919년 일식 관측 자료에 의한 상대성이론의 검증-바이어스에 대한 의문점)", *Physics Today* 2009년 3월호, 37~42쪽.
37. Schechter, 1980년, "Mass-to-light Ratios for Elliptical Galaxies(타원은하들에 대한 질량-광도비)", *Astronomical Journal*, 85권, 801~811쪽.
38. 허블상수를 최신 관측치인 $H_0 = 70\,km/s/Mpc$으로 할 때, 머리털자리 은하단의 크기는 약 10메가파섹(Zwicky, 1957년, 『*Morphological Astronomy*

(형태 천문학)』(Springer-Verlag).) 또는 약 9메가파섹(Chincarini & Rood, 1975년, "Size of the Coma Cluster(머리털자리 은하단의 크기)", *Nature*, 257권, 294~295쪽.) 등으로 추정되었다. 이것들은 옛날 값이다. 머리털자리 은하단에 의한 약한 중력렌즈 효과가 반지름 약 7메가파섹까지는 분명히 나타남이 확인되었다(Kubo 등, 2007년, "The Mass of the Coma Cluster from Weak Lensing in the Sloan Digital Sky Survey(슬론 서베이에서의 약한 중력렌즈로부터 구한 머리털자리 은하단의 질량)", *Astrophysical Journal*, 671권, 제2호, 1466~1470쪽.). 그런데 약한 중력렌즈는 은하단 크기의 몇 배까지도 나타나므로 이 값은 최댓값을 줄 수는 있다. 우리가 채택한 2.5메가파섹은 비리얼 질량을 채택한 것이다. 머리털자리 은하단의 비리얼 반지름은 2.3메가파섹 정도이다(Beijersbergen 등, 2002년, "U-, B- and r-band Luminosity Functions of Galaxies in the Coma Cluster(머리털자리 은하단 안에 들어있는 은하들의 U, B, r밴드 광도함수)", *Monthly Notices of the Royal Astronomical Society*, 329권, 제2호, 385~397쪽.). 우리 책에서는 그 대략적인 값으로 2.5메가파섹을 택하였다.

39. 최근 연구 결과에 따르면 머리털자리 은하단을 구성하는 은하들의 속도분산은 $(947\pm31)\,km/s$으로 측정되었다(손주비 등, 2017년, "The Velocity Dispersion Function of Very Massive Galaxy Clusters: Abell 2029 and Coma(매우 무거운 은하단의 속도분산함수: 아벨 2029와 머리털자리 은하단)", *Astrophysical Journal Supplement Series*, 229권, 제2호, article id. 20, 총 17쪽.). 이 값은 다른 천문학자들이 측정한 값과 일치한다. 예를 들어, 매튜 콜리스와 앤드류 던은 $(1082\pm74)\,km/s$을 얻었고(Colless & Dunn, 1996년, "Structure and Dynamics of the Coma Cluster(머리털자리 은하단의 구조와 역학)", *Astrophysical Journal*, 458권, 435~454쪽.), 케네스 라인즈 등은 $957\,km/s$을 얻었다(Rines 등, 2003년, "CAIRNS: The Cluster and Infall Region Nearby Survey. I. Redshifts and Mass Profiles(케언즈[CAIRNS] 프로젝트: 은하단과 유입 영역 근방 서베이 I. 적색이동과 질량 단면 윤곽)", *Astronomical Journal*, 126권, 제5호, 2152~2170쪽.).

40. 약한 중력렌즈 현상을 분석해보니, 머리털자리 은하단은 그 중심부로부터 반지름 약 2.9메가파섹 안에 $(2.7\pm0.3)\times10^{15}M_\odot$의 질량이 들어 있음을 알 수

있었다(Kubo 등, 2007, "The Mass of the Coma Cluster from Weak Lensing in the Sloan Digital Sky Survey(슬론 서베이에서의 약한 중력렌즈로부터 구한 머리털자리 은하단의 질량)", *Astrophysical Journal*, 671권, 제2호, 1466~1470쪽.). 또한 비리얼 정리를 이용하여 머리털자리 은하단을 구성하고 있는 은하들의 운동 속력으로부터 은하단의 질량을 구해보니, 머리털자리 은하단은 그 중심부로부터 반지름 약 4메가파섹 안에 $1.4\times10^{15}M_{\odot}$의 질량이 들어 있다는 결론을 얻었다(The & White, 1986년, "The Mass of the Coma Cluster (머리털자리 은하단의 질량)", *Astronomical Journal*, 92권, 1248~1253쪽.). 엑스선으로 머리털자리 은하단 안에 들어 있는 뜨거운 플라스마를 관측한 결과, 머리털자리 은하단의 중심부로부터 반지름 약 3.6메가파섹 안에 $(1.3\pm0.2)\times10^{15}M_{\odot}$의 질량이 들어 있다는 결론을 얻었다(Hughes, 1989년, "The Mass of the Coma Cluster - Combined X-ray and Optical Results(머리털자리 은하단의 질량-엑스선 및 가시광선의 결과를 종합하여)", *Astrophysical Journal*, 337권, 21~33쪽.). 이러한 다양한 관측 결과는 반지름의 차이를 고려하면 우리의 계산 결과와 엇비슷한 값으로 볼 수 있다.

41. 천문학자들의 관측 결과에 따르면, 머리털자리 은하단을 구성하는 모든 은하들의 B-파장대에서의 밝기를 합한 것을 절대등급으로 환산하면 $M_B^*=-19.09$이다(Beijersbergen 등, 2002년, "U-, B- and r-band Luminosity Functions of Galaxies in the Coma Cluster(머리털자리 은하단 안에 들어 있는 은하들의 U, B, r밴드 광도함수)", *Monthly Notices of the Royal Astronomical Society*, 329권, 제2호, 385~397쪽.). 관측천문학을 공부하는 학생들이 애용하는 비니와 메리필드(Binney & Merrifield, 1998)의 『*Galactic Astronomy*(은하천문학)』라는 교과서에 의하면 태양의 B-파장대 절대등급은 $M_B^{\odot}=5.48$이다. 따라서

$$2.5\log_{10}(L_B^*/L_B^{\odot})=M_B^{\odot}-M_B^*=5.48-(-19.09)=24.57$$

에서 $L_B^*=10^{9.828}L_B^{\odot}=6.7\times10^9L_B^{\odot}$로 계산된다.

42. 바이어스베르겐 등은 머리털자리 은하단의 중심부로부터 반지름 2.44메가파섹 안에는 B파장대에서의 절대등급 $M_B<-15.2$인 은하가 819개 있다고 측

정하였다(Beijersbergen 등, 2002년, “U-, B- and r-band Luminosity Functions of Galaxies in the Coma Cluster(머리털자리 은하단 안에 들어 있는 은하들의 U, B, r밴드 광도함수)”, *Monthly Notices of the Royal Astronomical Society*, 329권, 제2호, 385~397쪽.). 훨씬 최근 연구에 따르면, 머리털자리 은하단의 중심부로부터 반지름 2.23Mpc 안에서 1,251개의 은하가 확인되었다(손주비 등, 2017년, “The Velocity Dispersion Function of Very Massive Galaxy Clusters: Abell 2029 and Coma(매우 무거운 은하단의 속도분산함수: 아벨 2029와 머리털자리 은하단)”, *Astrophysical Journal Supplement Series*, 229권, 제2호, article id. 20, 총 17쪽.).

43. 츠비키는 1933년에 정확성이 상대적으로 떨어지는 관측 자료를 바탕으로 비리얼 정리를 적용하여 머리털자리 은하단의 질량-광도비를 계산해보고 그 은하단 안에 암흑물질이 있음을 간파하였다. 현대적인 관측 기술을 동원하여 머리털자리 은하단의 B-파장대 질량-광도비를 계산해보니 $\Upsilon_B^{\text{은하단}} = (85 \sim 158)\,\Upsilon_B^{\odot}$였다(Girardi 등, 2000년, “Optical Luminosities and Mass-to-Light Ratios of Nearby Galaxy Clusters(가까운 은하단들의 광학 광도와 질량-광도비)”, *Astrophysical Journal*, 530권, 제1호, 62~79쪽.). 이 결과는 우리의 계산 결과와 잘 일치한다. 한편, 가볍고 어두운 별까지 포함할 수 있는 적외선 파장대에서 이 은하단의 반지름 14Mpc 안에서 질량-광도비를 구한 다음 이를 가시광 파장대인 B-파장대에서의 질량-광도비 값으로 환산한 결과 $\Upsilon_B^{\text{은하단}} = 230 \pm 72\,\Upsilon_B^{\odot}$임을 구하였다(Rines 등, 2001년, “Infrared Mass-to-Light Profile throughout the Infall Region of the Coma Cluster(머리털자리 은하단의 물질 유입 영역을 관통하는 적외선 질량-광도비 단면 윤곽)”, *Astrophysical Journal Letters*, 561권, 제1호, 41~44쪽.). 이 값은 우리의 계산 결과와 차이가 나는 듯하지만, 우리는 머리털자리 은하단의 크기를 10Mpc으로 놓았다는 점을 감안하면 큰 차이가 아니라고 볼 수 있다.

44. Beijersbergen, 2003년, PhD Thesis, University of Groningen, 『The galaxy population in the Coma Cluster(머리털자리 은하단 안의 은하의 종족 연구)』.

45. Napolitano 등, 2005년, “Mass-to-light Ratio Gradients in Early-type Galaxy Halos(조기형은하의 헤일로에서 나타나는 질량-광도비의 변화)”, *Monthly Notices of the Royal Astronomical Society*, 357권, 제2호, 691~706쪽.

46. 손주비 등, 2017년, "The Velocity Dispersion Function of Very Massive Galaxy Clusters: Abell 2029 and Coma(매우 무거운 은하단의 속도분산함수: 아벨 2029와 머리털자리 은하단)", *Astrophysical Journal Supplement Series,* 229권, 제2호, article id. 20, 총 17쪽.
47. Pieter van Dokkum 등, 2017년, "The Stellar Initial Mass Function in Early-type Galaxies from Absorption Line Spectroscopy. III. Radial Gradients(흡수선 분광 관측으로 알아낸 조기형 은하의 항성 초기 질량함수 III. 지름 방향의 구배)", *Astrophysical Journal*, 841권, 제2호, article id. 68, 총 23쪽.

8장

48. Ade 등 (Planck 과학협력단), 2013년, "Planck 2013 Results. I. Overview of Products and Scientific Results(플랑크 2013년 관측 결과 I. 관측 자료와 과학적 결과의 개관)", *Astronomy & Astrophysics,* 571권, id. A1, 총 48쪽.; Page 등, 2003년, "First-Year Wilkinson Microwave Anisotropy Probe (WMAP) Observations: Interpretation of the TT and TE Angular Power Spectrum Peaks(WMAP 관측 제1차년도 관측: TT 및 TE 각도 파워스펙트럼의 봉우리들에 대한 해석)", *Astophysical Journal Supplement Series,* 148권, 제1호, 233~241쪽.
49. Planck Collaboration, 2016년, "Planck 2015 Results XIII. Cosmological Parameters(플랑크 2015년 관측 결과 XIII. 우주론적 인수들)", *Astronomy & Astrophysics*, 594권, A13쪽.
50. Planck Collaboration, 2016년, "Planck 2015 Results XIII. Cosmological Parameters(플랑크 2015년 관측 결과 XIII. 우주론적 인수들)", *Astronomy & Astrophysics*, 594권, A13쪽.
51. Spergel 등, 2003년, "First-Year Wilkinson Microwave Anisotropy Probe (WMAP) Observations: Determination of Cosmological Parameters(WMAP 1년차 관측: 우주론적 인수의 결정)", *Astrophysical Journal Supplement Series*, 148권, 175~194쪽.

찾아보기

ㅎ

우주의 측량

초판 1쇄 펴낸날 2017년 12월 29일
초판 2쇄 펴낸날 2021년 11월 5일
지은이 안상현
펴낸이 한성봉
책임편집 조서영
편집 안상준·하명성·이동현·조유나·이지경·박민지
디자인 전혜진
마케팅 박신용·오주형·강은혜·박민지
경영지원 국지연·강지선
펴낸곳 도서출판 동아시아
등록 1998년 3월 5일 제1998-000243호
주소 서울시 중구 퇴계로30길15-8 [필동1가 26]
페이스북 www.facebook.com/dongasiabooks
전자우편 dongasiabook@naver.com
블로그 blog.naver.com/dongasiabook
전화 02) 757-9724, 5
팩스 02) 757-9726

ISBN 978-89-6262-213-3 93440

이 도서의 국립중앙도서관 출판예정도서목록(CIP)은
서지정보유통지원시스템 홈페이지(http://seoji.nl.go.kr)와
국가자료공동목록시스템(http://www.nl.go.kr/kolisnet)에서
이용하실 수 있습니다. (CIP제어번호: CIP2017034949)